白龟山水库防洪减灾理论与实践

主编 苏嵌森 魏恒志

黄河水利出版社

·郑州·

内 容 提 要

本书以编者多年来的水库运行管理实践为基础，从理论分析、模型计算及应用实践等方面，对白龟山水库防洪兴利调度理论成果与水资源管理实践作了全面阐述。本书的内容包括水库概况、防洪调度、防汛责任制与抢险、兴利调度与防洪减灾、调度管理制度等。

本书可供水利工程设计、运行管理人员和相关从业人员参考、使用。

图书在版编目（CIP）数据

白龟山水库防洪减灾理论与实践/苏嵌森,魏恒志
主编. —郑州:黄河水利出版社,2015.10
ISBN 978 – 7 – 5509 – 1270 – 0

Ⅰ.①白… Ⅱ.①苏… ②魏… Ⅲ.①水库 – 防洪
Ⅳ.①TV62

中国版本图书馆 CIP 数据核字(2015)第 255236 号

出 版 社:黄河水利出版社
　　　　地址:河南省郑州市顺河路黄委会综合楼14层　邮政编码:450003
发行单位:黄河水利出版社
　　　　发行部电话:0371 – 66026940、66020550、66028024、66022620(传真)
　　　　E-mail:hhslcbs@126.com
承印单位:河南省瑞光印务股份有限公司
开本:787 mm×1 092 mm　1/16
印张:22.25
字数:514 千字　　　　　　　　　　印数:1—1 000
版次:2015 年 10 月第 1 版　　　　　印次:2015 年 10 月第 1 次印刷

定价:58.00 元

《白龟山水库防洪减灾理论与实践》
编 委 会

前　言

　　沙河，古称滍水，是淮河流域最大支流沙颍河水系中的干流，白龟山水库就位于沙河干流上，拦河坝坝址位于河南省平顶山市西南郊，控制流域面积 2 740 km²，是一座以防洪为主，兼顾灌溉、城市工业生活和环境生态供水综合利用的大（2）型水利工程，是平顶山市重要的饮用水水源地和国家城市湿地公园，保护着下游河南省粮、油、棉、烟叶和煤炭、电力生产的重要基地——漯河、平顶山、周口等城市及京广、焦枝等重要铁路干线和京港澳、宁洛、兰南等高等级公路，在沙颍河防洪抗旱减灾体系、水资源合理配置及区域生态环境建设中起着举足轻重的作用。

　　一部河南史，半部治水史，在毛泽东主席"一定要把淮河修好"的伟大号召下，白龟山水库历经兴建、度汛、续建和除险加固，并经受住了河南"75·8"大洪水、2000 年大洪水和 2014 年应急供水的历史性考验，取得了丰富的工程实践与水库运行调度经验与成果。今天，新一代水利人秉承老一辈水利人艰苦奋斗、无私奉献的精神，以"兴利安澜、福泽万民"为己任，用忠诚与责任践行着"献身、负责、求实"的水利行业精神，构建起了防御水旱灾害与兴利并举的工程和非工程体系，为平顶山市经济和社会的发展发挥了巨大的经济效益和社会效益。

　　在 60 多年的水库建设与管理过程中，白龟山水库管理局干部职工立足于本职岗位，勤奋钻研业务，强化实践探索，在水库运行调度管理等多个方面积累了许多先进的经验和优秀的理论成果，《白龟山水库防洪减灾理论与实践》也正是白龟山水库管理局在落实中央水利工作方针和治水新思路，实行最严格水资源管理制度所确立的"三条红线"，坚持防汛抗旱并举，实行由控制洪水向洪水管理转变，由单一抗旱向全面抗旱转变，在不断地工作实践与探索的背景下完成的。全书坚持理论与实践相结合，内容丰富，全面、翔实地汇集了白龟山水库防洪抗旱与兴利除害工作的技术与研究成果。同时，我们通过不断的挖掘、归纳和整理，对水库防洪兴利调度理论成果与水资源管理实践进行了深入的提炼与升华，使之集专业性、实用性、普及性于一体，可作为指导水库调度人员的工具书、职工业务技能培训的教材。本书进一步把规范、科学、高效地开展水库控制运用提升到新的高度，成为当前和今后一个时期统筹优化水库水资源管理方面一本重要的专业性书籍，具有较高的参考价值。

作　者

2015 年 8 月

目　录

第1章 基本情况

1.1 流域概况

1.1.1 河流特征

沙颍河是淮河流域最大支流,发源于伏牛山东麓,流域总面积39 880 km²,河南省境内流域面积34 440 km²。白龟山水库建于沙河本干上,控制沙河流域面积2 740 km²,其中昭平台水库以上1 430 km²,昭平台水库—白龟山水库区间(简称昭白区间)1 310 km²。白龟山水库流域图见图1-1。

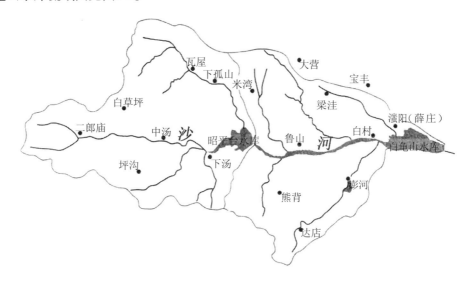

图1-1 白龟山水库流域图

沙河自西向东流,至二郎庙,河道比降一般在1/40,水流湍急,河宽50～120 m,河床内多为0.5～0.6 m直径的花岗石砾石,大者直径可达1～2 m,河谷呈V形。二郎庙以下至下汤区间的比降为1/50～1/340,河谷呈U形,河宽达200 m左右,河床质上部为0.1～0.2 m的砾石,向下渐变为较小的砂卵石,沿河阶地常被冲刷崩塌。下汤以下至昭平台一般比降为1/500,河宽可达1 000 m以上,河床砂卵石粒径由粗变细,昭平台坝址以上河道长度75 km,落差1 900 m。昭平台以上土壤瘠薄,植被不良,山坡多出现斑状粗粒花岗岩。

昭白区间为浅山丘陵区,地势逐渐开阔,两岸山岭低,坡面比降1/20,树木稀少,植被更为不良,河道流入冲积台地,由宽浅渐变窄深,比降较缓,为1/800～1/1 200,河床质为小碎石及砂,河身弯曲,迁移不定。白龟山流域(以上)沙河支流较多,见图1-2。

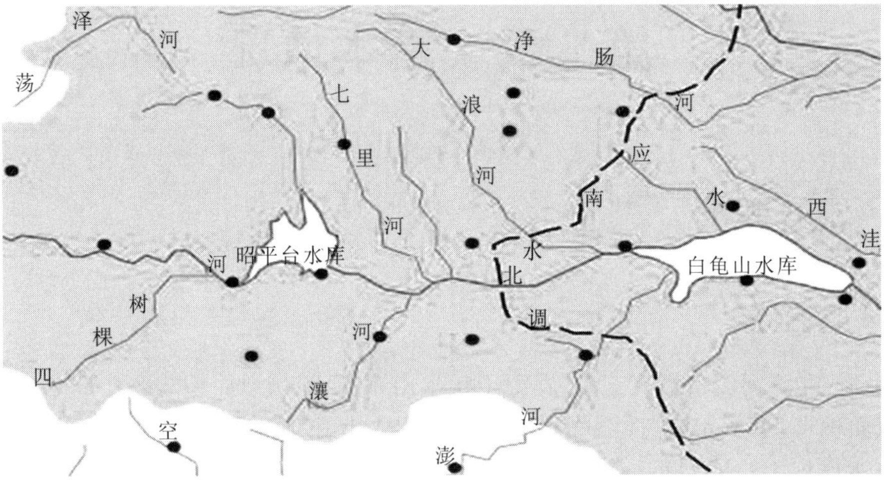

图1-2 白龟山流域(以上)沙河支流图

昭平台水库以上的主要支流如下:

(1)荡泽河(古称波水),位于沙河北岸,是沙河上游最大支流,长38.5 km,发源于汝阳县黄花岭,流经鲁山县石坡头、曹楼后,注入昭平台水库。

(2)清水河,位于沙河南岸,发源于鲁山县四棵树乡南分水岭,是沙河上游较大的支流,长25.5 km。

(3)玉皇庙河,发源于尧山主峰东侧,于二郎庙汇入沙河,长 16 km。

(4)桃岭河,发源于二郎庙乡桃岭高坡,于上汤村西汇入沙河,长 14 km。

(5)窄渠沟河,发源于赵村乡小观音山,于宽步口西汇入沙河,长 15 km。

昭白区间的主要支流如下:

(1)澎河,发源于南召县杨庄乱石顶山,于孙街与大韩庄之间注入白龟山水库,长51.2 km,澎河干流上有中型水库澎河水库一座。

(2)瀼河,发源于南召县大东沟,于瀼河村西北注入沙河,长25.5 km。

(3)大浪河,发源于宝丰县乱柴沟,于辛集乡程村南汇入沙河,全长 41 km。

(4)应河,发源于宝丰县张八桥乡洮洼村南,于平顶山市郊区薛庄乡西汇入沙河,全长 27 km。

(5)七里河,发源于宝丰县观音寺乡滴水崖南汝宝鲁三县交界处阿婆柴铁山西,于焦枝铁路沙河桥西1.5 km 处入沙河,全长 29 km,上游有中型水库米湾水库一座。

(6)三里河,发源于鲁山县仑头乡军王村北娘娘庙山(海拔 528 m),于焦枝铁路沙河桥东1.5 km 处汇入沙河,全长 21 km。

(7)肥河(溪),发源于鲁山县马楼乡里王庄南与南召县交界处东牛心山(海拔397 m),在鲁山县瀼河乡高岸头庄西入沙河,全长 25 km。

白龟山水库供水区内主要排水河道有沙河、湛河。湛河为沙河支流,通过平顶山市区汇入沙河。

1.1.2 地形地貌

昭平台水库以上为深山区,最高海拔2 153.1 m,流域内山峰重叠,地势陡峭,岩石裸露,河床质为砾石和卵石。主要支流有荡泽河、清水河、玉皇庙河、桃岭河和窄渠沟河等主要河流,河流均源短流急。上游植被较差,山坡多裸露粗斑状花岗岩。昭平台大坝坝址处地面高程为150.0 m左右。

白龟山水库流域呈扇形,上窄下宽。西部有伏牛山和嵩山屏障。嵩山呈西南—东北走向,是黄河、淮河流域的分水岭。伏牛山呈西北—东南走向,是长江与淮河流域的分水岭。水库流域就处在黄河、长江与淮河流域分水岭的东侧,是河南省的暴雨中心之一。

昭平台、白龟山两库区间,沙河北岸有一道低矮山岭向东延至白龟山下游5 km处终止。山岭树木稀少,植被差。沙河南岸,伏牛山在昭平台下游15 km处向东南延伸,与沙河形成夹角,中间为冲积台地,比降为1/800~1/1 200,河道弯曲,迁移不定,河床为小碎石、砂。

库区左(北侧)为凤凰山,山丘连绵,右岸为宽阔平原,顺河坝与拦河坝相接于白龟山。拦河坝坝址呈南北向,建在白龟山和九里山之间。流域土质多属轻、中、重粉质壤土,对农作物生长极为有利。

1.1.3 水文气象

昭平台水库流域属大陆性气候,受季风影响,冬季干旱少雨,夏季由于热带暖湿气团内移,受西部高山的屏障,极易产生暴雨。水库以上是河南省常遇的暴雨中心地区,流域内多年平均降水量为1 017.2 mm,全年分配不均,年际变化较大。年水面蒸发量1 100 mm,年平均气温为14 ℃,气温变化5~9月较大。流域内径流量年内变化相差悬殊,汛期径流量约占全年径流量的70%以上,且洪水暴涨暴落,冬春季雨水稀少,本地区常受旱涝双重威胁。

白龟山水库位于亚热带暖湿风气候区向暖湿带半干旱季风气候区的过渡地带,气象特征具有明显的过渡性和季风性。过渡性表现为沙河南部雨水多,沙河北部雨水少。季风性表现为流域内气候受季风的影响强烈,四季分明。冬季受蒙古高压控制,多行西北风,气候干燥,天气寒冷;夏季受西太平洋副热带高压控制,多东南风,降雨较为集中。气象变化受季风影响,夏季6月以后,热带暖湿气团内移,受西部和南部高山的屏障,极易产生暴雨,是河南省常遇暴雨中心,多年平均降水量900 mm,且降水量在年际间和年内分配不均,60%集中在汛期6~8月,年际变化最大值与最小值可差5倍,易发生连涝和连旱的情况。区内多年平均气温14 ℃,1月最冷,月平均气温 −0.3 ℃,7月最高,月平均气温27.3 ℃,极端最低气温 −18.2 ℃(1月),最高气温42.4 ℃;多年平均日照率51%;多年平均相对湿度为70%;无霜期220 d,平均风速2.2 m/s,最大风速24 m/s;库水面蒸发量1 307 mm。白龟山水库自然地理、水文气象特征值见表1-1。

表1-1　白龟山水库自然地理、水文气象特征值

项目		单位	数值	项目		单位	数值
位置	白龟山水库		北纬33°04′~33°50′	含沙量	多年平均输沙量	×10⁶m³	0.98
			东经112°04′~113°15′		多年平均含沙量	kg/m³	4.2
	发源地		鲁山县尧山		河源至沫河口		0.2‰
河长	沙河总长	km	620	河道比降	坝址附近		1.25‰~0.83‰
	坝址以上	km	116		坝址以下		0.2‰
	占总长比		17%		坝址以上	七里河	3.5‰
	七里河	km	29			三里河	5‰
	三里河	km	21			澎河	2.5‰
	澎河	km	51.2			大浪河	6‰
	大浪河	km	41		全沙河		0.2‰
	应河	km	27	降水	坝址以上均值	mm	900
	瀼河	km	25.5		平均最大值	mm	1 243.8
坝址至保护地	漯河	km	128		平均最小值	mm	446.6
	马湾	km	89		单站最大值	mm	—
	岔河	km	57		6~9月占全年的比值		63%
	堤郑	km	10	蒸发	全流域平均	mm	567
流域面积	沙河全流域	km²	39 877		库水面蒸发	mm	1 307
	坝址以上	km²	2 740		5~7月占全年的比值		44%
	昭平台以上	km²	1 430	风速	最大(实测值)	m/s	24
	澎河以上	km²	209		风向		冬季为西北风
	澎河-沙河区间	km²	246		平均	m/s	2.2
	瀼河	km²	181	流域径流	平均径流量	×10⁸m³	8.8
	大浪河	km²	164		平均径流深	mm	321.2
	应河	km²	164		最大径流量(1964年)	×10⁸m³	22.83
	七里河、三里河	km²	241(161+80)		最大径流深(1964年)	mm	833.2
	库区	km²	105		最小径流量(1966年)	×10⁸m³	1.27
	坝址至保护地	km²	—		最小径流深(1966年)	mm	46.4

1.1.4　流域内人类活动及上游水利工程情况

白龟山水库上游沙河主要流经鲁山县,鲁山县总面积2 432 km²。辖鲁阳、张良、梁

洼、张官营、下汤 5 个镇和辛集、张店、滚子营、马楼、让河、熊背、鸡冢、昭平台水库区、四棵树、二郎庙、赵村、背孜、瓦屋、观音寺、仓头、土门、董周 17 个乡,554 个行政村,3 775 个村民组。目前城区总面积8.24 km²,城区现有人口11.0万人,其中常住人口9.4万,流动人口1.6万。人类活动频繁,流域内由于乱砍乱伐,植被大量破坏;沙河河道内由于长年挖沙,河道严重淤堵,对水库防汛带来一定影响。

白龟山水库下游主要保护平顶山市区和白龟山水库灌区。平顶山市区面积 90 多 km²,人口 102 万。2014年平顶山市完成生产总值1 289.3亿元(不含汝州市);规定工业增加值完成589.7亿元;公共财政预算收入完成112.4亿元;固定资产投资完成1 208.0亿元;社会消费品零售总额完成506.4亿元。截至2013年,平顶山市城镇居民的人均支配性收入22 482元。水库灌区涉及平顶山、许昌、漯河三市七县 17 个乡,主要由南、北、西三条干渠组成,总长93.74 km,支渠 16 条,长137.19 km;斗渠154 条,长220 km,农渠915 条,长463 km,各级渠道共有建筑物9 117座。根据2000年统计资料,灌区内人口54 万,其中农业人口45 万,占灌区总人口的83.3%。灌区总土地面积 563 km²,耕地面积59.43万亩❶,农业人口人均耕地仅1.3亩。

在沙河干流白龟山水库以上有昭平台大型水库 1 座,有澎河和米湾中型水库 2 座,还有 33 座小型水库。

1.1.4.1　昭平台水库

昭平台水库位于沙河干流上游、鲁山县境内,在县城西 12 km,控制流域面积 1 430 km²。水库工程按 100 年一遇洪水标准设计,5 000 年一遇洪水标准校核,总库容 7.13亿 m³,是一座以防洪为主,兼顾农业灌溉、发电、工业和居民用水综合利用的大(2)型年调节山区水库。水库大坝主要由主坝、副坝、主溢洪道、非常溢洪道、输水洞等建筑物组成。

大坝坝型为黏土斜墙砂壳坝,防浪墙顶高程为183.0 m,坝顶高程为181.8 m,坝顶长度为拦河坝2 315 m、副坝923 m,坝顶宽为 7 m,最大坝高为35.56 m。

主溢洪道位于尧沟。堰顶高程为164.0 m,泄洪闸 5 孔 10 m × 11 m,最大泄量为 4 290 m³/s。

非常溢洪道位于杨家岭。堰顶高程为169.0 m,泄洪闸 16 孔 10 m × 9 m,最大泄量为 9 152 m³/s。

输水洞的进口高程为150.0 m,出口高程为149.18 m,直径为3.5 m,最大泄量为 141 m³/s。

昭平台水库1959年基本建成,1966年续建,1970年汛期前全部完工。针对昭平台水库防洪标准偏低、年久老化、工程存在隐患多、带病运行以及管理设施不配套等问题,1995年河南省水利勘测设计院编制了《沙河昭平台水库除险加固工程可行性研究报告》,1998年7月河南省发展计划委员会以豫农经〔1998〕546 号文进行了批复,同意对昭平台水库进行除险加固。河南省水利勘测设计院据此编制了《沙河昭平台水库除险加固工程初步设计报告》和《沙河昭平台水库除险加固工程初步设计补充报告》。河南省水利厅于2000年 2 月以豫水计字〔2000〕020 号文进行批复,同意将杨家岭溢洪道原堵坝扩建为可调控

❶　1 亩 = 1/15 hm²,全书同。

的泄洪闸,水库防洪设计为100年一遇,校核标准为5 000年一遇。随着除险加固工程的实施,尧沟溢洪道、输水洞加固,拦河坝渗水处理以及供电、管理设施改造等附属工程也将一并进行。除险加固工程完工后,水库死水位159.00 m,死库容0.36亿 m³;水库汛限水位169.00 m,相应库容2.32亿 m³;水库兴利水位174.00 m,相应库容3.94亿 m³,水库设计水位为177.60 m,相应库容5.36亿 m³。根据昭平台水库提供的相关数据,昭平台水库水位、库容及面积、泄量等关系详见表1-2。

表1-2 昭平台水库水位、库容及面积、泄量关系

水位(m)	库容(亿 m³)	面积(km²)	泄水建筑物泄量(m³/s)				说明
			输水洞	溢洪道	副溢洪道	合计	
159.00	0.36	10.05	71.0			71.0	死水位
160.00	0.47	11.96	76.0			76.0	
161.00	0.60	13.62	81.0			81.0	
162.00	0.74	16.30	85.0			85.0	
163.00	0.92	18.13	89.0			89.0	
164.00	1.11	19.94	93.0	0		93.0	溢洪道底高程
165.00	1.32	21.98	97.0	87.0		184.0	
166.00	1.54	23.50	100.0	205		305.0	
167.00	1.79	25.04	104.0	350		454.0	
168.00	2.05	26.38	107.0	510		617.0	
169.00	2.32	28.74	111.0	684	0	795.0	汛限水位
170.00	2.62	30.26	114.0	905	350	1 369.0	
171.00	2.39	31.52	117.0	1 160	850	2 127.0	
172.00	3.25	32.76	120.0	1 450	1 580	3 150.0	
173.00	3.58	34.41	123.0	1 760	2 350	4 233.0	
174.00	3.94	36.36	126.0	2 100	3 275	5 501.0	兴利水位
174.40	4.09	37.12	127.2	2 240	3 750	6 117.2	
175.00	4.31	38.26	129.0	2 450	4 350	6 929.0	
176.00	4.70	40.62	132.0	2 820	5 400	8 352.0	
177.00	5.11	43.10	134.0	3 150	6 700	9 984.0	
177.60	5.36	44.66	135.8	3 342	7 480	10 957.8	设计洪水位
178.00	5.53	45.70	137.0	3 470	8 000	11 607.0	
179.00	5.97	48.03	140.0	3 770	9 350	13 260.0	
179.70	6.29	49.55	141.0	3 952	10 435	14 528.0	破副溢洪道水位
180.70	6.74	51.67	143.4	4 212	11 985	16 340.4	
181.00	6.88	52.30	144.0	4 290	12 450	16 884.0	

1.1.4.2　中型水库

昭平台水库—白龟山水库区间现有澎河和米湾两座中型水库。

澎河水库位于鲁山县城东南17.5 km 的沙河支流澎河上,控制流域面积209.5 km^2,流域为伏牛山区,植被较差,水土流失严重。澎河水库于1958年动工,1959年11月基本建成。

米湾水库位于鲁山县城西北20 km 的沙河支流七里河上游,控制流域面积17.5 km^2。流域为浅山丘陵区,地表为强风化片麻岩,地面覆盖较差。米湾水库于1958年动工,1963年12月基本建成。澎河水库和米湾水库的各项设计指标见表1-3。

表1-3　澎河、米湾水库特征值汇总

项目	澎河水库	米湾水库	项目	澎河水库	米湾水库
所在县(市)	鲁山县	鲁山县	死水位(m)	131.50	192.30
所在河流	澎河	七里河	死库容(万 m^3)	18	32
控制面积(km^2)	209.5	17.5	兴利水位(m)	147.5	201.00
校核标准	5 000 一遇	5 000 一遇	兴利库容(万 m^3)	2 607	638
校核水位(m)	155.16	205.40	设计水位(m)	151.39	203.70
校核库容(万 m^3)	5 675	1 270	设计库容(万 m^3)	5 675	1 008

1.1.5　水文、雨量站网布设

为适应水库防洪调度的需要,白龟山水库水情测报系统分为水文部门和水库水情自动测报两个系统,负责水情测报、预报与分析。两个系统站点分布一致,昭白区间流域共布设有12个雨量遥测站和3个水位遥测站。12个雨量遥测站为白龟山、达店、二道庙、熊背、澎河、白村、鲁山、米湾、大营、梁洼、宝丰、薛庄,3个水位遥测站是白龟山、澎河和米湾。两个系统负责水库水位、雨量等信息的测报。在实际运用中,两个系统以水文部门的水情测报为准,以水库水情自动测报系统作为补充,多年来洪水预报的准确性和可靠性都比较高,能为防洪决策提供依据。遥测站分布见图1-3。

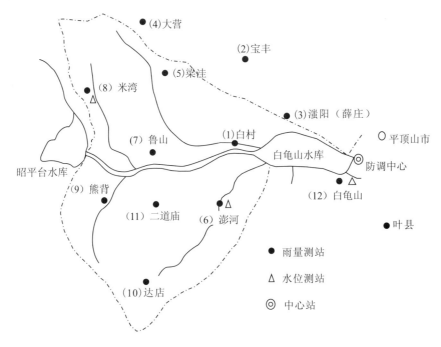

图1-3 白龟山水库遥测站分布

1.2 工程概况

1.2.1 工程现状

白龟山水库位于昭平台水库下游40 km的沙河干流上,平顶山市区西南部,涉及鲁山县东部、宝丰县及平顶山市区,区间控制面积1 310 km²,是一座以防洪为主,兼顾灌溉、城市工业和生活供水综合利用的大(2)型水利工程。水库于1958年动工,1966年竣工,"75·8"大水后,进行了度汛加固,1998年10月开始又对水库进行全面的除险加固,2006年年底除险加固完成。工程由拦河坝、顺河坝、北副坝(待建)、拦洪闸(过路涵)、泄洪闸、北干渠渠首闸、南干渠渠首闸等主要建筑物组成。

拦河坝位于九里山与泄洪闸之间,其起点桩号0+000位于坝北头九里山坡,终点桩号1+545.35位于泄洪闸左侧,系均质土坝,上游坡率1:6.0～1:2.5,下游坡率1:3.5～1:2.0,最大坝高25.0 m,坝顶宽7 m,坝顶高程110.4 m,坝顶长度1 545.4 m,其中0+600～1+132坝段为水中倒土筑坝,其余为干筑碾压土坝。

顺河坝:起点桩号0+000位于泄洪闸右侧,其坝轴线沿沙河右岸一级阶地,先东西走向,约在12+700号桩处折向西南,终点桩号18+016.5。其中,桩号0+000～8+000的坝段坝顶高程为110.7～110.8 m,防浪墙顶高程为111.9～112.0 m,坝顶宽度为6 m;桩号为8+000～8+040的坝段坝顶高程由110.8 m降至110.4 m;桩号为8+040～17+500的坝段坝顶高程为110.4 m;防浪墙顶高程为111.6 m,坝顶宽度桩号为8+000～13+480的坝段为6 m,桩号为13+480～13+500的坝段由6.0 m过渡到4.0 m,桩号为13+500～

17 +500 的坝段为 4 m;桩号为 17 +500 ~18 +016.5的坝段为重力式浆砌石挡土墙,墙顶高程为111.6 m、顶宽0.4 m、墙高2.8 m;桩号 0 +060 ~0 +800 坝段为水中倒土筑坝,0 +000 ~0 +060 为黏土心墙坝,其余干筑均质坝。最大坝高16.30 m,坝顶长度 18 016.5 m。

北副坝(待建):位于水库上游左岸薛庄镇附近,沿平顶山市新城区纬四路和经十四路修建,其坝型为黏土心墙坝,坝顶长度为2 933 m,最大坝高为5.9 m,坝顶高程为110.0 m(结合平顶山市新城区建设,按微地形处理)。

拦河闸(过路涵):位于拦河坝桩号 0 +102.95 ~0 +122.60,由闸门房、闸孔和移动式平面钢闸门组成,闸门尺寸 6 m ×2.6 m(宽×高),闸底板高程为109.0 m。

泄洪闸:建在白龟山主、副坝之间,原白龟山基岩上,为 7 孔带胸墙的开敞式闸,单孔净宽11.0 m,分离式底板。闸室设 7 孔弧形钢闸门、检修桥、交通桥、启闭机操纵室及工作室等;上游有防渗铺盖及翼墙;下游有泄槽及两级消力池、海漫防冲槽等;堰顶高程92.0 m,弧形钢闸门 7 孔 11 m ×10 m(宽×高),最大泄量为7 105 m^3/s。

北干渠渠首闸:位于北坝头上游约 500 m,朝向北方的山坳处。主要担负农业灌溉及泄洪任务。闸室设 3 孔弧形钢闸门、检修桥、交通桥、启闭机操纵室及工作室;上游有翼墙;下游有消力池、海漫等;为深水潜没式结构,底板高程94.00 m,弧形钢闸门 3 孔 5 m ×3.5 m(宽×高),最大泄量限 200 m^3/s。

南干渠渠首闸:位于顺河坝 9 +434 号桩处,闸轴线与顺河坝坝轴线斜交,交角为80°。主要担负农业灌溉任务。闸室上部为竖井,竖井顶部设启闭机操纵室;下游有消力池等;为涵洞式结构闸,底板高程95.00 m,平板钢闸门 2 孔 2 m ×3 m(宽×高),最大泄量 50 m^3/s。

白龟山水库加固完工后,设计洪水达到百年一遇,校核洪水达到2 000年一遇,水库总库容达到9.22亿 m^3;水库死水位为97.50 m,死库容为0.66亿 m^3;水库汛限水位为102.00 m,相应库容为2.404亿 m^3;水库兴利水位为103.00 m,相应库容3.02亿 m^3;水库设计水位为106.19 m,相应库容5.534 3亿 m^3,赔偿高程104.00 m,移民高程105.50 m。白龟山水库特征值详见表1-4。

表1-4　白龟山水库特征值汇总表

特征水位	重现期(年)	最大入流(m^3/s)	总泄流(m^3/s)	水位(m)	库容(万 m^3)	下泄流量(m^3/s)	
						泄洪闸	北干渠
死水位				97.50	6 624		
防洪限制水位				102.00	24 040		
正常蓄水位				103.00	30 186		
设计洪水位	20	4 525	600	105.38	48 106	600	0
	50	8 163	3 000	105.90	52 678	3 000	0
	100	12 703	6 432	106.19	55 343	6 432	0
	300	15 792	6 620	106.91	62 278	6 420	200
	500	17 198	6 740	107.46	67 978	6 540	200
	1 000	19 087	6 890	108.14	75 340	6 690	200
校核洪水位	2 000	21 270	7 305	109.56	92 172	7 105	200

1.2.2　水库在沙颍河流域防洪体系中的作用

沙颍河水系是淮河流域最大的支流,是淮河防汛的重点,贯穿河南省腹地,沙颍河流域是河南省粮、油、棉、烟和煤炭、电力生产的重要基地,又有京广、石武客运专线、焦枝等重要铁路干线和京港澳、宁洛、兰南等高等级公路经过。漯河以下沙河南堤保护有河南、安徽两省耕地近53.3 万 hm²,防洪安全至关重要。

白龟山水库位于沙河干流上,其上有昭平台水库,昭平台水库下泄洪水须经白龟山水库调控进入下游河道;水库下游有平顶山、漯河、周口等重要城市,京广、石武客运专线、焦枝、京深等重要铁路以及京港澳、宁洛、兰南等高等级公路。其中,平顶山市中心距水库坝址 9 km,叶县距水库27 km,许南公路汝坟桥距水库15 km,舞阳县五虎庙许平公路桥距水库89 km,漯河铁路桥距水库124.6 km,周口市距水库208.7 km,周口公路桥距水库208.7 km。水库下游马湾安全流量2 850 m³/s,漯河铁路桥和周口安全流量为3 000 m³/s,南部澧河和北汝河两条大型河道均在漯河以上汇入沙河。白龟山水库是沙河漯河以上库容最大的水库,在沙河防洪体系中处于“上压、下控、左右挤”的关键部位,位置极为重要,在调节洪水中起着承上启下的重要作用,主要表现在以下三个方面:一是对沙颍河流域水库下游地区的防洪作用;二是对沙河干流洪水错峰或削峰,对沙颍河下游整体防洪调度起到了一定的防洪作用;三是对水库所在沙颍河流域的防汛调度的可靠性和灵活性起到了保障作用,为防汛抢险创造了有利条件。

白龟山水库建库以来,水库流域发生的几次大洪水及水库的防洪减灾作用如下:

1975年8月5～8日,白龟山水库流域平均降雨量448.3 mm,水库首先将最大洪峰流量4 865 m³/s 消减到3 300 m³/s,减少了32.2%,将洪水总量7.05亿 m³拦蓄3.32亿 m³,蓄滞洪水45.8%,且为沙河错峰作出重要贡献。1975年8月7日11时,北汝河出现洪峰流量3 000 m³/s,于8月8日1时过马湾闸,9日零点,北汝河洪峰流量2 870 m³/s,于14时过马湾闸,白龟山水库洪水于8月8日21时泄洪3 300 m³/s,9日11时过马湾闸,就是利用北汝河二次洪水的间隙将白龟山水库洪水泄掉,减少了下游损失。

2000年7月3日,流域平均降雨量219 mm,最大点雨量达306 mm,洪峰流量达4 510 m³/s,下游澧河同时出现2 300 m³/s 流量的洪水,为保下游河道安全,水库压闸错峰,7月4日达到103.36 m,超汛限水位2.36 m,超汛限水位时间180 h,削减洪峰65%,为减轻下游洪水威胁和灾害损失发挥了显著作用。

2007年7月12～16日,水库流域平均降雨量138.4 mm,水库于7月14日达到最大洪峰流量502 m³/s,相应库水位101.22 m,超汛限水位0.22 m,但此时水库下游淮河正值大洪水,若水库此时泄洪,将会对下游造成更大的损失,因此水库拦蓄了此次洪水,只是从北干渠以52 m³/s 流量泄流,削减洪峰450 m³/s,直到7月19日,水库下游淮河汛情有所缓解,才从泄洪闸以300 m³/s 流量泄流,从而大大减少了下游的损失。

水库1998～2014年的削减洪峰及拦蓄洪量情况如表1-5所示。

表1-5　白龟山水库历年拦洪削峰情况

年份	总拦洪量(万 m³)	最大削峰流量(m³/s)
1998	34 281	1 500
1999	11 575	730
2000	68 594	3 000
2001	21 028	780
2002	13 028	0
2003	34 908	220
2004	33 335	455
2005	28 493	180
2006	13 270	130
2007	22 959	450
2008	11 219	240
2009	21 362	1 495
2010	44 037	1 178
2011	22 896	1 900
2012	44 740	584
2013	5 829	292
2014	0	0

1.2.3　水库工程历次修建情况

白龟山水库枢纽工程历经初建、续建、除险加固等工程建设,于2006年12月完成了除险加固竣工验收。

1.2.3.1　初建

白龟山水库于1958年12月开工,按100年一遇洪水设计,1 000年一遇洪水校核,1960年基本建成,主要工程包括拦河坝、顺河坝和泄洪闸。

拦河坝:北起九里山,南止白龟山,总长1 470 m,坝顶高程为107.6 m,坝底高程86.5 m,最大坝高21.1 m,坝顶设1.2 m高防浪墙,顶高108.7 m,坝顶宽6 m。坝型为均一式土坝。

顺河坝:位于沙河右岸自东向西沿河修建,总长17.5 m,最大坝高14.7 m,坝顶高程108.7 m,坝顶宽度为3 m,坝型为均一式土坝。

泄洪闸:为开敞式钢筋混凝土结构,闸底高程98.5 m,7孔,孔尺寸8 m×12 m。50年一遇设计流量2 450 m³/s,千年一遇校核流量3 450 m³/s,水库建成后的特征值如表1-6所示。

表1-6　1959年白龟山水库特征值

库容名称	容积（亿 m³）	水位（m）	相应库容（亿 m³）
淤积库容	0.13	93.9	0.13
死库容	0.57	97.5	0.7
汛前限制库容	2.5	103.2	3.2
兴利库容	3.35	104.5	4.05
2%设计防洪库容	1.65	105.5	4.85
0.1%校核库容	1.45	107.2	6.3

1.2.3.2　续建

1.1961~1963年续建

水库于1960年蓄水后,1961年2月当库水位为97.3 m时在坝后出现"土沸"现象,并发现设计洪水计算中考虑小型工程作用过大,使设计洪水偏小,致使安全标准低,顺河坝修筑在沉积深厚的强透水层上,产生坝基流土和耕地沼泽化,威胁水库安全;泄洪闸坐落在白龟山山顶基岩上,闸底太高,调洪不灵,腾库困难,同时闸基岩性风化破碎,消能设备结构薄弱,尾水渠尾工浩大,不能安全泄流等问题普遍存在。为此,1961年4月至1962年10月,在水电部工作组指导下,开挖导渗沟7.07 km,打深降压井210眼,打浅降压井1 906眼。1962年3月至年底,将大坝未完缺口小断面加高至设计坝顶高程。1962年12月至1963年5月将泄洪闸底板高程从98.5 m降至94 m高程。1962年冬,水电部决定对白龟山水库工程进行续建,1963年对水库进行了续建。

防洪标准:按照工程等别为Ⅱ等,建筑物级别为2级,防洪标准以100年一遇洪水设计,1 000年一遇洪水校核建设。

工程项目:大坝工程规模保持原规划不变;泄洪闸进行改建,降低闸底板高程至92.0 m,闸门7孔,孔尺寸11 m×10 m,最大泄量6 300 m³/s;坝后做导渗沟导渗降压,拦、顺河坝打降压井326眼,顺河坝临水坡护坡块石翻修,坝坡整修加固,北干渠削坡和渠首加固。白龟山水库续建工程的工程规模如表1-7所示,1963年白龟山水库工程特性如表1-8所示。

表1-7　1963年白龟山水库续建工程规模

工程部位	土坝（m）		泄水建筑物	
	拦河坝	顺河坝	工程要素	泄洪闸
防浪墙顶高	109.2	109.2	闸底高（m）	92.0
坝顶高	108.0	108.0	闸孔数（孔）	7
最大坝高	22.6	13.6	孔尺寸（m×m）	11×10
坝顶长	1 470	16 200	最大泄量（m³/s）	6 300

表1-8　1963年白龟山水库续建特征

库容（亿 m³）		水位（m）		相应库容（亿 m³）
死库容	0.74	死水位	97.5	0.74
兴利库容	2.47	兴利水位	103.0	3.21
重叠利用库容	0.63	汛期限制水位	102.0	2.58
设计防洪库容	2.53	设计洪水位	105.5	5.11
校核防洪库容	1.38	校核洪水位	107.0	6.49

2. 1976年续建

1975年8月，河南省洪汝河流域发生特大暴雨后，遵照水电部统一规定，进行了安全复核，发现白龟山水库库容严重偏小，防洪安全标准很低，在水电部工作组指导下，1976年将大坝加高1.0 m，坝顶高程由108.0 m抬高至109.0 m，并在顺河坝13＋500～15＋000段设炸药室，作为防御超1 000年一遇洪水的非常措施。加坝工程于当年完成，至此，水库工程的规模如表1-9所示。

表1-9　1976年水库度汛工程规模

工程部位	大坝（m）		输水建筑物				
	拦河坝	顺河坝	工程要素	泄洪闸	南干渠渠首闸	北干渠渠首闸	西干渠渠首闸
防浪墙高	110.2	110.2	闸底高（m）	92.0	95.0	94.0	97.0
坝顶高	109.0	109.0	闸孔数（孔）	7	2	3	2
最大坝高	23.6	15.6	闸孔尺寸（m×m）	11×10	2×3	5×3.5	3×2
坝顶长	1 460	16 200	最大流量（m³/s）	6 882	50.0	333	12

1.2.3.3　除险加固

随着水库运用时间延长和管理要求提高，又出现了以下新的问题：

（1）水库防洪安全标准偏低。水库按100年一遇洪水设计，1 000年一遇洪水校核，不能满足《水利水电枢纽工程等级划分及设计标准 SDJ 12—78 补充规定》大（2）型水利工程校核标准应为2 000年一遇洪水标准。

（2）水资源利用率低。沙河白龟山以上有多年平均径流量10.09亿 m³ 可供调节利用，经过计算发现，昭、白两库的水量利用系数仅为0.43，这是水资源的浪费，可是，国民经济的发展对水的需求却非常迫切，这需要增加水库兴利库容提高水的利用效率才能达到。

（3）非常洪水措施难实施。1975年冬，水电部工作组确定的顺河坝13＋500～15＋000坝段，采用埋炸药爆破分洪的办法，解决非常洪水出路问题，由于时间紧、场地小、实施难度大，风险程度高，洪水出路难以实施。

（4）原有工程存在隐患。

①坝基渗流，降压井淤堵。白龟山水库坝基下有较厚的强透水层，坝基防渗采取坝前

设黏土水平铺盖防渗和坝后打降压井挖导渗沟。然而,30多年的运行,降压井老化,淤积日益严重,排水降压效果逐渐降低,有些坝段出现坝后地下水位升高,下游坡脚出现渗水。

②拦河坝坝基抗震液化。拦河坝1+000~1+110段,跨一级阶地与河床漫滩,坝基抗震能力薄弱。

③南北干渠渠首闸严重漏水等。

由于这些问题,1997年河南省水利厅以豫水计字〔1997〕第93号将《沙河昭平台、白龟山水库除险加固工程可行性研究报告》上报河南省发展计划委员会,该月,省发展计划委员会批复,同意白龟山水库除险加固。1998年7月河南省水利勘测设计院完成了《白龟山水库除险加固工程初步设计报告》,同年10月开始除险加固工程,于2006年年底完成了竣工验收。

防洪标准:根据1990年部颁《水利水电枢纽工程等级划分及设计标准 SDJ 12—78 补充规定》,白龟山水库为2等工程、2级建筑物标准,采用100年一遇洪水设计,2 000年一遇洪水校核。

主要除险加固项目如下:

(1)通过调洪演算,拦河坝加高1.4 m,坝顶高程从109 m加高到110.4 m,由于1976年临时加高1 m部分需要重新填筑,故拦河坝实际在108.0 m以上加2.4 m。

(2)顺河坝加高分三坝段:0+000~4+000段,坝顶高程提高为110.7 m;4+000~8+000段,坝顶高程提高为110.8 m;8+200~18+300段,坝顶高程提高为111.2 m,顺河坝增长2 100 m。

(3)泄洪闸、北干渠渠首闸、南干渠渠首闸进行安全复核和加固改造。

(4)增加降压井,以保证坝基渗流稳定。

(5)对拦河坝可液化坝基段,在其下游坝脚外进行地基振冲加固,提高下游坝坡抗震稳定性。

(6)由于校核水位的抬高,使水库北岸肖营村北一段长2 748 m地面高程低于设计要求,需筑副坝。

除险加固后水库规模如表1-10所示。

表1-10　除险加固后白龟山水库规模

工程部位	大坝(m)		输水建筑物				
	拦河坝	顺河坝	工程要素	泄洪闸	南干渠渠首闸	北干渠渠首闸	西干渠渠首闸
防浪墙高	111.6	111.6	闸底高(m)	92.0	95.0	94.0	97.0
坝顶高	110.4	110.8	闸孔数(孔)	7	2	3	2
最大坝高	25.0	16.3	闸孔尺寸(m×m)	11×10	2×3	5×3.5	3×2
坝顶长	1 545	18 016	最大流量(m³/s)	7 105	50.0	333(考虑平顶山市城市防洪安全,北干渠最大泄量按200 m³/s控制)	12

1.2.4　大坝安全鉴定

1997年,由水利部、淮河水利委员会、河南省等水利系统的专家对白龟山水库进行了安全论证,论证结论如下:

(1)水库防洪安全标准仅500年一遇,不能满足国家规定的非常运用洪水标准的要求,属危险水库,应采取除险加固措施,使之达到国家规定标准。

(2)坝体整体质量较好,局部坝段和部位干密度偏低、含水量偏高,需进行复核。在坝顶部分有1.3 m厚的松土层,不能满足防渗要求,必须处理。

(3)在校核水位情况下,坝基渗流是安全的。副坝坝后村民取土及导渗沟沟底覆盖较薄,推算到校核洪水位已不能保证安全,应加固处理。

(4)坝址抗震基本烈度为6度。主坝河槽段坝基细砂层相对密度偏低,应进行抗震复核。

(5)大坝安全类别评定为三类坝。

1994年由水利部规划总院、工管司,南京水利科学研究院,中国水利科学研究院,水利部大坝安全管理中心及河南省有关专家组成专家组,对水库进行安全评估论证,水利部大坝安全管理中心对白龟山水库工程安全评估论证成果进行了核查,并提出了核查意见:同意水库防洪安全标准不够,工程存在隐患等主要问题及大坝为"三类坝"的鉴定意见。

上述问题在水库除险加固中都提出了解决措施,现已全部解决。

1.2.5　工程存在的问题

白龟山水库加固工程于1998年开工,至2006年年底,拦河坝、顺河坝加高及泄洪闸、北干渠渠首闸、南干渠渠首闸等主要建设任务已基本完成,北副坝尚未建成。目前工程存在的主要防洪安全问题如下:

(1)由于北副坝未建成,水库工程无法按加固设计标准运用,只能按临时度汛方案进行调度,同时遇大洪水时北副坝存在防汛抢险问题。

(2)大坝存在白蚁隐患,可能导致漏洞、渗水、滑坡、跌窝等险情,主要是顺坝坝段。

(3)由于大坝下游附近保护范围内存在鱼塘等不利因素,可能导致管涌等险情。

第2章 防洪调度

2.1 降雨情况

白龟山水库流域是河南省常遇暴雨中心。流域多年平均降水量963.6 mm,降水量在年际间和年内分配不均,60%集中在汛期6~8月,年际变化最大值与最小值可差5倍,易发生连涝和连旱的情况。白龟山水库历年防洪控制运用情况和汛期旬降雨情况见表2-1和表2-2。

2.2 暴雨洪水

2.2.1 暴雨成因及特性

白龟山水库流域天气形势资料来源于中央气象台历史天气图汇编。从平顶山市、鲁山县、叶县、宝丰县、汝州市五县(市)的气象台观测资料统计、查询,气象资料的时间为1980~2000年5~8月,五县(市)的气象台的地理位置分别为:平顶山市,北纬33°43′,东经113°13′,海拔84.7 m;汝州,北纬34°11′,东经112°50′,海拔212.9 m;宝丰,北纬33°53′,东经113°03′,海拔136.4 m;鲁山,北纬33°45′,东经112°53′,海拔145.7 m;叶县,北纬33°38′,东经113°22′,海拔83.4 m。

白龟山流域大到暴雨日所对应的天气类型比较多,但出现频率不一,针对大到暴雨产生日所对应的天气类型可将其归纳为4个主要类型和一个其他类型,它们分别为:黄淮切变或黄淮切变低涡型;南北向切变或南北向切变低涡型;低槽冷锋型;台风倒槽型或台风低压型及台风低压倒槽型;其他类型即偏南气流型、西南气流型、西南涡型、华北冷涡型等。

目前,有多种天气类型都可能使平顶山地区产生大到暴雨,并且各大到暴雨日的雨量也明显不同,有些天气类型所对应的雨量相对较大,但就同一类型,由于所处的大气环流背景不同,所产生的降水强度也有较大的差异。通过对历史资料图表的查询分析统计,各主要天气类型在大到暴雨日所占的比例如下:黄淮切变或黄淮切变低涡型占54%,1 d最大降水量为235 mm,1998年6月29日出现在叶县;南北向切变或南北切变低涡型占18%,1 d最大降水量为203 mm,1991年7月17日出现在鲁山县;低槽冷锋型占10%,1 d最大降水量为154.8 mm,1984年5月12日出现在鲁山县;台风倒槽型或台风低压型及台风低压倒槽型占8%;其他类型共占10%,1 d最大降水量为158 mm,1982年8月14日出现在宝丰县。

表2-1　白龟山水库历年防洪控制运用情况

年份	年雨量 (mm)	汛期雨量 (mm)	年来水量 (亿 m³)	最低水位		最高水位		入库最大洪峰流量		最大泄洪流量	
				水位 (m)	发生日期 (月-日)	水位 (m)	发生日期 (月-日)	流量 (m³/s)	发生日期 (月-日)	流量 (m³/s)	发生日期 (月-日)
1967	560.9	260.1	10.999 0	94.20	02-20	103.01	09-02	3 204		797	08-08
1968	694.5	520.7	7.052 0	97.12	06-30	102.43	09-20	1 110		1 240	09-20
1969	944.0	527.3	5.396 0	97.72	08-11	102.23	04-23	2 840		334	04-23
1970	717.7	481.6	3.367 0	98.26	07-12	100.82	01-28	170		47	07-01
1971	636.7	414.5	7.008 0	99.48	06-24	103.60	06-03	7 280	06-29	820	06-30
1972	1 103.2	759.1	2.837 0	99.09	08-31	103.56	02-03	142		99	08-10
1973	689.4	292.7	6.034 0	99.32	04-09	103.07	07-26	1 650	07-06	1 060	07-26
1974	892.7	525.0	6.441 0	101.17	07-26	103.54	10-26	3 400	05-17	489	05-18
1975	715.3	386.8	12.201 0	101.41	07-02	106.21	08-08	4 900	08-08	3 300	08-08
1976	984.5	679.9	7.863 0	100.64	07-23	103.65	03-10	1 260	07-19	1 210	03-01
1977	627.7	481.5	5.611 0	97.72	06-21	102.81	12-09	376	07-17	352	05-04
1978	686.5	444.0	3.187 0	99.35	10-25	102.88	01-22	314	07-05	104	01-22
1979	1 046.5	718.7	6.250 0	98.35	06-18	103.62	09-28	1 120	07-12	670	09-28
1980	856.8	422.7	7.163 0	99.82	08-19	103.42	02-21	750	06-16	365	02-21
1981	652.9	452.9	5.600 0	98.65	08-09	102.61	02-21	469	07-15	81	08-05
1982	825.0	623.6	9.490 0	98.23	07-06	103.99	08-15	2 556	08-15	1 000	08-10
1983	975.6	575.0	9.500 0	100.63	07-30	103.58	10-06	1 389	09-08	933	09-08
1984	838.7	671.0	9.824 0	100.75	07-14	103.49	12-05	341	08-09	450	06-14
1985	755.9	308.9	8.441 0	101.11	07-08	103.45	01-18	342	06-15	281	06-16
1986	622.7	394.0	3.650 0	100.53	08-14	103.33	01-20	317	06-26	270	06-27
1987	620.9	298.0	3.723 0	100.92	07-03	102.94	12-31	325	10-13	100	10-04
1988	535.0	306.2	5.790 0	100.21	07-23	103.49	11-08	1 360	08-15	493	08-15
1989	945.5	609.4	7.167 0	101.16	07-05	103.58	03-04	785	08-20	536	08-18
1990	938.9	562.7	10.730 0	100.83	07-05	103.41	11-18	422	07-27	422	07-27

续表 2-1

年份	年雨量 (mm)	汛期雨量 (mm)	年末水量 (亿 m³)	最低水位		最高水位		入库最大洪峰流量		最大泄洪流量	
				水位 (m)	发生日期 (月-日)	水位 (m)	发生日期 (月-日)	流量 (m³/s)	发生日期 (月-日)	流量 (m³/s)	发生日期 (月-日)
1991	755.0	456.0	8.127 9	100.82	08-11	103.33	03-26	3 370	07-17	800	07-17
1992	614.0	431.0	5.019 2	101.10	07-13	103.42	12-31	220	05-05	170	06-10
1993	516.0	245.0	1.956 5	99.46	11-31	103.45	01-06	26	07-25	80	06-40
1994	796.0	544.0	3.334 9	98.25	06-24	102.47	12-31	390	07-12	50	10-15
1995	716.0	559.0	6.495 7	101.42	06-30	103.21	09-11	2 610	07-25	230	08-31
1996	890.0	635.0	9.722 0	100.90	07-03	103.32	09-18	600	08-05	700	08-05
1997	588.5	289.3	4.255 0	99.36	12-31	102.98	01-03	50	05-06	90	04-06
1998	910.4	480.0	8.791 6	98.79	03-23	103.16	08-22			360	06-30
1999	599.7	314.3	4.377 4	99.48	12-31	101.49	06-16			177	07-07
2000	1 445.0	1 288.3	19.280 0	97.65	06-02	103.36	07-04	4 510	07-03	1 561	07-08
2001	590.5	436.2	5.723 3	100.45	07-23	102.14	07-31	870	07-29	730	07-31
2002	576.9	320.6	4.238 0	100.47	05-04	101.59	09-28			120	06-27
2003	1 050.7	830.9	9.731 4	98.84	11-09	101.97	09-01	241	08-30	308	09-02
2004	810.4	671.3	8.472 8	99.76	01-01	101.66	10-27	455	07-16	59	07-23
2005	765.7	627.0	9.215 4	100.17	06-30	102.48	10-07	357	07-24	390	07-24
2006	552.9	307.9	5.263 0	100.67	07-01	102.11	11-27	130	07-04	26	08-05
2007	783.1	573.4	6.564 9	100.45	07-23	102.80	11-27	502	07-12	300	07-19
2008	728.6	501.6	3.492 8	100.89	07-01	103.03	01-22	243	07-22	20	07-25
2009	806.0	515.9	5.242 5	100.39	07-06	103.10	11-29	1 495	07-22	341	07-23
2010	897.8	675.4	17.108 2	100.81	08-02	103.04	02-01	1 700	09-07	838	07-21
2011	888.0	611.6	7.402 2	100.38	08-01	103.25	09-22	1 900	09-15	59	09-19
2012	385.5	344.0	5.748 6	100.88	08-03	103.25	04-26	590	09-01	85	07-08
2013	454.6	367.8	1.735 0	99.36	12-31	101.66	02-06	292	05-26	33	04-24
2014	527.9	350.0	1.914 0	96.80	08-28	100.10	12-31	69	10-13	1.7	04-30

注:1998 年前的资料摘自白水库志,1998 年后的资料由本次编写统计,雨量资料摘自白龟山站,汛期为 6～9 月。

（单位：mm）

表2-2　白龟山水库历年汛期旬降雨量

年份	6月			7月			8月			9月			合计
	上旬	中旬	下旬	上旬	中旬	下旬	上旬	中旬	下旬	上旬	中旬	下旬	
1994	0	0	0	36.19	132.91	7.25	17.34	7.33	83.16	5.00	20.58	0	309.76
1995	35.00	9.00	6.17	50.25	41.17	169.33	39.74	22.09	0	0	0	0	372.75
1996	40.90	22.41	8.92	101.42	38.17	33.75	162.58	4.50	8.67	22.00	104.92	0	548.24
1997	32.00	6.75	29.57	34.01	66.67	14.83	27.00	1.09	2.25	0	86.17	0	300.34
1999	14.50	4.33	13.67	157.08	1.83	1.17	8.92	2.33	1.75	29.50	28.59	0.58	264.25
2000	96.58	0	273.58	301.33	93.00	2.33	180.67	16.00	2.08	80.08	1.58	0	1 047.23
2001	0	0.42	91.17	29.08	38.58	232.75	11.92	0	0	0	0.50	4.58	409.00
2002	36.33	0	127.75	17.83	21.42	62.08	20.92	5.42	12.83	7.92	92.50	2.50	407.50
2003	25.33	16.67	82.67	66.08	31.75	30.58	14.67	105.58	121.25	78.00	34.75	5.75	613.08
2004	3.75	7.67	17.75	72.84	157.33	27.42	34.42	73.83	2.00	0	56.92	23.42	477.35
2005	16.04	1.75	104.42	65.17	62.92	103.67	36.83	42.42	76.58	30.50	65.88	86.46	692.64
2006	0	14.96	51.33	95.96	3.21	76.25	23.71	6.71	29.42	46.83	0	55.75	404.13
2007	0	71.04	74.25	97.17	169.04	30.67	30.00	7.54	69.08	4.42	5.42	14.83	573.46
2008	4.62	5.04	13.38	84.62	45.30	120.21	21.88	32.21	23.92	25.26	57.88	11.28	445.60
2009	25.75	27.72	1.59	157.89	22.74	112.27	26.51	106.55	80.54	9.54	28.25	4.34	603.69
2010	33.42	0	2.54	77.92	191.12	90.41	66.12	72.88	157.22	124.29	13.54	24.04	853.50
2011	0.14	1.68	56.37	26.54	6.32	78.04	119.08	4.23	28.23	95.99	194.37	32.37	643.36
2012	0.29	0	46.54	93.01	0.54	29.01	32.83	45.17	15.25	81.41	0	0	344.05
2013	16.50	7.00	7.50	17.00	36.50	15.50	5.50	17.50	75.50	21.00	0	13.50	233.00
2014	0	4.00	12.60	1.10	11.10	4.60	47.60	15.90	39.70	17.30	164.00	32.50	350.4
多年平均	19.06	10.02	51.10	79.12	58.58	62.11	46.41	29.46	41.47	33.95	47.79	15.60	494.67

注：雨量为上游 12 个站的平均雨量。

2.2.2　洪水特性

昭白流域处在南北气候的过渡地带,属于半湿润地区。流域呈扇形,气象变化受季风影响,6月以后,由于热带暖湿气团内移,受到西部高山屏障,极易产生暴雨,且强度大,汇流速度快,时间短。昭平台以上是河南省常遇的暴雨中心地区,年平均雨量达900 mm,80%集中在汛期,年际变化较大,最大最小可差五倍。本地区由于暴雨和地形条件,洪水暴涨暴落,极易造成灾害。

2.2.3　典型暴雨洪水成因分析

2.2.3.1　1957年洪水

7月份,淮河北部地区连降四次暴雨,沙、颖、涡、沱等河系出现大洪水。7月5日下午冷锋自西北挺进,高空切变线自黄河上中游移进河南省,当雨云越过伏牛山时雨势加大,同时西太平洋副热带高压北伸西进,使西南气流增强,水汽充沛。

2.2.3.2　1964年洪水

1964年汛期开始早,结束迟,降雨时间长,降雨量多。1964年4、5月及9月副热带高压较常年偏北5°左右,使河南上空为西南气流控制,水汽充沛,西南风带冷空气活跃,西风环流活动,造成了全省多雨,春秋季发生内涝,是个典型的涝灾年。

2.2.3.3　1975年洪水

"75·8"暴雨主要是受3号台风的影响,但每次降雨过程都是多种天气系统共同作用的结果。8月初,3号台风深入内陆,形成强烈低压系统,挺进到长沙转而北上,移入河南境内,停留2~3 d,与南下的冷空气形成对峙局面。这种热低压系统从海洋挟带大量水汽,与强冷空气遭遇时,辐合作用特别强烈,并受到地形抬升作用影响,在河南中部形成历史上罕见的特大暴雨洪水。这次暴雨强度大、面积广、雨型恶劣。

白龟山水库控制流域内暴雨从8月5日起,至8月8日停止,流域平均降雨量448 mm,昭白区间平均降雨393 mm,接近100年一遇洪水标准,其中达店站降雨671 mm。这次暴雨集中在5~7日3 d,特别是7日12时至8日8时强度最大,达店站7日降雨356 mm,占总降雨量的一半以上。

2.2.3.4　1982年洪水

1982年7月12日至8月24日,受江淮切变线和9号台风、11号台风的影响,先是自南向北,而后又返回,连续出现了4次大的暴雨过程,使淮河、北汝河、沙河出现了1950年以来的少有洪水。

2.2.3.5　2000年洪水

2000年6月24~28日,由于受西太平洋副热带高压西伸北抬和冷锋、切变线共同影响,沙颍河流域普降大到暴雨,暴雨中心位于漯河、平顶山西南部,五天累计最大点雨量昭平台水库上游坪沟站451 mm,白龟山水库上游澎河水库429 mm,昭平台水库以上次平均降雨量270 mm,白龟山水库以上次平均降雨量250 mm。

2.2.3.6　2004年洪水

2004年7月15日以后,副热带高压加强西伸北抬,控制长江下游一带,副热带高压边缘强盛的西南气流与延安、成都到丽江东移的低槽结合,造成 16~18 日南阳、驻马店、平顶山、漯河、许昌、周口、商丘、信阳的暴雨和大暴雨,局部特大暴雨。

2.2.4　历史洪水

2.2.4.1　1957年洪水

7 月,淮河北部地区连降 4 次暴雨,沙、颍、涡、沱等河系出现大洪水。7 月 5 日下午,冷锋自西北挺进,高空切变线自黄河上中游移进河南省,当雨云越过伏牛山时雨势加大,同时西太洋副热带高压北伸西进,使西南气流增强,水汽充沛。7 月 6 日伏牛山东麓出现暴雨(独树镇降雨366.9 mm,鲁山255.8 mm,下汤255.4 mm),且雨量集中、强度大(独树镇一小时降雨106.1 mm)。7 月 9 日当西北冷锋东南移,与地面上一条暖锋合成产生了气旋波,自西南向东北移动,在伏牛山区形成强列的带状暴雨区,并越京广铁路,达豫东平原,继而进入山东。这次暴雨量:鲁山为302.2 mm,禹县神后为233.0 mm,通许为206.3 mm,杞县为188.4 mm。7 月中旬,由于冷暖气团连续交绥相持不下,出现两次暴雨,阴雨连绵达 8 d 之久。4 次连续暴雨总历时 15 d,鲁山累计降雨857.7 mm,南召钟店480.8 mm,方城独树镇537.0 mm,许昌379.5 mm,通许568.6 mm,民权614.5 mm,商丘579.2 mm。

4 次暴雨造成沙颍河等河 4 次洪水。

7 月 5~7 日的暴雨,使沙河叶县站、北汝河襄县站、澧河何口站均超过河道保证水位 1~2 m。沙河、北汝河汇合后于胡庄出现洪峰流量4 670 m^3/s。7 日 1 时,沙河马湾开闸向泥河洼分洪,最大进洪流量1 420 m^3/s,澧河九街也扒口向泥河洼进洪,最大进洪流量约 500 m^3/s,漯河站仍出现最大流量3 340 m^3/s。

7 月 9~10 日,沙、颍、贾鲁河水系普降暴雨,各河先后暴涨,尤其在沙颍河上游发生了罕见的大洪水,7 月 10 日叶县洪峰流量9 880 m^3/s,北汝河襄县洪峰流量3 690 m^3/s,叶县及襄县以上已决口漫溢,洪水进入泥河洼、湛河洼、吴公渠等地。10 日 20 时,马湾进洪闸再次进洪,最大进洪流量1 210 m^3/s。胡庄站 11 日 8 时出现洪峰流量4 090 m^3/s。由于泥河洼分洪,沙河漯河站最大流量为2 670 m^3/s。颍河颍桥站 10 日出现有记载以来的最大洪峰流量1 720 m^3/s,颍河吴公渠夹河地带临时滞洪,使周口水位连续上涨。

7 月 12~14 日的暴雨使沙河出现第三次洪峰,15 日叶县流量6 030 m^3/s,泥河洼于 15 日 10 时第三次开闸进洪,漯河最大流量达3 000 m^3/s,16 日周口出现最大流量3 070 m^3/s,相应水位50.08 m,超过保证水位(49.32 m)0.76 m,严重威胁周口镇的安全。同时,由于颍河、贾鲁河洪水接连而至,周口 7 月 21 日出现最高水位50.15 m,超过保证水位历时 5~6 d。

该年的暴雨洪水使全省农田受灾3 480万亩(其中淮河流域2 787万亩),成灾2 686万亩(其中淮河流域2 190万亩),灾情最重的是商丘、周口、开封、许昌、平顶山、漯河等地。

2.2.4.2　1964年洪水

(1)洪水概况

1964年4月、5月及9月、10月副热带高压较常年偏北5°左右,使河南省上空为西南气流控制,水汽充沛,西风带冷空气活跃,西风环流多小槽活动,是造成全省多雨、春秋季发生涝灾的主要原因。

4 月初信阳地区开始降雨。4 月 5 日淮南降暴雨,光山等地日降雨 100 mm,该地区累计降雨 50 mm 左右,淮南支流及淮河干流先后出现洪峰。

4 月中旬全省继续阴雨连绵,17～20 日暴雨累计 200 mm,白龟山水库水位 21 日 22 时涨到 103.89 m,蓄水量 3.81 亿 m³,将正在施工的泄洪闸围堰冲垮,最大下泄流量 3 830 m³/s,泥河洼于 22 日 4 时开闸分洪,最大分洪流量 1 700 m³/s,最高蓄洪水位 66.99 m,蓄洪量 1.47 亿 m³,是历年分洪最早的一次。

7～9 月南阳地区大雨。

8 月 27 日后河南全省连日阴雨,8 月 29～30 日黄河沿岸出现暴雨,以开封附近为中心,在连日阴雨的基础上日降雨 100 mm 左右。

10 月 3～4 日沙河上游出现暴雨,连续降雨 100 mm 左右,马湾进洪闸于 10 月 5 日 9 时再次向泥河洼分洪,分洪水量约 0.35 亿 m³。洪河杨庄站 10 月 5 日 4 时出现洪峰,桂李分洪口堵坝被冲开向老王坡分洪。

该年全省受水灾面积 5 784 万亩,成灾 4 519 万亩。

(2)白龟山水库流域雨水情(1964 年春秋连续阴雨发生涝灾)见表 2-3～表 2-5。

表 2-3 白龟山水库逐日降雨量　　　　　　　　（单位:mm）

日期	鲁山	达店	薛庄	白龟山	鲁山	达店	薛庄	白龟山
	4 月				9 月			
1	0		0		11.9	12.0	5.9	9.2
2	23.1	34.0	25.8	28.8				0.1
3					67.4	133.5	100.7	171.0
4	1.0	0.6	3.7	2.2	4.7	6.2	4.1	0.1
5	29.0	17.2	20.8	20.3	0	0.4	0.6	0
6	0				0	0		0
7					9.5	5.5		4.9
8							1.5	0.2
9					2.2	5.5	0.8	1.6
10					5.5	4.4	3.4	5.9
11	0				6.6	18.4	14.4	14.5
12	5.7	9.5	5.5	4.3	20.4	45.5	14.5	24.7
13	6.4	4.3	6.8	4.4	4.2	16.8	2.6	2.1
14	0.6	3.6	0	0.4	3.4	5.2	4.0	3.6
15	14.9	24.2	14.1	19.9	0.9	0.6	1.8	1.1
16	14.4	19.3	14.2	18.2	10.6	8.3	6.2	6.7
17	25.9	24.3	20.7	31.5	9.3	10.6	9.8	11.1
18	78.5	99.9	107.3	63.5	0	1.3		0.7
19	80.1	74.2	77.1	74.9				0.1
20	19.2	35.5	54.1	21.4				
21	15.8	15.6	15.2	18.6	7.5	5.9	6.0	5.3
22	0.1				41.2	39.5	37.3	25.8
23	0				29.5	29.2	22.0	19.9
24	13.7	13.4	11.6	12.8	1.4	1.0	1.6	1.2
25					1.2	0	0.8	1.4
26	0.1		0	0.1	1.5	2.2	2.3	2.2

续表 2-3

日期	鲁山	达店	薛庄	白龟山	鲁山	达店	薛庄	白龟山
	4 月				9 月			
27	0	0.5	0	0.5				0.1
28				0.2				
29		0		0				
30					0			
31								
降雨量	328.5	376.1	376.9	322.0	238.9	352.0	240.3	313.5

表2-4 白龟山水库逐时降雨量 （单位:mm）

鲁山				达店				薛庄				白龟山			
月	日	时段	降雨量	月	日	时段	降雨量	月	日	时段	降雨量	月	日	时段	降雨量
4	17	8~20	3.1	4	17	2~8	0.5	4	17	8~20	3.2	4	17	8~20	3.3
		20~2	5.5			8~20	4.7			20~8	17.5			20~2	22.2
	18	2~8	17.3			20~2	3.6		18	8~20	1.4		18	2~8	6.0
		8~20	7.3		18	2~8	16.0			20~2	60.0			8~20	6.0
		20~2	45.8			8~20	7.6		19	2~8	45.9			20~2	17.2
	19	2~8	25.4			20~2	61.3			8~20	1.1		19	2~8	40.3
		8~20	7.0		19	2~8	31.0			20~2	27.9			8~20	0.6
		20~2	46.8			8~20	1.8		20	2~8	48.1			20~2	26.6
	20	2~8	26.3			20~2	32.4			14~20	39.0		20	2~8	47.7
		8~20	10.4		20	2~8	40.0			20~8	15.1			8~20	7.1
		20~8	8.8			14~20	15.2		21	8~20	15.2			20~8	14.3
	21	8~14	15.6			20~8	20.3						21	8~9	4.2
		14~20	0.2		21	8~14	15.6							9~10	3.2
					24	14~20	7.3							10~11	5.6
						20~2	6.1							11~12	4.3
					27	8~14	0.5							12~19	1.3

表2-5　白龟山水库逐时降雨量　　　　　　（单位：mm）

鲁山				达店				薛庄				白龟山			
月	日	时段	降雨量	月	日	时段	降雨量	月	日	时段	降雨量	月	日	时段	降雨量
8	28	12~20	0	8	28	8~12	0	8	29	8~10	0.9	8	29	20~21	0.2
	29	8~14	0.8			14~18	1.7			20~22	7.9			21~22	4.8
		16~20	1.1			6~8	1.1			22~4	3.5			22~23	2.4
	30	0~4	0.8			8~14	5.9		30	4~6	11.6		30	3~5	1.2
		4~6	5.2		30	2~4	5.2			6~8	16.1			5~6	10.8
		6~8	34			4~6	11.1			8~10	20.8			6~7	2.3
		8~10	19.4			6~8	2.0			10~12	6.4			7~8	4.9
		10~20	10.7			8~10	28.9			12~20	4.8			8~9	1.6
		20~22	5.6			10~12	9.2			20~2	6.7			9~10	4.6
		22~8	3.4			16~20	2.4	9	1	2~8	4			10~13	1.1
	31	8~10	0			20~22	4.1			8~20	0.9			19~20	0.4
	31	18~20	0			22~24	5.2			20~8	5			20~21	3.1
9	1	6~8	0.3		31	0~2	3.7		4	0~2	75.2			21~4	9.3
		8~20	1.8	9	1	6~8	3.2			2~4	13	9	1	4~17	2.0
		20~8	10.1			10~20	2.0			4~6	12.2			9~10	0.1
	3	8~10	0			20~24	2.7			6~8	0.3			11~14	0.6
		22~24	4		2	0~2	7.3			8~12	0.3			16~18	0.4
		0~2	35		3	20~24	5.2		5	2~8	3.8			22~6	2.8
		2~4	10.4		4	0~2	64.3			8~10	0.6		2	6~7	5.3
		4~6	12.9			2~4	28.2		8	22~8	1.5			9~10	0.1
		6~8	5.1			4~6	32.3		9	8~10	0.8		3	22~23	0.5
		8~20	4.7			6~8	3.5		10	10~14	0			23~24	34.3
	5	6~8	0			8~12	6.2						4	0~1	35.4
					5	8~10	0.4							1~2	73.5
						18~20	0							2~3	7.3
														3~4	8.1
														4~5	7.4
														5~6	4.0
														6~8	0.5
														11~12	0.1
													5	8~9	0

入库洪水过程：

4 月 21 日 22 时白龟山水库水位上涨到103.89 m，蓄水量3.81亿 m³，将正在施工的泄洪闸围堰冲垮，水库溢洪道无控制，故无出库流量及水库运用情况。

2.2.4.3　1975年洪水

（1）洪水概况。

"75·8"暴雨主要是受 3 号台风的影响，但每次降雨过程都是多种天气系统共同作用的结果。8月初，西太平洋上空赤道复合带基本上呈东西走向，低纬度环流特点，使复合带北侧维持一强劲偏东气流，构成水汽输送和能量输送的一条通道，为 3 号台风长期维持不消创造了重要条件。从 8 月 4 日开始降雨到 8 日雨停，历时 5 d，总过程的暴雨中心，基本上沿着洪汝河、沙颖河及唐白河上游的浅山区，呈西北、东南向带状分布。

这次暴雨的特点是：强度大、面积广、雨型恶劣。降雨主要集中在 5～7 日 3 d，影响范围 4 万余 km²。3 d 雨量大于 600 mm 和 400 mm 的笼罩面积分别为 8 200 km² 和 16 890 km²，均超过"63·8"海河大暴雨。暴雨中心 3 d 最大点雨量泌阳林庄 1 605 mm（相当于河南省年平均雨量的两倍）该站 7 日 1 d 降雨量1 005.4 mm，其中 6 h 雨量为 830 mm，达到世界最大记录。下陈站 60 min 降雨218.1 mm，国内大陆上所未有的。

这次暴雨时程分配极为恶劣。如板桥 5 日降雨448.1 mm，6 日减小为190.1 mm，7 日达 784 mm，这种"大—小—特大"的雨型，对水库调度极为不利。这次特大暴雨，洪水来势猛、水量大，使水库、河道大大超过设计标准。处于暴雨范围内的 10 座大型水库，其中板桥、石漫滩、薄山水位超过坝顶，宿鸭湖、孤石滩超过校核水位，宋家场、昭平台、白龟山超过设计水位。

白龟山水库所处的沙河上游降雨量一般为 300～400 mm，昭平台、白龟山水库水位急速上涨，先后超过设计水位。白龟山水库 8 日 21 时最高水位达106.21 m，离校核洪水位仅差0.79 m，为确保水库安全，两库同时加大下泄，8 日昭平台、白龟山两水库最大下泄流量分别为3 110 m³/s、3 300 m³/s。北汝河襄城站在 7 日 11 时、9 日 0 时相继出现两次洪峰，流量分别为3 000 m³/s、2 870 m³/s，北汝河来水汇入沙河，与昭、白两水库下泄洪水相汇，舞阳县境内沙河左右堤决口 30 余处，南决洪水全部进入泥河洼，北决洪水顺坡漫流而下，越过京广铁路进入沙颖河之间的三角地带。为确保沙河右堤、京广铁路漯河桥及漯河市区安全，8 日在沙、汝河交汇口下游 4 km 霍堰村炸开沙河左堤分洪。

同日澧河、沙河洪峰接踵而至，上游漫决洪水大量涌入泥河洼，为确保沙河南堤、京广铁路漯河桥及漯河市区安全，在包头赵炸开泥河洼北大堤及相应沙河左、右堤，以使泥河洼及沙河来水进入沙颖河之间三角地带。但在爆破实施期间，蓄洪水位迅猛上涨，泥河洼蓄洪区东大堤溃决，漯河以西沙、澧两河相连，一片汪洋。

"75·8"暴雨洪水，漯河以上产洪总量为40.32亿 m³，其中白龟山水库拦蓄洪水3.23亿 m³，占洪水总量的 8%，洪水昭平台水库拦蓄洪水1.78亿 m³，占洪水总量的4.4%，整个昭白梯级水库拦蓄了近 13%的洪水，减少了下游灾害损失，有效地保护了下游城市和人民生命财产安全。

（2）白龟山水库流域雨水情（见表2-6～表2-7,图2-1～图2-4）。

表2-6　1975年8月5日00:00至1975年8月8日08:00降雨过程　　　（单位:mm）

时间(月-日)	起	止	鲁山	澎河	达店	白龟山	薛庄	大营	宝丰	梁洼
08-05	0	1		1						
	1	2		1	3.2					
	2	3		1	1			1		
	3	4		2	1			1		
	4	5		3	1			1		
	5	6		2.5	1			1		
	6	7		2	1			2		
	7	8		3	1			2.7		
	8	9		5	0.4	0.5	0.5		0.2	0.8
	9	10	0.8	5	4.6	0.5	0.5		0.2	0.8
	10	11	4.3		3	0.5	0.5	1	0.2	0.8
	11	12			1	0.5	0.5	1	0.2	0.8
	12	13			1.3	0.5	0.5	1	0.2	0.8
	13	14			4.9	0.5	0.5	1	0.7	0.8
	14	15				0.5	0.5	1	3	0.8
	15	16			1	0.5	0.5	1	3.1	0.8
	16	17	0.5		0.8	0.5	1	1		0.8
	17	18	0.6		5.6	0.5	1	1.1		0.5
	18	19	6	4	5.4	0.5	1	3	3	4
	19	20	0.9	3.8	2.7	0.5	1	3	2.5	3.8
	20	21	3.6	5	3.3	0.5	5	2	4	3
	21	22	3.3	5	3.1	0.5	5.5	2	3.8	3.3
	22	23	1.7	11	14	7.2	4	2	6	3
	23	24	6.1	11	47.8	13.3	4	1	5.8	2.9
08-06	0	1	8.8	5	29.3	19.4	10	5	8	4
	1	2	14.2	6	13.8	9	9.8	4.1	9.8	4.3
	2	3	4.4	8	15.7	11.8	10	5	2	5
	3	4	7.8	8	19.5	10.3	10	4.8	2.4	5.3
	4	5	4.5	7	1	1.7	5	4	8	4
	5	6	2.3	8	1.5	2.9	4.6	5	7.6	4.7
	6	7	11.9	8	5.7	5.9	11	12	13	16

续表2-6

时间(月-日)	起	止	鲁山	澎河	达店	白龟山	薛庄	大营	宝丰	梁洼
08-06	7	8	16.1	8	3.7	3.5	11.6	12.3	12.7	16.7
	8	9	3.1	2	0.5	1.5	2	2	10	2
	9	10	0.5	2.5	0.5	3.7	1.8	3	9.7	2
	10	11	0.5	4	0.5	5.6	7	3	3	2
	11	12	0.7	4	0.5	27.7	6.2	3.3	2.9	2.7
	12	13	6.6	2	0.5	0.5	9	5	6	7.5
	13	14	1	2	0.5	0.5	9.5	4.5	6.4	7.5
	14	15	1	4	0.5	0.2	1	1	0.5	0.5
	15	16	1	4	3.1	3.1	1	1	0.5	0.5
	16	17	1	1.5	4.3	1	1	1	0.5	0.5
	17	18	1	1.5	1.8	1	2	1	0.5	0.5
	18	19	1	1.5	2.9	2.4	2	1	0.9	1
	19	20	1.4	1.5	5.6	4.1	2	1	0.9	1.1
	20	21	4.9	1.5	3.3	8.8	18	1	5	10
	21	22	14.6	1.5	0.5	1	18.8	1	3.7	11.2
	22	23	3.6	1.5	0.5	1	5.5	1	13	10
	23	24	2.9	1.5	1.4	2.2	6	1	12.7	11.5
08-07	0	1	4.9	1	8.7	6.4	4	1	2	2
	1	2	6.7	0.5	2.1	1.4	4.2	1	1.4	2.2
	2	3	6.8	13	5.1	4.8	8	1	7	5
	3	4	21.7	12.7	4.1	1.9	8.5	1	6.8	5.4
	4	5	0.5	8	3	5.3	6	1	1	2
	5	6	0.5	8.3	6.6	10.6	5.2	1	1.2	2
	6	7	4.6	4	8.5	4.5	4	1	3	2
	7	8	2	4.2	5	1.9	3	0.3	3.9	0.9
	8	9	1	5.4	9	6.6	2		0.1	0.5
	9	10	1	5.4	5.9	4.9	2		0.1	0.5
	10	11	0.5	6	6	2.4	2	0.5	0.1	0.5
	11	12	0.5	6.2	0.9	3	1	0.5	0.2	0.5
	12	13	0.9	4	3.3	5.7	4	0.5	3	0.7
	13	14	5.8	4.9	9.9	5.9	4.3	0.5	3.1	1
	14	15	6.6	6	11	4	6	3	4	6
	15	16	8.1	7.5	9.8	3.1	5.6	3.8	4.7	6
	16	17	2.2	4	3.4	3.4	2	0.4	1.5	1
	17	18	3.5	3.5	2	1	2	0.4	1.5	1

续表2-6

时间(月-日)	起	止	鲁山	澎河	达店	白龟山	薛庄	大营	宝丰	梁洼
08-07	18	19	3.1	2	2	1	2	0.4	1.5	1
	19	20	1	2.2	2	1.2	2	0.4	1.5	1
	20	21	1	6	1.4	3.9	2	0.4	1.5	1
	21	22	0.5	5.7	4.7	6.3	2.1	0.6	1.4	1.9
	22	23	7.1	5	7.9	0.9	7	4	7	5
	23	24	7.9	5.8	8	3	6.8	3.1	6.5	5.6
08-08	0	1	5.6	11	27.6	4.1	5	6	4	6
	1	2	8	11	25.3	13.8	4.2	6.3	4.8	6.2
	2	3	5.9	7	68.1	1	3	4	1.5	3
	3	4	3.1	8	71.9	1	2.7	5.2	1.5	2.1
	4	5	4.4	3	58.7	1	1	4	1.6	2
	5	6	3.3	2.6	8	1	1	3.3	1.9	2
	6	7	1	1	2.5	1	2	1	1.9	2
	7	8	0.5	0.5	7.2	1.8	1.5	1.7	1.9	1.3
	8	9	5.2	1	4.7		1.7			
	9	10		1	0.4					
	10	11		1	0.4			0.4	0.3	0.3
	11	12		1	2.6			0.4	0.3	0.3
	12	13		1	4.6			0.4	0.3	0.3
	13	14		1				0.4	0.3	0.3
	14	15		1				0.4	0.3	0.3
	15	16		1		0.2		0.4	0.3	0.3
	16	17		1	6.1			0.4	0.3	0.3
	17	18		1	0.6			0.4	0.2	0.3
	18	19		1	0.6			0.4	0.2	0.3
	19	20		1.9				0.4	0.2	0.3
	20	21						0.4	0.2	0.3

续表2-6

时间(月-日)	起	止	鲁山	澎河	达店	白龟山	薛庄	大营	宝丰	梁洼
08-08	21	22						0.4	0.2	0.3
	22	23						0.4	0.2	0.3
	23	24						0.4	0.2	0.3
08-09	0	1						0.4	0.2	0.3
	1	2						0.4	0.2	0.3
	2	3						0.4	0.2	0.3
	3	4						0.4	0.2	0.3
	4	5						0.4	0.2	0.3
	5	6						0.4	0.2	0.2
	6	7						0.4	0.2	0.2
	7	8						1.4	0.2	0.2
	合计		278	348.1	643.8	274.3	309.1	179.9	260.8	243.8

表2-7　各站逐日降雨量　　　　　　　　　（单位:mm）

时间(月-日)	鲁山	澎河	达店	白龟山	薛庄	大营	宝丰	梁洼
08-05	97.8	123.3	198.3	92.0	98.5	82.0	96.4	87.7
08-06	92.5	88.2	70.0	101.1	135.7	38.1	102.5	92.0
08-07	82.5	123.7	355.5	81.0	73.2	50.0	56.8	57.8
08-08	5.2	12.9	20	0.2	1.7	9.8	5.1	6.3
合计	278.0	348.1	643.8	274.3	309.1	179.9	260.8	243.8

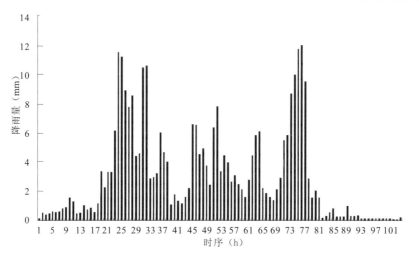

图2-1　1975年8月5日00:00至1975年8月8日08:00流域时段降雨

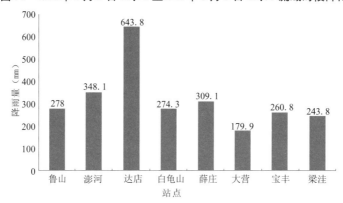

图2-2　1975年8月5日00:00至1975年8月8日08:00各站总降雨量

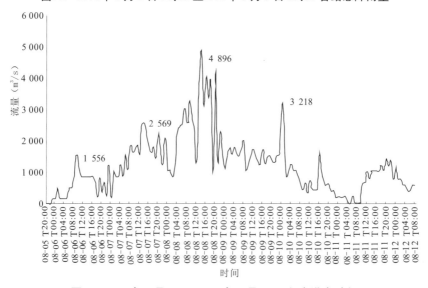

图2-3　1975年8月5日至1975年8月12日入库洪水过程

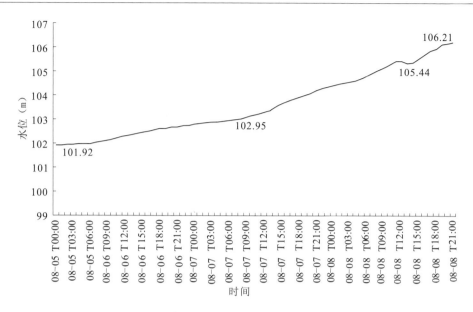

图2-4　1975年8月5日至1975年8月8日水位过程

2.2.4.4　1982年洪水

（1）洪水概况。

1982年7月29日至8月2日，受9号台风影响，暴雨自沙河上游开始，鲁山县双石滚站12 h降雨508.1 mm，是该地区稀有的大强度暴雨。7月29日至8月2日5 d降雨量，沙河上游双石滚804.9 mm，二郎庙632.7 mm。北汝河紫罗山站7月30日出现洪峰流量7 050 m³/s，为新中国成立以来最大值，8月1日又出现4 380 m³/s洪峰，致使襄城站出现洪峰水位84.34 m，超过当年保证水位1.84 m，通过大陈闸洪峰流量3 900 m³/s，超过当年保证流量1 300 m³/s，均为新中国成立以来最大值。由于昭平台、白龟山两水库拦蓄了沙河上游洪水，同时北汝河右岸在湛河洼滞洪，避免了泥河洼的运用。

8月11～13日，澧河上游与沙、汝河中部再次同时出现暴雨洪水，14日澧河何口站最高水位71.09 m，超过保证水位0.69 m，洪峰流量2 130 m³/s，罗湾进洪闸分洪，最大进洪流量610 m³/s。北汝河大陈闸14日出现洪峰2 320 m³/s，沙汝区间汇流加上白龟山水库下泄洪水，使漯河站出现洪水位62.34 m，超过保证水位0.64 m，相应流量3 600 m³/s。为确保漯河市及铁路桥安全，马湾控制下泄1 500 m³/s，向泥河洼分洪流量1 550 m³/s，泥河洼最大蓄洪0.9亿 m³。15日周口站出现洪峰水位49.34 m，洪峰流量2 840 m³/s。

1982年暴雨洪水，沙颍河流域许昌、漯河、平顶山市受灾125.55万亩，成灾94.5万亩。

（2）白龟山水库流域雨水情见表2-8、表2-9、图2-5～图2-8。

表2-8 1982年8月12日00:00 至1982年8月15日00:00 降雨过程 (单位:mm)

时间(月-日)	起	止	熊背	鲁山	澎河	达店	白龟山	薛庄	大营	宝丰	梁洼
08-12	0	1				0.3					
	1	2				0.3					
	2	3									
	3	4				0.1					
	4	5				0.1					
	5	6				0.1					
	6	7					1				0.1
	7	8			7.6	4	1.3				0
	8	9	1.5	1	1	0.5	3.2	1	7.2	4	1.5
	9	10	1.5	1	1	8.5	2	1.3	7.2	4.4	5.7
	10	11	1.5	2.7		7	3.1	3.4	1	1	1
	11	12	1.5	2.7		1	4.3	2	0.9	1	1
	12	13	1	1		1	9.8	0.7	4	1	1
	13	14	1	1		1	6.4	2.6	3.5	2.7	2.1
	14	15	2.6	1		0.5	5	3.4	1	2.5	3.2
	15	16	0.5	1		1	0.5	3.4	1	2.6	0.5
	16	17	0.5	1		1	1.4	0.5	1	0.1	0.5
	17	18	0.5	1		1		0.5	1	0.1	0.5
	18	19	0.4	1		0.5		0.5	1		0.5
	19	20	0.3	0.1		0.2		0.6	0.2		0.9
	20	21	1.5	1	2.1	3		1	0.5	1	
	21	22	4	1	4	0.5		0.9	0.5	1	1.4
	22	23	0.7	1	0.7	0.5	0.1		0.5	1	1.4
	23	24	3.5	1	3.9	1		0.1	0.5	1	
08-13	0	1	0.7	1	0.6				0.5		
	1	2	6.4	1.1	9.6	1.4	0.2		1.1		
	2	3	7.2	5.4	1.7	5.1	10.3	1.7	4	4	2.5
	3	4	3.8	5.4	1.7	5.4	11.5	11.3	4.5	4.6	6.9
	4	5	4.8	3.3	5.8	6.4	13.7	11.7	3	5	3
	5	6	4.2	3.3	6.2	6.4	8.9	17.3	2.7	5.5	3
	6	7	3	2	6.4	1.1	6.5	8.8	2	1.9	3

续表2-8

时间(月-日)	起	止	熊背	鲁山	澎河	达店	白龟山	薛庄	大营	宝丰	梁洼
08-13	7	8	23.8	2	12.1	2.6	6.5	6	1.9	2	3.7
	8	9		0.5	2.2	5	4.1	4.7	0.5	1	0.5
	9	10		0.5	9.1	4.3	2.7	0.4	0.5	1	0.5
	10	11		0.5	3	1	1	0.4	0.5	1	0.5
	11	12		0.5	1	1	0.5	0.4	0.5	0.9	0.5
	12	13		0.5	2	1	0.4				1
	13	14		0.5	0.9	1					
	14	15		0.5	3.4	0.5			0.3		
	15	16		1.4	1				0.3		1.4
	16	17			1	0.2					
	17	18									
	18	19			0.3						
	19	20									
	20	21			2						
	21	22			0.9						
	22	23							0.1	4	
	23	24						0.6		4.5	
08-14	0	1		0.4	0.1	2.3		0.6	16	5	1
	1	2		0.4	4.9	3.5			15	4.2	1
	2	3		13.3	9	4.8	0.8		4	20	0.8
	3	4		13.3	8.9	1	3.2		4.5	20.4	2.8
	4	5		15.5	8.2	1	4.5	5.5	9	40	3.2
	5	6		15.5	4.8	0.5	5.7	9	10.1	40.9	16.7
	6	7		6.3	3.9	0.6	14.1	11.7	10	7	12
	7	8		6.3	1.1		16.4	9.8	11	7	11.4
	8	9	1.6	0.3	3.9	1	8.4	1	5	2.2	0.9
	9	10		0.3	0.2	0.7	2.2	1.3	4.9	2.2	0.9
	10	11									
	11	12									
	12	13									
	13	14									

续表2-8

时间(月-日)	起	止	熊背	鲁山	澎河	达店	白龟山	薛庄	大营	宝丰	梁洼
08-14	14	15	0.1								
	15	16									
	16	17					0.1				
	17	18									
	18	19									
	19	20									
	20	21									
	21	22									
	22	23									
	23	24	0.3								

表2-9　各站逐日降雨量　　　　　　　　　　　　　　　（单位:mm）

时间(月-日)	熊背	鲁山	澎河	达店	白龟山	薛庄	大营	宝丰	梁洼
08-12	76.4	42.0	64.4	61.5	95.7	78.7	50.7	46.4	43.4
08-13	0	75.9	67.7	27.7	53.4	43.1	82.3	156.9	53.3
08-14	1.6	0.6	4.1	1.7	10.6	2.3	9.9	4.7	1.8
合计	78.0	118.5	136.2	90.9	159.7	124.1	142.9	208.0	98.5

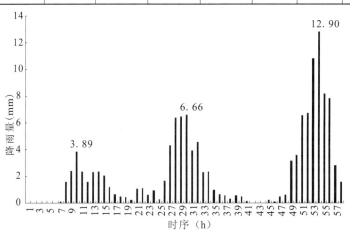

图2-5　1982年8月12日00:00至1982年8月15日00:00流域时段降雨

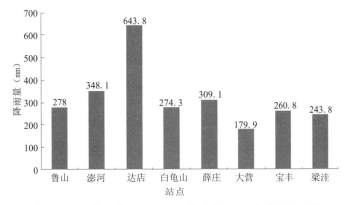

图2-6　1982年 8 月 12 日至1982年 8 月 15 日各站总降雨量

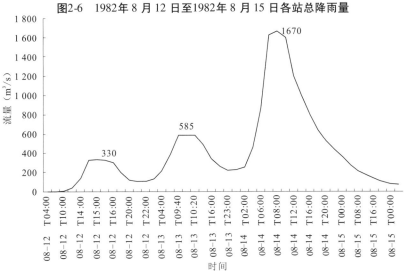

图2-7　1982年 8 月 12 日至1982年 8 月 15 日入库洪水过程

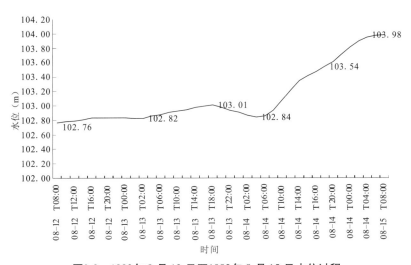

图2-8　1982年 8 月 12 日至1982年 8 月 15 日水位过程

2.2.4.5　2000年洪水

（1）洪水概况。

2000年6月24~28日,由于受西太平洋副热带高压西伸北抬和冷锋、切变线共同影响,沙颍河流域普降大到暴雨,暴雨中心位于漯河、平顶山西南部,5 d累计最大点雨量昭平台水库上游坪沟站451 mm,白龟山水库上游澎河水库429 mm,孤石滩水库上游四里店站414 mm;昭平台水库以上次平均降雨270 mm,白龟山水库以上次平均降雨250 mm,孤石滩水库以上次平均降雨396 mm,澧河何口站以上流域次平均降雨量300 mm。甘江河官寨站26日5时洪峰流量2 600 m³/s;何口站26日9时30分洪峰流量2 400 m³/s;26日7时30分,罗湾闸向泥河洼滞洪区分洪,最大分洪流量750 m³/s,分洪总量为0.24万亿m³。泥河洼滞洪区最高蓄水位64.22 m。澧河出现约15年一遇的洪水。

7月2~7日受副热带高压、切变线和华北低涡的共同影响,沙颍河普降暴雨或大暴雨。6 d累计最大点雨量郏县雨量站525 mm,方城县罗汉山雨量站497 mm、拐河雨量站433 mm。甘江河官寨站7月4日8时洪峰流量2 180 m³/s;澧河何口站4日15时30分洪峰流量2 220 m³/s;罗湾分洪闸于4日11时42分开启向泥河洼滞洪区分洪,最大分洪流量750 m³/s,分洪总量0.52亿m³;沙河马湾站7月4日23时洪峰流量1 890 m³/s,为保证沙河河道堤防安全和京广铁路正常运行,沙河马湾分洪闸向泥河洼分洪,最大分洪流量820 m³/s;分洪总水量0.65亿m³;该次洪水泥河洼滞洪区最高蓄水位67.02 m,最大滞蓄洪量1.42亿m³。漯河站7月5日12时30分洪峰水位62.20 m,相应洪峰流量3 200 m³/s,超过保证水位0.50 m,洪峰水位离京广铁路老桥桥底板仅0.33 m,超保证水位行洪达13 h。京广铁路漯河段两次限速运行。昭平台水库出现历史最高水位172.68 m,最大入库流量4 000 m³/s,最大下泄流量800 m³/s;白龟山水库最大入库流量4 511 m³/s,最高水位103.36 m,最大下泄流量1 500 m³/s;孤石滩水库最大入库流量2 250 m³/s,最高水位154.82 m,最大泄量375 m³/s。

7月12~13日,平顶山南部、漯河大部降了特大暴雨,最大点雨量方城治平雨量站180 mm、金汤寨165 mm;官寨以上平均降雨130 mm,何口以上平均雨量100 mm。沙河支流澧河又出现了一次较大洪水过程,甘江河官寨站13日9时洪峰流量3 300 m³/s,澧河何口站13日15时洪峰水位71.21 m,相应流量2 450 m³/s。泥河洼罗湾进洪闸于7月13日11时42分第三次开闸分洪,最大分洪流量780 m³/s,分洪量为0.17亿m³。

7月14日8时至16日8时,漯河、平顶山、周口等地普降暴雨和大暴雨,暴雨中心位于沙河支流澧河上游。暴雨主要集中在14日14时至15日8时18 h之内,最大点雨量叶县官寨站334 mm,舞阳县保河雨量站297 mm,官寨以上平均降雨225 mm,何口以上平均降雨240 mm。沙颍河及其支流出现了大洪水过程,甘江河官寨站15日5时30分洪峰流量6 000 m³/s,为新中国成立以来仅次于"75·8"洪水的第二大流量,为约50年一遇洪水;澧河何口站15日9时30分洪峰水位72.37 m,相应流量3 020 m³/s,是该站新中国成立以来实测最高水位和最大流量;罗湾闸7月15日3时12分第四次开启向泥河洼分洪,由于澧河河道水位较高,洪水从闸顶漫过,最大分洪流量1 090 m³/s,分洪总量0.44亿m³;泥河洼滞洪区7月16日6时出现最高水位66.90 m,最大蓄量1.32亿m³;漯河站15日23时洪峰水位61.07 m,相应流量2 870 m³/s;周口站7月17日22时洪峰水位49.79 m,超保证水位0.59 m,为新中国成立以来仅次于"75·8"洪水的第二高水位,相应流量2 860 m³/s,超保证水位行洪65 h。受该次暴雨洪水的影响,甘江河下游段全线漫溢,右岸漫溢水深约1 m。澧河上澧河店至何口约30 km河段左堤漫堤,漫堤水深0.60～0.70 m,导致罗湾以上左右岸堤防7处决口,左堤漫决洪水最终汇入泥河洼滞洪区;右堤上澧河店至何口约30 km河段多处漫溢,漫溢水深约0.3 m,漫决洪水一部分流入澧河支流唐河,另一部分洪水通过三里河、淤泥河进入小洪河杨庄和老王坡滞洪区,舞阳县一片汪洋。

(2)白龟山水库流域雨水情见表2-10～表2-12,图2-9～图2-11。

表2-10　2000年7月3日08:00至2000年7月5日08:00降雨过程　　　　　（单位:mm）

时间（月-日）	起	止	白村	宝丰	薛庄	大营	梁洼	澎河	鲁山	米湾	熊背	达店	二道庙	白龟山
07-03	8	9		5	4	2					1	1		2
	9	10	1	3	3	1	2	2	2	3	1	2	3	7
	10	11	1	3		2	1	2	1	2	3	3	2	3
	11	12	1	1	1	2	2	1	1	1	1			2
	12	13			2		1	3				1	1	7
	13	14	4	2	3			3	1	1	1	5	2	1
	14	15	8	1	8	1		17	6		5	7	5	3
	15	16	9	14	20	1	20	20	15	5	7	6	8	13
	16	17	4	12	3	8	15	4	8	5	8	8	11	9
	17	18	4	9	1	14	13	4	13	20	14	6	10	
	18	19	6	11	5	6	22	5	35	4	22	5	12	5
	19	20	7	14	4	2	27	10	29	3	7	13	18	4
	20	21	45	19	9	5	5	18	8	16	5	8	9	4
	21	22	34	7	44	6	16	9	14	8	17	20	28	25
	22	23	33	14	54	12	14	7	18	6	24	13	9	14
	23	24	7	7	12	5	7	9	18	12	15	16	25	9
07-04		1	19	3	5	1	17	21	18	8	21	11	22	5
	1	2	43	10	22	16	11	24	11		9	36	13	7
	2	3	7	24	15	3	5	7	5	2	5	5	6	23
	3	4	6	11	5	2	3	4	4	4	5	4	6	9
	4	5	4	4	5	4	4	6	3	4	6	4	6	4
	5	6	6	4	6	1	4	3	7	3	10	12	4	7
	6	7	4	3	4	3	1	4	2	1	5	16	4	6
	7	8	3		1	3		13			2	23	4	3

续表2-10

时间(月-日)	起	止	白村	宝丰	薛庄	大营	梁洼	澎河	鲁山	米湾	熊背	达店	二道庙	白龟山
07-04	8	9	6	6	8	2	4	6	5		6	13	2	6
	9	10	2	7	6	1	3	3	3	3	2	2	4	9
	10	11	2	3		2	2	2	3	2	4	3	2	4
	11	12	1	1	1	3	2	1	1	2	1		2	2
	12	13	3	1	3	2	4	6	4	9	8	10	10	9
	13	14	9	9	7	2	3	12	6	5	7	5	9	3
	14	15	11	4	13	3	4	20	7	1	5	7	5	10
	15	16	10	15	20	3	20	20	16	6	7	6	9	14
	16	17	4	12	3	8	15	5	5	5	8	8	11	10
	17	18	4	9	1	14	13	6	13	20	14	9	10	1
	18	19	14	27	14	6	23	7	37	4	22	7	14	13
	19	20	13	16	13	2	27	10	29	3	7	13	18	6
	20	21	46	19	9	5	5	18		16	5	8	9	4
	21	22	34	7	44	6	16	9	14	8	17	20	28	25

表2-11　2000年7月3日8:00至2000年7月4日8:00降雨过程　　　　（单位:mm）

时间(月-日)	起	止	白村	宝丰	薛庄	大营	梁洼	澎河	鲁山	米湾	熊背	达店	二道庙	白龟山
07-03	22	23	33	14	54	12	14	8	18	6	24	13	9	14
	23		7	7	12	5	7	9	18	12	15	16	25	9
		1	20	3	5	1	17	22	18	8	21	12	22	5
07-04	1	2	43	10	22	16	11	24	7	3	9	36	13	7
	2	3	7	24	15	3		5	7	4	5	5	6	23
	3	4	6	11	5	2	3	4	4	4	5	4	6	9
	4	5	4	4	5	4	4	6	3	4	6	4	6	4
	5	6	6	4	6	1	4	3	7	3	10	12	4	7
	6	7	4	3	4	3	1	4	2	1	5	16	4	6
	7	8	3		1		3		13		5	23	4	3

表2-12　各站逐日降雨量　　　　（单位:mm）

日期(月-日)	白村	宝丰	薛庄	大营	梁洼	澎河	鲁山	米湾	熊背	达店	二道庙	白龟山
07-03	256	181	236	100	190	197	215	111	194	225	209	172
07-04	36	35	35	9	17	28	21	16	21	27	23	31
合计	292	216	271	109	207	225	236	127	215	252	232	203

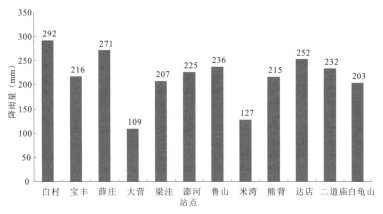

图2-9　2000年7月3日08:00至2000年7月5日08:00各站总降雨量

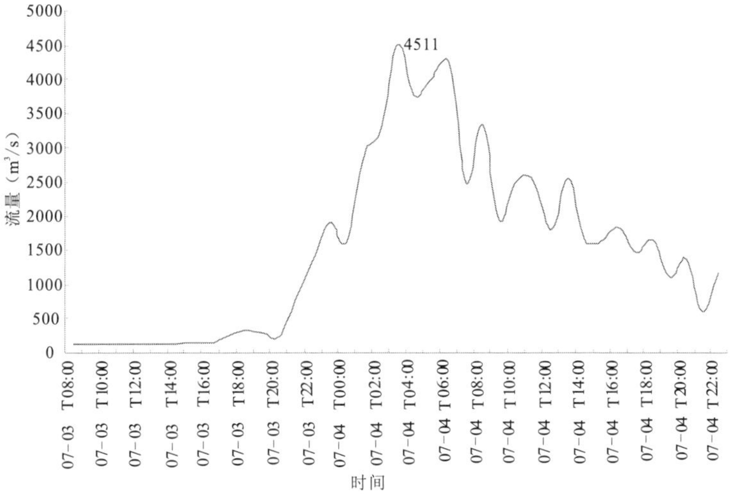

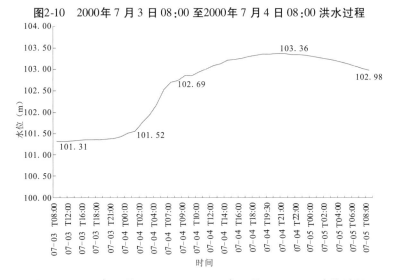

图2-10　2000年7月3日08:00至2000年7月4日08:00洪水过程

图2-11　2000年7月3日08:00至2000年7月5日08:00水位过程

2.2.4.6　2004年洪水

（1）洪水概况。

受副热带高压、华北低槽的共同影响,7月16日8时至17日8时,沙颖河支流澧河上游发生了特大暴雨。累计最大点雨量,叶县官寨水文站431 mm,方城县独树雨量站430 mm,金汤寨雨量站412 mm。沙澧河支流甘江河官寨水文站以上平均降雨量363 mm,澧河何口水文站以上平均降雨量359 mm。此次暴雨的特点:一是降雨量大、强度高、历时短。降雨主要集中在16日10时至17日6时的20 h内,暴雨中心区的官寨、金汤寨、独树站24 h点雨量均超过400 mm,达50年一遇;澧河以上区域平均日降雨仅次于"75·8"暴雨,日降雨量级达50年一遇。二是移动型降雨,雨型恶劣,洪水峰高量大,且汇流速度快。降雨区先在河道上游,随着洪水的汇流,降雨也向下游移动,且强度不断增加,洪水不断叠加,造成下游洪水涨势迅猛,峰高量大。

受这次强降雨过程影响,甘江河官寨水文站7月17日7时洪峰水位69.79 m,流量5 350 m³/s(保证水位68.50 m,保证流量3 300 m³/s)。澧河何口水文站7月17日8时洪峰水位72.36 m,流量为3 020 m³/s(保证水位70.40 m、流量2 400 m³/s)。甘江河、澧河出现了近30年一遇的大洪水,排新中国成立以来第三位。由于遭遇超标准洪水,大大超过了河道的过流能力,澧河舞阳县何口以上河段水位超过保证水位1.3~2.0 m,致使罗湾以上约30 km堤防出现漫溢,发生决口9处。何口站17日4时水位71.34 m,流量2 400 m³/s,为确保沙澧河下游安全及京广铁路、京珠高速公路、107国道的正常运行,何口下游2 km处罗湾分洪闸(河道保证流量1 900 m³/s)于17日4时10分开闸向泥河洼滞洪区分洪,19时42分关闸,分洪历时15 h 32 min,罗湾分洪总量0.38 m³。南岸漫决洪水全部进入唐河洼,北堤漫决洪水进入泥河洼。

2004年大洪水,漯河市受灾面积139.5万亩,受灾人口147万,直接经济损失9.2亿元。

（2）白龟山水库流域雨水情见表2-13、表2-14,图2-12~图2-14。

表2-13　2004年7月15日08:00至2000年7月17日08:00降雨过程　　（单位:mm）

日期(月-日)	起	止	白村	宝丰	薛庄	大营	梁洼	澎河	鲁山	米湾	熊背	达店	二道庙	白龟山
07-15	8	9												
	9	10												
	10	11												
	11	12												
	12	13												
	13	14				4								
	14	15							13					
	15	16					5		4					
	16	17		2										
	17	18		2										

续表 2-13

日期(月-日)	起	止	白村	宝丰	薛庄	大营	梁洼	澎河	鲁山	米湾	熊背	达店	二道庙	白龟山
07-15	18	19												
	19	20												
	20	21												
	21	22												
	22	23												
	23													
07-16		1												
	1	2												
	2	3												
	3	4												
	4	5												
	5	6						2			1		2	
	6	7	26	17	17	12	20	11	29		33		48	1
	7	8	48	12	64	3	9	7	9	32	12	20	17	10
	8	9	7	6	54		3	34				11	1	13
	9	10	11	1	5		1	1	7	1	17		20	13
	10	11		5	2	1	8	4	10			1		17
	11	12					1	1						17
	12	13												
	13	14						1		1			1	
	14	15								1	1	4		
	15	16	4	1	2	2	2	5	8	2	4	5	4	
	16	17	6	4	4	4	3	6	5	2	18	3	16	5
	17	18	9	4	7	5	6	3	9	8	5	1	6	1
	18	19	2	6	2	4	7		2	12	1	1	2	1
	19	20	1	3	1	2	3	2	1	2	1	9	1	1
	20	21	5	2	2	1	1	20	1	1	10	9	14	19
	21	22	3	1	4			1	2	1	6		1	9
	22	23	2	2	1	1		6	4	10	2	10	7	2
	23			3	3	3		2	5	2	2	4	13	3
07-17		1	7	7	1	7	6	15	7	7	7	19	9	13
	1	2	3	3	6	3	3	5	1	3	3	7	4	3
	2	3	5	4	3	5	4	6	4	5	5	4	5	5
	3	4	6	2	4	1	1	5	3	1	4	2	2	6
	4	5	2	1			3		4	2	5	4	6	4
	5	6	4	1	3		3	7	1	2	1	3	4	2
	6	7	8	1	4		2	11	6	1	8	6	7	5
	7	8	6	3	3	4	3	10	5	3	3	6	5	5

表2-14　各站逐日降水量　　　　　　　　　　　　　　　（单位:mm）

日期(月-日)	白村	宝丰	薛庄	大营	梁洼	澎河	鲁山	米湾	熊背	达店	二道庙	白龟山
07-15	74	33	81	19	34	20	55	32	46	20	67	11
07-16	94	60	111	41	67	146	88	59	113	115	119	145
合计	168	93	192	60	101	166	143	91	159	135	186	156

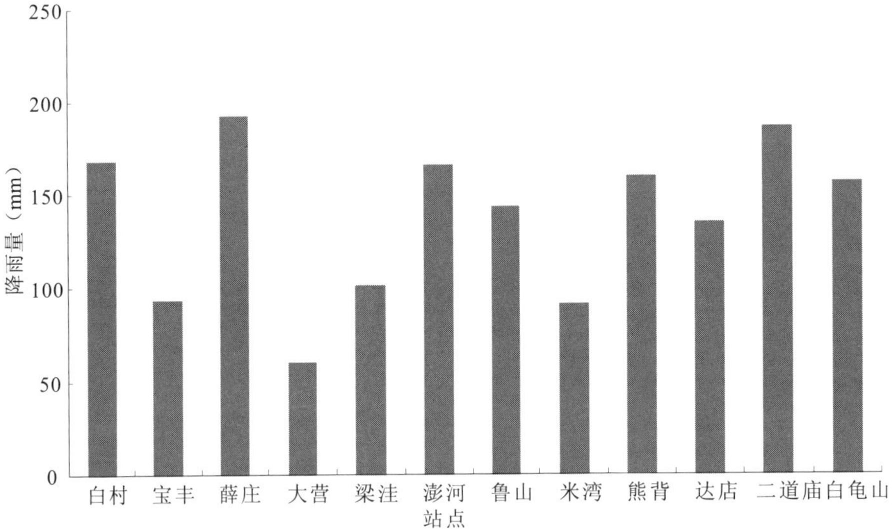

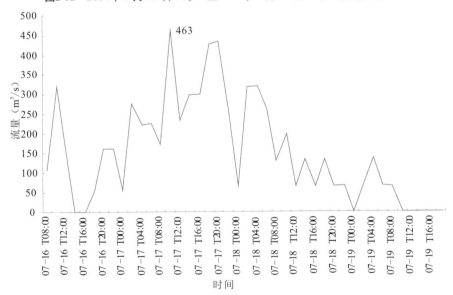

图2-12　2004年7月15日08:00至2004年7月17日08:00各站总降雨量

图2-13　2004年7月16日08:00至2004年7月19日08:00洪水过程

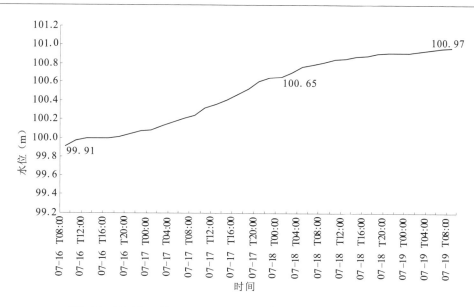

图2-14　2004年7月16日08:00至2004年7月19日08:00水位过程

2.2.5　历次设计洪水复核

白龟山水库自建成以来,设计洪水曾多次进行过复核(1964年、1979年和1993年),其中经过正式审定的有1964年和1979年两次。1993年复核成果编入《沙河昭平台、白龟山水库除险加固工程可行性研究报告》。

2.2.5.1　1964年复核

河南省水利厅于1963年6月提出《沙河昭平台、白龟山设计洪水修改报告》,经水利部水电建设总局审查,以水〔63〕勘字第178号文批复;根据审查意见,又于1964年5月提出《沙河昭平台、白龟山设计洪水补充计算》,报总局。沙河昭平台、白龟山设计洪水采用成果见表2-15。

表2-15　沙河昭平台、白龟山设计洪水采用成果(1964年5月)

洪水组合	项目	均值	变差系数	C_s/C_v	重现期(年)				
					5	10	20	100	1 000
昭平台以上	洪峰流量(m³/s)	2 200	1.0	2.5	3 440	4 970	6 680	12 800	20 000
	24 h 洪量(亿 m³)	0.75	0.75	2.5	1.15	1.5	1.85	2.62	4.44
	3 d 洪量(亿 m³)	1.23	0.70	2.5	1.83	2.38	2.9	4.05	6.75
	7 d 洪量(亿 m³)	1.70	0.70	2.5	2.55	3.3	4.01	5.6	9.32
	15 d 洪量(亿 m³)	2.16	0.70	2.5	3.25	4.19	5.10	7.10	11.84
昭白区间	洪峰流量(m³/s)	2000	0.75	2.5	3 000	4 290	4 910	8 950	13 400
	24 h 洪量(亿 m³)	1.17	0.60	2.5	0.91	1.17	1.45	1.97	3.28
	3 d 洪量(亿 m³)	1.42	0.53	2.5	1.45	1.80	2.26	3.04	4.96
	7 d 洪量(亿 m³)	1.62	0.58	2.5	2.05	2.59	3.13	4.22	6.90
	15 d 洪量(亿 m³)	1.87	0.62	2.5	2.59	3.29	3.96	5.34	8.70

续表 2-15

洪水组合	项目	均值	变差系数	C_s/C_v	重现期（年）				
					5	10	20	100	1 000
白龟山以上	洪峰流量（m^3/s）	3 700	0.70	2.5	5 400	7 380	8 700	15 400	22 500
	24 h 洪量（亿 m^3）	2.33	0.60	2.5	2.24	2.66	3.30	4.57	7.46
	3 d 洪量（亿 m^3）	3.24	0.55	2.5	3.55	4.25	5.15	7.03	11.30
	7 d 洪量（亿 m^3）	3.83	0.55	2.5	4.94	5.90	7.16	9.76	15.70
	15 d 洪量（亿 m^3）	4.35	0.59	2.5	6.25	7.48	9.06	12.38	19.90

2.2.5.2　1979 年复核

1979年设计洪水复核,将洪水系列延长到1977年,昭平台水库以上系列长度为 27 年（1951 ~ 1977年）,昭白区间、白龟山以上洪水系列为 26 年,编入《沙河昭平台、白龟山水库加固设计水文复核报告》（简称《1979年报告》）。1979年水文复核时各单元设计洪水同时采用三种方法计算:①根据流量资料计算设计洪水;②根据雨量资料计算设计洪水;③按区域综合法计算设计洪水。

2.2.5.3　1993 年复核

1993年复核时将1951 ~ 1977年（27 年）延长至1988年（38 年）进行计算。鉴于白龟山水库以上有较多的中小型水库及引水工程,人类活动对径流过程有一定的影响,且缺少有关资料可供还原分析。为了对延长以后的成果作合理性分析,补充延长了雨量系列。

1993年设计洪水复核时,对比了 38 年系列与原来 27 年系列均值的差别。两个系列时段雨量均值也作了对比。

将延长后的38 年系列各单元洪峰及洪量与1979年作的 27 年系列均值进行比较,由于补充系列属偏枯年份,所以长系列比短系列均值小,减小6.9% ~ 8.6%,只有昭白区间长、短系列差值比较大。面雨量系列不受人类活动影响,白龟山水库以上 38 年系列与1979年 27 年系列相比,时段面雨量减小幅度在 6% 以内,仍采用《1979年报告》的洪水成果。

2.2.5.4　2001 年复核

本次洪水系列,将1951 ~ 1988年（38 年）洪水系列,从1989年延长至2001年。延长之后系列长度,昭平台水库以上为 51 年（1951 ~ 2001年）。昭白区间、白龟山水库以上,延长以后为50 年（1952 ~ 2001年）。白龟山水库以上中小型水库总库容达到1.1亿 m^3,总控制面积353.8 km^2。此外,白龟山水库建库之后,昭白区间引水、库区直接供电厂、水厂用水,连同库区渗漏等调查水量年均为7 000万 ~ 15 000万 m^3。这些蓄水引水工程对洪水系列一致性有一定的影响。按照《水利水电工程设计洪水计算规范》（SL 44—1993）2.1.4条,将资料还原到同一基础,并对还原资料应进行合理性检查。

2.2.6　目前采用的设计洪水成果

目前设计洪水仍采用已经批准过的1979年成果（经水利部规划设计管理局以〔1980〕水规字第 019 号文批准）。设计洪水成果见表2-16 ~ 表2-18。设计洪水组合:一种是昭平台以上设计,昭白区间相应;另一种是昭白区间设计,昭平台以上相应。

表2-16 白龟山以上各分区设计洪水复核采用成果

项目	昭平台以上				昭白区间				白龟山以上		
	Q	W_{24h}	W_{3d}	W_{7d}	Q	W_{24h}	W_{3d}	W_{7d}	W_{24h}	W_{3d}	W_{7d}
	(m³/s)	(×10⁶m³)	(×10⁶m³)	(×10⁶m³)	(m³/s)	(×10⁶m³)	(×10⁶m³)	(×10⁶m³)	(×10⁶m³)	(×10⁶m³)	(×10⁶m³)
5 年一遇	5 320	149.4	223.9	296.1	3 340	99.4	140.3	183.3	230.4	339.4	449.1
10 年一遇	7 620	209.2	306.6	405.3	4 860	144.9	204.4	262.7	315.4	464.7	604.9
20 年一遇	9 930	268.9	390.8	516.6	6 410	191	269.4	342.2	402	592.3	760.7
50 年一遇	13 050	348.6	500.5	661.7	8 530	254.2	358.6	449.7	514.8	758.6	962.3
100 年一遇	15 460	410.4	584.7	772.9	10 170	302.9	427.3	532.8	601.4	886.1	1 118.1
500 年一遇	21 010	552.8	778.6	1 029.3	13 990	416.5	588.1	724.6	800.8	1 180	1 472.5
1 000 年一遇	23 440	614.5	861.2	1 138.6	15 670	466.9	658.7	807.7	885.9	1 305	1 622.2
2 000 年一遇	25 850	675.3	943.9	1 247.8	17 290	514.9	726.9	890.8	970.9	1 431	1 773.4
5 000 年一遇	29 077	756.46	1 053.6	1 392.9	19 492	580.36	819.38	1 002	1 084	1 597	1 972
10 000 年一遇	31 490	818.7	1 137.8	1 504.2	21 190	631.5	890.9	1 085	1 170	1 724	2 126.3
均值	3 546	99.6	150.3	198.7	2 210	65.8	92.9	122.2	154.6	227.8	305.5
C_v	0.90	0.85	0.8	0.8	0.95	0.95	0.95	0.90	0.80	0.80	0.75
C_s/C_v	2.5	2.5	2.5	2.5	2.5	2.5	2.5	2.5	2.5	2.5	2.5

表2-17 白龟山水库以上设计洪水过程线(昭平台以上设计,昭白区间相应)

(单位时段:1 h,$N=2\,000$年、$5\,000$年均已计入安全修正值)

时段	昭平台以上设计					昭白区间相应				
	典型	$P=10\%$	$P=1\%$	$P=0.05\%$	$P=0.02\%$	典型	$P=10\%$	$P=1\%$	$P=0.05\%$	$P=0.02\%$
1	700	502	957	1 869	2 085	237	94.8	101.3	105.5	99.1
2	1 407	1 009	1 924	3 757	4 191	183	73.2	78.2	81.5	76.5
3	2 113	1 516	2 890	5 641	6 292	130	52	55.5	57.9	54.4
4	2 820	2 023	3 857	7 529	8 399	113	45.2	48.3	50.3	47.3
5	2 240	1 607	3 064	5 980	6 671	97	38.8	41.4	43.2	40.6
6	1 660	1 191	2 271	4 432	4 944	80	32	34.2	35.6	33.5
7	1 080	775	1 477	2 883	3 216	110	44	47	49	46
8	913	655	1 249	2 437	2 719	220	89	94	97	92
9	747	536	1 022	1 994	2 224	330	133	140	146	138

续表 2-17

时段	昭平台以上设计					昭白区间相应				
	典型	$P=10\%$	$P=1\%$	$P=0.05\%$	$P=0.02\%$	典型	$P=10\%$	$P=1\%$	$P=0.05\%$	$P=0.02\%$
10	580	416	793	1 548	1 727	696	280	296	308	292
11	553	397	756	1 477	1 647	1 061	428	451	470	445
12	527	378	721	1 407	1 569	1 427	575	607	632	599
13	500	359	684	1 335	1 489	1 241	500	528	550	521
14	600	430	821	1 602	1 787	1 056	426	449	468	443
15	700	502	957	1 869	2 085	870	351	370	385	365
16	800	574	1 094	2 136	2 383	670	270	285	296	281
17	720	516	985	1 923	2 145	470	189	200	208	197
18	640	459	875	1 709	1 906	270	109	115	120	113
19	560	402	766	1 495	1 667	197	79	84	88	83
20	500	359	684	1 335	1 489	123	50	52	54	52
21	440	316	602	1 175	1 310	50	20	21	22	20
22	380	273	520	1 015	1 132	47	19	20	20	19
23	353	253	483	943	1 051	43	17	18	19	18
24	327	235	447	872	973	40	16	17	18	17
25	300	215	410	801	894	80	32	34	36	34
26	280	201	383	748	834	120	48	51	53	50
27	260	186	356	694	774	160	64	68	71	67
28	240	172	328	640	714	230	93	98	102	96
29	227	163	310	607	677	300	121	128	133	126
30	213	153	291	569	635	370	149	157	164	155
31	200	143	274	534	596	452	182	192	200	190
32	190	136	260	508	566	533	215	227	236	223
33	180	129	246	481	536	615	248	262	272	258
34	170	122	233	454	507	607	245	258	269	254
35	163	117	223	435	485	598	241	254	265	251
36	157	113	215	419	468	590	238	251	262	247
37	150	108	205	400	446	513	207	218	227	215
38	147	105	201	393	438	437	176	186	193	184
39	143	103	196	382	426	360	145	153	160	151
40	140	100	191	373	417	323	130	137	143	136

续表2-17

时段	昭平台以上设计					昭白区间相应				
	典型	$P=10\%$	$P=1\%$	$P=0.05\%$	$P=0.02\%$	典型	$P=10\%$	$P=1\%$	$P=0.05\%$	$P=0.02\%$
41	143	103	196	382	426	287	116	122	127	120
42	147	105	201	393	438	250	101	106	110	104
43	150	108	205	400	446	230	93	98	102	96
44	160	115	219	428	477	210	85	89	92	88
45	170	122	233	454	507	190	77	81	84	79
46	180	129	246	481	536	173	70	74	77	72
47	213	153	291	569	635	157	63	67	70	66
48	247	177	338	660	736	140	56	60	62	59
49	280	201	383	748	834	130	52	55	58	54
50	587	421	803	1 567	1 748	120	48	51	53	50
51	893	641	1 221	2 384	2 660	110	44	47	49	46
52	1 200	861	1 641	3 203	3 573	107	43	46	47	44
53	1 000	717	1 368	2 669	2 978	103	42	44	46	43
54	800	574	1 094	2 136	2 383	100	40	43	44	42
55	600	430	821	1 602	1 787	100	40	43	44	42
56	527	378	721	1 407	1 569	100	40	43	44	42
57	453	325	620	1 210	1 349	100	40	43	44	42
58	380	273	520	1 015	1 132	248	100	105	110	104
59	327	235	447	872	973	397	160	169	175	167
60	273	196	373	729	813	545	220	232	241	229
61	220	158	301	587	655	520	210	221	230	218
62	207	148	283	552	616	495	199	211	220	208
63	193	138	264	515	574	470	189	200	208	197
64	180	129	246	481	536	447	180	190	198	187
65	170	122	233	454	507	423	170	180	187	178
66	160	115	219	428	477	400	161	170	178	168
67	150	108	205	400	446	383	154	163	169	161
68	147	105	201	393	438	367	148	156	162	154
69	143	103	196	382	426	350	141	149	155	146
70	140	100	191	373	417	337	136	143	149	142
71	133	95	182	355	396	323	130	137	143	136
72	127	91	174	340	379	310	125	132	137	130
73	120	86	164	320	357	297	120	126	132	125
74	117	84	160	312	348	283	114	120	125	119
75	113	81	155	302	337	270	109	115	120	113
76	110	79	150	294	328	262	106	111	116	110
77	110	79	150	294	328	253	102	108	112	106
78	110	79	150	294	328	245	99	104	108	103
79	110	79	150	294	328	237	96	101	104	100
80	107	77	146	285	318	228	92	97	101	96

续表2-17

时段	昭平台以上设计					昭白区间相应				
	典型	$P=10\%$	$P=1\%$	$P=0.05\%$	$P=0.02\%$	典型	$P=10\%$	$P=1\%$	$P=0.05\%$	$P=0.02\%$
81	103	74	141	276	307	220	89	94	97	92
82	100	72	137	267	298	212	85	90	94	89
83	100	72	137	267	298	203	82	86	90	85
84	100	72	137	267	298	195	79	83	86	82
85	100	72	137	267	298	188	76	80	83	79
86	100	72	137	267	298	182	73	77	80	77
87	100	72	137	267	298	175	71	74	78	73
88	100	72	137	267	298	169	68	72	74	71
89	100	72	137	267	298	162	65	69	72	68
90	100	72	137	267	298	156	63	66	70	66
91	100	72	137	267	298	151	61	64	67	64
92	100	72	137	267	298	145	58	62	65	61
93	100	72	137	267	298	140	56	60	62	59
94	100	72	137	267	298	137	55	58	61	58
95	100	72	137	267	298	133	54	57	59	55
96	100	72	137	267	298	130	52	55	58	54
97	100	113	202	367	406	127	165	351	730	823
98	113	127	228	416	460	123	160	340	707	798
99	124	143	256	466	516	120	156	331	690	778
100	140	158	283	515	569	113	147	312	649	733
101	223	252	450	819	906	107	139	296	614	694
102	307	346	620	1 127	1 247	100	130	276	575	648
103	390	440	787	1 433	1 585	100	130	276	575	648
104	540	609	1 090	1 983	2 193	100	130	276	575	648
105	690	778	1 393	2 535	2 803	100	130	276	575	648
106	840	948	1 696	3 086	3 412	103	134	284	592	668
107	767	865	1 548	2 818	3 116	107	139	296	614	694
108	693	782	1 399	2 547	2 816	110	143	304	632	713
109	620	699	1 252	2 277	2 518	150	195	414	862	973
110	577	651	1 165	2 120	2 345	190	247	525	1 092	1 232
111	533	601	1 076	1 959	2 166	230	299	635	1 321	1 492
112	490	553	989	1 800	1 991	290	377	801	1 667	1 880
113	463	522	935	1 701	1 881	350	454	967	2 011	2 269
114	437	493	882	1 606	1 775	410	532	1 132	2 356	2 658
115	410	462	828	1 506	1 666	478	621	1 320	2 747	3 100
116	440	496	888	1 616	1 787	545	708	1 505	3 132	3 534
117	470	530	949	1 727	1 910	613	796	1 693	3 522	3 974
118	500	564	1 009	1 837	2 031	549	713	1 516	3 155	3 560

续表2-17

时段	昭平台以上设计					昭白区间相应				
	典型	$P=10\%$	$P=1\%$	$P=0.05\%$	$P=0.02\%$	典型	$P=10\%$	$P=1\%$	$P=0.05\%$	$P=0.02\%$
119	580	654	1 171	2 131	2 356	484	628	1 337	2 780	3 138
120	660	744	1 332	2 425	2 681	420	545	1 160	2 413	2 723
121	740	835	1 494	2 719	3 006	350	454	967	2 011	2 269
122	700	790	1 413	2 571	2 843	280	364	773	1 609	1 816
123	660	744	1 332	2 425	2 681	210	273	580	1 207	1 362
124	620	699	1 252	2 277	2 518	162	210	447	931	1 050
125	570	643	1 151	2 094	2 316	113	147	312	649	733
126	520	587	1 050	1 910	2 112	65	84	180	373	421
127	470	530	949	1 727	1910	57	74	157	328	370
128	503	567	1 015	1 848	2 043	48	62	133	276	311
129	537	606	1 084	1 973	2 181	40	52	110	230	259
130	570	643	1 151	2 094	2 316	140	182	387	804	907
131	617	696	1 245	2 267	2 506	240	312	663	1 379	1 556
132	663	748	1 338	2 436	2 693	340	441	939	1 954	2 204
133	710	1 219	2 378	4 835	5 418	297	386	820	1 706	1 926
134	820	1 407	2 747	5 585	6 257	253	328	699	1 453	1 640
135	930	1 596	3 115	6 334	7 097	210	273	580	1 207	1 362
136	1 040	1 785	3 483	7 082	7 936	197	256	544	1 132	1 277
137	1 657	2 844	5 550	11 284	12 644	183	238	505	1 051	1 187
138	2 273	3 901	7 613	15 480	17 345	170	221	470	977	1 103
139	2 890	7 620	15 460	25 850	29 077	240	312	663	1 379	1 556
140	2 420	4 153	8 106	16 481	18 467	310	402	856	1 781	2 010
141	1 950	3 347	6 531	13 280	14 880	380	739	1 329	2 467	2 730
142	1 480	2 540	4 957	10 079	11 293	736	1 431	2 574	4 780	5 287
143	1 357	2 329	4 545	9 241	10 355	1 091	2 121	3 815	7 085	7 837
144	1 233	2 116	4 130	8 397	9 408	1 447	2 813	5 060	9 397	10 394
145	1 110	1 905	3 718	7 559	8 470	1 534	2 982	5 364	9 962	11 020
146	1 240	2 128	4 153	8 445	9 462	1 622	3 153	5 672	10 534	11 652
147	1 370	2 351	4 589	9 329	10 453	1 709	3 323	5 976	11 099	12 277
148	1 500	2 574	5 024	10 215	11 446	1 359	2 642	4 752	8 826	9 763
149	1 390	2 386	4 656	9 466	10 606	1 010	1 964	3 532	6 559	7 255
150	1 280	2 197	4 287	8 717	9 768	660	1 283	2 308	4 286	4 741
151	1 170	2 008	3 919	7 968	8 928	453	881	1 584	2 942	3 254
152	1 073	1 841	3 594	7 308	8 188	247	480	864	1 604	1 775
153	977	1 677	3 272	6 654	7 455	40	78	140	259	287
154	880	1 510	2 947	5 993	6 715	63	122	220	409	452
155	813	1 395	2 723	5 536	6 203	87	169	304	565	625
156	747	1 282	2 502	5 088	5 701	110	214	385	714	791

续表2-17

时段	昭平台以上设计					昭白区间相应				
	典型	$P=10\%$	$P=1\%$	$P=0.05\%$	$P=0.02\%$	典型	$P=10\%$	$P=1\%$	$P=0.05\%$	$P=0.02\%$
157	680	767	1 373	2 498	2 762	202	393	706	1 312	1 451
158	637	719	1 286	2 340	2 587	293	570	1 025	1 903	2 105
159	593	669	1 197	2 178	2 408	385	749	1 346	2 501	2 766
160	550	620	1 110	2 021	2 235	373	725	1 304	2 423	2 680
161	513	579	1 036	1 884	2 083	362	704	1 266	2 351	2 600
162	477	538	963	1 752	1 937	350	680	1 224	2 273	2 514
163	440	496	888	1 616	1 787	337	655	1 178	2 189	2 420
164	413	466	834	1 517	1 677	323	628	1 129	2 098	2 321
165	387	437	781	1 421	1 572	310	402	856	1 781	2 010
166	360	406	727	1 322	1 462	300	389	829	1 723	1 945
167	338	381	682	1 242	1 373	290	377	801	1 667	1 880
168	317	358	640	1 164	1 287	280	364	773	1 609	1 816
169	297	336	601	1 022	1 114	270	351	746	1 554	1 753
170	279	316	564	958	1 004	261	339	720	1 500	1 693
171	262	297	529	898	905	252	328	695	1 448	1 634
172	245	279	496	842	815	243	316	670	1 398	1 578
173	230	262	466	789	734	235	305	647	1 350	1 524
174	216	246	437	739	661	227	295	624	1 303	1 471
175	202	232	410	693	596	219	285	603	1 258	1 420
176	190	218	385	649	537	211	275	582	1 215	1 371
177	178	204	361	609	484	204	265	561	1 173	1 324
178	167	192	339	570	436	197	256	542	1 132	1 279
179	157	180	318	534	393	190	247	523	1 093	1 234
180	147	170	298	501	354	184	239	504	1 055	1 192

表2-18　白龟山水库设计洪水过程线(昭白区间设计,昭平台以上相应)

（单位时段：1h，$N=2\,000$年已计入安全修正值）

时段	昭平台以上相应			昭白区间设计			时段	昭平台以上相应			昭白区间设计		
	典型	$P=1\%$	$P=0.05\%$	典型	$P=1\%$	$P=0.05\%$		典型	$P=1\%$	$P=0.05\%$	典型	$P=1\%$	$P=0.05\%$
1	700	644	1 087	237	243	452	31	200	184	311	452	463	864
2	1 407	1 294	2 184	183	188	349	32	190	175	295	533	546	1 019
3	2 113	1 943	3 281	130	134	248	33	180	165	280	615	630	1 176
4	2 820	2 593	4 378	113	116	216	34	170	156	264	607	622	1 160
5	2 240	2059	3 478	97	100	185	35	163	150	253	598	613	1 144
6	1 660	1 526	2 578	80	82	153	36	157	144	244	590	604	1 128
7	1 080	993	1 676	110	113	210	37	150	138	233	513	526	982
8	913	839	1 417	220	225	421	38	147	135	228	437	448	835
9	747	687	1 159	330	338	631	39	143	131	222	360	369	689
10	580	533	900	696	713	1 331	40	140	129	217	323	331	618
11	553	508	858	1 061	1 087	2 029	41	143	131	222	287	294	548
12	527	485	818	1 427	1 462	2 729	42	147	135	228	250	256	478
13	500	460	776	1 241	1 271	2 374	43	150	138	233	230	236	440
14	600	552	931	1 056	1 082	2 020	44	160	147	248	210	215	402
15	700	644	1 087	870	891	1 663	45	170	156	264	190	195	364
16	800	736	1 242	670	686	1 282	46	180	165	280	173	177	331
17	720	662	1 117	470	482	899	47	213	196	331	157	161	300
18	640	588	994	270	277	516	48	247	227	384	140	143	268
19	560	515	869	197	202	377	49	280	257	434	130	133	248
20	500	460	776	123	126	235	50	587	540	911	120	123	229
21	440	405	683	50	51	96	51	893	821	1 386	110	113	210
22	380	349	590	47	48	90	52	1 200	1 103	1 862	107	110	205
23	353	325	548	43	44	83	53	1 000	919	1 553	103	106	197
24	327	301	508	40	41	77	54	800	736	1 242	100	102	191
25	300	276	466	80	82	152	55	600	552	931	100	102	191
26	280	257	434	120	123	229	56	527	485	818	100	102	191
27	260	239	403	160	164	306	57	453	416	703	100	102	191
28	240	221	372	230	236	440	58	380	349	590	248	254	474
29	227	209	353	300	307	574	59	327	301	508	397	407	760
30	213	196	331	370	379	708	60	273	251	424	545	558	1 043

续表2-18

时段	昭平台以上相应			昭白区间设计			时段	昭平台以上相应			昭白区间设计		
	典型	$P=1\%$	$P=0.05\%$	典型	$P=1\%$	$P=0.05\%$		典型	$P=1\%$	$P=0.05\%$	典型	$P=1\%$	$P=0.05\%$
61	220	202	342	520	533	995	91	100	92	155	151	155	289
62	207	190	322	495	507	947	92	100	92	155	145	149	277
63	193	177	300	470	482	899	93	100	92	155	140	143	268
64	180	165	280	447	458	854	94	100	92	155	137	140	262
65	170	156	264	423	433	809	95	100	92	155	133	136	254
66	160	147	248	400	410	764	96	100	92	155	130	133	248
67	150	138	233	383	392	732	97	100	186	318	127	395	808
68	147	135	228	367	376	702	98	113	210	360	123	383	782
69	143	131	222	350	359	670	99	124	236	404	120	373	763
70	140	129	217	337	345	644	100	140	260	445	113	352	719
71	133	122	206	323	331	618	101	223	414	709	107	333	680
72	127	117	197	310	318	593	102	307	570	977	100	311	636
73	120	110	186	297	304	568	103	390	724	1 241	100	311	636
74	117	108	181	283	290	541	104	540	1 003	1 718	100	311	636
75	113	104	175	270	277	516	105	690	1 281	2 196	100	311	636
76	110	101	170	262	268	502	106	840	1 559	2 674	103	321	655
77	110	101	170	253	259	484	107	767	1 424	2 441	107	333	680
78	110	101	170	245	251	468	108	693	1 287	2 206	110	342	700
79	110	101	170	237	243	454	109	620	1 151	1973	150	467	954
80	107	98	166	228	234	436	110	577	1 071	1 836	190	591	1 208
81	103	95	160	220	225	421	111	533	990	1 697	230	716	1 463
82	100	92	155	212	217	406	112	490	910	1 560	290	902	1 844
83	100	92	155	203	208	389	113	463	860	1 474	350	1 089	2 226
84	100	92	155	195	200	373	114	437	811	1 391	410	1 276	2 608
85	100	92	155	188	193	360	115	410	761	1 304	478	1 488	3 041
86	100	92	155	182	186	348	116	440	817	1 400	545	1 696	3 467
87	100	92	155	175	179	335	117	470	873	1 495	613	1908	3 899
88	100	92	155	169	173	323	118	500	928	1 591	549	1 708	3 492
89	100	92	155	162	166	310	119	580	1 077	1 846	484	1 506	3 079
90	100	92	155	156	160	299	120	660	1 225	2 100	420	1 307	2 671

续表2-18

时段	昭平台以上相应			昭白区间设计			时段	昭平台以上相应			昭白区间设计		
	典型	$P=1\%$	$P=0.05\%$	典型	$P=1\%$	$P=0.05\%$		典型	$P=1\%$	$P=0.05\%$	典型	$P=1\%$	$P=0.05\%$
121	740	1 374	2 356	350	1 089	2 226	151	1 170	3 003	5 734	453	2 489	5 394
122	700	1 300	2 227	280	871	1 781	152	1 073	2 754	5 258	247	1 357	2 942
123	660	1 225	2 100	210	654	1 336	153	977	2 507	4 788	40	220	449
124	620	1 151	1 973	162	504	1 031	154	880	2 258	4 313	63	346	706
125	570	1 058	1 814	113	352	719	155	813	2 086	3 984	87	478	976
126	520	965	1 655	65	202	414	156	747	1 917	3 661	110	604	1 232
127	470	873	1 495	57	177	362	157	680	1 262	2 164	202	1 110	2 264
128	503	934	1 601	48	149	305	158	637	1 183	2 027	293	1 610	3 284
129	537	997	1 709	40	124	254	159	593	1 101	1 888	385	2 115	4 315
130	570	1 058	1 814	140	436	890	160	550	1 021	1 751	373	2 049	4 181
131	617	1 145	1963	240	747	1 526	161	513	952	1 633	362	1 989	4 057
132	663	1 231	2 110	340	1 058	2 162	162	477	886	1 518	350	1 923	3 923
133	710	1 822	3 479	297	924	1 889	163	440	817	1 400	337	1 851	3 778
134	820	2 104	4 019	253	787	1 609	164	413	767	1 314	323	1 774	3 620
135	930	2 387	4 558	210	654	1 336	165	387	718	1 231	310	965	1 972
136	1 040	2 669	5 096	197	613	1 253	166	360	668	1 146	300	934	1 908
137	1 657	4 252	8 120	183	569	1 164	167	338	627	1 075	290	902	1 844
138	2 273	5 833	11 138	170	529	1 081	168	317	589	1 009	280	871	1 781
139	2 890	7 417	14 162	240	747	1 526	169	297	553	947	270	841	1 719
140	2 420	6 210	11 860	310	965	1 972	170	279	520	889	261	812	1 660
141	1 950	5 004	9 556	380	2 088	4 524	171	262	488	835	252	784	1 603
142	1 480	3 798	7 253	736	4 043	8 763	172	245	459	783	243	757	1 548
143	1 357	3 482	6 650	1 091	5 994	12 991	173	230	431	735	235	731	1 494
144	1 233	3 164	6 042	1 447	7 950	16 925	174	216	405	690	227	706	1 443
145	1 110	2 849	5 440	1 534	8 427	17 195	175	202	380	648	219	682	1 393
146	1 240	3 182	6 077	1 622	8 911	17 290	176	190	357	608	211	658	1 345
147	1 370	3 516	6 714	1 709	10 170	17 290	177	178	336	571	204	636	1 299
148	1 500	3 849	7 351	1 359	7 466	15 896	178	167	315	536	197	614	1 254
149	1 390	3 567	6 811	1 010	5 549	11 814	179	157	296	503	190	593	1 211
150	1 280	3 285	6 272	660	3 626	7 858	180	147	278	472	184	572	1 169

2.3　水库防洪调度

2.3.1　调度原则

按设计确定的综合利用目标、任务及有关运用原则,在确保水库工程及下游防洪安全的前提下,充分发挥水库最大的综合效益。

2.3.2　调度方式

根据水库上下游防洪标准及要求和泄洪设施的控制能力,白龟山水库为"有下游防洪任务、分级有闸控制"的调度方式。

2.3.3　调度规则

起调水位102.00 m,库水位为102～105.38 m时,相当于20年一遇洪水,控制下泄流量不超过600 m^3/s;库水位为105.38～105.90 m时,相当于20～50年一遇洪水,控制下泄流量3 000 m^3/s;库水位为105.90～106.19 m时,相当于50～100年一遇洪水,泄洪闸全开泄洪;库水位超过106.19 m时,北干渠参与泄洪,控泄200 m^3/s,并通知下游紧急转移。

2.3.4　防洪标准及变化情况

1975年以前执行1964年5月经水电部水电建设总局审查批准的设计洪水标准,即100年一遇设计、1 000年一遇校核。1976～1979年间执行1975年洪汝河平移暴雨洪水计算成果(包括非常破坝泄洪措施),1980年以后,执行1979年12月经水电建设总局批准的除险加固工程规划设计洪水计算成果,即1 000年一遇校核洪水,超过1 000年一遇破顺河坝上段分洪。1998年,白龟山水库除险加固工程开工,根据除险加固工程规划设计,白龟山水库除险加固工程完工后,防洪标准提高为:100年一遇洪水设计,2 000年一遇洪水校核。

2.3.5　调度计划变化情况

在汛期,制定了度汛方案和相应的防御措施,并进一步完善防洪预案,防汛调度严格按照河南省防汛抗旱指挥部办公室调度指令执行,非汛期,兴利调度按上报的调度运用计划执行。

2.3.5.1　汛限水位和汛期时段划分变更情况

根据工程状况等因素,变化较多。1967年以前,因工程存在缺陷,采取低水位运行,汛中限制水位为99.0～100.00 m,低于规划水位102.00 m,汛末水位101.00 m;1970年"学大寨",强调灌溉用水,汛中限制水位改按规划102.00 m,汛末水位提为103.00 m;1978年河南省水利厅勘测设计院提出《白龟山水库水文复核成果草稿》后,因汛中限制水位102.00 m起调,防洪标准达不到1 000年一遇标准,汛中限制水位改为101.00 m,汛末限制水位为103.00～103.50 m。

1990年以来,汛期划分如下:6 月 21 日至 8 月 20 日为主汛期,水库水位不超过101.00 m;8 月 21 日至 9 月 30 日为末汛,水库水位103.00 m。

2004年,临时度汛方案,6 月 21 日至 8 月 15 日为主汛期,水库水位不超过101.00 m;8 月 21 日至 8 月 25 日为过渡期,水位101.50 m;8 月 26 日至 9 月 15 日为末汛,水库水位103.00 m,沿用至今。

2.3.5.2　控泄方式变更情况

1990 ~ 1992年:库水位为101.00 ~ 105.03 m 时,相当于 20 年一遇洪水,控制下泄流量不超过 600 m³/s;库水位为105.03 ~ 105.49 m 时,相当于 20 ~ 50 年一遇洪水,控制下泄流量3 000 m³/s;库水位超过105.49 m 时,相当于 50 年一遇以上洪水,泄洪闸、北干渠渠首闸全开泄洪,并通知下游紧急转移。

1993 ~ 2004年:库水位为101.00 ~ 104.84 m 时,相当于 20 年一遇洪水,控制下泄流量不超过 600 m³/s;库水位为104.84 ~ 105.22 m 时,相当于 20 ~ 50 年一遇洪水,控制下泄流量3 000 m³/s;库水位超过105.22 m 时,相当于 50 年一遇以上洪水,泄洪闸、北干渠渠首闸全开泄洪,并通知下游紧急转移。

2005 ~ 2008年:由于除险加固工程施工,采用临时度汛方案进行控制运用,沿用至2009年。库水位为101.00 ~ 102.00 m 时,相当于 20 年一遇洪水,控制下泄流量不超过600 m³/s;库水位为102.00 ~ 105.20 m 时,相当于 20 ~ 50 年一遇洪水,控制下泄流量3 000 m³/s;库水位超过105.20 m 时,相当于 50 年一遇以上洪水,泄洪闸全开泄洪,北干渠控泄 200 m³/s泄洪,并通知下游紧急转移。

2009年至今:由于北副坝尚未建成,暂无法按照除险加固后的控制运用方式运用,汛期限制水位按101.00 m 控制,较设计汛期限制水位低1.0 m。水库的具体控泄方式为:库水位101.00 ~ 105.38 m 时,相当于 20 年一遇洪水,控制下泄流量不超过 600 m³/s;库水位105.38 ~ 105.90 m 时,相当于 20 ~ 50 年一遇洪水,控制下泄流量3 000 m³/s;库水位为105.90 ~ 106.19 m 时,相当于 50 ~ 100 年一遇洪水,泄洪闸全开泄洪;库水位超过106.19 m 时,北干渠参与泄洪,控泄 200 m³/s,并通知下游紧急转移。白龟山水库汛期调度运用计划见表2-19。

2.3.6　旱限水位研究

2.3.6.1　用水需求

白龟山水库用水需求主要包括平顶山市工业和生活用水、白龟山灌区农业灌溉用水以及生态需水。

2.3.6.2　指标确定

1.城市供水

白龟山水库城市需水量包括居民生活用水和工业生产用水。统计资料显示,城市生活及工业用水从2006年开始增加,至2008年达到最大1.48亿 m³,之后一直基本保持在该用水量。拟采用2008 ~ 2011年 4 年的平均值1.47 亿 m³,月供水量为 4 年各月均值。

2.农业灌溉用水

统计2000 ~ 2011年实际灌溉用水量,由于农作物生长不同阶段需水不同,各月灌溉水量呈现明显的季节差异。因此,以历年各月实际灌溉水量均值作为各月灌溉需水,年灌溉总供水量0.422 7亿 m³。

表2-19　白龟山水库汛期调度运用计划

流域面积(km²)	坝顶高程(m)		防浪墙顶高程(m)	溢洪道底高程(m)	下游河道安全泄量(m³/s)	全赔高程(m)	移民高程(m)	兴利水位(m)	历史最高水位(m)
2 740	110.40	110.40	111.60	92.00	(漯河市) 3 000	104.00		103.00	106.21

防洪标准		频率(%)	洪峰流量(m³/s)	最高水位(m)	相应库容(亿m³)	最大泄量(m³/s)	洪量(亿 m³)			雨量(mm)		
规划	设计	1	12 701	106.19	5.54	6 432	6.01	8.86	11.18	344	473	598
	校核	0.05	21 270	109.56	9.22	7 305	11.65	17.17	21.28	531	753	876
现有		0.05	21 270	109.56	9.22	7 305	11.65	17.17	21.28	531	753	876

运用方式	汛限水位	6 月 21 日至 8 月 15 日		8 月 16 日至 8 月 25 日		8 月 26 日至 9 月 15 日	
		水位(m)	库容(亿 m³)	水位(m)	库容(亿 m³)	水位(m)	库容(亿 m³)
		101.00	1.86	101.50	2.05	103.00	3.02
	主汛期泄流方式	(1)库水位为101.00 ~ 105.38 m 时,控泄 600 m³/s。 (2)库水位为105.38 ~ 105.90 m(50 年一遇)时,控泄 3 000 m³/s。 (3)库水位为105.90 ~ 106.19 m 时,泄洪闸全开泄洪。 (4)库水位超过106.19 m 时,泄洪闸全开泄洪,北干渠控泄 200 m³/s,并通知下游紧急转移					
	防御超标准洪水措施	当主坝前库水位107.00 m 时,及时做好肖营村附近临时筑堤防漫溢抢险					
备注	(1)大坝防渗体高程109.90 m。 (2)顺河坝桩号 3 +000 及 5 +250 附近,应加强渗流监测。 (3)水库正常运用汛限水位 102.00 m,北副坝工程尚未完成,汛限水位降低 1 m						

3.环境生态用水

本次统计采用水库近 10 年平均来水量的 10% 计算,环境生态需供水0.767 3亿 m³,各月平均0.064亿 m³。

4.水库来水

统计分析1990 ~ 2011年水库逐月来水量资料,计算水库多年平均来水总量为7.42 亿 m³。按偏旱年75%设计频率分析计算来水量为4.33 亿 m³,以1994年来水作为典型年来水。

5.水库应供水量

根据《旱限水位(流量)确定办法》,水库各月应供水量等于月用水总量(城市供水、农业灌溉及环境生态需水之和)与水库各月设计频率来水量之差。当来水量大于或等于月用水总量时,水库来水量满足用水需求,水库应供水量为零。当来水量小于月用水总量时,其差值为水库应供水量。根据各月用水总量及各月水库来水量分析计算,分别设定干旱预警期分一个月和两个月,对应以逐月滑动和两个月滑动计算各月应供水量,计算结果见表2-20。

表2-20　白龟山水库应供水量逐月滑动计算结果　　　(单位:×10^6 m³)

项目		1月	2月	3月	4月	5月	6月	7月	8月	9月	10月	11月	12月	全年
用水需求	城市供水	12.10	11.21	12.22	11.93	14.03	12.21	12.69	12.45	11.89	11.98	12.04	12.33	147.07
	农业灌溉	0	2.20	0.39	0.38	5.45	12.86	5.95	8.59	5.36	1.09	0	0	42.27
	环境生态	6.39	6.39	6.39	6.39	6.39	6.39	6.39	6.39	6.39	6.39	6.39	6.39	76.73
	用水总量	18.49	19.80	19.00	18.70	25.87	31.47	25.03	27.44	23.65	19.46	18.43	18.73	266.07
水库来水	P=75%	22.44	9.59	40.88	53.18	69.88	59.01	136.42	11.52	7.13	11.30	5.92	5.72	433.00
逐月滑动应供水量	P=75%	15.44	17.31	14.55	0	21.71	14.85	0	0	0	11.21	1.71	0	
两月滑动应供水量	P=75%	32.75	31.86	14.55	21.71	36.56	14.85	0	0	11.21	12.91	1.71	0	

6. 取水口调查

白龟山水库共有6处取水口,详见表2-21。

表2-21　白龟山水库取水口高程统计

取水口	高程(m)	备注
白龟山水厂	100.00	抽水泵可适当上下滑动
白龟山四水厂	98.118	
平顶山东电厂	98.00	
姚孟电厂	97.50	
供水总厂	97.50	
飞行化工集团	98.00	

2.3.6.3 旱限水位确定

根据《旱限水位（流量）确定办法》，水库旱限水位逐月滑动计算的水库应以供水量与死库容之和最大值所对应的水库水位作为依据，并考虑库内取水设施高程等因素，综合分析确定。

白龟山水库按75%偏旱年来水量逐月滑动计算的月最大应供水量为5月的0.217 1亿 m³，水库死库容为0.662 4亿 m³，则应供水量与死库容之和最大值为0.879 5 m³，相应水位为98.00 m。

按75%偏旱年来水量两个月滑动计算的月最大应供水量为5月初的0.365 6亿 m³，则应供水量与死库容之和最大值为1.028亿 m³，相应水位98.50 m。

白龟山水库供水重点为平顶山市居民生活用水，供水保证率要求较高，另外，从表2-21各取水口高程可以看出，取水水位较高，一般为98~100 m，综合考虑白龟山水库多年运行情况和历年各月最低水位出现概率，确定干旱预警期为两个月，旱限水位为99.50 m，相应库容为1.36亿 m³。

2.3.6.4 合理性分析

根据白龟山水库1990~2011年的历年月、年最低水位资料，统计低于99.50 m的各月出现次数及年出现次数见表2-22。

表2-22 白龟山水库历年月、年最低水位低于旱限水位次数统计

统计时间	月份												全年	统计年限
	1	2	3	4	5	6	7	8	9	10	11	12		
低于旱限水位次数	3	3	3	3	2	2	1	0	0	1	1	3	7	22

由表2-22看出，白龟山水库各月最低水位低于旱限水位的情况主要出现在12月至次年4月。从年最低水位低于旱限水位的情况来看，在22年系列中，共7年最低水位低于旱限水位，出现频率为32%，重现期约为3年一遇。旱限水位设置基本合理。

2.3.7 典型大洪水的水库调度

2.3.7.1 1975年洪水

1975年8月，白龟山水库流域内暴雨从8月5日起，至8日止，平均降雨448 mm，昭白区间平均雨量393 mm，接近100年一遇洪水标准，其中达店站降雨671 mm，这次暴雨多集中在5~7日3 d，特别是7日12时至8日8时强度最大，达店站7日降雨356 mm，占总降雨量的一半以上，对水库防洪安全极为不利。

暴雨洪水发生后，水库水位从8月4日的101.92 m至8月8日21时达到106.21 m，库容从2.51亿 m³增加到5.74亿 m³，8月8日14时入库洪峰达到最大4 896 m³/s，距水库

1 000年一遇校核洪水107 m只差0.79 m,情况十分危急,水库管理局全体职工分成调度组、检查组、抢险组分工协作,合理调度,做好防汛准备,严阵以待,随时投入防汛抢险。

8月8日21时,泄洪闸开闸泄洪,最大泄量3 300 m³/s。8月9日清晨,水位开始下降,保证了水库安全度汛。

在抗御这场洪水的斗争中,白龟山水库发挥了巨大的调节作用,首先将最大洪峰流量4 865 m³/s削减到2 954 m³/s,削减洪峰61%。洪水总量7.05亿 m³,白龟山水库拦蓄洪水3.23亿 m³,占洪水总量的8%,昭平台水库拦蓄洪水1.78亿 m³,占洪水总量的4.4%,整个昭白梯级水库拦蓄了近13%的洪水,减少了下游灾害损失,有效地保护了下游城市和人民生命财产安全。

白龟山水库在这场洪水中还为北汝河错峰做出了贡献。8月7日11时,北汝河襄城站再次出现洪峰3 000 m³/s,于8月8日1时通过马湾闸;9日0时,北汝河襄城站洪峰2 870 m³/s,于14时过马湾闸。白龟山水库于8月8日21时泄洪3 300 m³/s,9日11时过马湾闸,利用北汝河二次洪水的间隙将白龟山水库洪水泄掉,减小了下游损失。

2.3.7.2　2000年洪水

2000年汛期,水库先后遭遇了"6·24""7·03""8·03"暴雨,这几次暴雨强度大、历时长,洪水对水库构成威胁,给下游造成了灾害。降雨发生后河南省白龟山水库防汛办公室工作人员日夜奋战,密切注视汛情,及时进行洪水预报;水库领导日夜坐镇水情室,根据预报洪水和天气形势及上下游水情,会商研究,制定调度方案,及时请示河南省防汛抗旱指挥部办公室,并根据河南省防汛抗旱指挥部办公室的调度命令,适时调整下泄流量,先后为下游洪水错峰6次,保证了水库工程安全,减少了下游洪灾损失。

6月24日,白龟山流域平均降雨216 mm,最大点雨量达404 mm,入库洪峰2 200 m³/s,总洪量1.7亿 m³。6个小时库水位陡涨3.35 m,25日凌晨5时库水位超过汛限水位。由于水库下游澧河发生流量为2 600 m³/s洪水,河南省防汛抗旱指挥部指令白龟山水库担任此次洪水错峰任务,确保下游河道安全过流。白龟山水库关闸错峰,至26日21时30分,库水位升至101.95 m,超汛限水位时间100 h,超蓄洪水5 000万 m³,22时控泄200 m³/s,削减洪峰91%,圆满完成错峰任务。

7月3日,水库上游又连续普降暴雨,流域平均降雨219 mm,最大点雨量达306 mm,洪峰流量达4 510 m³/s,下游澧河同时出现流量2 300 m³/s的洪水,为保下游河道安全,水库压闸错峰,库水位急剧上涨,7月4日达到103.36 m,超汛限水位2.36 m,超汛限水位时间180 h,削减洪峰65%,为减轻下游洪水威胁和灾害损失发挥了显著作用。

2.3.8　水库历年防洪调度运用情况

1967年水库正常运用以来,截至2014年,出现入库洪峰流量大于1 000 m³/s的有18次,大于2 000 m³/s的有9次,大于3 000 m³/s的有6次。其中,1971年入库洪峰流量最大,达7 260 m³/s;其次是1975年,入库洪峰流量4 865 m³/s。1975年以来,主要来水年份水库来水、拦洪削峰等情况见表2-23。

表2-23　白龟山水库主要来水年份防洪控制运用情况

时间	总来水量（亿 m³）	拦蓄洪水量（亿 m³）	拦蓄比例（%）	最大削峰流量（m³/s）	削峰比例（%）
1975 年 8 月	7.05	3.23	46	2 954	61
1982 年	9.58	3.39	35	680	41
1983 年	13.37	1.87	14	405	29
1985 年	9.63	1.84	19	648	51
1988 年	6.14	3.36	55	867	64
1989 年	8.57	1.75	20	435	55
1990 年	10.34	1.47	14	0	0
1991 年	8.05	2.08	26	2 570	76
1995 年	5.51	2.03	36	2 410	92
1998 年	8.79	3.43	39	445	67
1999 年	4.38	1.16	26	730	100
2000 年	19.28	6.86	36	3 000	67
2001 年	5.72	2.10	37	780	90
2002 年	4.24	1.30	31	0	0
2003 年	9.73	3.49	36	220	91
2004 年	8.47	3.33	39	455	100
2005 年	9.21	2.85	31	180	50
2006 年	5.26	1.33	25	130	100
2007 年	6.57	2.30	35	450	90
2008 年	3.49	1.12	32	243	100
2009 年	5.24	2.14	41	1 486	99
2010 年	17.11	4.4	26	1 060	62
2011 年	7.40	2.30	31	1 900	100
2012 年	5.75	4.47	78	584	98
2013 年	1.74	0.58	33	292	100
2014 年	1.91	0	0	0	0

注:1975年来水总量为8月来水量和拦蓄量,其余各年为年来水量和拦蓄量。

2.3.9　水库防洪效益(截至2000年)

防洪工程体系经济效益和单个工程分配比例及效益分别见表2-24和表2-25。

表2-24　防洪工程体系经济效益分析

年份	洪灾损失（无工程,万元）	洪灾损失（有工程,万元）	当年物价指数（以 1995 年为100）	防洪工程体系经济净效益(万元)	
				当年价格	2000年价格
1967	17 270.55	408.46	32.70	16 862.09	50 740.95
1968	112 752.00	736.62	32.66	112 015.38	337 486.64
1969	9 310.95	823.52	32.50	8 487.43	25 697.33
1970	0	446.34	32.11	−446.34	−1 367.80
1971	300 000.00	459.73	31.95	299 540.27	922 527.78
1972	38 217.38	948.82	31.85	37 268.55	115 140.52
1973	32 843.25	487.73	31.82	32 355.52	100 056.04
1974	24 972.75	502.36	31.85	24 470.39	75 600.83
1975	535 500.00	261 727.55	31.92	273 772.45	843 960.20
1976	19 107.00	532.95	31.95	18 574.05	57 204.57
1977	0	548.94	31.92	−548.94	−1 692.23
1978	0	565.41	31.95	−565.41	−1 741.36
1979	39 045.38	1 612.37	32.08	37 433.00	114 819.43
1980	0	599.84	33.65	−599.84	−1 754.08
1981	0	617.84	34.18	−617.84	−1 778.68
1982	429 412.50	113 407.36	34.70	316 005.14	896 106.78
1983	44 484.00	655.47	35.28	43 828.53	122 242.85
1984	0	675.13	35.61	−675.13	−1 865.57
1985	30 063.00	695.38	37.53	29 367.62	76 999.03
1986	0	716.25	39.40	−716.25	−1 788.80
1987	0	737.73	41.88	−737.73	−1 733.36
1988	50 754.00	759.86	50.14	49 994.14	98 113.74
1989	0	782.66	59.52	−782.66	−1 293.92
1990	0	806.14	59.58	−806.14	−1 331.39
1991	69 006.80	830.32	60.77	68 176.47	110 392.70
1992	0	855.23	63.80	−855.23	−1 319.05
1993	0	880.89	69.10	−880.89	−1 254.41
1994	0	907.32	83.33	−907.32	−1 071.40
1995	155 720.99	934.54	100.00	154 786.46	152 309.87
1996	41 404.08	3 061.42	106.00	38 342.65	35 593.56
1997	0	991.45	99.30	−991.45	−982.47
1998	344 461.75	208 677.44	95.40	135 784.32	140 054.27
1999	0	1 051.83	95.20	−1 051.83	−1 087.19
2000	1 605 054.15	1 003 038.29	98.40	602 015.86	602 015.86
合计	3 899 380.52	1 611 483.23		2 287 897.29	4 855 001.26

表2-25　单个工程分配比例及效益

名称	白龟山	泥河洼	河槽	合　计
历年累计实际抗御的洪峰流量(m^3/s)	42 954	9 462	49 031	101 447
分配比例(%)	42.34	9.33	48.33	100
防洪工程体系效益(亿元)	205.56	45.30	234.64	485.50
多年平均效益(亿元)	6.05	1.33	6.90	14.28
防洪工程体系效益(亿元,不包括"75·8")	169.83	37.42	193.85	401.10
多年平均效益(亿元,不包括"75·8")	5.15	1.13	5.87	12.15
"75·8"防洪工程体系效益(亿元)	35.74	7.87	40.79	84.40

2.4　洪水预报调度

2.4.1　水库洪水预报系统沿革

2.4.1.1　水情测报

1976年以前,防汛通信完全依靠邮电系统的有线电话,通信保证率低,1976年开始配备超短波电台报汛。

1983年河南省水利厅与电子工业部4057厂协作,研制成功了 YC－79A 型雨量遥测系统在白龟山水库安装使用,改变了以前完全依赖有线电话传递雨水情信息的状况,通信保证率得到很大提高。

1993年,由水库与南京水利水文自动化研究所研制的白龟山水库水情自动测报系统投入使用,系统由1个中心站、1个中继站、12个雨量站和1个水位站构成(详见图2-15和表2-26)。工作方式采用自报式。系统自运行以来,设备性能稳定,运行可靠,经过与人工测报数据对比,数据的采集和传输准确,每年汛期及时为水库防汛调度提供了可靠的流域内各站降雨量和水库水位数据。

2005年,由于以前的雨量遥测设备老化、报废,除险加固工程又投资重建"河南省白龟山水库雨水情自动测报系统",与成都中亚港利集团联合开发,其站点设置与1993年雨水情遥测系统相同,2005年试运行,2006年投入运行,年底验收。

为了进一步提高雨水情测报系统的可靠性和数据的准确性,2006年8月,基于GSM的水文测报系统在水库投入运行,该系统采用有线网络和中国移动的全球移动通信系统(GSM)作为主信道接收水文系统采集的各个站点的雨水情信息,整个报汛过程为:报汛站—基站—移动通信公司水情数据短信服务器—省中心—落地进库。遥测系统在淮河水利委员会和河南省水文系统10个基本测站的基础上,根据白龟山水库洪水预报调度的实际需要,按照水情分中心建设技术要求及标准新建2个雨量自动测报站,即白村和二道庙。

2013年、2014年,为进一步提高雨量遥测系统的稳定性和保证率,对原来的雨水情测报系统进行了升级改造,增加北斗卫星通信终端;各测站数据传输第一目的地采用 SMS

通信方式,数据发送到河南省水文局中心站,与原有遥测系统兼容,第二目的地采用北斗卫星作为通信信道发送数据到白龟山水库管理局。升级改造了白龟山水库分中心站,开发北斗卫星终端接收监控软件和升级改造河南省水文局数据接收软件。分中心采用两种方式接收系统遥测站数据,一种方式是采用北斗卫星终端接收遥测站通过北斗卫星通信信道发送的遥测数据;另外一种方式通过水利专网接收河南省水文局通过网络转发的遥测数据,这两种方式互为备份,接收数据完全相同。

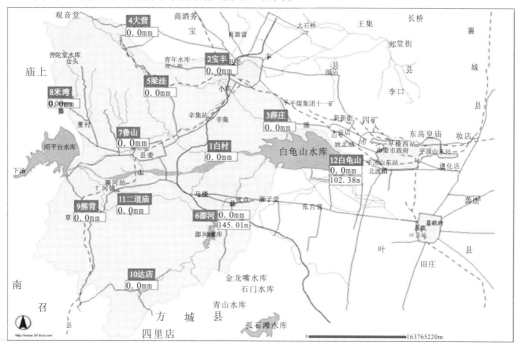

图2-15　白龟山水库报汛站点示意图

表2-26　白龟山水库报讯站点基本情况

站名	站号	河名	站址	站别	位置坐标		水情报汛项目	
					东经	北纬	雨量	水位
澎河	50604640	澎河	河南省鲁山县马楼乡宋口村	水库	113°00′00″	33°39′00″	√	√
白龟山	50603200	沙河	河南省平顶山市白龟山水库	水库	113°13′48″	33°42′00″	√	√
米湾	50604610	七里河	河南省鲁山县仓头乡	水库	112°50′16″	33°50′23″		√
白村	50601111	沙河	河南省鲁山县白村	雨量	113°02′13″	33°44′47″	√	
二道庙	50602222	瀼河	河南省鲁山县瀼河乡	雨量	112°53′57″	33°40′15″	√	
大营	50627500	净肠河	河南省宝丰县大营乡大营村	雨量	112°52′48″	33°55′48″	√	
薛庄	50625150	沙河	河南省平顶山市薛庄乡北滍村	雨量	113°07′48″	33°46′48″	√	
熊背	50624500	让河	河南省鲁山县熊背乡熊背村	雨量	112°45′27″	33°39′16″	√	
达店	50625000	澎河	河南省方城县四里店乡达店村	雨量	112°52′48″	33°33′00″	√	
梁洼	50624750	南里河	河南省鲁山县梁洼乡梁洼村	雨量	112°55′48″	33°51′00″	√	
鲁山	50624650	沙河	河南省鲁山县张店乡梁庄村	雨量	112°54′00″	33°45′00″	√	
宝丰	50627600	净肠河	河南省宝丰县城关镇高庄村	雨量	113°01′48″	33°52′12″	√	

2.4.1.2　洪水预报

1986年,在雨量遥测的基础上,白龟山水库与河南省水利科学研究所合作完成了微机防洪系统,该系统大大提高了洪水预报工作的效率,为防洪抢险赢得了宝贵的时间。

1997年,我们委托大连理工大学更新、完善了洪水预报调度软件,完成洪水预报调度全过程由原来的2~3 h缩短为10 min,大大节省了时间,洪峰精度达到90%,洪量达到85%。同时,根据短期降雨预报的结果,可利用短期降雨预报的有效预见期24 h(扣除预报信息传递时间和预泄决策调令传达及实施时间,洪水预见期12 h),为水库防汛调度决策赢得了时间。沙颍河流域河道洪水传播时间见图2-16。

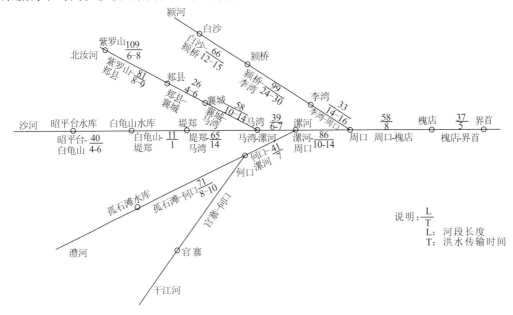

图2-16　沙颍河流域河道洪水传播示意图

2006年9月,河南省白龟山水库管理局与河南省防汛抗旱指挥部办公室联合开发了新的白龟山水库洪水预报调度软件,并实现了预报调度系统与GSM水文测报系统数据库的对接,应用端可直接调取数据库时段的雨水情信息进行洪水预报调度,简化了数据调用操作过程,提高了洪水预报的工作效率。

2.4.2　预报调度系统的主要功能和关键技术

2.4.2.1　水雨情测报系统的主要功能和关键技术

1. 系统方案

雨量遥测改造工程建设完成后,实现了遥测站雨量信息采用两种信道同时发往两个不同的目的地,其中第一目的地采用GSM短信信道发送雨量数据到河南省水文局,数据格式与原有系统无缝兼容,第二目的采用北斗卫星终端发送雨量数据到白龟山水库管理局。

雨量遥测改造工程充分利用现代通信技术和整合原建系统有效资源,综合运用应用电子测控、现代通信、计算机编程等技术,实现对雨情的实时动态监测,建成符合国家标准、及时、准确的防汛雨情自动监测体系。为白龟山防汛管理部门的防汛抗旱管理工作提供及时、准确的数据基础和支持平台。

系统建设采用目前国内行业主流技术,代表国内行业先进水平;系统结构上达到架构清晰,层次分明,系统功能完善;设备性能上达到稳定可靠,数据测报及时准确。系统改造后,能很好地满足白龟山水库当前及今后一定时期内防汛指挥调度管理的需求,为防汛抗旱指挥调度搭建平台。最终实现"信息采集自动化、传输网络化、管理数字化、决策科学化"的工作目标。

2.系统工作制式

采用自报应答兼容式工作制式,即以报汛站主动随机(或定时)方式向中心站发送信息,中心站也可以召测、遥调测站的工作体制。

3.通信组网和信息流向

雨量遥测雨量站点采用移动通信系统 GSM 短信和北斗卫星两种信道传输雨情信息。

遥测终端采集雨量数据,处理后第一目的地是通过 GSM 短信发送到河南省水文局,河南省水文局在接收到数据后,落地进数据库的同时,分拣信息将白龟山水库管理局需要的水库上游水雨情信息通过水利内网共享到白龟山水库管理局。

第二目的地通过北斗卫星终端将雨量数据直接发送到白龟山水库管理局,白龟山水库管理局中心站配置服务器,通过北斗卫星终端接收各遥测站发送的雨量数据。

白龟山水库管理局中心站通过两种方式接收雨量数据,第一种通过水利内网从河南省水文局接收各遥测站数据,第二种方式通过 RS232 串口连接北斗卫星终端接收各遥测站数据。

4.系统设备构成

1)雨量遥测站设备构成

雨量遥测站测量传输的参数有雨量,并预留接口可扩展其应用。遥测站的主设备为 RTU 和收发信机。

本系统遥测站主设备 RTU 为 WATER-2000C,该设备集成度高,功耗低,内部集成 GSM MODEM、太阳能充电控制器,可通过标准接口连接翻斗雨量计、太阳能板、卫星终端。遥测站可以按照国家防汛指挥系统要求扩展功能,保证系统的可扩展性。

按照要求,其他相关设备选型情况为:

(1)雨量传感器分辨力:雨量0.5 mm。

(2)电源是遥测站是否可靠运行的关键。如果电源选择的不合适,或不可靠,即使其他设备再可靠,系统也不可能稳定运行。按照系统建设要求遥测站电源配置总体要求为"保证阴雨天(或停电)条件下连续30 d,遥测站正常工作"。因此,本系统中各遥测站终端供电均采用太阳能/蓄电池供电,其容量为太阳能板24 W,蓄电池24 AH/12 V;蓄电池采用长寿命免维护电池。

本系统遥测站电源设计为太阳能充电控制器浮充蓄电池供电方式。内部集成太阳能充电控制器,它具有过充电、过放电保护功能。有了充电控制器,能够有效地延长蓄电池的使用寿命。

（3）北斗卫星终端选用四川成都国星通信有限公司生产的北斗/GPS 双模船载式一体用户机 YDA – 32 – 04。

2）中心站构成

中心站配置数据接收服务器、北斗卫星终端、河南省水文局数据共享软件、北斗卫星终端数据接收软件以及遥测数据检索软件。

5. 系统功能

1）系统主要功能

（1）信息采集与查询功能。

遥测站通过 WATER – 2000C 控制传感器采集雨水情数据,处理后发送到数据中心站。中心站接收到数据后,校验无误后处理入数据库,并提供专业人性化的查询检索页面给用户查询使用。

（2）数据库管理功能。

数据库管理系统负责对系统所涉及的大量数据信息进行存储、检索、处理和维护,并能从来自各种渠道的各类信息资源中析取数据,把它们转换为系统所需求的各种数据。可以根据需要对数据库数据进行添加、删除、修改等操作。

（3）遥测数据双目的地发送。

遥测站数据将同样的一份数据发送到两个目的地:河南省水文局和白龟山水库管理局。当一个目的地数据丢失后,还可以在另外一个目的地能找到数据相同的备份。

（4）中心站双链路接收互为备份。

白龟山水库管理局中心站可以通过两种方式接收遥测站数据:通过水利内网从河南省中心共享接收和通过北斗卫星终端直接接收。这两种接收方式接收的数据是相同的,分别入两个数据库表相同的数据库。当一种方式失效后,可以通过另外一种方式继续进行接收,达到两套相同数据互为备份的目的。

2）遥测站主要功能

（1）WATER – 2000C 具有自动采集、固态存储历史数据的功能,至少可以存储一个雨量和两个水位至少 2 年的历史数据;可以通过 U 盘将数据导出。

（2）具有随机自报和定时自报功能。

（3）WATER – 2000C 配置有大屏幕 LCD 显示器和键盘,可以通过键盘和 LCD 显示器查看和设置现场系统参数和水情参数。

（4）能同时支持 GSM 短信和北斗卫星终端两种通信信道。

（5）具有现场告警功能,当遥测终端出现错误时,能立即在中心站和遥测站提示并用红色予以提醒。

（6）具有测试工作状态功能,保证在检修和维护过程中,水情测量数据不进入现地的固态存储器和中心的水情数据库。

（7）能在雷电、暴雨、停电等恶劣条件下正常工作。

（8）遥测数据传输格式严格按照河南省水利厅制定的《遥测数据传输协议》。

3）通信信道和报送方式

遥测站支持两个不同目的地采用两种不同通信信道的数据发送。这两个目的地的发送功能相互独立,并行执行。第一目的地采用 GSM 短信信道,第二目的采用北斗卫星通信信道,两种信道发送作为两个独立的任务,互不影响,发送数据完全一样。

上述报送方式的实现通过 RTU 的控制操作进行,各种发报的控制参数和门坎可以在现场通过 LCD 和键盘设定,也可以给通过短信息遥调设定,并保存到 RTU 内部 FLASH 中,由 RTU 控制报送方式的执行和数据的传输。

随机自报:RTU 通过传感器,自动采集数据;当数据达到规定的变化量时自动发送信息给中心站及分中心站。本次发送失败,下次发送的同时补发上次未发送成功的数据。

定时自报:每日定时报送若干次数据和本站电池电压,以报告设备工作状况和收集资料,定时间隔可以通过本地/远程设置完成。

4)存储与数据下载

固态存储器必须实时记录自动采集的全部数据,记录数据能满足水文资料整编的要求,保证至少 2 年的雨量和双水位历史数据存储,历史数据循环存放,永远不溢出。

具有数据在站存储功能,配备后备电池保证数据不丢失,用于水文数据整编。

5)管理及其他

(1)具有本地实时雨水情参数数据显示、参数设置修改功能。

(2)具有远程和现场修改测站参数和时钟校正的功能。

(3)遥测站设备功耗低,采用蓄电池组和太阳能电池板,需保证在连续阴雨 45 d 内正常供电。

(4)遥测站设备应能实现平时处于值守状态以节约电能,采用先进的休眠唤醒机制,分中心发送指令或进行召测时可以远程唤醒 RTU。

6)节电措施

由于采用蓄电池供电,在完成所要求功能的基础上必须采取积极的节电措施。

(1)RTU 设备须支持休眠/唤醒方案,使 RTU 执守时总处于休眠状态。同时除 RTU 能够支持休眠唤醒方案,降低本身的功耗外,也能控制测站其他设备供电的关闭与开启,使整个测站达到最低功耗状态。

(2)提供在板供电管理技术,能够通过灵活的编程和设置,使处于工作状态下的 RTU 仅为与当前操作相关的电路加电,达到降低遥测站操作期间功耗的目的。

7)水库管理局中心站的主要功能

白龟山水库管理局中心站是遥测系统站点管理、系统维护的中枢单位,其主要任务是接收系统遥测数据并提供监控管理功能。具体功能如下:

(1)实时接收河南省水文局中心站通过水利内网共享的遥测数据。

(2)通过北斗卫星终端实时接收各遥测通过北斗卫星发送的遥测数据。

(3)对由测站转发的雨水情信息进行解码、合理性检查、纠错,对有漏报、错误的站点数据进行修改,并自动生成修正报文,以补报或修正站点数据。

(4)雨水情数据库能满足监测分中心数据查询、报表输出等业务应用的要求,数据库具有良好的维护功能。

(5)站点管理功能,能对所管辖的站点进行召测、巡测、站点设备 RTU 的参数远程修改等功能。

（6）具备监测站点规模适度增加的能力。

8）共享数据接收软件功能

（1）河南省中心数据接收入库。

数据接收：通过水利专网从河南省中心接收白龟山水库流域内各遥测站点的原始数据（电压信息），通过解析、校验处理后转换成雨水情信息，并将原始数据、电压信息写入数据库。

接收省中心转发的数据，3 min 内能完成一次全系统的数据收集与同步数据。

建设雨水情数据库：雨水情数据库按照规范要求的数据库表结构建设；遥测数据库平台采用 SQL SERVER。

（2）监控报警。

监控与状态报警：监控内容有站点漏报次数、设备电压、数据错误、传感器故障和站点停报等警告信息；可按照日期、单站、多站和顺序进行表和趋势图统计。

（3）实时召测、巡测和远程数据导入。

在监测站设备没有欠费、故障、信号弱的情况下，可对任何测站进行实时召测、补测；通过巡测可对测站更改自报间隔。

（4）数据库管理。

通过监控界面可直接对数据库中的雨量数据进行查询和修改，可进行取消数据异地同步、重新同步所有数据、同步未同步数据。

（5）站点管理维护。

通过站点管理窗口，可实现站点添加、删除、站点信息录入、编辑等功能。

通过给系统管理员提供的调试命令界面，可对测站进行远程管理维护。

（6）界面风格。

界面风格要求界面友好、美观、简单、实用，增加系统操作自动化程度，减少人－机交互内容，提供方便的用户操作界面。

9）北斗卫星数据接收软件主要功能

（1）通过服务器 RS232 串口连接北斗卫星终端接收各遥测站发送的雨水情数据；完成一次系统所有遥测站数据采集的时间不超过 5 min。

（2）对所接收全部遥测信息进行解码、合理性检查、纠错，并按要素分类存储入数据库。

（3）按照《实时雨水情数据库表结构与标识符标准》（SL 323—2005）建立遥测信息数据库，管理遥测站的落地信息。

（4）建立实时雨水情数据库，及时将从北斗卫星信道接收的雨水情信息进行译电、处理、保存进入数据库。

（5）具有对遥测站工作状态监控的功能，包括时钟校准、电源低压报警、事故记录及设备运行状态，具有报警功能等。

（6）具有数据处理、数据统计和数据图表化功能。

（7）具有数据库系统管理、维护功能。

（8）具有人工录入参数、雨量插补功能。

（9）具备修改站号、站名及添加新站的能力。

10）遥测数据库功能

由于以两种不同的方式接收相同的遥测数据，所以在中心站需要建立两个数据库表完全相同的数据库：RWDB 2000 和 RWDB 2000_BDS,其中 RWDB 2000 数据库存放的是通过水利内网接收的遥测数据，RWDB 2000_BDS 存放的是通过北斗卫星信道接收的遥测站数据。这两个遥测站数据存放的数据完全一样，拥有相同的操作用户及操作权限。

这两个数据库互为备份，数据检索软件只需要修改配置文件即可实现两个不同数据库数据的检索浏览。

6. 数据发送

1）发送信道

系统支持两种信道的发送：GSM 短信信道和北斗卫星信道。

2）发送机制

为确保数据传输的高可靠性，监测系统要求所有发起通信的终端必须得到接收方的确认后，才认为发送成功，否则将会自动重发；在采用 GSM 短信通信时，采用的确认机制为：当遥测站发送数据时，移动基站给系统以"确认信息"，遥测站在接收到该"确认信息"后，认为该数据已经发送成功，如果没有接收到，就下次重新发送。

当采用北斗卫星信道信道发起通信时，由于北斗卫星提供给民用的通信级别比较低，不提供"系统确认回执"功能，所以采取同一条短信报文发送两次的方法，以提高通信成功率。

当满足发送条件时，测站将发送数据。

7. 系统时钟同步

遥测站支持本地和远程时钟同步。

系统支持以下三种方式进行时钟同步：

（1）测站可以人工通过 LCD 屏幕和按键进行本地系统时钟同步。

（2）中心或分中心站可通过 GSM 短信进行系统时钟同步。

（3）遥测站每天 8:00 和 20:00 通过北斗卫星授时功能进行时钟同步。

远程时钟同步将通过通信数据包带系统时钟的方式进行。整个系统必须有唯一的时钟源，系统将以中心站计算机为时钟源，由中心站向所有测站下发时钟同步命令。

8. 遥测站的构成

本系统中自动监测站有水位雨量站、雨量站 2 种类型，测量参数主要有水位、雨量和电源电压。遥测站构成框图如图 2-17 所示。根据图示的配置，只要视测站测量参数的不同而配置不同的传感器即可以满足各种测站要求。若为雨量监测站则不配置水位计，水位监测站可配浮子水位计或气泡水位计。遥测站可以按照国家防汛指挥系统要求扩展功能，保证系统的可扩展性。

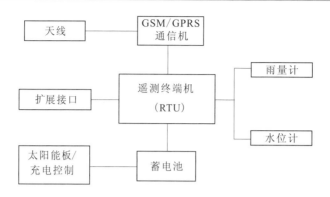

图2-17 遥测站构成示意图

监测站设施主要包括 RTU、GSM/GPRS 通信模块、太阳能电源、蓄电池、传感器等设备。纯雨量站采用一体化结构,水位站、雨量水位站采用分体式结构。

以遥测终端为核心,配置翻斗式雨量传感器、浮子式或气泡式水位计、通信终端、电源系统,实现雨水情信息的自动采集和自动传输。采用太阳能浮充蓄电池方式供电。

当遥测站为纯雨量站时,选用一体化设备,即遥测终端机、通信模块、雨量传感器、电源系统集为一体的设备,此设备安装、维护简单,运行稳定、可靠,配置 20 W 太阳能板和38 AH 蓄电池,即可保证设备连续阴雨天工作一个月。

电源是遥测站是否可靠运行的关键。如果电源选择得不合适,或不可靠,即使其他设备再可靠,系统也不可能稳定运行。

9. 系统的可靠性

系统可靠性运行的主要因素为以下几部分。

1)信道的可靠性和稳定性

信道的可靠性和稳定性所采用通信方式是否合理,是否可靠,是否灵活。

2)系统数据接收、处理可靠性

系统数据接收、处理的可靠性主要表现在计算机管理的机制上,如数据备份、存储,数据库的一致性,数据安全管理及系统崩溃后的处理与恢复。

在计算机系统中由于电源扰动、某些物理设备的失效或人为错误等因素,很可能造成系统的混乱或崩溃,如何使系统在发生故障后自动切换备份设备,保证测量数据的连续与完整,这是系统设计不可不考虑的大问题。

3)设备的可靠性

在以往的采集系统的实践中,设备出现故障的原因主要有以下几种:

(1)由于系统设计不周。

(2)设备元器件质量问题。

(3)操作及维修不周。

(4)设备的制造工艺不严格。

(5)电源不稳定。

(6)雷击。

从以上分析可以看出,要提高系统的可靠性就必须在设计中重视可靠性问题,采用必要措施,减少直到消除各故障的隐患。同时,要对主要元器件进行筛选,对安装及维护人员进行必要的技术培训,提高设备的工艺水平,使整个系统的可靠性得到保障。

10. 系统工作环境要求

1)中心站

中心站机房的工作环境主要取决于微机等的环境要求,一般如下:

环境温度:5 ~ 30 ℃,最好:21 ℃ ± 2 ℃;相对湿度:不大于80%;交流电网要求:单相交流 220 V ± 10%;50 Hz ± 1 Hz,中心站内中心计算机等遥测设备供电应独立一相,机房内其他设备和照明分别用另两相交流供电。

2)遥测站

遥测站设备保证温度在 −20 ~ 50 ℃,相对湿度≤95%的条件下正常运行,并有防雷、防潮、防风、防动物(包括昆虫)破坏能力;定期保持太阳能电池板清洁;定期清理雨量筒,以防堵塞;报汛站全面实现环境(雷击、高低温、高湿)防护。

为提高系统可靠性,本方案从以下几个方面考虑:

(1) 选择高可靠性设备,包括遥测终端、通信电台、电源、传感器、天馈线等;系统主设备 MTBF 优于225 000 h。其他设备的 MTBF 也优于25 000 h。

(2)选用的设备环境适应能力强,RTU 允许工作环境温度 −20 ~ +50 ℃,湿度 0 ~ 90%(50 ℃)。北斗卫星终端 YDA −32 −04 允许工作环境温度 −25 ~ +70 ℃。

(3)合理设计电源系统,防止供电不足;采用优质蓄电池,保证电源可靠性。

(4)因地制宜地设计备份信道。

(5)高质量的安装调试。

(6)培训维护管理人员。

(7)各种输入线路采用避雷措施,包括电源防雷、天馈线防雷及信号线防雷措施,以求提高系统设备防雷击能力。

(8)考虑良好的机房接地和铁塔接地,提高避雷和抗干扰能力。

11. 系统兼容性

该系统设计方案充分考虑了系统的兼容性,本系统既可以从河南省水文局接收现有已建系统的数据,也可以接收本系统遥测站通过北斗卫星信道发送到白龟山水库管理局中心站的雨水情数据,以达到数据有效的备份目的。主要从以下两个方面来保证系统的兼容性。

1)数据格式

中心站数据接收系统留有数据交换接口,可以实时接收已建系统的数据,并能将这些接收下来的数据根据所提供的数据格式编码进行分解数据,入本系统数据库,成为本系统信息库的一部分,提供给用户信息查询。

遥测站主设备 RTU 发送的数据格式除遵循已制定的数据格式外,也可以遵循其他制定的数据格式,并能向其他系统发送所适应格式的数据,将本系统原始雨水情数据输入其他系统。

2)传输协议

系统遥测站第一目的地采用 GSM 短信息通信信道遵循河南省遥测系统通用协议,与原有系统完全兼容,对于升级改造的遥测站,中心站和分中心都不要改动配置,即可以接收原有系统数据。

遥测站第二目的地采用北斗卫星通信信道遵循河南省遥测系统通用协议,白龟山中心站安装北斗卫星数据接收软件,接收遥测站发送的遥测系统。

3)多目的地发送

系统所采用的遥测站支持同时向两个目的地以不同的通信信道发送雨水情数据。

4)数据库采用标准数据库

中心站采用数据库结构与国家和河南省实时雨水情数据库,能方便以后应用扩展。

12. 软件系统总体架构

1)概述

系统运行在微软公司的 Windows 系列平台上,整个系统按照运行状态、功能、安全等进行有效的划分,使用中间件的技术进行有效架构。

支持 C/S 的网络工作方式,支持多中心站联网。采用标准代码库,满足系统水情、气象数据的信息检索要求。系统的雨量、水位数据库与"国家防指"数据库结构兼容,实现与其他防汛部门的数据共享。

系统软件包应采用模块化结构,便于功能的扩展和修改,并预留接口,系统应用软件主要由以下模块构成:

(1)数据接收、处理、存储模块。

(2)当前编码器显示、打印模块。

(3)显示、打印测站报文计数值模块。

(4)原始报文显示、打印模块。

(5)显示、打印降水量和水位日、月报表模块。

(6)显示降水量直方图、等雨量模块。

(7)日水位、流量过程线和当前水位流量分布图模块。

(8)打印输出水位、流量过程线及等雨量线模块。

(9)雨量站数据插补、月数据生成模块(人工干预输入)。

(10)数据文件及非数据文件检索模块。

2)软件体系

软件体系分为如下四层。

表现层:表现层只负责对数据层中的数据进行分析之后呈现给用户,用户可以根据自己的实际需求,按照规定的接口格式,自己开发符合自己需要的界面表现形式。

数据层:数据层的主要作用是将所有的原始数据和经过分析加工后的数据进行数据库保存。数据库支持目前所有的数据库系统。

业务逻辑层:业务逻辑层是本软件系统的核心,主要作用是对通信层上传的数据进行处理,并将处理后的数据按规定的接口格式送到数据层。具体功能包括接口的转换、数据的分析、数据的率定和数据格式的转换等。

通信层:在整个系统的设计中,通信层的设计采用离散分布模式,即对每一种通信模式做一个单独的模块,模块之间相对独立。每个模块的接口和业务逻辑层的接口保持一致。当需要添加新的采集方式时,直接像搭积木似地直接插入到系统中即可。

13.编程语言描述

将采用 MS VB6、Delphi 7、MS . NET 和 FLEX 进行混合编程,结合电子地图功能,实现图形显示等功能,以便充分利用各种语言的优势将程序编写的更加紧凑和高效。系统框架图见图2-18。

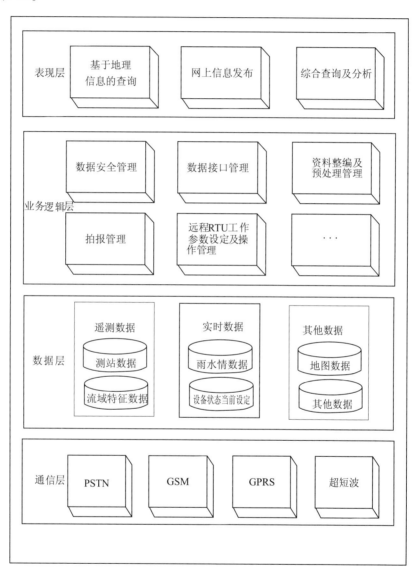

图2-18　系统框架图

14.总体结构拓扑关系

沃特雨水情监控软件总共分为 4 个子系统,即监控管理程序、数据查询软件、数据库管理和 WEB 信息查询发布系统等。各子系统间通信除数据库使用 ODBC(开放式数据库连接方式)外,其他通信方式包含 HTTP、UDP 和 TCP/IP 协议,在 WEB 信息发布系统中还使用到 FTP 文件交换协议。它们之间的工作流程为:数据采集程序将数据采集到原始实时数据库表中,通过触发器和相应的中间件对其数据进行整理和计算后写入到国家防汛指挥系统标准数据库当中进行有效存储,在此过程中,会将无效或者是冗余的数据剔除,只保留有效数据。总体结构拓扑关系见图2-19。

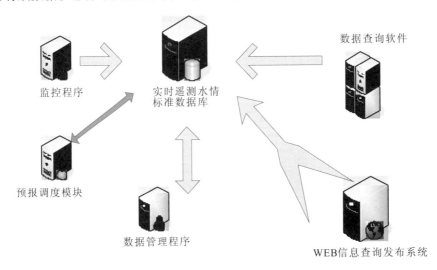

图2-19　总体结构拓扑关系图

1)数据库管理系统

沃特水情监控软件的数据库采用 MS SQL SERVER 2000的数据库,支持 SQL3 和 XML 的协议标准。对于 MS ACCESS 数据库也是局限性地使用,主要用于对于数据的临时保存和缓冲。

沃特水情监控软件数据库的表结构主要依据《实时雨水情数据库表结构与标识符标准》(SL 323—2005)为准,针对相关系统中可能增加的功能以及遥测系统的特殊性,新增加一些表;新增加的表的设计原则为遵守3级范式的要求,但保留了一定的冗余度(为保证其可扩展性,必须付出一定的冗余代价),对于采集的原始处理和其他的一些数据库处理,将采用触发器和 VB 编程的方式进行处理。

2)监控管理程序子系统

针对不同的应用所采用的终端设备和通信方式,沃特水情监控软件可方便地基于中间件技术编写使用的数据采集程序子系统。该子系统为标准的 C/S 结构,主要工作是将遥测系统中各遥测终端发送的数据及时、安全地接收处理、转发,写入数据库进行保存。此程序为标准的 VB6 编写,使用中间件技术,以便能更好地支持终端设备的更新和改造,所使用的缓冲数据库为 ACCESS,主数据库为 SQL SERVER 2005。

3)数据查询软件子系统

沃特水情监控软件的实时数据查询软件子系统为标准的 VB6 编制程序,中间件技术部分用到 VC++6 进行编制,主要工作是提供数据库的维护和对数据的简单检索,此程序架构于标准的 SQL SERVER 2005数据库上,所以具备与设备的无关性,对于任何一种通信方式都是适用的。

4)WEB 水情信息管理子系统

此子系统为标准的 B/S 结构,使用中间件的技术开发,主体语言为. NET 相辅以 VB6、VC++、VB6 脚本、JAVA 脚本和 HTML 超文本进行混合编程,结合电子地图,客户端只要有 IE5 的浏览器就可以使用。

15. 软件功能描述

沃特监控管理软件的数据接收子系统能通过基于各种通信信道,包括超短波和 GSM SMS/GPRS 信道的遥测数据通信网络,完成对区域的遥测雨水情、水文数据的实时接收,包括报汛站的水位、雨量、人工置数等内容和其他工况数据。河南省中心计算机实时接收、显示、存储接收到的数据,同时将数据写入统一的遥测数据库,并可通过计算机广域网或 GPRS 信道传送到分中心,并写入分中心遥测数据库。实时数据采集软件主要保证雨水情的数据完整、安全地传送到各个中心站,且数据接收软件具有误码数据的分析处理功能,能对遥测数据接收系统每日接收来的数据进行分析,对数据接收的准确性、误码率、畅通率、迟报、误报、漏报进行分析,进而分析整个遥测系统的数据采集、通信情况,得出各种统计报告,以备用来维护、改进软硬件工作环境和系统的通信方式,存入 MS SQL SERVER 2000中。具体可以实现的主要功能如下:

(1)可以随时接收各遥测站点从不同信道(GSM/GPRS、CDMA、PSTN、RADIO 等)发送的雨水情及其他数据,经过分析处理后生成雨水情数据库。

(2)支持多个分中心共享遥测数据,可通过多种信道:GPRS MODEM、Internet 等。

(3)可以和其他中心站进行数据交换,既可以接收其他中心的遥测数据,也可以发送本中心遥测数据到其他中心。

(4)可以和多个分中心进行数据共享。每个分中心可以自由获取任意时间开始的遥测原始数据。

(5)如果一个分中心意外故障,所有数据全部丢失,那么也可以通过共享数据软件从中心站获取完整的数据备份,不至于所有数据丢失。

(6)分中心可以通过多种方式与中心站连接获取遥测数据,可以支持 Internet、GPRS/CDMA 等。

(7)可分别与短信中心接口和移动通信中心接口,接收从 GSM SMS 信道传来的数据。

(8)对遥测站进行召测和巡测,显示遥测站最新运行状态,实现对遥测站运行参数的远程设置。

(9)具有人工置数处理功能,接收监测站发送的信息。

(10)通过计算机广域网传输实时遥测数据。在网络支持下,实现与省、市中心以及其他防汛部门的联网,实现信息共享,以满足不同的需求,并实现遥测站时钟同步功能。

1)接收处理软件

接收处理软件主要负责接收遥测站通过 GPRS 发送的数据并实现与其他防汛部门数据共享。接收处理软件的主界面见图2-20。

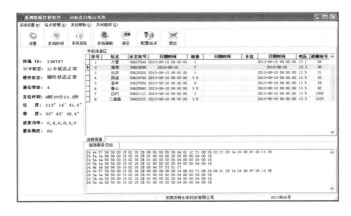

图2-20 接收处理软件的主界面

数据接收软件界面主要有以下六个区域：

（1）菜单。

（2）工具栏，提供最常用的功能按钮。

（3）功能区，位于界面的左侧，主要提供系统遥调、接收遥测站通过 GSM 上报数据、系统管理等系统功能。

（4）系统信息区，位于界面的右侧中部，共包含有四个选项卡：短信服务日志：逐记录显示通过网络接收到的遥测数据，每一条记录包含数据内容，接收时间，数据正确性等信息；当前信息：显示分中心所属遥测站当前信息，包括遥测站雨量累计数值，当前水位值，水位基值及发生时间。

（5）基本信息区，位于界面的右侧下方，显示系统运行的数据接收，数据解码，发送 AT 控制命令等原始信息的区域。

（6）状态栏，位于界面的下方，主要显示当前系统运行的分中心和端空号，与河南省中心连接状况。

2）软件设置

在使用数据接收软件之前，首先要根据分中心情况分中心状况和中心提供的参数对其进行设置，以满足数据接收的条件。这些软件设置被配置好之后，会形成一个 .INI 文件存放在软件根目录下。

主要设置内容有：①北斗卫星终端使用计算机端口号；②本机号码，GSM MODEM 使用 SIM 卡号码；③系统标题。

3）数据库连接配置

配置本地数据库，按照系统提示一步步就可以配置本地数据库连接。

数据接收软件预留发送短信息的接口，只要按照页面提示输入发送目的手机号码和发送内容就可以实现短信息的自由发送，短信息可以立即发送，也可以在以后的一个特定时间发送。

4）清空记录

当系统信息区域和基本信息区域的记录内容很多时，就可以点击"清空"按钮清空信息区域内容。系统每天会在 0 点自动清空系统信息区域和基本信息区，避免内存数据越来越多。

5）北斗卫星终端刷新

重新对北斗卫星终端进行设置,系统每间隔 3 min 就进行一次北斗卫星终端设置。

6）遥测站管理

点击“系统功能”— >“导入遥测站”,即可进入遥测站管理界面,可以清除全部遥测站、删除站、编辑遥测站、添加遥测站。双击列表中的遥测站,随即弹出该遥测站信息编辑窗口,更改遥测站信息点击“更改”按钮即可,遥测站管理界面见图2-21。

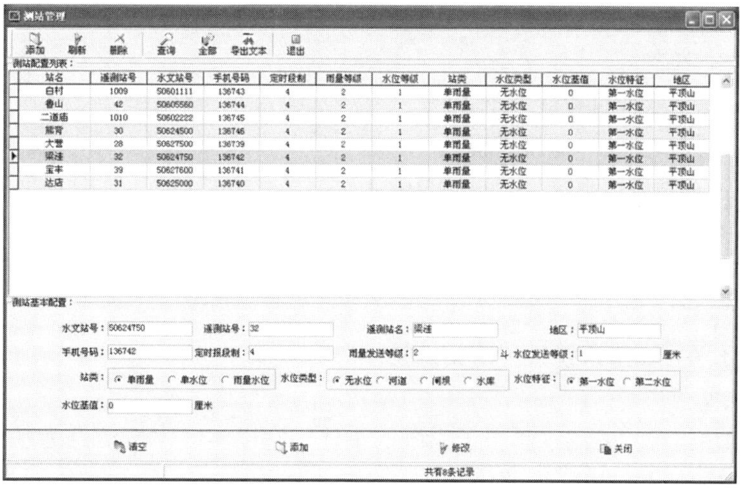

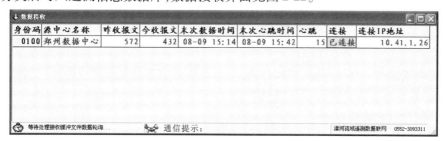

图2-21　遥测站管理界面

7）数据管理软件功能

管理数据库中数据;可以对水位、雨量数据库进行插入、修改;可以录入水位流量、水位—库容关系曲线;可以设置各站雨量权重;可以修改各站特征参数,如河道站防洪任务参数表、闸坝站防洪任务参数表、水库站防洪任务参数表等;可以添加、删除、修改数据库中测站站名、数量、站类、遥测数据类型等参数。

8）遥测信息入库软件

遥测信息入库软件对从河南省中心传送来和本分中心 FIU 接收的遥测信息经分析、排错、分类后写入遥测信息数据库,数据接收界面见图 2-22。

身份码	源中心名称	昨收报文	今收报文	末次数据时间	末次心跳时间	心跳	连接	连接IP地址
0100	郑州数据中心	572	432	08-09 15:14	08-09 15:42	15	已连接	10.41.1.26

等待处理接收缓冲文件数据轮询... 　通信提示:　淮河流域遥测数据联网　0552-3093311

图2-22　数据接收界面

入库软件具有如下功能:①自动实时刷新,保证遥测信息的时效性;②对所有遥测信息进行合理性分析、排错和分类整理;③具有信息处理、错误分析处理等功能;④具有数据管理维护功能。

9)遥测信息查询软件

系统配置 C/S 结构的数据查询检索软件,其功能主要包括:

(1)具有网络查询功能,根据权限查询数据库,可以将实时遥测数据在局域网内以 C/S 方式查询,以及允许范围内的 B/S 方式查询。

(2)对本地数据库或连接远程数据库进行查询。

(3)雨量报表、雨量柱状图查询。

(4)雨量等值线分析。

(5)平均雨量统计。

(6)水位报表、水位过程线查询。

(7)水雨情分布图实时监视查询。

(8)查询任一时段内雨量、水位特征值。

(9)实时数据监视,数据越限报警。

(10)为系统管理和资料整编提供雨量原始数据、水位原始数据、测站状态、电压数据等。

2.4.2.2 洪水预报调度系统采用的关键技术

1. 洪水预报

实时洪水预报模块是洪水预报子系统的主体。它以实时水文信息为基础,以预报方法模块和专家经验模块为依托,集实用水文预报方案和预报模型为一体,可以运用多种方案进行实时水情预报计算。

从一场降雨开始到结束,根据逐时段的雨、水情实时信息,作出未来若干时段的入库洪水预报结果。

2. 洪水调度

调度决策服务系统能够通过对实时洪水预报和历史的雨水情、工情信息检索和分析,结合气象信息,进行防洪形势分析,根据实时预报洪水和模拟洪水、防洪调度规则和专家经验,以工程安全和减少洪灾损失为原则,从上游到下游构成洪水调度分析计算的基本框架,在软件开发时留有充分的人机交互接口,建立洪水调度模拟系统,提高洪水调度决策的支持能力和防洪调度的科学性。在进行优化调度分析时,通过改变初始条件(如水库泄流量、泄流时间,或者模拟后期降雨量等)反复多次地进行优化调度分析计算,直到满意,最终获得多套方案,供领导会商决策。

3. 系统集成

系统集成做到了结构合理,逻辑性强,使系统既有完整性又有独立性、灵活性,便于操作,易维护并有兼容性和可持续发展性。

4. 预报模型及其构建

1)API 模型

产流部分采用了降雨径流相关线。在进行降雨径流方案制作时,选用了1970年以来的暴雨洪水,开展了净雨和径流深分析计算,结合原来已有的分析计算成果,延长了洪水序列,增加了洪水场次,制作了 $P-P_a \sim R$ 和 $P+P_a \sim R$ 相关线。在 P_a 计算时,t 取 30 d,主降雨前有间隔的小雨合并到 P_a 值中。经过每场洪水逐项计算,分析点绘后,$P-P_a \sim R$

相关方案合格率为 78%；$P + P_a \sim R$ 相关方案合格率为 75%。

汇流采用径流深洪峰流量相关线。在制作 $R \sim Q_m$ 相关线时以主要降雨历时 T 作参数。主要降雨历时指时段累计降雨量超过次降雨量 80% 的历时。采用 2 h 综合单位线。由于白龟山水库以上大部分降雨比较均匀，因此通过调试分析制出了一条 2 h 综合单位线。经过 10 次大、中、小洪水的检验，洪峰流量合格率达 80%；峰现时间由于反推入库洪水造成的均化，峰现时间合格率 70% 吻合，因此认为该单位线的汇流演算效果基本可以满足生产预报需要。率定的产汇流参数见图2-23。

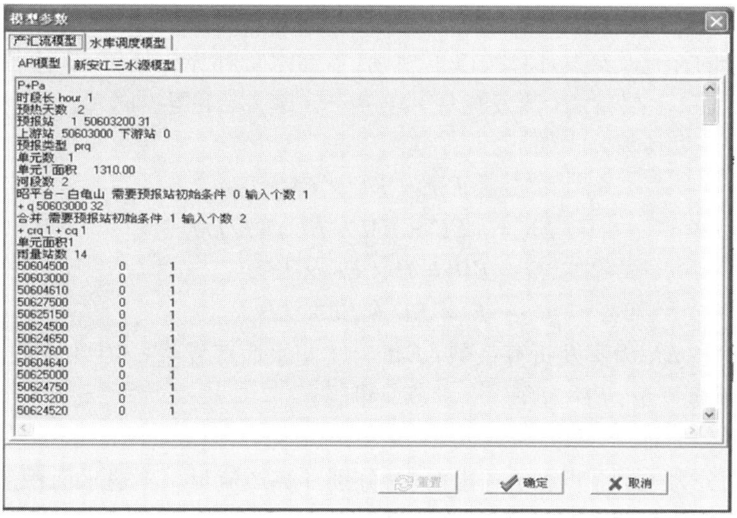

图2-23　API 模型主要参数成果

2）改进新安江模型

改进的新安江模型是基于 Horton 理论的某些观点，对新安江模型透水面积上产流量计算的改进。

Horton 理论提出于1933年，其基本思想是径流来源于两部分：第一部分，当降雨强度大于下渗能力时，产生地表径流；第二部分，当下渗水量大于土壤缺水量时，产生地下径流。

Horton 理论的雨强大于下渗能力时产流；土壤张力水分饱和时产流这两点基本正确，但饱和径流全为地下径流这一点不正确，因为按照这种观点，植被良好下渗能力极大的湿润地区没有地表径流，这与实测资料不符，土壤自由水蓄满后饱和径流同样形成地面径流，此外由饱和径流形成的土壤自由水的出流不光是地下径流，还有壤中流。按照 Horton 理论，超渗产流、蓄满产流可解释为产流的两种极端形式。干旱地区降水量少，包气带较厚，下渗水量很难满足土壤缺水量，同时由于干旱地区植被较差，下渗能力小，雨强容易超过下渗能力形成径流。湿润地区降水充沛，包气带较薄，下渗水量容易满足土壤缺水量，同时由于湿润地区植被良好下渗能力很大，雨强极难超过下渗能力形成径流。半干旱地区，其下渗能力和张力水容量均介于干旱地区和湿润地区之间，这样雨强较大时有可能超过下渗能力形成地表径流，降雨量较多时土壤张力水也可能蓄满形成径流（地表径流、壤中流、地下径流）。新安江模型的改进就是基于上述观点。改进的新安江模型由土壤蒸散发计算、产流计算和汇流计算三部分组成。

A. 土壤水分蒸发计算方法

土壤蓄水量的计算采用三层(上、下、深层)模型,即

$$W = WU + WL + WD$$
$$WM = UM + LM + DM$$

式中:W 为流域土壤张力水蓄量;WU 为上层张力水蓄量;WL 为下层张力水蓄量;WD 为深层张力水蓄量;WM 为流域土壤张力水容量;UM 为上层张力水容量;LM 为下层张力水容量;DM 为深层张力水容量。

土壤水分的补充及蒸发计算按以下规则:下渗水量补充土壤蓄水(土壤蒸发)时,先补充(蒸发)上层,上层蓄满(蒸发耗尽),再补充(蒸发)下层。同理,由下层转至深层。各层土壤水分蒸发计算公式如下:

$$EU = EK \times EM$$
$$EL = (EK \times EM - EU)WL/LM$$
$$ED = C \times EK \times EM$$
$$E = EU + EL + ED$$

式中:C 为参数;EK 为蒸发折算系数;EM 为实测水面蒸发量;EU 为上层土壤蒸发量;EL 为下层土壤蒸发量;ED 为深层土壤蒸发量。

B. 产流计算原理

流域被划分为透水面积和不透水面积,分别计算产流量。不透水面积上的降水扣除蒸发后全部产生地表径流,即

当 $P > EK \times E_0$ 时:

$$R_1 = P - EK \times E_0$$

当 $P < EK \times E_0$ 时:

$$R_1 = 0$$

式中:R_1 为地表径流;P 为降水;EK 为蒸发折算系数;E_0 为实测水面蒸发量。

在原新安江模型的基础上增加了一条下渗曲线分割降雨,降雨首先满足下渗,超过下渗能力的部分形成地表径流,计算公式如下:

当 $P < f$ 时:

$$R_2 = 0 \quad f_1 = P$$

当 $P > f$ 时:

$$R_2 = P - f \quad f_1 = f$$
$$f = FM[(WM - W)/WM]n + FC$$

式中:f 为下渗能力;R_2 为地表径流;f_1 为下渗率;FM、n 为待定参数;FC 为稳定下渗率;WM 为土壤蓄水容量;W 为土壤蓄水量。

下渗水量首先补充土壤的缺水,土壤蓄水容量得到满足后,剩余的下渗水量形成径流(地表径流、壤中流、地下径流)。这部分径流量的计算与原新安江模型相同,只是输入由降雨改为下渗。产流量的计算公式为:

当 $f_1 \times \Delta t - E < 0$ 时:

$$R_3 = 0$$

当 $f_1 \times \Delta t + a - E > MM$ 时：

$$R_3 = f_1 \times \Delta t - E - (WM - W)$$

当 $0 < f_1 \times \Delta t + a - E < MM$ 时：

$$R_3 = f_1 \times \Delta t - E - WM[(1 - a/MM)(b + 1) - (1 - (f_1 \times \Delta t - E + a)/MM)(b + 1)]$$

其中：$a = WM(1 + b)[(1 - (1 - W/WM)/(1 + b)]$；

$$MM = WM(1 + b)$$

式中：R_3 为径流；E 为土壤蒸发量；a 为蓄水容量曲线上 W 相应的纵坐标；MM 为流域上点的最大蓄水容量；Δt 为计算时段长。

C. 水源划分和汇流计算原理

a. 水源划分

不透水面积上的径流 R_1、透水面积上的超渗径流 R_2 均为地表径流，只有透水面积上的饱和径流 R_3 需要划分地表径流、壤中流和地下径流。径流 R_3 的划分对原新安江模型的方法作了简化，将流域自由水蓄量模拟为一个水箱。水箱的蓄水量补充于径流 R_3 消耗于壤中流、地下水的出流，水箱蓄满后溢出形成地表径流，壤中流、地下水的出流与自由水的蓄量成比例。计算公式如下：

$$Rs_1 = R_1 \times IM$$
$$Rs_2 = R_2(1 - IM)$$
$$\Delta S = R_3 - Ri - Rg$$
$$S(t + \Delta t) = S(t) + \Delta S$$
$$S < SM$$

当 $S + \Delta S > SM$ 时：

$$R_3 = (S + \Delta S - SM)(1 - IM)$$

当 $S + \Delta S < SM$ 时：

$$Rs_3 = 0, \ Ri = KI \times S(1 - IM)$$
$$Rg = KG \times S(1 - IM)$$

流域总地表径流：

$$Rs = Rs_1 + Rs_2 + Rs_3$$

式中：R、Rs_1、Rs_2、Rs_3 均为地表径流；IM 为不透水面积系数；S 为自由水蓄量；SM 为自由水容量；Ri 为壤中流；Rg 为地下径流；KI 为壤中流出流系数；KG 为地下水出流系数。

b. 汇流计算

地表水汇流计算，采用滞时线性水库法；壤中流、地下径流、汇流均用滞时线性水库法计算，公式为

$$Wqs(t) = CKS \times Qs(t)$$
$$Rs(t - LS) \times U - Qs(t) = \mathrm{d}Wqs(t)/\mathrm{d}t$$

对于矩形入流上式的有限差分形式为

$$Qs(t + \Delta t) = 2 \times C_1 \times Rs(t + \Delta t - LS) \times U - C_2 \times Qs(t)$$

该公式为地表径流的汇流计算公式，壤中流、地下水的汇流计算公式与其相同。

式中：$C_1 = \Delta t/(2 \times CKS + \Delta t)$；$C_2 = (2 \times CKS - \Delta t)/(2 \times CKS + \Delta t)$；$CKS$ 为流域地表径流调蓄系数；U 为单位转换系数；LS 为地表径流滞时；Qs 为流域地表径流出流过程；Wqs 为流域地表水蓄量。

2.4.3 预报调度实例及结果

选择2007年汛期3场大雨(7月4日，7月12日，6月26日)的预报情况与实际情况比较，分析利用此软件进行预报的精度。场次降雨预报调度结果及分析汇总分别见表2-27、表2-28和图2-24 ~ 图2-26。

(1)2007年7月4日至7月7日，水库流域昭白区间平均降雨84.6 mm，白龟山站降雨86 mm。

①洪峰流量预报误差 A_1。

水库实际入库洪峰流量 $Q_实 = 350$ m³/s，预报入库洪峰流量 $Q_预 = 383$ m³/s(见图2-24)，则

$$A_1 = \frac{|Q_预 - Q_实|}{Q_实} = \frac{|383 - 350|}{350} = 0.094$$

②洪水总量预报误差 A_2。

水库预报洪水总量 $W_预 = 2\,887$ 万 m³，实际洪水总量 $W_实 = 2\,795$ 万 m³，则

$$A_2 = \frac{|W_预 - W_实|}{W_实} = \frac{|2\,887 - 2\,795|}{2\,795} = 0.033$$

③相对预见期误差 A_3。

$$A_3 = \frac{|t_预 - t_实|}{\Delta t} = \frac{|09 - 09|}{1} = 0$$

④洪水过程预报误差 A_4。

$$A_4 = \frac{1}{N}\sum_{i=1}^{N} \frac{|Q_预 - Q_实|}{Q_实} = \frac{63.5}{96} = 0.66$$

表2-27　2007-07-04实际入库与预报入库过程　　　　　　(单位：m³/s)

时间(年-月-日 T 时:分)	实际入库	预报入库	时间(年-月-日 T 时:分)	实际入库	预报入库
2007-07-04 T09:00	0	0	2007-07-06 T09:00	147	109.6
2007-07-04 T10:00	0	0.2	2007-07-06 T10:00	135	101.8
2007-07-04 T11:00	0	0.5	2007-07-06 T11:00	125	82.9
2007-07-04 T12:00	0	1.4	2007-07-06 T12:00	115	72.1
2007-07-04 T13:00	0	3	2007-07-06 T13:00	105	60.7
2007-07-04 T14:00	0	5.6	2007-07-06 T14:00	96	54.1
2007-07-04 T15:00	5	9.2	2007-07-06 T15:00	88	45.8
2007-07-04 T16:00	8	12.9	2007-07-06 T16:00	85	41.8
2007-07-04 T17:00	10	17.8	2007-07-06 T17:00	82	39.1

续表2-27

时间（年-月-日 T 时:分）	实际入库	预报入库	时间（年-月-日 T 时:分）	实际入库	预报入库
2007-07-04 T18:00	13	22.8	2007-07-06 T18:00	80	39.5
2007-07-04 T19:00	18	31.4	2007-07-06 T19:00	78	35.7
2007-07-04 T20:00	23	39.2	2007-07-06 T20:00	78	30.5
2007-07-04 T21:00	30	44.9	2007-07-06 T21:00	78	28.6
2007-07-04 T22:00	38	50.1	2007-07-06 T22:00	78	25.4
2007-07-04 T23:00	48	53.4	2007-07-06 T23:00	75	22.7
2007-07-05 T00:00	58	59.7	2007-07-07 T00:00	70	20.6
2007-07-05 T01:00	68	81	2007-07-07 T01:00	70	19.7
2007-07-05 T02:00	78	122.7	2007-07-07 T02:00	70	19.4
2007-07-05 T03:00	86	172.9	2007-07-07 T03:00	69	19.8
2007-07-05 T04:00	93	218	2007-07-07 T04:00	64	21.1
2007-07-05 T05:00	98	251.2	2007-07-07 T05:00	64	22.2
2007-07-05 T06:00	103	267.6	2007-07-07 T06:00	64	22.6
2007-07-05 T07:00	156	312.5	2007-07-07 T07:00	64	22.7
2007-07-05 T08:00	244	349.5	2007-07-07 T08:00	63	22.6
2007-07-05 T09:00	350	383.3	2007-07-07 T09:00	63	22.5
2007-07-05 T10:00	302	378.4	2007-07-07 T10:00	62	22.3
2007-07-05 T11:00	248	358.9	2007-07-07 T11:00	61	21.8
2007-07-05 T12:00	146	332.8	2007-07-07 T12:00	60	18.7
2007-07-05 T13:00	120	275.3	2007-07-07 T13:00	59	16.1
2007-07-05 T14:00	74	227	2007-07-07 T14:00	58	10.6
2007-07-05 T15:00	70	182.8	2007-07-07 T15:00	57	5.2
2007-07-05 T16:00	68	153.1	2007-07-07 T16:00	56	3.3
2007-07-05 T17:00	68	128.9	2007-07-07 T17:00	55	1.2
2007-07-05 T18:00	66	111.5	2007-07-07 T18:00	54	0.8
2007-07-05 T19:00	65	100.3	2007-07-07 T19:00	53	0.3
2007-07-05 T20:00	64	89.9	2007-07-07 T20:00	52	0.1
2007-07-05 T21:00	63	78.9	2007-07-07 T21:00	51	0
2007-07-05 T22:00	70	95	2007-07-07 T22:00	50	0
2007-07-05 T23:00	88	146	2007-07-07 T23:00	49	0
2007-07-06 T00:00	108	197.5	2007-07-08 T00:00	48	0
2007-07-06 T01:00	145	265.4	2007-07-08 T01:00	47	0
2007-07-06 T02:00	188	277.4	2007-07-08 T02:00	46	0
2007-07-06 T03:00	232	227.3	2007-07-08 T03:00	22	0
2007-07-06 T04:00	208	193.2	2007-07-08 T04:00	22	0
2007-07-06 T05:00	188	170.5	2007-07-08 T05:00	22	0
2007-07-06 T06:00	178	150.9	2007-07-08 T06:00	22	0
2007-07-06 T07:00	168	127.3	2007-07-08 T07:00	22	0
2007-07-06 T08:00	159	115.3	2007-07-08 T08:00	22	0

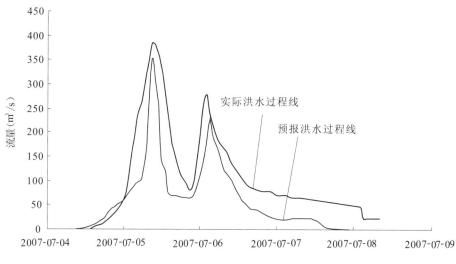

图2-24　2007-07-04预报洪水过程线

（2）2007年6月26～28日,水库流域昭白区间平均降雨44.1 mm,白龟山站降雨78.5 mm,实际洪峰流量324 m^3/s,预报洪峰流量285 m^3/s,实际洪量920万 m^3,预报洪量1 079万 m^3,实际峰现时间6月27日6时,预报峰现时间6月27日8时,其实际与预报过程线如图2-25所示。

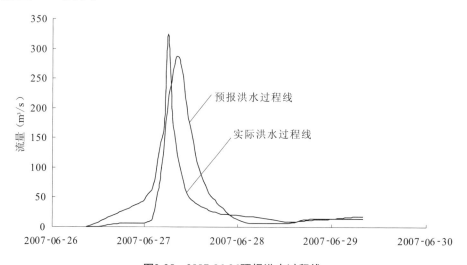

图2-25　2007-06-26预报洪水过程线

（3）2007年7月12～16日,水库流域昭白区间平均降雨93.6 mm,白龟山站降雨134.8 mm,实际洪峰流量502 m^3/s,预报洪峰流量511 m^3/s,实际洪量4 937万 m^3,预报洪量5 700万 m^3,实际峰现时间7月14日20时,预报峰现时间7月14日18时,其实际与预报过程线如图2-26所示。

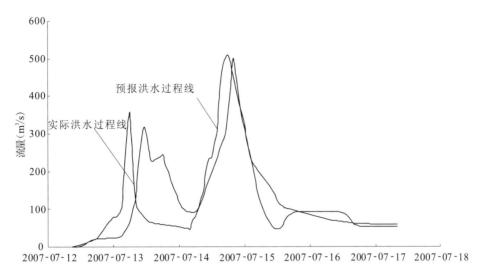

图2-26 2007-07-12预报洪水过程线

表2-28 洪水预报分析汇总

序号	项目	指标	标准	洪号	预报	实际	评价结果
1	洪峰流量预报误差 A_1	$A_1 = \left\| (Q_{预} - Q_{实}) \right\| / Q_{实}$	(1)好:$A_1 \leq 0.10$ (2)一般:$A_1 = 0.10 \sim 0.20$ (3)差:$A_1 > 0.20$	20070704 20070712 20070626	383 511 285	350 502 324	$A_1 = 0.094$好 $A_1 = 0.018$好 $A_1 = 0.12$一般
2	洪水总量预报误差 A_2	$A_2 = \left\| (W_{预} - W_{实}) \right\| / W_{实}$	(1)好:$A_2 \leq 0.10$ (2)一般:$A_2 = 0.10 \sim 0.20$ (3)差:$A_2 > 0.20$	20070704 20070712 20070626	2 887 5 700 1 079	2 795 4 937 921	$A_2 = 0.033$好 $A_2 = 0.152$一般 $A_2 = 0.171$一般
3	峰现时间预报误差 A_3	$A_3 = \left\| t_{预} - t_{实} \right\| / \Delta t$	(1)好:$A_3 \leq 1.0$ (2)一般:$A_3 = 1.00 \sim 2.00$ (3)差:$A_3 > 2.00$	20070704 20070712 20070626	20070509 20071418 20062708	20070509 20071420 20062706	$A_3 = 0$好 $A_3 = 2.0$一般 $A_3 = 2.0$一般
4	洪水过程预报误差 A_4	$A_4 = \dfrac{1}{N} \sum_{i=1}^{N} \dfrac{\| Q_{预} - Q_{实} \|}{Q_{实}}$	(1)好:$A_4 < 0.15$ (2)一般:$A_4 = 0.15 \sim 0.30$ (3)差:$A_4 > 0.30$	20070704 20070712 20070626	— — —	— — —	$A_4 = 0.66$差 $A_4 = 0.60$差 $A_4 = 0.62$差

第3章　防汛责任制与抢险

3.1　市级防汛组织机构职责及权限

市县(市)、区级以上人民政府设立防汛指挥机构,在上级防汛指挥机构和当地政府的领导下,负责各自辖区内的水患灾害突发事件的预防和应对工作,其办事机构设在同级水行政主管部门。各有关部门可根据需要设立防汛指挥机构,负责本部门水患灾害突发事件的预防和应对工作。

3.1.1　防汛机构组成

平顶山市防汛指挥部指挥长由市长担任,市政府各位副市长、军分区司令员任副指挥长,市直有关部门和单位主要领导任成员。市防汛抗旱指挥部成员单位主要有市政府办公室、平顶山军分区、市委宣传部、市发改委、市建委、市国土资源局、市民政局、市财政局、市公安局、市交通局、市旅游局、市林业局、市粮食局、市广电局、市教育局、市卫生局、市气象局、市农业局、平顶山供电公司、平顶山日报社、市水利局、市无线电管理局、市武警支队、市团委、平顶山水文局、平煤神马集团、平顶山网通分公司、移动通信平顶山分公司、联通平顶山分公司等。

3.1.2　防汛职责分工

指挥部领导防汛工作职责:

指挥长职责:对全市防汛工作负总责,统一组织指挥全市防汛和抗洪抢险工作。

副指挥长职责:督促防汛责任单位落实各项防汛职责。在指挥长的领导下指挥防汛和抗洪抢险工作,对指挥长负责。对分管行业、分包地区和工程进行汛前检查,了解分包地区防洪工程存在的主要问题,督促落实各项度汛措施。做好防汛宣传和思想动员工作,增强各级干部和广大群众的水患意识。及时了解汛情,及早对防汛工作安排部署,险情发生后要及时奔赴一线,组织指挥抗洪抢险,同时,要坚决贯彻执行上级的防汛调度命令。负责组织动员全市各级、各部门、各有关单位和个人投入抗洪抢险。指导分包地区救灾工作,安排好群众生活,搞好卫生防疫,尽快恢复生产,修复水毁工程,保持社会稳定。

3.1.3　权限

防汛工作具有战线长、任务重、突发性强、情况变化复杂等特点,为了在任何情况下确保国家和人民生命财产的安全,必须确立防汛指挥机构的权威性。

《中华人民共和国水法》和《中华人民共和国防洪法》赋予防汛指挥机构在紧急防汛期的权力,主要有以下内容:

一是在紧急防汛期,防汛指挥机构有权在其管辖范围内调用所需的物资、设备和交通运输车辆,事后应当及时归还或者给予适当补偿。

防汛指挥机构的管辖范围是指有防汛任务的地区。在该范围内的党政机关、企事业单位、部队、学校、乡村都必须服从防汛指挥机构的统一指挥、统一调动。在汛情紧急情况下,按照法律规定,防汛指挥机构根据需要调用上述单位的物资、设备和人员时,应对借用物资、设备和人员情况进行统计、登记。汛期结束时,防汛指挥机构对防汛中调用的物资、设备不能长期占用或挪作他用,应及时向原单位退还剩余物资和调用的交通运输工具和机械设备。对物资的消耗、设备的破坏、人员的劳动定额,防汛指挥机构应按照实际情况和国家有关规定适当给予经济补偿或赔偿。

二是在紧急防汛期,各级防汛指挥机构可以在其管辖范围内,根据经批准的分洪、滞洪方案采取分洪、蓄滞洪措施。

分洪和滞洪是抗御洪水的重要手段,但是,由于采用分洪和滞洪手段,洪水将淹没一部分地区,危及该地区人民生命的安全,造成行蓄洪区内国家和人民财产的损失。因此,各级防汛指挥机构应根据气象、水文资料及历史上的洪水情况,在其管辖范围内,必须先制定分洪、滞洪方案。分洪、滞洪方案的重要内容之一是在确保能够做好分洪、滞洪的前提下,把经济损失减到最低程度。分洪、滞洪方案必须报请上级主管部门审核批准后,方可纳入防汛抗洪计划,并依方案实施。实施运用蓄滞洪区分蓄洪水,必须由有管辖权的防汛抗旱指挥部下达命令,并提前做好蓄滞洪区内居民的转移安置工作。

在紧急防汛期,各级防汛指挥机构认为有必要采取分洪、滞洪措施减缓洪水威胁时,法律规定,防汛指挥机构可以当机立断,在其管辖范围内,按照经批准拟定的分洪、滞洪方案,采取分洪、滞洪措施。

如果采取的分洪、滞洪措施在某种情况下有可能使洪水漫出分洪、滞洪方案中规定的区域,波及其他地区,采取分洪、滞洪措施应采取慎重态度。《中华人民共和国水法》规定,采取分洪、滞洪措施对毗邻地区有危害的,必须报经上一级防汛指挥机构批准,并事先通知有关地区。按照法律规定,各级防汛指挥机构应该严格执行分洪、滞洪方案,当采取的分洪、滞洪措施对周邻地区产生威胁时,应立即把采取分洪、滞洪措施的情况及影响报告上一级防汛指挥机构,上报的分洪、滞洪措施经批准后才可实施。在实施批准的分洪、滞洪措施时,防汛指挥机构必须将采取分洪、滞洪措施的时间、地点等情况通报有关地区,以便这些地区做好各方面准备,组织群众撤离,采取措施重点保护被淹地区的国家财产,避免或减轻损失。

3.2　白龟山水库防汛指挥部各成员单位及其职责

3.2.1　领导成员分工

(1)防汛指挥部指挥长,对白龟山水库防汛工作负总责,统一指挥白龟山水库防汛和抗洪抢险工作,对水库重大调度运用方案和抢险措施,以及抗洪抢险时部队的调用等重大问题进行决策。服从省防汛抗旱指挥部指挥,执行上级调度命令。

（2）防汛指挥部副指挥长，督促防汛责任单位落实各项防汛职责。在指挥长的领导下指挥白龟山水库防汛和抗洪抢险工作，对指挥长负责。

当白龟山水库接近警戒水位，或水库工程发生重大险情时，副指挥长应到防汛办公室带班，参加汛情会商和重大问题研究并报指挥长决策。

（3）防汛指挥部领导成员，在指挥长、副指挥长领导下，做好白龟山水库防汛和抗洪抢险工作：①按照有关防汛法律法规，做好防汛宣传和思想动员工作，增强各级干部和广大群众的水患意识；②掌握防洪工程存在的主要问题，检查督促各项度汛措施的落实；③及时掌握汛情，组织指挥防汛队伍抗洪抢险，坚决贯彻执行上级的防汛调度命令；④在洪水发生后迅速开展救灾工作，安排好群众生活，尽快恢复生产，修复水毁工程，保持社会稳定；⑤做好分工范围内的防汛工作，督促防汛责任制的落实。

各领导成员分工如下：

（1）白龟山水库管理局局长。履行水库防汛指挥部副指挥长职责，负责协调各县（区）、市直有关单位的防汛事宜，并负责组建100人的巡坝查险队伍，在库水位到达103.00 m时，沿水库拦、顺坝上、下游巡坝查险，发现问题立即组织抢险队伍抢护，同时负责白龟山灌渠全面防汛工作和新华区、叶县防汛抢险队伍的联络和防汛任务落实。做好拦河坝、北干渠、泄洪闸、顺河坝0+000～3+000坝段、灌区工程和防汛物资的防汛巡查和监管工作。

（2）鲁山县人民政府副县长。顺河坝10+350以西坝段防汛抢险救灾行政责任人。负责组织防汛抢险第一、二梯队各500人，并落实各梯队责任人。接到命令，迅速率队上坝，现场指挥抢险。组织本县境内库内外、淹没区群众的安全转移和安置。

（3）叶县人民政府副县长。张庄闸及干渠上、下游防汛抢险救灾行政责任人。负责组织抢险队伍500人，组织协调干渠清障、排水、除涝，落实本县淹没区群众的安全转移和安置工作。

（4）湛河区人民政府副区长。拦河坝、泄洪闸、顺河坝0+000～10+350坝段防汛抢险救灾行政责任人。负责组织防汛抢险第一梯队3 000人、第二梯队2 670人，并落实各梯队责任人。接到命令后，迅速率队上坝，现场指挥抢险，确保泄洪闸和大坝安全。负责本辖区内群众的安全转移和安置工作。

（5）新华区人民政府副区长。北干渠至北坝头防汛抢险救灾行政责任人。负责组织第一梯队共500人，并落实梯队责任人。严防绕闸渗流、渠道边坡滑塌。接到命令后，迅速率队上坝，现场指挥抢险，同时负责辖区内群众的安全转移和安置工作。

（6）卫东区人民政府副区长。负责组织第二梯队650人，担负拦河坝的防护抢险任务。接到命令后，迅速率队上坝，现场指挥抢险，巡视及查勘坝体上、下游，发现险情及时报告、抢护，确保拦河坝安全。

（7）新城区管理委员会副主任。水库新城区段防汛抢险救灾行政责任人。负责组织第一、第二梯队共1 000人，并落实梯队责任人，担负朱砂洞闸和肖营村东部地面高程低于坝顶高程（110.4 m）地段的抢险任务。接到命令后，迅速率队赶赴现场，指挥抢险，同时负责辖区内群众的安全转移和安置工作。

（8）高新区管理委员会副主任。张庄退水闸防汛抢险救灾行政责任人。负责组织防汛抢险队伍第一梯队 100 人、第二梯队 200 人,并落实各梯队责任人。防止张庄退水闸上下游渠道堤防塌滑、满溢及绕闸渗流,出现险情及时抢护。

(9)漯河市水利局副局长。负责漯河市辖区群众安全转移方案的制定和落实,水库敞泄时,协助市政府做好泥河洼进洪和分洪工作。

(10)河南省沙颍河流域管理局副局长。负责沙河大堤及河道行洪现状和能力的收集、测算和报告工作。综合本流域水情、工情,保证行洪安全。

(11)白龟山水库管理局局长。履行水库防汛副指挥长职责,同时负责协调各县(区)、市直有关单位的防汛事宜,并负责组建 100 人的巡坝查险队伍,在库水位到达 103.00 m 时,沿水库拦、顺坝上、下游巡坝查险,发现问题立即组织抢险队伍抢护。

(12)白龟山水库管理局总工程师。负责组织重大防汛抢险技术措施的论证。

(13)白龟山水库管理局副局长。①协调公安部门做好抗洪抢险治安保卫工作。负责本局安全生产工作,并负责湛河区防汛队伍联络和防汛任务落实。做好顺河坝 3 + 000 ~ 6 + 000 坝段以及防汛砂石料的防汛巡查和监管工作。②负责防办全面工作,落实防办各组职责,掌握汛情动态,搞好汛情上传下达。负责防汛料物的组织、供应及卫东区、新城区管委会防汛队伍联络和防汛任务落实。做好顺河坝 9 + 000 ~ 12 + 000 坝段、南干渠渠首闸、北坝头拦洪闸和通信、遥测系统的防汛巡查和监管工作。

(14)白龟山水库管理局纪检委书记。负责防汛宣教工作。负责部队、平煤神马集团联络,实施肖营村西附近漫溢筑堤任务。同时做好顺河坝 6 + 000 ~ 9 + 000 坝段的防汛巡查和监管工作。

(15)白龟山水库管理局工会主席。负责防汛抢险队伍的后勤保障、电力供应和车船保障,负责鲁山县防汛抢险队伍联络和防汛任务落实。做好顺河坝 12 + 000 以西坝段、供电设备及防汛车船的防汛巡查和监管工作。

3.2.2　县(区)、乡责任单位分工

(1)湛河区:共计5 670人。

①第一梯队:3 000人。

上坝水位:105.38 m。

a 曹镇乡:2 000人。

责任段:顺河坝 0 + 000 - 10 + 350 坝段。

任务:对上游块石护坡塌陷,上、下游坝肩滑坡,坝脚及下游台地涌水、涌砂等险情进行抢护,尤其对 3 + 000、5 + 250 坝后渗水,7 + 800 附近上游集中渗水注意观察。

b 北渡乡:1 000人。

责任段:拦河坝。

任务:850 人对上游块石护坡塌陷,上、下游坝肩滑坡,下游坝脚及坝后台地的涌砂等可能发生的险情进行抢护。另 150 人防守泄洪闸,对下游尾水渠堤岸滑坡、漫溢及闸两端渗流等险情进行抢护。

②第二梯队:2 670人。

上坝水位:105.90 m。

责任段:泄洪闸、顺河坝 0 + 000 ~ 10 + 350 坝段。

任务:防止闸下游堤岸滑坡、漫溢及两端渗流。对坝体上游护坡、塌陷、风浪冲坑及下游管涌等险情进行抢修。特别注意 3 + 000、5 + 250 坝后渗水及 7 + 800 坝前集中渗流,及时采取导渗措施,保证大坝安全,并及时动员组织淹没区群众的安全转移。

(2)鲁山县:共计1 000人。

第一梯队:500 人。

上坝水位:105.38 m。

第二梯队:500 人。

上坝水位:105.90 m。

责任段:顺河坝 10 + 350 以西坝段。

任务:适时堵复防浪墙、生产路缺口,抢护土坝可能出现的塌陷、滑坡、涌水、涌砂等险情,并及时动员组织库内外、淹没区群众的安全转移。

(3)叶县:200 人。

责任段:南干渠。

任务:确保南干渠行洪畅通,特别是南干渠城关段和南干渠邓李段干渠疏浚。

(4)高新区:300 人。

上岗水位:张庄闸闸前水位78.00 m 时,100 人上岗;水位78.47 m 时,200 人上岗。

责任段:张庄退水闸。

任务:防止闸上、下游渠道堤防塌滑、漫溢及绕闸渗流,出现险情及时抢险。根据调度命令,在农电及发电机组不能保证启闭闸门时,及时组织人力启闭闸门,下排湛河河道来水及市区积水,同时防止沙河水倒灌。

(5)新华区:共计 500 人,为第一梯队。

上岗水位:105.38 m。

任务:守护北干渠,对上、下游渠道滑坡、塌岸、绕闸渗流等可能出现的险情进行抢护。

(6)卫东区:650 人,为第二梯队。

上坝水位:105.90 m。

责任段:拦河坝。

任务:防止拦坝上游滑坡、塌坑及上、下游坝肩滑坡,尤其注意坝脚及坝后涌水、涌砂,及时采取导渗和压盖措施,保证主坝安全。

(7)新城区管委会:共计 1 000 人。

①第一梯队:500 人。

上岗水位:105.38 m。

任务:负责朱砂洞灌溉闸部位抗洪抢险,守护朱砂洞渠首闸东西低洼处,适时堵复缺口,防止从低洼处过洪。

②第二梯队:500 人。

上岗水位:105.90 m。

责任段:肖营村附近(东段)。

任务:防守水库北岸肖营村东段附近地面高程低于坝顶高程地段,适时围堤堵挡,防止洪水漫溢。并负责湖滨路北侧居民疏散、撤离工作。

（8）部队、平煤神马集团：共计 900 人。

上岗水位：105.90 m。

责任段：肖营村附近（西段）。

任务：防守水库北岸肖营村西段附近地面高程低于坝顶高程地段，适时围堤堵挡，防止洪水漫溢。

（9）白龟山水库管理局：100 人。

责任段：拦、顺坝。

上坝水位：103.00 m。

任务：负责巡查拦、顺坝险情。沿拦、顺坝迎水坡、坝顶、背水坡、导渗沟进行拉网式检查，注意坝体是否坍塌、裂缝、滑坡，坝下游有否湿渗、流土、管涌等异常现象。检查闸坝结合部，注意有否绕渗现象。重点检查 3+000、5+250、7+800 险工坝段，发现险情及时报告指挥部组织抢护。

（10）市交通运输局、平顶山供电公司。

《中华人民共和国防汛条例》第四章第二十八条规定："在汛期，公路、铁路、航运、民航等部门应当及时运送防汛抢险人员和物资；电力部门应当保证防汛用电。"

①市交通运输局准备车况良好的汽车 50 辆，固定车辆司机 100 人，待命运输抢险物资。

②平顶山供电公司要保证汛期的电力供应，临时架设重点险工地段的照明线路。

（11）市交警支队：40 人。

维持并保证通往水库拦坝、泄洪闸、顺河坝沿线的交通秩序，确保防汛物资车辆顺利通行。

（12）市公安局、市武警支队：60 人。

负责群众转移秩序。

（13）市供销合作社。

按平顶山市防汛抗旱指挥部办公室要求，做好防汛物资的准备，按指令调用。

（14）市无线电管理局、中国移动河南公司平顶山分公司、中国联通河南公司平顶山分公司、中国电信河南公司平顶山分公司。

《中华人民共和国防汛条例》第四章第二十九条规定："在汛期，电力调度通信设施必须服从防汛工作需要；邮电部门必须保证汛情和防汛指令的及时、准确传递，电视、广播、公路、铁路、航运、民航、公安、林业、石油等部门应当运用本部门的通信工具优先为防汛抗洪服务。"

①市无线电管理局负责防汛无线通信的频率调配，排除信号干扰，确保防信抢险无线通信畅通。

②各通信公司要确保防汛指挥机构、水文站、报讯站的程控电话、数据传输等通信线路和抢险区域的通信畅通，并确保白龟山水库防汛指挥部在抗洪抢险时的移动通信需要。

（15）市气象局、市水文水资源勘测局。

《中华人民共和国防汛条例》第四章第二十五条规定："在汛期，水利、电力、气象、海洋、农林等部门的水文站、雨量站，必须及时准确地向各级防汛指挥部提供实时水文信息；气象部门必须及时向各级防汛指挥部提供有关天气预报和实时气象信息；水文部门必须及时向各级防汛指挥部提供有关水文预报;海洋部门必须及时向沿海地区防汛指挥部提供风暴潮预报。"

①市气象局要密切关注天气变化,提高预报的准确率,对突发性灾害天气要预先通知。

②市水文水资源勘测局要主动、及时、准确地向防办报告水情,提供上、下游及水库的水情资料。

(16)市农业局。

负责洪涝灾害发生后的农业救灾和生产恢复工作。

(17)市民政局、市卫生局。

《中华人民共和国防汛条例》第五章第三十六条规定:"民政、卫生、教育等部门应当做好灾区群众的生活供给、医疗防疫、学校复课以及恢复生产等救灾工作。"

①市民政局负责受灾群众的生活救济和灾民安置工作。

②市卫生局负责组织灾区的卫生防疫和医疗救助工作。

(18)市环境保护局。

负责水库水质监测和保护工作。

3.3　防汛抢险

3.3.1　险情监测与巡查

3.3.1.1　部位和内容

(1)检查大坝临水坡块石护坡有无翻滚、松动、坍塌,坝坡有无裂缝、滑坡,临近坝边的水面上有无旋涡。

(2)坝顶有无裂缝、塌陷,防浪墙、路沿石有无倾斜、不均匀沉陷、裂缝,坝与山坡岸、墙接头处有无绕坝渗流。

(3)背水坡有无湿渗、裂缝、坍塌、滑坡,坝脚排水体有无异常渗水,坝脚排水沟内有无涌水、砂沸现象。

(4)坝后滩、台地,降压沟、排水沟,导渗沟及鱼池、水塘里有无泡泉(翻砂鼓水)现象。

(5)降压井排出的水是否浑浊,井间压力管有无从管口涌水现象。

(6)泄洪闸、北干渠渠首闸、南干渠渠首闸等墩、墙有无裂缝、位移,护坡有无坍塌,上、下游沟道有无塌岸。

白龟山水库防汛抢险布置图见附图3;拦河坝、顺河坝及主要建筑物横剖面图见附图4~附图6。

3.3.1.2　方式和频次

根据白龟山水库度汛方案,当库水位达到103.00 m时,由水库管理局技术人员对水库大坝渗流、裂缝等进行加测,遇5年一遇洪水每2 h加测一次,发现异常及时汇报。同时对渗流坝段上下游坝面、坝体、裂缝部位进行巡查,每4 h进行一次。当库水位超过设计水位时,每1 h进行一次巡查、加测。

监测巡查人员组成及结果处理：

水库管理局由局领导带队、专业工程技术人员分片分段负责，对工程进行不定期巡查，认真做好监测、巡查记录，并将检查情况及时上报水库防汛办公室，针对检查情况召开专门会议，根据存在问题大小，按照轻重缓急，能够解决的及时解决，对问题较大的，以文件形式上报上级防汛指挥部门，请求帮助解决。

险情上报与通报：

水库一旦发现险情，需及时上报平顶山市防汛抗旱指挥部和河南省防汛指挥部。

向平顶山市防汛指挥部报告险情的方式有公网有线、公网无线、卫星电话、微波通信三种。

平顶山市防汛指挥部　电话:0375 - 2596000

河南省防汛指挥部　　电话:0371 - 65952315

在通知时，要严格按照防汛值班责任制要求做好通话记录，主要包括通话时间、通话双方当事人、通话内容等。

用电台广播、电视广播、电话、传真等方式向水库应急指挥机构的成员及其他有关部门通报险情及其要做的准备工作。

3.3.2　险情抢护

3.3.2.1　抢险调度

根据险情确定水库允许最高水位及最大下泄流量，制定相应的抢险调度方案：

库水位101.00 ~ 105.38 m，控泄 600 m^3/s；

库水位105.38 ~ 105.90 m，控泄3 000 m^3/s；

库水位超过105.90 m，泄洪闸全开泄洪；

库水位超过106.19 m，泄洪闸全开泄洪，北干渠控泄 200 m^3/s，并通知下游紧急转移；

库水位达到103.00 m 时，水库管理局组织内部人员上坝巡查；

库水位达到105.38 m 时，第一梯队上坝巡查；

库水位达到105.90 m 时，第二梯队上坝巡查，发现险情，及时抢护。同时根据天气预报和洪水预报情况，组织抢险队伍在肖营村附近进行筑堤抢险，最大堤顶高程 110 m。

3.3.2.2　抢险调度方案操作规程及水库调度权限

水库应严格执行河南省防汛指挥部下达的《白龟山水库汛期调度运用计划》和河南省防汛指挥部的指令。水库抢险调度由白龟山水库防汛指挥部提出方案，报经省、市防指批准后，负责组织实施。白龟山水库防办各组岗位责任制见附表1。

水库抢险调度由省防汛抗旱指挥部统一指挥调度，执行部门为白龟山水库防汛指挥部。

3.3.2.3　抢险措施

（1）水库大坝坝体发生集中渗流时的抢护措施。

在高水位时，一旦发生集中渗流，就会对大坝安全构成威胁，此时应按下述应急措施进行抢护：

立即报告平顶山市防指，采用"上堵下排"的方法除险，迅速查出上游坝坡漏水口，用泥砂袋抛投填堵，必要时用防汛船抛投石笼，下游开挖导渗沟，使渗水排出，并用砂袋及碎石填压。组织监测人员 24 h 进行监测，注意各渗水部位的变化。

（2）当迎水坡出现坍塌、滑坡时，抛投石笼、砂袋等填补。

（3）当预报库水位接近坝顶时，应组织抢险队伍，采用袋装砂石料加固防浪墙，确保大坝不漫水。

（4）泄洪闸门出现突发性故障的应急处理措施。

泄洪闸门出现突发性故障，可能会有两种原因造成：一是电源中断造成闸门无法启闭；二是闸门启闭设备发生故障造成启闭困难。这两种情况的发生，都直接影响水库的防汛及工程安全，决不能掉以轻心。一旦发生这一情况，应按下述应急措施处理。

电源中断时的应急措施：闸门启闭电源供给有两种途径，一是网电，二是水库备用的120 kW 柴油发电机组供电。在闸门启闭过程中，一旦外电中断，应迅速启动备用发电机组供电，确保闸门按时启闭。

闸门启闭设备出现故障时的应急措施：立即组织技术人员抢修，尽快使其恢复正常。

3.3.2.4　防汛抢险物资储备

按照《防汛物资储备定额编制规程》规定足额储备防汛抢险物资。同时，还通过沿坝乡村防汛组织动员群众储备麦秸、梢料等。汛期，河南省白龟山水库管理局对防汛物资储备进行再检查、再落实，按照批复的定额标准逐一核实（见表3-1），确保足额储备。

表 3-1　白龟山水库大坝防汛物资储备定额计算表

工程规模	抢险物料						救生器材		小型抢险机具			
	袋类（条）	土工布（m²）	砂石料（m³）	块石（m³）	铅丝（kg）	桩木（m³）	救生衣（件）	抢险救生舟（艘）	发电机组（kW）	便携式工作灯（只）	投光灯（只）	电缆（m）
大(2)$M_库$ 库	15 000	6 000	1 800	1 500	1 500	3	150	2	30	30	2	500
主坝 $S_{库主} = \eta_{库主} \cdot M_库$	39 375	15 750	4 725	3 938	3 938	8	394	5	79	79	5	1 313
副坝 $S_{库副} = \eta_{库副} \cdot M_库/2$	19 125	7 650	2 295	1 913	1 913	4	191	3	38	38	3	638
合计 $S_{库总} = S_{库主} + S_{库副}$	58 500	23 400	7 020	5 851	5 851	12	585	8	117	117	8	1951
防汛物资储备定额取定值	60 000	25 000	7 000	6 000	6 000	12	600	8	120	120	8	2 000

注：$S_{库总}$ 为防汛物资储备定额计算值。

3.3.2.5　应急转移

受威胁区共有平顶山、漯河 34 个乡镇 999 个村庄 100 多万人员及财产安置任务(详见附表 2 和附图 1)。当白龟山水库向下游大流量泄水或遇超标准洪水时,由白龟山水库防汛指挥部报告省防汛指挥部,并报平顶山市防汛抗旱指挥部、漯河市防汛抗旱指挥部,按照白龟山水库防汛指挥部绘制的群众转移路线紧急转移。

3.3.2.6　应急转移方案

当发生超 50 年一遇洪水时,水库下游受威胁区群众以自己转移为主,可利用一切交通工具向安全地带转移,对离安全地带较远,又缺少交通工具的灾区,必要时可由平顶山市、所在县(区)派车辆支援群众撤离。灾区群众具体转移地点、路线等情况见附表 3 和附图 2。

人员转移警报发布条件、形式、权限及送达方式:

(1)人员转移警报发布条件。①水库在遭遇超标准洪水,确认将发生洪水漫坝时;②水库在遭遇战争袭击等情况下,造成坝体结构破坏无法抢护时;③水库在高水位时发生坝体集中渗流等重大险情,抢护失败且漏水量不断增大时;④当发生超标准洪水,下泄流量远远超过下游河道承载能力时;⑤当昭平台水库溃坝时;⑥当水库垮坝时。

(2)人员转移警报发布形式。

采取有线、无线、微波、明传电报、口传、电视、广播等多种形式。

(3)人员转移警报发布权限。

人员转移警报由白龟山水库防汛指挥部负责发布,并及时上报平顶山市防汛抗旱指挥部和河南省防汛指挥部。

(4)人员转移警报发布送达方式

采用多套方案,逐级送达人员转移警报,确保撤离警报信息及时传达到每个撤离对象。

组织和实施人员及财产转移、安置的责任部门和责任人为平顶山市防汛抗旱指挥部、漯河市防汛抗旱指挥部,防汛指挥长为责任人。

人员和财产转移后,由当地防汛指挥部安排当地公安部门进行警戒。

3.3.2.7　应急保障

应急指挥机构由平顶山市市领导担任指挥长,平顶山军分区领导、平顶山市政府副秘书长、漯河市政府副秘书长、白龟山水库管理局局长担任副指挥长,成员由鲁山县政府、叶县政府、湛河区政府、新华区政府、卫东区政府、新城区管理委员会、高新区管理委员会、漯河市水利局、平顶山市水利局、河南省沙颍河流域管理局、白龟山水库管理局等单位领导组成。

　　　指挥长:平顶山市市领导
　　副指挥长:平顶山军分区领导
　　　　　　　平顶山市政府副秘书长
　　　　　　　漯河市政府副秘书长
　　　　　　　白龟山水库管理局局长
　　　成　员:鲁山县副县长

叶县副县长
平顶山市湛河区副区长
平顶山市新华区副区长
平顶山市卫东区副区长
新城区管理委员会副主任
高新区管理委员会副主任
漯河市水利局副局长
平顶山市水利局副局长
沙颖河流域管理局副局长
白龟山水库管理局副局长
指挥部办公室主任由白龟山水库管理局副局长兼任

第 4 章　兴利调度

　　白龟山水库是平顶山市集中供水的地表水水源地。1958 年开工兴建,1966 年竣工并蓄水。多年来,白龟山水库在确保防洪安全的前提下,科学管理、合理调度,保证了平顶山市城市居民生活和工农业生产用水。

4.1　供水概况

　　白龟山水库位于平顶山市西南郊,所处河流属淮河流域沙颍河水系沙河干流,多年平均年径流量 4.03 亿 m^3,年均可利用水量 1.5 亿 ~ 2.0 亿 m^3。白龟山水库自 1966 年正式竣工蓄水至今,发挥了巨大的社会效益和经济效益,白龟山水库历年月入库水量见表 4-1。

4.1.1　工业供水

　　1966 年蓄水后,平顶山姚孟发电有限责任公司、飞行化工集团、平顶山鸿翔热电有限责任公司和平顶山煤业(集团)有限责任公司等企业相继使用白龟山水库水,近十年来工业年均用水量约 4 364 万 m^3。姚电公司始建于 1970 年,总装机容量 120 万 kW,是华中电网最大的火电厂之一,年发电量约为 70 亿 kWh,利用白龟山水库水源作为循环用水,年最大用水量约 2 054 万 m^3,多年年均用水量约 1 114 万 m^3。飞行化工集团是一座生产氮氨、尿素、甲醇、煤气的综合性化工厂,年需最大供水量约 1 176 万 m^3,多年年均供水量约为 1 068 万 m^3(2013 年 4 月底停产,搬迁)。平煤集团是一个原煤生产基地,是中南地区最大的炼焦煤基地,年产量 3 000 多万 t,年最大供水量约 1 742 万 m^3,多年年均用水量约 1 508 万 m^3(2008 年 12 月,原平煤集团和原神马集团实施战略重组,成立中国平煤神马能源化工集团有限责任公司)。平顶山鸿翔热电公司始建于 1966 年,第一台机组于 1970 年投产发电,后经三期建设,目前总装机容量 225 MW,年最大供水量约 755 万 m^3。

4.1.2　生活供水

　　白龟山水库于 1971 年开始供平顶山市居民生活用水,年最大供水量约 9 074 万 m^3,多年平均年供水量约 4 523 万 m^3。

4.1.3　农业供水

　　白龟山水库于 1970 年开始农业供水,当年灌溉水量约为 3.84 亿 m^3,它是历年来最大的灌溉用水量,多年年均供水量 11 786 万 m^3,最近十年来的年均供水量约为 3 977 万 m^3。

白龟山水库防洪减灾理论与实践

表4-1 白龟山水库历年月入库水量

（单位：万 m³）

年份	1月	2月	3月	4月	5月	6月	7月	8月	9月	10月	11月	12月	合计
1960	40	10	190	389	80	3 577	1 320	3 964	2 670	589	220	120	13 169
1961	99	365	1 532	560	0	3 136	1 286	7 687	3 240	3 240	9 979	1 500	32 624
1962	3 643	10 475	10 044	6 739	8 437	6 428	6 562	26 034	3 033	3 268	8 916	10 821	104 400
1963	3 991	842	811	731	10 606	0	0	2 258	0	0	409	1965	21 613
1964	1 153	2 393	2 633	7 646	0	0	311	169	0	131	871	3 428	18 735
1965	1 979	1 259	2 092	5 132	4 098	0	0	59	0	59	0	110	14 788
1966	0	0	0	21	0	119	5 250	0	0	860	280	0	6 530
1967	118	346	1 591	7 957	758	244	30 266	19 365	26 957	8 464	5 443	8 651	110 160
1968	1 802	1 265	0	0	2 705	207	4 660	7 741	31 104	19 017	1 086	2 057	71 644
1969	3 402	699	10 124	11 638	12 053	518	2 386	1 184	8 916	2 001	536	589	54 046
1970	434	177	300	689	1 902	8 528	4 687	6 830	3 059	801	200	59	27 666
1971	1 058	856	1 401	4 484	562	26 438	14 329	5 598	1 324	2 100	4 225	1 650	64 025
1972	1 607	1 629	3 107	3 033	2 169	3 447	4 071	4 634	2 644	396	101	209	27 047
1973	0	56	683	1 848	4 259	1 374	35 355	4 071	3 992	2 153	1 115	1 294	56 200
1974	1 004	501	506	993	22 713	3 421	5 892	13 094	1 747	4 714	1 998	2 252	58 835
1975	1 353	968	806	4 406	833	1 477	5 276	83 566	2 563	2 633	700	1 875	106 456
1976	1 920	2 373	7 178	2071	589	1 711	39 640	8 490	3 118	1 843	487	1 848	71 268
1977	635	145	1 382	809	455	1 975	15 910	4 687	762	2 526	2 201	343	31 830
1978	372	99	1 098	233	0	0	12 213	2 652	389	1 205	1 400	600	20 261
1979	450	0	0	1 897	3 053	1 892	19 847	3 991	13 815	3 669	1 270	0	49 884

续表4-1

年份	1月	2月	3月	4月	5月	6月	7月	8月	9月	10月	11月	12月	合计
1980	3 187	2 495	391	1 069	3 214	20 891	13 660	5 517	4 588	6 107	1 755	54	62 928
1981	824	564	890	1 324	0	70	4 110	3 968	654	0	0	0	12 404
1982	0	0	2 370	1 854	1 330	356	9 688	58 790	6 925	4 894	3 704	5 900	95 811
1983	2 037	600	2 291	2 691	7 861	8 172	6 387	26 344	23 247	41 161	8 349	4 515	133 655
1984	3 824	1 939	2 641	3 741	3 971	5 898	17 309	12 212	22 014	11 063	7 741	5 890	98 243
1985	3 742	2 467	5 185	6 120	32 950	15 880	8 395	5 989	2 889	7 043	3 197	2 525	96 382
1986	2 387	1 363	2 514	1 826	4 633	7 908	4 358	4 379	4 358	2 528	1 168	599	38 021
1987	456	284	1 259	1 370	1 595	6 800	7 776	5 518	3 231	4 162	3 524	2 427	38 402
1988	2 083	1 276	3 086	2 483	2 709	1 006	1 554	26 191	8 722	5 077	3 927	3 253	61 367
1989	4 852	4 299	5 578	635	3 725	8 527	10 819	30 388	5 092	4 239	4 797	2 777	85 728
1990	1 992	5 299	7 507	8 955	12 113	9 528	23 239	23 715	6 326	1 518	1 227	2 013	103 432
1991	2 288	3 568	4 553	6 012	7 071	11 047	20 951	12 559	9 057	1 685	1 587	165	80 543
1992	553	513	2 096	1 101	10 621	3 044	9 934	10 459	4 054	2 784	2 357	2 676	50 192
1993	2 070	2 452	3 014	1 996	1 932	1 984	1 865	2 666	338	100	765	383	19 565
1994	235	192	343	1 674	320	1 280	14 447	6 828	3 512	636	1 288	2 594	33 349
1995	1 901	1 067	1 436	1 213	727	362	15 133	12 881	7 147	7 610	1 093	4 553	55 123
1996	2 980	817	2 661	2 465	2 107	1 447	8 023	29 928	16 340	9 017	14 881	7 144	97 810
1997	5 824	3 230	2 773	9 677	11 024	3 628	3 649	458	851	292	660	484	42 550
1998	544	492	1 058	2 344	10 460	18 306	16 316	27 126	6 546	2 992	742	990	87 916
1999	2 269	970	4 133	5 376	7 065	5 966	13 791	1 165	721	1 142	598	578	43 774

续表4-1

年份	1月	2月	3月	4月	5月	6月	7月	8月	9月	10月	11月	12月	合计
2000	929	509	374	86	190	22 094	104 552	35 487	9 890	7 574	5 580	5 535	192 800
2001	5 998	5 784	4 503	4 219	3 067	2 235	16 522	9 781	1 895	549	401	2 279	57 233
2002	2 267	459	1 602	312	4 060	6 547	11 292	5 433	3 958	2 822	2 440	1 188	42 380
2003	1 461	3 068	1 502	1 238	1 939	2 455	7 989	12 433	22 287	22 880	11 505	8 557	97 314
2004	5 873	5 474	6 658	5 494	2 821	1 252	11 150	16 634	10 396	6 968	6 263	5 744	84 728
2005	6 438	4 771	1 484	660	256	1 092	18 903	11 804	14 375	19 057	8 199	5 116	92 154
2006	4 714	6 468	7 520	6 458	4 046	1 649	5 516	5 111	3 985	3 174	2 528	1 462	52 630
2007	1 320	1 851	4 291	4 339	2 205	2 820	20 733	12 010	6 381	4 661	2 942	2 096	65 649
2008	3 916	2 277	1 121	881	2 494	838	5 885	6 238	4 111	2 993	2 051	2 123	34 928
2009	1 002	684	589	856	1 672	655	13 365	10 863	7 858	3 682	4 796	6 417	52 439
2010	2 084	613	2 952	6 976	10 047	7 466	49 435	36 247	34 436	11 467	7 945	1 412	171 080
2011	1 312	1 469	4 900	1 553	2 655	1 836	1 634	5 886	20 755	11 292	9 957	10 773	74 022
2012	7 419	5 201	6 146	5 685	5 995	2 467	9 299	4 987	6 840	1 321	1 969	510	57 839
2013	1 448	739	677	984	4 314	3 397	3 050	1 106	571	332	337	395	17 350
2014	449	752	336	567	286	2 066	0	326	5 953	5 225	947	2 252	19 159

4.2 供水调度原则与措施

4.2.1 白龟山水库供水调度原则

白龟山水库供水调度原则如下:

(1)白龟山水库以防洪为主,兼顾农业灌溉、工业和城市用水综合利用为目标。

(2)平顶山市居民生活及工业用水,按照日程均匀分配。

(3)汛限水位:6 月 21 日至 8 月 15 日,汛限水位为101.00 m,其相应库容为18 565 万 m^3;8 月 16 日至 8 月 25 日,汛限水位为101.50 m,其相应库容为21 219万 m^3;8 月 26 日至 9 月 15 日,汛限水位为103.00 m,其相应库容为30 186万 m^3。

(4)兴利水位:其他时间保持兴利水位103.00 m,其相应库容为30 186万 m^3。

(5)农业用水限制水位:水库水位降至98.60 m 时,停止为农业供水,其相应库容为9 534万 m^3。

(6)工业和生活用水限制水位:即死库容相应的水位97.50 m,其相应库容为6 624万 m^3;低于此水位时,工业用水和生活用水保证率破坏。

白龟山水库在进行长系列时历法兴利调节计算时,以时段末为基准,汛期 6 月 21 日至 8 月 15 日,水库水位控制在101.00 m 以下;8 月 16 日至 8 月 25 日,水库水位控制在101.50 m 以下;其他时间水位控制在103.00 m 以下,超过部分弃水。当水位低于98.60 m 时,农业缺水;当水位低于97.50 m 时,工业和生活缺水。

白龟山水库供水首先保证平顶山市工业及生活供水,其次供给城市环境和灌区农业灌溉。工业及生活供水保证率达到 97% 以上,灌区农业灌溉供水保证率为 50% ~ 75%,余水经泄洪闸、溢洪道排泄至下游河道。

4.2.2 供水调度措施

为了充分地利用好有限的水资源,提高水的利用率,在供水调度中主要采取以下措施:

(1)在确保水库防洪安全的前提下,可实行预蓄预泄措施,充分利用雨洪资源,增加水库蓄水量。但在大水来临之前要泄至汛限水位。

(2)通过科学调度,尽量避免弃水或减少弃水。

(3)与昭平台水库实行联合调度。

4.3 多年运用情况

据有关资料统计,详见表 4-2、图 4-1,1970 ~ 2014 年,累计供工业生产用水约13.7 亿 m^3,生活用水约22.24亿 m^3,为下游农业灌溉用水约47.62亿 m^3。2006年除险加固工程完成后,总库容由7.16亿 m^3增加到9.22亿 m^3,年均提供工业和生活用水量可达到1.5亿 ~ 2.0亿 m^3,灌溉面积达到53.35万亩。白龟山水库供水为平顶山市经济发展与社会和谐提供了强有力的水利支撑和保障。

表4-2　白龟山水库多年供水情况　　　　　　（单位:万 m³）

年 份	农业用水	工业用水	生活用水	合 计
1970	38 400			38 400
1971	32 000		907	32 907
1972	28 000		1 164	29 164
1973	25 000		1 097	26 097
1974	26 500		1 564	28 064
1975	24 580		1 800	26 380
1976	24 000		1 963	25 963
1977	23 800		0	23 800
1978	20 300	1 712	1 407	23 419
1979	10 050	1 734	3 000	14 784
1980	13 370	1 622	2 665	17 657
1981	14 700	1 637	3 103	19 440
1982	5 100	1 748	2 946	9 794
1983	11 370	2 180	2 749	16 299
1984	4 340	2 153	2 585	9 078
1985	3 113	2 284	2 424	7 821
1986	10 500	2 751	2 345	15 596
1987	7 877	2 879	2 586	13 342
1988	14 852	2 821	2 826	20 499
1989	8 634	2 597	2 945	14 176
1990	8 141	2 394	3 033	13 568
1991	8 960	2 687	3 166	14 813
1992	17 843	3 346	4 760	25 949
1993	6 433	2 501	5 891	14 826
1994	2 642	2 450	6 617	11 708
1995	6 095	3 998	6 027	16 121
1996	4 108	4 038	6 861	15 007
1997	7 396	3 953	7 402	18 751
1998	2 720	3 872	7 940	14 532
1999	5 208	3 996	7 307	16 511
2000	1 023	3 925	8 365	13 314

续表 4-2

年　份	农业用水	工业用水	生活用水	合　计
2001	6 545	3 761	7 970	18 276
2002	4 343	3 890	8 453	16 685
2003	3 709	3 813	8 794	16 315
2004	5 247	3 705	8 822	17 773
2005	3 106	3 681	8 759	15 547
2006	4 118	4 333	8 634	17 085
2007	3 755	4 711	9 168	17 634
2008	4 255	7 288	7 512	19 055
2009	5 213	6 849	7 804	19 866
2010	3 064	7 186	7 435	17 685
2011	6 394	6 844	7 853	21 091
2012	4 610	6 328	7 909	18 847
2013	4 790	6 070	8 274	19 134
2014	0	5 347	7 520	12 867
总计	476 204	137 084	222 352	835 640

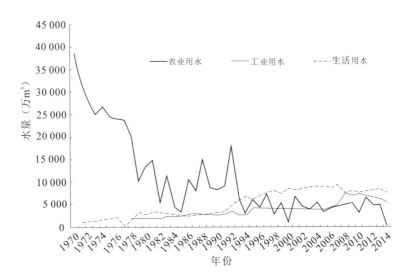

图4-1　农业用水、工业用水和生活用水量年际变化

第5章　水库调度管理制度

5.1　请示汇报制度

5.1.1　向河南省防汛抗旱指挥部办公室(简称省防办)汇报制度

(1)汛期当水位超过汛限水位时,及时向省防办汇报水情、雨情和洪水预报结果,请示调度意见。

(2)汛期水库调度根据河南省防汛指挥部的调度命令启闭泄洪闸、北干渠渠首闸泄洪、蓄水,并及时将调度命令执行情况报告省防办。

5.1.2　向主管局长和局长汇报制度

(1)根据省防汛指挥部泄洪、错峰、蓄水的命令启闭泄洪闸、北干渠渠首闸必须向主管局长和局长汇报,然后再执行调令。

(2)调度中如因通信设备故障等与省防汛指挥部失去联系时,水库调度有权根据省防汛指挥部批复的控制计划或运行指标启闭闸门泄洪、错峰、蓄水,但在操作前必须经过主管局长和局长批准。

(3)有关防洪或供水中的重大事项及其他重大事项,必须向主管局长和局长请示汇报。

5.2　调度值班制度

(1)值班人员提前20 min接班,帮助上一班校核调度日记的水量平衡计算成果,校核水、雨情电报。

(2)接班时要了解上一班运行情况及本班需处理的事项。校核上一班调度日记运行记录、出库水量、损失水量、入库流量计算成果。交班人员要向下一班交代清楚已处理和尚未处理的问题。

(3)登记本日水雨情电报,计算出入库水量、损失水量、入库流量。

(4)计算区间流域平均降雨量,前期影响雨量及预报区间入库洪水总量、流量过程,按省防汛指挥部批准的洪水调度指标和原则编制洪水调度方案。

(5)收听省、市气象台发布的天气预报和天气形势演变预报,与市气象台联系,掌握雨情变化。

(6)处理好本班运行事项,及时准确传达调令,向上级请求汇报调度运行方案,处理各用水部门用水变动事项,如遇较大问题及时向科长汇报。认真做好值班记录,运行记事一定记清时间、双方联系人、批示人、问题处理过程。

（7）按联系制度要求与有关方面加强联系，团结协作，做好调度工作。

（8）坚守岗位、严守机密。

5.3　联系制度

5.3.1　与农业用水部门（灌溉处）联系制度

（1）灌区用水计划必须在灌溉开始前将引水量指标安排报水情科。

（2）对灌区饮水量，灌区负责将渠首包括逐日、旬、月、年饮水量及灌溉面积、产量、平均每亩用水量等按要求报水情科。

（3）按照水库调度运用供水原则，结合灌溉处用水安排和蓄水情况给各用户供水或停水。

5.3.2　与有关科室联系制度

（1）闸门启闭人员根据水库调度人员下达的启闭通知单启闭闸门，通知单必须由调度人员签字才有效。

（2）闸门启闭人员执行调令后必须及时把闸门启闭情况（启闭时间、孔数、开启高度）报告水库调度人员。

（3）供水科在每年年末将工业、生活用水部门翌年的用水计划抄送水情科。

（4）供水科每月底将各用水单位的引水量抄送水情科。

5.3.3　与水文部门联系

（1）与上游水库（水文站）联系，及时掌握上游降雨、来水、水位及泄流等水库调度情况。

（2）与坝址水文站联系，及时了解流域雨水情，通报本水库调度情况。

（3）与下游控制站防汛与水文部门联系，了解下游降雨及河道行洪情况，并提前通报本水库泄水时间及流量。

5.4　调度基本资料整理、校核、汇编制度

5.4.1　整理内容

（1）水文气象资料：白龟山、昭平台区间流量、雨量、库内蒸发等资料。

（2）年、月、旬、日水库水量平衡计算成果。

（3）汛期时段入库水量平衡计算成果。

（4）历次洪水特征值。

（5）各用户用水量情况和效益。

（6）水库运用的大事记。

（7）其他有关资料。

5.4.2　整理、校核、汇编制度

（1）逐月或年末整理上述资料，必须通过整理、校核、复核、审核等工序，并要签名，标注日期。

（2）一般每年汇编一册，原始资料必须存档保管。

5.5　岗位责任制度

5.5.1　水情调度岗位职责

（1）加强政治、业务学习，不断提高政治思想觉悟、科学文化素质和思想道德修养，努力完成本职工作。

（2）熟练使用计算机，及时收集水雨情信息，做好洪水预报、调度方案的拟订工作，预报精度要求达到85%以上，为领导决策提供可靠的依据。

（3）做好水情防汛值班，做到上情下达，下情上传，并做好记录。

（4）适时编报、调整兴利调度计划，严格按照调度程序要求执行调度命令，杜绝调度失误。

（5）按时做好汛前（后）检查报告、防汛简报、防汛总结的编写和防办日常工作。

（6）刻苦钻研业务技术，完成下达的各项科研技术工作任务。

5.5.2　技术资料管理岗位职责

（1）加强政治、业务学习，不断提高政治思想觉悟、科学文化素质和思想道德修养，努力完成本职工作。

（2）做好水雨情信息、洪水预报结果、调度方案等资料的收集、整理、归档、保管工作。

（3）做好有关防汛文件、资料的汇编工作。

（4）参加防汛值班并做好白龟山水库防汛办公室日常工作。

（5）做好科室内勤工作。

5.6　局领导及防汛总值班岗位职责

5.6.1　局领导防汛值班岗位职责

（1）熟悉水库防洪预案，及时掌握水情、雨情和水库工程情况以及可能出现的险情，负责拟订应急度汛措施。

（2）负责组织昼夜值班和工程巡查，发现问题及时处理。

（3）负责贯彻落实上级调度指令、通知和指示精神，做到及时、准确。

（4）负责协调落实抢险料物及抢险队伍，遇险时在及时向上级报告的同时组织人员对险情进行抢护。

（5）配合上级做好水库防汛工作中的其他工作。

5.6.2　防汛总值班岗位职责

（1）坚持 24 h 值班（当日 8 时至次日 8 时），不能出现空岗现象；就餐时间值班人员相互接替，不能漏岗；值班人员因特殊情况不能按时到岗必须提前请示当班领导调班，不能出现缺岗。

（2）随时掌握雨情、水情和工程运行情况，做到上情下达，下情上传。

（3）遇到防汛重大险情要做好记录，并要及时向值班局领导汇报。

（4）必须认真履行职责，妥善处理当班事务，认真做好值班记录。

（5）认真执行交接班制度，接班人员应按时到岗，当班人员必须将有关事宜向接班人员交代清楚。

5.7　闸门启闭制度

汛期防汛调度要按照省防办调度命令执行。非汛期兴利调度按上报的调度运用计划执行。

5.7.1　控制运用办法

起调水位 102.00 m，北副坝建成前按 101.00 m 起调。入库洪水小于 20 年一遇，控泄流量 600 m³/s；入库洪水 20～50 年一遇，控泄流量 3 000 m³/s；入库洪水大于 50 年一遇，泄洪闸全开；入库洪水大于 100 年一遇，泄洪闸全开，北干渠参加泄洪，控泄流量 200 m³/s。

5.7.2　闸门使用制度

（1）大于 200 m³/s 的流量，原则上从泄洪闸泄流，小于 200 m³/s 的流量，原则上从北干渠泄流。

（2）按照平防汛〔2006〕14 号文的通知要求，泄洪闸开启闸门时，须通知平顶山市防汛抗旱指挥部办公室、漯河市防汛抗旱指挥部办公室、沙颍河流域管理局、白龟山水文站；北干渠渠首闸开启闸门时，须通知平顶山市防汛抗旱指挥部办公室、平顶山市城市防汛抗旱指挥部办公室、白龟山水库灌溉处、漯河市防汛抗旱指挥部办公室、沙颍河流域管理局、白龟山水文站。

（3）南干渠渠首闸：开启闸门时，须通知白龟山水库灌溉处、白龟山水文站，根据灌溉需要，最大泄量不超过 50 m³/s。

5.8　平顶山市防汛抗旱指挥部办公室放水通知

按照平防汛〔2006〕14 号文的通知要求，泄洪闸开启闸门时，须通知平顶山市防汛抗旱指挥部办公室、漯河市防汛抗旱指挥部办公室、沙颖河流域管理局、白龟山水文站;北干渠渠首闸开启闸门时,须通知平顶山市防汛抗旱指挥部办公室、平顶山市城市防汛抗旱指挥部办公室、白龟山水库灌溉处、漯河市防汛抗旱指挥部办公室、沙颖河流域管理局、白龟山水文站。

5.9　调度考评制度

　　水库洪水调度考评以规划设计确定的水库运行指标、洪水调度方式与规则为依据,突出保证大坝安全及兼顾上下游防洪安全的因素。注重洪水调度的实际效果,采取分项评分后综合衡量的办法,提出考评结果,使其正确反映洪水调度决策的科学性、合理性和调度管理的先进性。

　　水库洪水调度考评按基础工作、经常性工作、洪水预报、洪水调度等四部分,各划为若干项目进行。

5.9.1　考评内容

5.9.1.1　基础工作

　　(1)技术人员配备。按所配备从事水库调度工作的具有初级以上技术职称或具备中专以上学历的专业技术人员人数考评。

　　(2)水情站网布设。按所具备的水库出库流量观测,水库水位观测和水库以上流域雨量报汛站是否满足降雨径流预报的情况考评。

　　(3)通信设施。按水雨情信息传递的通信手段,传达调度指令和与上、下游防汛指挥部门及有关单位的通信手段情况考评。

　　(4)洪水预报方案。按所制定的洪水预报方案的精度考评。

　　(5)水库调度规程及洪水调度方案。按是否具备水库调度规程、水库洪水调度方案(包括超标准洪水调度方案)考评。

　　(6)技术资料汇编。按水库洪水调度所需要的水库上下游流域内的基本资料、水库规划设计资料、水库历年运用资料、水库各种规章制度和水库洪水调度的文件资料等的完备程度考评。

5.9.1.2　经常性工作

　　(1)洪水调度计划编制。按是否在每年汛前,根据设计任务、工程状况、上下游情况等条件,编制了当年水库洪水调度计划进行考评。

　　(2)日常工作。按是否每年汛前编制了水雨情报汛任务书及按时编写调度年、月、日报,遇到大洪水后及时对洪水预报方案进行检验或补充修订,汛前对通信、水文观测设施等进行检查维修及对水库上下游影响洪水调度的因素进行调查等进行考评。

　　(3)值班和联系制度。按是否制定及执行相应的规章制度考评。

　　(4)资料校核、审核和保管。按水库调度工作中各项记录是否有相关人员进行校核并签名,对重要的计划、报告及文件是否经过领导审核后上报,所有有关水库洪水调度的技术材料是否在年末进行了整编、归档、保管进行考评。

（5）总结。按是否进行了年度水文及气象预报总结、洪水调度总结和发生重要事件后的总结考评。

5.9.1.3　洪水预报

（1）洪水预报完成率。按实际进行了作业预报的洪水场数占主管部门规定应进行的洪水预报场数的百分比考评。

（2）洪峰流量预报误差。按预报洪峰流量与实际洪峰流量之差与实际洪峰流量的比值考评。

（3）洪水总量预报误差。按预报洪水总量与实际洪水总量之差与实际洪水总量的比值考评。

（4）峰现时间预报误差。按预报发布的峰现时刻与实际峰现时刻的符合程度考评。

（5）洪水过程预报误差。按预报洪水过程与实际洪水过程偏离程度考评。

5.9.1.4　洪水调度

（1）次洪水起涨水位。按该次洪水发生时起涨水位与防洪限制水位的相对位置考评。

（2）次洪水最高洪水位。按该次洪水实际最高洪水位与按规定的洪水调度规则进行调洪计算求得的最高洪水位的相对位置考评。

（3）次洪水最大下泄流量（或该次洪水下游防洪控制点的实际最大流量）。按该次洪水实际最大下泄流量与根据规定的洪水调度规则进行调洪计算求出的最大下泄流量进行考评。

（4）预泄调度。按该次洪水预泄所腾出的库容的大小考评。

5.9.2　考评指标和评分办法

5.9.2.1　考评指标

（1）全部考评内容共 20 个项目，《水库洪水调度考评规定》（SL 224—98）附录 A 列出了各项目相应的指标。按是否达到这些指标进行评价，分为好、一般和差三个等级。

（2）基础工作与经常性工作，共 11 个项目。各个项目按指标达标程度进行评价。

（3）洪水预报与洪水调度，共 9 个项目。按公式计算各项指标指数，并据以作出评价。

5.9.2.2　评分办法

（1）单项评价。基础工作与经常性工作，每年考评一次，对每个项目的达标程度按好、一般和差三个等级进行评价；洪水预报及洪水调度，选当年最大或较难调度、影响较大的一次洪水进行测算，并作出次洪水的单项评价。

（2）单项评分。根据各项目的重要性，确定各类的权重系数，如《水库洪水调度考评规定》（SL 224—98）附录 B。考评时根据各项目的评价，由《水库洪水调度考评规定》（SL 224—98）附录 B 查出单项评分。

（3）综合评分。每座水库的综合评分，取各项得分之和。

（4）有下列情况之一者，每项加记奖分：

①在超下游防洪标准洪水时，因调度得当，减免了下游洪灾损失者加 5～10 分。

②在超大坝安全标准的洪水调度中,确保了工程安全,避免了损失者加 5~10 分。

③研制或引进计算机先进软件,提高预报时效,在洪水预报或洪水调度中起了显著作用者加 3~5 分。

(5)有下列情况之一者,应予扣分:

①基础工作非常差,6 个项目中有半数项目没有达到最低标准者扣 3~5 分;各项制度很不健全,资料不完整并无校审核,也无完整技术档案者扣 3~7 分。

②没有开展洪水预报,扣 3~5 分;洪水调度失误,视影响程度扣 10~40 分。

(6)综合评价。按总分的多少,评价为优、良、合格、不合格四个等级。90 分以上为优;89~75 分为良;74~60 分为合格;60 分以下为不合格。

5.9.3　考评组织和管理

(1)水库洪水调度考评工作的组织和管理由水库上级主管部门和防汛抗旱指挥部办公室负责。

(2)水库应根据当年发生洪水情况进行自评,有关部门在水库自评基础上对部分水库组织考评。

(3)考评结果经防汛指挥部门审批后,正式公布。

第 6 章　水库兴利调度与防洪减灾

6.1　汛期分期及汛限水位动态控制研究

6.1.1　概述

6.1.1.1　白龟山水库汛限水位设计与应用存在的主要问题

（1）规划设计的洪水调度方式（即泄流方式）不考虑洪水预报或降雨预报，调节计算不同标准设计洪水时，只用库水位作为判断洪水发生的标准和改变泄流量的指标。由此形成前期泄流偏少、后期泄流偏大、库水位偏高的调洪结果，不仅设计的汛限水位偏低，并且与实时预报调度脱节。实际上，调洪最高水位滞后于实际出现的洪峰，更滞后于实际降雨信息。

（2）目前的洪水实时调度中严格按照设计的汛限水位控制，即所谓静态控制法。实时洪水调度中，不管面临时刻实际与预报的水雨情如何，即使面临时期晴空万里，只要库水位超过汛限水位便要弃水，致使一些年份形成汛期弃水，汛后不能蓄至兴利蓄水位的局面，洪水资源浪费很大。白龟山水库原汛期为 6 月 21 日至 9 月 30 日，原设计的汛限水位为 102.0 m。由白龟山水库 1972～2002 年共 31 年的年水量平衡表可知，有些年份存在汛期大量弃水，汛后库水位不能蓄到正常蓄水位的情况。如 1976 年汛期弃水量 422.37 × 10^6 m^3，汛后（10 月 1 日）仅蓄到 101.70 m，比兴利库容少 71.7 × 10^6 m^3，之后遭遇连续枯水年，其中 1977 年和 1978 年库水位接近死水位。

因此，需要充分利用气象部门的预报产品、气象云图分析系统、水雨情遥测系统、洪水预报调度系统等，研究汛限水位动态控制方法，充分利用洪水资源。最大可利用弃水量分析表见表 6-1。

表 6-1　最大可利用弃水量分析表

年份	汛期弃水量（×10^6 m^3）	10 月 1 日水位（m）	至 103.00 m 可利用弃水量（×10^6 m^3）	年份	汛期弃水量（×10^6 m^3）	10 月 1 日水位（m）	至 103.00 m 可利用弃水量（×10^6 m^3）
2002	138.57	101.51	91.17	1988	213.09	102.78	12.83
2001	199.55	101.03	115.79	1985	108.16	102.29	41.71
2000	1 526.51	101.15	109.81	1976	422.37	101.70	71.70
1999	153.81	99.90	165.35	1973	131.94	102.09	45.38
1989	355.19	102.70	17.90				

基于以上问题,改变传统的汛限水位设计与控制理念,研究新的设计理论与方法,提出可操作的汛限水位动态控制方案,对于提高白龟山水库供水能力、适应国民经济发展是十分必要的,既具有重要理论意义,又具有巨大的经济价值。

6.1.1.2　主要研究内容和方法

1.研究的主要内容

针对目前白龟山水库汛限水位设计与运用中存在的问题,基于当前研究应用的新方法所取得的成果,从防洪安全与合理利用洪水资源两个基本目标出发,积极慎重地利用水文与气象预报已取得的成果,研究提出白龟山水库汛限水位设计与控制的新理论和新方法。

根据研究大纲要求,研究的主要内容包括:

(1)基于水库洪水自动遥测与预报系统运行精度和稳定性分析,研究水库洪水预报调度规划方法,选择可行的预报调度方式和净雨判断指标。

(2)汛限水位动态控制的必要性分析。主要分析洪水资源可利用量。

(3)实时洪水预报和降雨预报应用于汛限水位动态控制中的可行性研究。

(4)汛限水位极限允许动态控制范围研究。

(5)汛限水位动态控制方法研究。主要研究预泄能力约束法和汛限水位动态控制综合信息推理模式等方法。

(6)进行汛限水位动态控制的风险和效益分析。确定汛限水位动态控制的安全、经济、合理的实施方案。开发可操作的应用软件,与现有的洪水调度系统相连接。

2.研究的基本方法

(1)水库洪水预报调度方式。选择预报累计净雨和实际入库流量作为主要的判断指标,调节安全复核的各种频率洪水过程或调节设计净雨预报的洪水过程,设计新的汛限水位,并用建库后的实际大洪水模拟调度成果检验新方法。

(2)洪水资源可利用量分析。采用两种方法:一是传统的长系列兴利调节时历法;二是洪水与枯水长系列连续调节法。

(3)洪水预报及降雨预报精度分析方法。依据水利部颁发的中华人民共和国行业标准《水文情报预报规范》(SL 250—2000),分析正在应用的洪水预报方案精度。考虑到气象部门近年来降雨预报理论水平的提高及先进技术与工具的引用,借鉴文献[2]～[4]分析的预报精度方法,除应用气象部门传统的确率指标评价其预报精度外,还要统计分析未来 24 h 不同量级降雨预报的实际降雨频率分布规律,分析其可利用程度。

(4)汛限水位动态控制极限允许范围的确定方法。采用预蓄预泄能力约束法、预报调度方式推求法、考虑年内洪水统计特征变化规律的汛期极限允许起调水位约束法、满足供水量及保证率约束法等,分别推求极限允许动态控制汛限水位值。然后应用上下包线法确定汛限水位极限允许动态控制范围。

(5)汛限水位动态控制方法。在综合信息推理模式法和预泄能力约束法的研究基础上,主要应用多维逻辑推理原理建模,参考个别水库初步研究成果,结合多年调度经验,建立适合于本库的模式与算法,并编制相应的实时动态控制汛限水位操作软件。

(6)汛限水位动态控制的效益。在效益分析选择方案时,以原设计上下游防洪安全指标及供水保证率为约束,以供水量最大为目标。效益分析采用变时段长系列调节法(洪水期按时段,非汛期按旬或月调节计算),洪水与枯水长系列连续调节计算法。

(7)汛限水位动态控制风险分析基于统计学原理,应用条件频率描述预报误差造成的风险。

6.1.2　设计洪水复核及分期洪水分析

6.1.2.1　设计洪水复核

1. 水文基本资料

1)雨量站

白龟山坝址以上流域内先后设立雨量站 32 处。除叶县、宝丰两站有新中国成立前不连续系列若干年外,绝大部分是新中国成立后设立的。其中:1951年观测至今的有二郎庙、鲁山、下汤、宝丰、龙王庙、叶县 6 站,1952~1960年设立的有白草坪、鸡冢、鸡冢㈡、瓦屋、曹楼、昭平台、达店、潢阳、白龟山、合庄、大营、澎河 12 站,其余 14 个站均在1960年以后设立,而且有些站中途又被撤销。各雨量站历年资料均已整编成册,资料具有一定精度,成果较可靠。

2)水位、流量站

昭平台坝址上游1960年以前有曹楼、下汤水文站。1960年昭平台水库拦洪后,因受水库回水影响,曹楼站上移到下孤山,下汤站上移到中汤。支流太山庙河有1962年设的鸡冢试验站。昭平台曾在1954年 6 月设站,1958年撤销,1959年 5 月改为水库站。1951年在白龟山水库下游 13 km 处设有叶县水文站,1960年水库建成后,上迁改为水库站。各测站基本情况见表6-2,雨量、水位、流量站分布见图 6-1。

表 6-2　各测站基本情况

河名	站名	控制面积 (km²)	基本情况
沙河干流	白龟山	2 740	1960年由叶县水文站迁至白龟山水库改为水库站
沙河干流	昭平台	1 430	1954年 6 月设站,1958年撤销,1959年 5 月改为水库站
沙河干流	下汤	820	1951年设站,1952年改为水位站,1961年上移中汤
沙河干流	中汤	485	1961年自下汤移来,观测至今
支流荡泽河	曹楼	410	1952年 6 月设水位站,8月改为水文站,1953年 2 月撤销; 1954年夏设试验水文站,1956年冲毁,1960年上移下孤山
支流荡泽河	下孤山	354	1960年自曹楼移来
支流太山庙河	鸡冢	46	1962年设径流试验站,观测至今

3)历史洪水调查成果

1956年和1962年曾两次对该流域进行了历史洪水调查。1962年调查范围上自下汤、下至鲁山、叶县一带,并且收集了有关县志及历史文献。流量推算采用比降法、水面曲线法、实测水位流量关系等多种方法计算,相互检验。编有《沙河昭平台水库洪水调查报告》。昭平台水库以上近百年来的大洪水年有1851年、1863年、1884年、1898年、1943年、1956年和1957年共 7 年,次大及一般洪水年有1906年、1915年、1918年、1924年、1929年、1931年、1935年和1948年共 8 年,其中1863年及1898年因年代较远,未调查到洪水痕迹。调查结果如下:沙河干流下汤附近以1851年洪水为最大,洪峰流量 11 100 m³/s;1943年洪水次之,洪峰流量 9 400 m³/s;1948年最小,洪峰流量 2 500 m³/s。支流荡泽河曹楼附近以1956年洪水为最大,1884年次之。干支汇口以下昭平台附近洪峰以1957年及1956年为最大(1957年峰大量小),1884年次之。现将1962年调查修正后的历史洪水成果摘录如表6-3。

表 6-3　历史洪水调查成果摘录　　　　　　　　（单位：m³/s）

年份	站名		
	下汤	曹楼	昭平台
1851	(11 100)	—	—
1884	8 000	(5 000)	8 220
1915	(2 500)	4 100	5 500
1918	3 400	(1 000)	4 000
1929	(2 800)	3 000	5 000
1931	—	—	2 400
1935	—	—	2 500
1943	9 400	1 300	6 500
1948	2 500	—	3 000
1956	4 800	6 800	8 700

注:表中带括号者供参考。

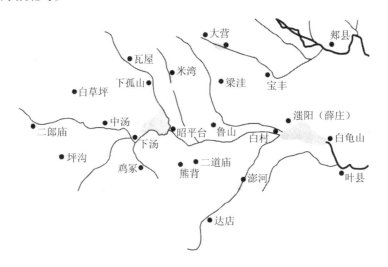

图 6-1　白龟山水库以上流域雨量、水位、流量站分布

4)水文资料的复核

昭平台、白龟山两座水库的洪水观测资料,在建库之后为水库水文要素摘录,多数年份观测时段为 1~2 h,对于计算时段洪量可以满足要求。有些中小水年,观测时段比较长,对洪峰有明显影响。

另外,白龟山以上流域内的中小型水库对洪水资料有一定影响。

2.洪峰、洪量系列的统计方法

1)洪峰、洪量系列的统计原则

洪峰流量采用年最大值法选样,洪量采用固定时段独立选取年最大值法。根据本流域汛期洪水过程特点、水库调洪演算及流域规划等方面的要求,洪量时段采用 24 h、3 d、7 d。

2)计算分区

昭平台、白龟山两座水库是梯级水库,设计洪水计算分为 3 个分区:昭平台水库以上,昭白区间,白龟山水库以上。

3)洪峰洪量统计方法

(1)对于昭平台水库以上,1959年以前用流量资料计算;1960年以后用库水位反推成果。其中1964年因昭平台水库白土沟溢洪道冲毁,缺测,故用:$Q_{中汤} + Q_{下孤山} + Q_{鸡冢} \sim Q_{昭平台}$ 相关线插补。

(2)对于昭白区间,1952~1958年:洪量用叶县的减去昭平台的再乘以面积比推算;洪峰通过 $Q_{下汤、曹楼 - 叶县} \sim W_{24 叶县}$ 或 $Q_{昭白} \sim W_{昭白}$ 相关线推算而得(其中 $Q_{下汤、曹楼 - 叶县}$ 由叶县与下汤、曹楼实测流量之和错开传播时间相减而得),1959年之后的洪峰和洪量用白龟山水库库水位反推的入库流量减去昭平台水库下泄流量而得。

(3)对于白龟山水库以上,1960年以前用叶县流量资料用面积比修正,建库后用昭平台、白龟山两座水库库水位反推,错开传播时间后叠加而得。

3.历次设计洪水复核成果

白龟山水库自建成以来,设计洪水曾多次进行过复核(1964年、1979年和1993年),其中经过正式审定的有1964年和1979年两次。1993年复核成果编入《沙河昭平台、白龟山水库除险加固工程可行性研究报告》。

1)1964年复核

河南省水利厅于1963年6月提出《沙河昭平台、白龟山设计洪水修改报告》,经水利部水电建设总局审查,以水〔63〕勘字第 178 号文批复;根据审查意见,又于1964年5月提出《沙河昭平台、白龟山设计洪水补充计算》,报水利部水电建设总局。

2)1979年复核

1979年设计洪水复核,将洪水系列延长到1977年,昭平台水库以上系列长度为 27 年(1951~1977年);昭白区间、白龟山以上洪水系列为 26 年,编入《沙河昭平台、白龟山水库加固设计水文复核报告》(简称《1979年报告》)。1979年水文复核时各单元设计洪水同时采用三种方法计算:①根据流量资料计算设计洪水;②根据雨量资料计算设计洪水;③按区域综合法计算设计洪水。

3)1993年复核

1993年复核时将1951～1977年(27年)延长至1988年(38年)进行计算。鉴于白龟山水库以上有较多的中小型水库及引水工程,人类活动对径流过程有一定的影响,且缺少有关资料可供还原分析。为了对延长以后的成果作合理性分析,补充延长了雨量系列。

1993年设计洪水复核时,对比了38年系列与原来27年系列均值的差别,两个系列时段雨量均值也作了对比。

将延长后的38年系列各单元洪峰及洪量与1979年做的27年系列均值进行比较,由于补充系列属偏枯年份,所以长系列比短系列均值小,减小6.9%～8.6%,只有昭白区间长、短系列差值比较大。面雨量系列不受人类活动影响,白龟山水库以上38年系列与1979年27年系列相比,时段面雨量减小幅度在6%以内,仍采用《1979年报告》的洪水成果。

4. 本次设计洪水复核

1)洪水系列的延长

本次洪水系列,将1951～1988年(38年)洪水系列,从1989年延长至2001年。延长之后系列长度,昭平台水库以上为51年(1951～2001年)。昭白区间、白龟山水库以上,延长以后为50年(1952～2001年)。

白龟山水库以上中小型水库总库容达到1.1亿 m³,总控制面积353.8 km²。此外,白龟山水库建库之后,昭白区间引水、库区直接供电厂和水厂用水,连同库区渗漏等调查水量年均为7 000万～15 000万 m³。这些引蓄水工程对洪水系列一致性有一定的影响。按照《水利水电工程设计洪水计算规范》(SL 44—2006)2.2.1条,应将资料还原到同一基础,对还原资料应进行合理性检查。

2)系列代表性分析

在白龟山水库以上的三个分区中,昭平台水库以上调查洪水资料比较多一些,可作洪峰系列代表性分析。

1962年编制的《沙河昭平台水库洪水调查报告》对昭平台水库以上洪水调查作了比较详细的介绍,对昭平台水库以上大洪水、次大洪水的调查资料归纳为昭平台水库以上近百年来的大洪水年有1851年、1863年、1884年、1898年、1943年、1956年和1957年共7年,次大及一般洪水年有1906年、1915年、1918年、1924年、1929年、1931年、1935年和1948年共8年。

在延长后的系列中,1992年洪峰超过9 200 m³/s。因此,1851～2000年的150年中,大洪水年有1851年、1863年、1884年、1898年、1943年、1956年、1957年、1992年共8年,平均约19年出现1次;在实测的50年系列中出现3次,平均17年出现1次,略大一些。至于次大洪水与一般洪水,数量比较多,调查洪水对相同量级的洪水难免有遗漏,两个系列难以作具体比较。

3)洪水频率计算

《水利水电工程设计洪水计算规范》(SL 44—2006)要求,具有30年以上实测或插补延长洪水流量资料,并有调查历史洪水时应采用频率分析法计算设计洪水。白龟山水库以上有 50 ~ 51 年洪水流量资料,通过调查历史洪水证明,有一定的代表性。而历史洪水与实测洪水相比较,大洪水量级相当,次大、较大同量级的洪水难免会遗漏,因此频率计算时采用实测的洪水系列。

第 m 项洪水的经验频率 P_m 按数学期望公式计算:

$$P_m = m/(n + 1)$$

式中:n 为实测连续系列长度;m 为按照大小顺序排位的序号。

频率曲线线型采用皮尔逊-Ⅲ型。

变差系数 C_v 通过适线并考虑参数的地区平衡确定。适线时,偏差系数 C_s 采用本地区的经验关系 $C_s = 2.5 C_v$。

4)关于校核洪水安全修正值

根据 SL 44—2006 总则第 1.0.11 条"对大型工程或重要的中型工程,用频率分析法计算的校核标准设计洪水,应对资料条件、参数选用、抽样误差等进行综合分析检查,如成果有偏小可能,应加安全修正值,修正值一般不超过计算值的 20%"。

昭平台、白龟山水库校核洪水是否要加安全修正值,我们从以下四个方面作了分析。

(1)计算均方误。

白龟山水库以上非常运用洪水,均方误用 $n = 27$ 年和 $n = 50$ 年两种情况计算:$n = 27$ 年均方误 $\delta = 33\%$;$n = 50$ 年均方误 $\delta = 24\%$。

(2)与邻近水库设计洪水比较。

淮河上游洪汝河、沙颍河一带各座大型水库 $N = 10\ 000$ 年的设计洪水的 C_v 对比可知,昭平台、白龟山两座水库,变差系数明显小于其他水库,即使与流域面积比它们大得多的宿鸭湖水库相比,还小 0.05 ~ 0.15。变差系数偏小是因为本区的洪水样本中没有特大洪水。但自 1553 年以来,历史文献中记述了多次特大洪水。洪汝河、沙颍河等大型水库变差系数见表 6-4。

表 6-4　洪汝河、沙颍河诸大型水库变差系数 C_v 对比

项目	白龟山	昭平台	下汤	燕山	板桥	薄山	宿鸭湖	孤石滩	石漫滩
流域面积(km^2)	2 740	1 430	820	1 169	762	580	4 498	286	230
洪峰 C_v		0.9	0.9	1.1	0.8	1.0		1.25	1
24 h 洪量 C_v	0.8	0.85	0.85	1.1	1	0.94	0.9	1.15	1
3 d 洪量 C_v	0.8	0.8	0.8	1.05	1	0.9	0.95	1.15	1
7 d 洪量 C_v	0.75	0.8	0.8	1	1	0.9	0.9		

(3)与移置"75·8"暴雨洪水相比较。

暴雨中心位置离本流域比较近(约 100 km)。如将暴雨中心推进到本流域内,与水库校核洪水比较,见表 6-5。

在表 6-5 中,两座水库的校核洪水均小于"75·8"洪水,即使加了 20% 安全修正值还比"75·8"洪水小 7% ~ 27%。

表 6-5 白龟山以上校核洪水加安全修正值前、后 3 d 洪量设计值与"75·8"洪水移置比较

分区名称	"75·8"洪水移置 $W_{3\,d"75·8"}$	重现期	不加安全修正值		加 20% 安全修正值以后	
			$W_{3\,d(n)}$ $\beta=0$	比值 $W_{3\,d(n)}:W_{3\,d"75·8"}$	$W_{3\,d(n)}$ $\beta=20\%$	比值 $W_{3\,d(n)}:W_{3\,d"75·8"}$
	($\times 10^8$ m³)	(年)	($\times 10^8$ m³)	(%)	($\times 10^8$ m³)	(%)
昭平台以上	13.59	5 000	10.54	77.6	12.65	93.1
昭白区间	11.86	2 000	7.269	61.3	8.723	73.5
白龟山以上	23.48	2 000	13.3	56.6	17.16	73.1

注:表中 β 为安全修正值;$W_{3\,d(n)}$ 为各重现期 3 d 洪量;$W_{3\,d"75·8"}$ 为1975年8月白龟山水库流域 3 d 的洪量。

(4)与间接法计算成果相比较。

1979年曾根据雨量资料计算白龟山以上各区的设计洪水(即间接法成果),将间接法与直接法成果对比可知,两种途径计算的洪峰及 7 d 洪量比较接近,而对于 24 h 洪量和 3 d 洪量,采用直接法计算的均偏小,稀遇洪水 24 h 偏小20% ~23%;3 h 洪量偏小7% ~10%。

5.设计洪水采用成果

通过设计洪水成果合理性分析可知,本次成果与1979年成果对比略有减小,昭平台以上减小5.2% ~8.9%;白龟山以上减小7.2% ~7.8%;两次成果差别在9%以内。关于校核洪水的安全修正值,经过综合分析认为,洪峰流量基本合理,可以不加安全修正值。24 h洪量、3 d 洪量、7 d 洪量存在偏小的可能。虽然从不同的角度分析,偏小的程度不等,但与"75·8"洪水相比,即使加大 20% 还显得不足,依照 SL 44—2006,各时段洪量均加20% 安全修正值。

1979年成果与本次设计洪水复核成果相差在 10% 以内,因此设计洪水仍采用已经批准过的1979年成果(经水利部规划设计管理局以〔1980〕水规字第 019 号文批准),如表 6-6 所示。

设计洪水过程线采用各时段洪量同频率相包,典型年放大的方法计算。经过比较,选用洪水比较集中、主峰偏后、对水库较为恶劣的1955年8 月15 ~22 日的洪水过程为典型,计算时段 1 h。

昭平台、白龟山两座水库的设计洪水过程线,按照两种洪水组合即昭平台以上设计,昭白区间相应;昭白区间设计,昭平台以上相应(见第 2 章表 2-17、表 2-18)。

6.1.2.2 分期洪水分析

分期洪水分析工作是在设计洪水复核工作的基础上进行的。根据分期划分,凡是年最大值出现在某个分期之中,直接采用原来系列值,否则补充统计。白龟山水库是梯级水库的下库,分期洪水分析涉及昭平台水库以上、白龟山水库以上、昭白区间三个分区。

由于能定量调查的洪水量级比较小,所以在分期洪水分析时不计入调查洪水。

1.洪水季节性变化规律的分析和分期的划分

1)河南省汛期及主汛期

河南省洪水都是暴雨所致,造成暴雨的天气系统主要是低压槽、切变线、低涡和台风。每当盛夏,冷暖气流经常在我省交绥摆动,极易造成暴雨洪水。6 月中旬前后,西太平洋副热带高压移到北纬20°以北,我省淮河汛雨开始;6 月下旬,副热带高压继续北上,洪汝河、

表 6-6　白龟山以上各分区设计洪水复核采用成果

项目	昭平台以上				昭白区间				白龟山以上		
	Q (m^3/s)	$W_{24\,\text{h}}$ $(\times10^6\,\text{m}^3)$	$W_{3\,\text{d}}$ $(\times10^6\,\text{m}^3)$	$W_{7\,\text{d}}$ $(\times10^6\,\text{m}^3)$	Q (m^3/s)	$W_{24\,\text{h}}$ $(\times10^6\,\text{m}^3)$	$W_{3\,\text{d}}$ $(\times10^6\,\text{m}^3)$	$W_{7\,\text{d}}$ $(\times10^6\,\text{m}^3)$	$W_{24\,\text{h}}$ $(\times10^6\,\text{m}^3)$	$W_{3\,\text{d}}$ $(\times10^6\,\text{m}^3)$	$W_{7\,\text{d}}$ $(\times10^6\,\text{m}^3)$
均值	3 546	99.6	150.3	198.7	2 210	65.8	92.9	122.2	154.6	227.8	305.5
C_v	0.90	0.85	0.8	0.8	0.95	0.95	0.95	0.90	0.80	0.80	0.75
C_s/C_v	2.5	2.5	2.5	2.5	2.5	2.5	2.5	2.5	2.5	2.5	2.5
5 年一遇	5 320	149.4	223.9	296.1	3 340	99.4	140.3	183.3	230.4	339.4	449.1
10 年一遇	7 620	209.2	306.6	405.3	4 860	144.9	204.4	262.7	315.4	464.7	604.9
20 年一遇	9 930	268.9	390.8	516.6	6 410	191	269.4	342.2	402	592.3	760.7
50 年一遇	13 050	348.6	500.5	661.7	8 530	254.2	358.6	449.7	514.8	758.6	962.3
100 年一遇	15 460	410.4	584.7	772.9	10 170	302.9	427.3	532.8	601.4	886.1	1 118.1
500 年一遇	21 010	552.8	778.6	1 029.3	13 990	416.5	588.1	724.6	800.8	1 180	1 472.5
1 000 年一遇	23 440	614.5	861.2	1 138.6	15 670	466.9	658.7	807.7	885.9	1 305	1 622.2
2 000 年一遇	25 850	675.3	943.9	1 247.8	17 290	514.9	726.9	890.8	970.9	1 431	1 773.4
5 000 年一遇	29 077	756.46	1 053.6	1 392.9	19 492	580.36	819.38	1 002	1 084	1 597	1 972
10 000 年一遇	31 490	818.7	1 137.8	1 504.2	21 190	631.5	890.9	1 085	1 170	1 724	2 126.3

沙颍河进入主汛期;7月初,雨区逐渐推进到黄河流域和我省北部。豫北洪水往往集中在"七下八上"的20多d或几场降雨过程中。8月中旬后,副热带高压开始南撤;9月末,全省汛期基本结束。

2)分期的划定

根据河南省气象特点,结合本流域洪水年内分布图与历史上特大洪水出现时间,白龟山水库主汛期采用6月下旬至8月上旬,8月中旬至9月末作为后期洪水(秋季洪水)。

2. 分期洪水计算方法

1)洪水统计时间

分期划定后,分期洪水一般在规定时段内,按最大值选样。

根据《水利水电工程设计洪水计算手册》,按跨期选样时,跨期的幅度一般不宜超过5~10 d,采用10 d。各个分期洪水统计时间如表6-7所示。

表6-7　各个分期洪水统计时间

设计洪水分期名称	分期				按照跨期统计			
	开始日期		终止日期		开始日期		终止日期	
	月	日	月	日	月	日	月	日
主汛期	6	20	8	10	6	10	8	20
后期洪水	8	11	9	30	8	1	10	10

2)建库前后各分区流量过程线计算方法

本流域各个分区,除叶县水文站有洪水水文要素可以直接计算流量过程线外,其他各分区均通过库水位反推,或2~3个单元叠加或相减获得。如白龟山水库、昭平台水库建库以后,用水库水位反推入库过程线;昭白区间过程线则用白龟山水库入库流量过程线减去昭平台下泄河道的流量过程线演进到白龟山水库的流量过程线;昭平台水库建库以前,采用下汤流量过程线与曹楼流量过程线叠加,再用面积比转换;昭白区间则用叶县流量过程线减去昭平台流量过程线演进至叶县的流量过程线再换算。

3)分期洪水计算系列

1951年资料不全,分期洪水计算为1952~2001年共50年。

4)计算时段

洪水过程线计算时段采用1 h。

5)关于时段洪量修正

在分期洪水计算时,有些年份年最大值不在计算分期之内,分期内洪水比较小,观测时段比较长,出现洪峰或时段洪量被均化。为此,采用洪峰与$W_{24\,h}$相关、时段洪量之间相关经验公式予以近似修正。

$$Q_{\max} \approx A W_{24\,h}^{b}$$

式中:$W_{24\,h}$为24 h洪量,万 m^3;$Q_{\max}$为洪峰流量,m^3/s;A为经验公式系数;b为经验公式指数。

6)中小型水库影响还原

白龟山水库以上中小型水库对洪水的影响包括兴利库容拦蓄作用与防洪库容滞洪作用两部分。由于中小型水库没有观测资料,只能作近似还原估算。

（1）时段洪量还原。

小水年取决于来水量，可以近似采用面积比估算：

$$\Delta W_t \approx A_i / (A - A_i) \cdot W_t$$

式中：W_t 为实测的时段洪量，$10^6\ m^3$；ΔW_t 为还原水量，$10^6\ m^3$；A 为水库以上控制面积，km^2；A_i 为第 i 年中小型水库控制流域面积之和，km^2。

大中洪水年份蓄变量估算：洪水发生时，前期水位是随机变量。前期水位偏高，至少起滞洪作用，蓄变量约占兴利库容的 20%；当前期水位偏低或接近死水位时，一次洪水的蓄变量，可占兴利库容的 80% ~ 100%；个别年份，久旱之后来一场大洪水，不仅全部兴利库容拦截洪水，同时调洪库容也起滞洪作用，这时，一次洪水蓄变量与兴利库容的比值可能大于 1。由于缺乏资料，不能依据实际蓄变量还原，只能采用一个数字来加以控制，限制一次洪水的还原量不超过兴利库容的 60%，即当 $V_i > 0.6$，采用以下公式计算：

$$\Delta W_t = 0.6 V_i$$

式中：ΔW_t 为还原水量，$10^6\ m^3$；V_i 为第 i 年中小型水库兴利库容之和，$10^6\ m^3$。

（2）洪峰流量还原。

建立昭白区间、昭平台水库以上洪峰与 24 h 洪量的经验公式：

$$Q_{\max还原} = Q_{\max} \times \left(\frac{W_{24\ h还原后}}{W_{24\ h}} \right)^{\beta}$$

式中：$Q_{\max还原}$ 为还原以后的洪峰。

β 值根据昭平台水库、昭白区间 $Q_{\max}$ 与 $W_{24\ h}$ 相关图确定，昭平台水库 $\beta = 1.146$，昭白区间 $\beta = 1.122$。

区间引水还原量用调查水量的日平均水量按照时段分别加入相应时段洪量。略去引水量对洪峰的影响。

3. 分期洪水统计成果

按照上述计算方法得到 1952 ~ 2001 年分期洪水 50 年系列的统计成果。对各分期时间分别列出统计成果表。

表 6-8 列出还原后与还原前均值的比值。表 6-8 中数字与中小型水库分布状况相协调，还原成果基本合理。

表 6-8　白龟山水库以上各区还原后与还原前均值比

项目	单位	昭平台	昭白区间	白龟山
流域面积	km^2	1 430	1 310	2 740
中小型水库面积	km^2	35.2	287.83	323.1
中小型水库面积百分率	%	2.46	22	11.79
还原后与还原前均值比		1.007 ~ 1.011	1.11 ~ 1.14	1.054 ~ 1.082

4. 系列代表性分析

在作分期洪水频率计算之前，首先对年最大洪水系列作代表性分析。在白龟山水库以上的三个分区中，昭平台水库以上调查洪水资料比较多一些，可以作洪峰系列代表性分析。

图 6-2 绘出了白龟山水库以上年最大时段洪量的累积平均过程线。由图 6-2 可见，

前 20 年变幅比较大,20 年之后变幅逐渐减小,30 年之后变幅更小且渐趋于稳定。1952 ~ 2001年系列具有一定的代表性。

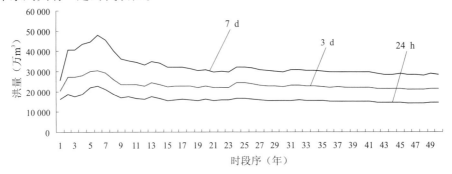

图 6-2　白龟山水库以上年最大时段洪量的累积平均过程线

图 6-3 为白龟山水库以上后期分期洪水的累积平均过程线,总的趋势与年最大值一致,唯过程多微波状起伏,似与取样范围缩小有关。

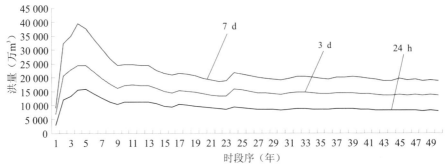

图 6-3　白龟山水库以上后期分期洪水的累计平均过程线

5. 分期洪水频率计算

分期洪水采用成果应与设计洪水相协调,因此分期洪水频率计算采用系列也是1952 ~ 2001年 50 年系列。白龟山水库以上分期洪水频率计算成果见表 6-9。由表 6-9 可知,分期洪水的变差系数比较大,如果不作调整,外延部分与年最大选样的频率曲线相交。适线时作适当调整。调整时以年最大控制季、季控制分段。以前几项洪水为主要控制点,调整(加大)均值,减小 C_v 值,使得分期洪水与年最大选样的频率曲线协调,偏安全定线。白龟山水库以上分期洪水频率曲线见图 6-4。

表 6-9　白龟山水库以上分期洪水频率计算成果

洪量	分期	计算			适线		
		均值($万 m^3$)	C_v	C_s	均值($万 m^3$)	C_v	C_s
W_{24h}	年最大	14 395	0.64	0.39	14 400	0.8	2
	秋季	7 988	0.95	1.05	9 000	0.9	2.25
W_{3d}	年最大	21 340	0.65	1.28	21 400	0.8	2
	秋季	13 461	1.00	2.21	16 000	0.9	2.25
W_{7d}	年最大	28 538	0.64	1.03	29 000	0.75	1.875
	秋季	18 893	0.94	1.73	20 000	0.95	2.375

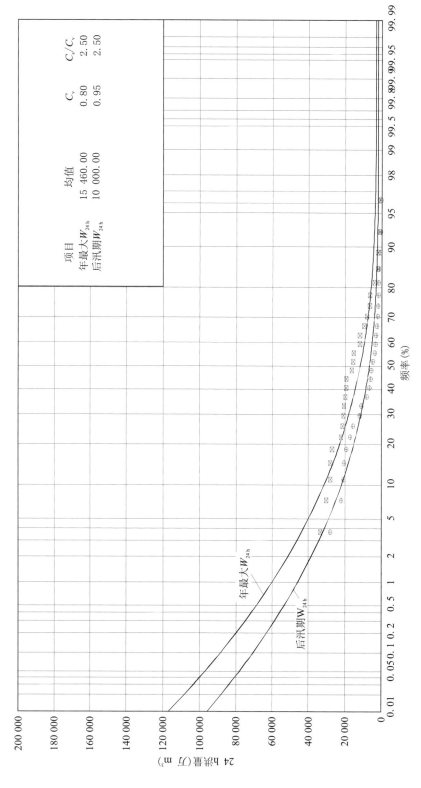

图6-4　白龟山水库以上分期洪水频率曲线

6. 分期设计洪水采用

水利水电工程设计洪水计算规范明确规定:"频率计算中的洪峰流量和不同时段的洪量系列,应由每年最大值组成,当洪水特性在一年内随季节或成因明显不同时,可分期进行选样统计,但划分不宜过细。"

主汛期 6 月 21 日至 8 月 10 日,设计洪水按照规范应直接采用年最大值计算成果。本次后期洪水定线与上部点据配合尚好,与年最大 24 h 洪量频率曲线相互协调。分期洪水采用成果见表 6-10、表 6-11。

表 6-10　主汛期设计洪水成果(6 月 21 日至 8 月 10 日)

分区	项目	单位	均值	C_v	$C_s:C_v$	$N=10$	$N=20$	$N=50$	$N=100$	$N=2\,000$	$N=5\,000$
白龟山以上	$W_{24\,h}$	万 m³	15 460	0.8	2.5	31 538	40 196	51 482	60 139	116 507	130 050
	$W_{3\,d}$	万 m³	22 780	0.8	2.5	46 471	59 228	75 857	88 614	171 670	191 625
	$W_{7\,d}$	万 m³	30 550	0.75	2.5	60 489	76 070	96 233	111 813	212 811	236 640
昭白区间	Q_{max}	m³/s	2 210	0.95	2.5	4 862	6 409	8 531	10 166	17 293	19 492
	$W_{24\,h}$	万 m³	6 580	0.95	2.5	14 476	19 082	25 399	30 268	61 786	69 643
	$W_{3\,d}$	万 m³	9 290	0.95	2.5	20 438	26 941	35 859	42 734	87 233	98 325
	$W_{7\,d}$	万 m³	12 220	0.9	2.5	26 273	34 216	44 970	53 279	106 901	120 245
昭平台水库	Q_{max}	m³/s	3 546	0.9	2.5	7 624	9 929	13 049	15 461	25 850	29 077
	$W_{24\,h}$	万 m³	9 960	0.85	2.5	20 916	26 892	34 860	41 035	81 035	90 775
	$W_{3\,d}$	万 m³	15 030	0.8	2.5	30 661	39 078	50 050	58 467	113 266	126 432
	$W_{7\,d}$	万 m³	19 870	0.8	2.5	40 535	51 662	66 167	77 294	149 740	167 146

表 6-11　后期(秋季)设计洪水成果(8 月 11 日至 9 月 30 日)

分区	项目	单位	均值	C_v	$C_s:C_v$	$N=10$	$N=20$	$N=50$	$N=100$	$N=2\,000$	$N=5\,000$
白龟山以上	$W_{24\,h}$	万 m³	10 000	0.9	2.5	22 000	29 000	38 600	46 000	93 900	105 840
	$W_{3\,d}$	万 m³	18 000	0.9	2.5	38 700	50 400	66 240	78 480	157 464	177 120
	$W_{7\,d}$	万 m³	24 000	0.85	2.5	50 400	64 800	84 000	98 880	195 264	218 736
昭白区间	Q_{max}	m³/s	1 550	1.1	2.5	3 627	4 976	6 836	8 293	14 756	16 771
	$W_{24\,h}$	万 m³	5 000	1.1	2.5	11 700	16 050	22 050	26 750	57 120	64 920
	$W_{3\,d}$	万 m³	7 200	1.05	2.5	16 488	22 392	30 384	36 720	77 242	87 610
	$W_{7\,d}$	万 m³	10 000	1	2.5	22 500	30 100	40 400	48 500	100 440	113 640
昭平台水库	Q_{max}	m³/s	2 500	1	2.5	5 625	7 525	10 100	12 125	20 925	23 675
	$W_{24\,h}$	万 m³	7 000	1	2.5	15 750	21 070	28 280	33 950	70 308	79 548
	$W_{3\,d}$	万 m³	12 000	0.9	2.5	25 800	33 600	44 160	52 320	104 976	118 080
	$W_{7\,d}$	万 m³	15 000	0.9	2.5	32 250	42 000	55 200	65 400	131 220	147 600

7. 分期设计洪水过程线

分期洪水过程线分为两部分：主汛期与后期洪水过程线。《1979 年报告》中选用1955年 8 月 14 ~ 28 日典型洪水过程为连续洪水所组成的，洪水比较集中，主峰为两次，后峰略大，代表对水库比较不利的情况。《1979 年报告》之后的大洪水有2000年洪水，2000年过程线与1957年过程线相似，洪峰分别出现在 6 月 25 日、7 月 4 日、7 月 6 日；前峰与中间洪峰相隔 9 日；后面两个洪峰间隔虽短，但是，昭平台水库与昭白区间不同步，昭平台先小后大，昭白区间则先大后小，对梯级水库而言，该过程线是不安全的。经过分析对比，仍选用1955年典型作为过渡段典型过程线。

设计洪水过程线包括 6 种重现期：$N = 10$ 年、20 年、50 年、100 年、2 000 年、5 000 年。采用同频率放大法放大过程线。设计洪水地区组成，仍采用《1979 年报告》各水库设计洪水，原则上以本水库入库洪水为设计条件。对白龟山水库来讲则有昭平台设计、昭白区间相应和昭白区间设计、昭平台以上相应两种组合。

主汛期用年最大洪水，$N = 2\,000 ~ 5\,000$ 年校核洪水过程线，均已经计入安全修正值。

8. 分期汛期限制水位测算

分期汛期限制水位的测算原则为不影响昭平台、白龟山两水库的安全标准，即昭平台水库分期校核标准仍为5 000年一遇，白龟山水库分期校核洪水标准为2 000年一遇。

主汛期的汛期限制水位不变，仍采用102.0 m。

后期(秋季)设计洪水略小于原设计洪水，需重新测算汛期限制水位。测算时，昭平台水库汛期限制水位不变，仍采用169.0 m。

由于分期洪水与年最大洪水推算的洪水有些差别，水库控制运用方式有部分调整，见表 6-12。

后期(秋季)洪水之中，洪峰、24 h 洪量不大，8 月 10 日之后，汛限水位可以提高到103.4 m。统计后期洪水时，向前跨期 10 d，样本中包含了 3 d 洪量最大值，成果是偏安全的。表 6-12 中白龟山水库2 000年一遇洪水位107.77 ~ 108.84 m，远低于采用的校核洪水位109.56 m。5 000年一遇水位109.42 m 也低于109.56 m；昭平台水库5 000年一遇洪水位180.55 m 低于采用的校核水位180.94 m，两座水库均满足要求。

表 6-12　秋季洪水调洪演算成果

洪水组合	重现期（年）	昭平台水库				白龟山水库			
		入流（m³/s）	出流（m³/s）	水位（m）	库容（万 m³）	入流（m³/s）	出流（m³/s）	水位（m）	库容（万 m³）
昭平台以上与白龟山以上同频率	10	5 625	300	173.03	35 961	3 056	600	103.3	32 262
	20	7 525	2 131	173.72	38 406	3 580	600	104.69	42 505
	50	10 100	2 441	174.61	41 664	6 310	3 000	105.28	47 370
	100	12 125	2 955	176.01	47 066	7 341	5 910	105.61	50 194
	2 000	20 925	12 270	180.05	64 484	17 586	6 801	107.77	71 183
	5 000	23 675	12 988	180.55	66 738	19 600	7 087	108.81	82 319

续表 6-12

洪水组合	重现期（年）	昭平台水库				白龟山水库			
		入流（m³/s）	出流（m³/s）	水位（m）	库容（万 m³）	入流（m³/s）	出流（m³/s）	水位（m）	库容（万 m³）
昭白区间与白龟山以上同频率	10	4 496	300	171.9	32 177	3 927	600	103.89	36 379
	20	5 516	2 036	173.51	37 663	5 276	600	104.71	42 625
	50	6 901	2 093	173.61	38 020	7 186	3 000	105.34	47 866
	100	7 940	2 205	173.94	39 178	10 473	6 044	105.84	52 173
	2 000	14 686	3 408	177.38	52 708	18 092	7 097	108.84	82 673
	5 000	16 279	3 682	178.25	56 384	20 367	7 266	109.42	89 340
H 起调水位		167 m				103.4 m			
运用方式		$H \leqslant 173.5$ m，控泄 300 m³/s；$H = 173.5 \sim 179.8$ m，输水道、尧沟溢洪道全开；$H > 179.8$ m，输水道、尧沟、杨家岭溢洪道全开				$H \leqslant 105.2$ m，控泄 600 m³/s；$H = 105.2 \sim 105.6$ m，控泄 3 000 m³/s；$H > 105.6$ m，泄洪闸全开；$H > 105.9$ m，泄洪闸全开，北干渠泄 200 m³/s			

总之，秋季(8 月 10 日以后)将汛限水位提高1.4 m，昭平台、白龟山两座水库都是安全的。鉴于白龟山水库原设计正常蓄水位103 m，后汛期汛限水位不宜超过正常蓄水位，仍采用103.0 m。

9. 汛期分期的模糊统计方法

1)汛期时段划分

按照模糊理论，汛期是一个模糊概念，"汛期"具有确定性、随机性和中介过渡性规律。其本身有明确的概念和含义，与影响因素之间具有确定性因果关系，但它的出现与否，何时出现则表现出不确定性，"汛期"和"非汛期"之间存在过渡时期，客观上，汛前期过渡到主汛期，主汛期过渡到汛末期，汛末期再过渡到非汛期，都是连续的。

汛期作为一年时间论域 T 中的一个模糊子集 $\{A\}$，非汛期亦是一个模糊子集 $\{A-\}$，用隶属函数 $U_a(t)$ 来描述非汛期向汛期，汛期向非汛期过渡时期中任何一个时刻 $t(t \in T)$ 属于汛期特性的程度，用 $U_{a-}(t)$ 描述属于非汛期的程度，隶属函数的取值范围：$0 \leqslant U_a(t) \leqslant 1, 0 \leqslant U_{a-}(t) \leqslant 1$，汛期划分的实际问题即确定描述汛期的中介过渡性和亦此亦彼的隶属函数形状或参数。

计算步骤如下：

(1)收集实测降雨过程作为试验集。

(2)定义一个进入汛期的降雨量标准 Y_t。

(3)对任何一年，根据大于或等于 Y_t 的起始时间 T_{1i} 和终止时间 T_{2i} 确定该年的汛期区间，为模糊集合 $\{A\}$ 的一次试验结果，n 年得到 n 个试验结果，以 $T_i = [T_{1i}, T_{2i}]$，$i = 1, 2, 3, \cdots, n$，表示一次试验结果为一次显影，n 次试验结果得 n 次显影样本。

（4）在 T 论域上，某一时间 t 被汛期显影样本区间 T_i 覆盖的次数为 m_i，则时间 t 属于汛期模糊集 $\{A\}$ 的隶属频率 $P_a(t) = m_i / n$，当 n 充分大时（$n \to \infty$）得隶属度，即

$$U_a(t) = \lim_{n \to \infty}(m_i/n) = \lim P_a(t) \qquad (6\text{-}1)$$

对于不同的时间 t 依次得隶属度，最后求得隶属函数。

白龟山水库区间流域有 1964～1994 年共 31 年的逐日降雨资料，从气候特征分析，6 月以前 9 月以后降雨较少，基本属于非汛期，因此只以 6 月 1 日至 9 月 30 日作为分析本流域汛期变化规律的论域 $T[\,6.01～9.30\,]$。

从流域气象分析，9 月底以后降中到大雨的可能性很小，6 月 1 日以前亦如此，故选择汛期与非汛期分界的硬性指标 $Y_t = 10$ mm/d，对任何一年，根据等于或大于 Y_t 的起始时间 t_1 和终止时间 t_2，确定该年汛期的区间 $[\,t_1,t_2\,]$，即是汛期模糊集合 $\{A\}$ 的一次试验结果，即一次显影样本。31 年共得 31 个显影样本。认为以 31 个显影样本代替总体，计算任一时间 t 属于汛期模糊集 $\{A\}$ 的隶属度。计算成果（见表 6-13）绘制成隶属函数曲线，如图 6-5 所示。

表 6-13　汛期模糊集合 A 的试验结果（$Y_t = 10$ mm）

序号	年份	$(t_1～t_2)$（月-日～月-日）	序号	年份	$(t_1～t_2)$（月-日～月-日）	序号	年份	$(t_1～t_2)$（月-日～月-日）
1	1964	06-15～09-23	12	1975	06-21～09-29	23	1986	06-15～09-09
2	1965	06-30～09-04	13	1976	06-28～09-01	24	1987	06-05～09-02
3	1966	06-24～08-23	14	1977	06-24～09-14	25	1988	07-03～09-13
4	1967	06-19～09-29	15	1978	06-24～08-11	26	1989	06-03～08-18
5	1968	06-30～09-18	16	1979	06-18～09-23	27	1990	06-07～09-22
6	1969	06-04～09-26	17	1980	06-06～09-08	28	1991	06-13～09-22
7	1970	06-12～09-24	18	1981	06-08～09-28	29	1992	06-13～09-20
8	1971	06-02～08-23	19	1982	06-08～09-30	30	1993	06-03～08-23
9	1972	06-10～09-05	20	1983	06-11～09-22	31	1994	06-05～08-29
10	1973	06-09～09-27	21	1984	06-05～09-30			
11	1974	07-03～09-29	22	1985	07-11～09-21			

由表 6-14 隶属函数确定分期结果可知，7 月 11 日与 8 月 11 日之间应是主汛期，7 月 11 日前为汛前期，8 月 11 日之后为汛后期，与流域历史暴雨洪水对比，以上分期结果与流域洪水出现的规律一致，与俗称"七下八上"相吻合。

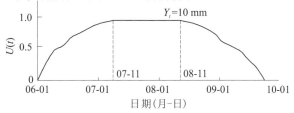

图 6-5　汛期隶属函数曲线图

表 6-14　白龟山水库汛期隶属度 $U_a(t)$（ $Y_t = 10$ mm）

时间	1 日	2 日	3 日	4 日	5 日	6 日	7 日	8 日	9 日	10 日	11 日	12 日	13 日	14 日	15 日	16 日
6 月	0	0.03	0.10	0.14	0.23	0.26	0.29	0.35	0.39	0.42	0.45	0.48	0.55	0.55	0.61	0.61
7 月	0.90	0.90	0.97	0.97	0.97	0.97	0.97	0.97	0.97	0.97	1.00	1.00	1.00	1.00	1.00	1.00
8 月	1.00	1.00	1.00	1.00	1.00	1.00	1.00	1.00	1.00	1.00	1.00	0.97	0.97	0.97	0.97	0.97
9 月	0.81	0.77	0.74	0.74	0.71	0.68	0.68	0.68	0.65	0.58	0.58	0.58	0.58	0.55	0.52	0.52
时间	17 日	18 日	19 日	20 日	21 日	22 日	23 日	24 日	25 日	26 日	27 日	28 日	29 日	30 日	31 日	
6 月	0.61	0.64	0.68	0.68	0.71	0.71	0.71	0.81	0.81	0.81	0.81	0.84	0.84	0.90		
7 月	1.00	1.00	1.00	1.00	1.00	1.00	1.00	1.00	1.00	1.00	1.00	1.00	1.00	1.00	1.00	
8 月	0.97	0.97	0.94	0.94	0.94	0.94	0.94	0.84	0.84	0.84	0.84	0.84	0.84	0.81	0.81	
9 月	0.52	0.52	0.48	0.48	0.45	0.42	0.35	0.29	0.26	0.26	0.23	0.19	0.16	0.16		

2）分期防洪限制水位确定

根据汛期模糊子集隶属函数,推求各分期的逐时段防洪限制水位,假定任何一时间 t 所需要的校核标准防洪库容与主汛期所需要的校核标准防洪库容之比等于该时间的汛期隶属度,即

$$U_a(t)_{c2} = V_{c2}(t) / V_c \tag{6-2}$$

则　　　　　　　　　　　$$V_{c2}(t) = U_a(t)_{c2} V_c$$

式中：V_c 为水库的校核防洪库容；$V_{c2}(t)$ 为 t 时间水库需预留的防洪库容。

主汛期汛限水位以上容许超蓄水量：

$$
\begin{aligned}
W_{c2}(t) &= V_c - V_{c2}(t) \\
&= \left[1 - U_a(t)_{c2} \right] V_c
\end{aligned}
\tag{6-3}
$$

由主汛期防洪限制水位 Z_e,相应的库容为 V_e,据 $W_{c2}(t) + V_e$ 库容查水位库容关系曲线,求得 t 时间的汛限水位。白龟山水库分期汛限水位成果见表 6-15。

表 6-15　白龟山水库分期汛限水位成果（ $Y_t = 10$ mm）

（1）	（2）	（3）	（4）	（5）	（6）
日期（月-日）	$U_a(t)$	$1 - U_a(t)$	（3）×47 569（万 m³）	（4）+20 320（万 m³）	Z（m）
06-01	0	1.00	47 569	32 095	103.00
06-05	0.23	0.77	36 628	32 095	103.00
06-10	0.42	0.58	27 590	32 095	103.00
06-15	0.61	0.39	18 552	32 095	103.00
06-20	0.68	0.32	15 222	32 095	103.00
06-25	0.81	0.19	9 038	29 358	102.58
06-30	0.90	0.10	4 757	25 077	101.88
07-05	0.97	0.03	1 427	21 747	101.28
07-10	0.97	0.03	1 427	21 747	101.28
07-15	1.00	0	0	20 320	101.00
07-20	1.00	0	0	20 320	101.00
07-25	1.00	0	0	20 320	101.00

续表 6-15

（1）	（2）	（3）	（4）	（5）	（6）
日期（月-日）	$U_a(t)$	$1-U_a(t)$	（3）×47 569（万 m³）	（4）+20 320（万 m³）	Z（m）
07-31	1.00	0	0	20 320	101.00
08-05	1.00	0	0	20 320	101.00
08-10	1.00	0	0	20 320	101.00
08-15	0.97	0.03	1 427	21 747	101.28
08-20	0.94	0.06	2 854	23 174	101.55
08-25	0.94	0.16	7 611	27 910	102.34
08-31	0.81	0.19	9 038	29 358	102.58
09-05	0.71	0.29	13 795	32 095	103.00
09-10	0.58	0.42	19 979	32 095	103.00
09-15	0.52	0.48	22 833	32 095	103.00
09-20	0.48	0.52	24 736	32 095	103.00
09-25	0.26	0.74	35 201	32 095	103.00
09-30	0.06	0.94	44 715	32 095	103.00

由汛期隶属度求汛限水位，已知主汛期防洪限制水位 Z_e =101.00 m，相应库容 V_e = 20 320 万 m³，兴利蓄水位103.00 m，相应库容 32 095 万 m³，校核标准最高洪水位 Z_{pmf} = 107.37 m，相应库容 V_{pmf} =67 889 万 m³，需最大防洪库容 V_c = V_{pmf} － V_e =47 569 万 m³，计算 t 时间汛限水位相应库容量值，并查求 t 时间相应汛限水位值，以兴利蓄水位 103.00 m 控制，计算值不能大于 103.00 m 所对应的库容量 32 095 万 m³。

从以上计算结果看，主汛期是从 7 月 11 日至 8 月 11 日，汛限水位从 6 月 20 日到 7 月 11 日逐渐降至 101.00 m；7 月 11 日至 8 月 11 日为101.00 m，8 月 11 日以后抬高。至 8 月 20 日已抬高0.55 m，于 9 月上旬抬高到兴利蓄水位。与原控制标准相比，汛前期可少弃水 1 400 万 m³，汛后期可提前多蓄水 2 800 万 m³。

3）分期控制运用与不分期运用对比分析

白龟山水库的兴利水位为103.00 m，原汛期限制水位为101.00 m，在此以1993～1996年汛期运用情况做以下分析：

1993年实际调度是按原运用计划控制的，6 月 21 日前弃水6 649万 m³，水位控制在101.00 m。而汛期少雨干旱，库水位一直下降，至汛末为100.01 m，蓄水量 15 710 万 m³。若按分期方案运用，7 月 11 日库水位控制在101.00 m，减少弃水，汛末蓄水位可达到100.37 m。

1994年由于蓄水量少，6 月 1 日库水位仅为98.51 m，因持续无雨，来水少，用水量大，库水位持续下降，6 月 24 日库水位达年最低水位98.25 m。低于工业用水保证水位 98.30 m，农业用水受到限制。若按分期方案运用，最低水位可提高到98.57 m，工、农业用水都可得到保证。7 月发生降雨，至 8 月 11 日，库水位达101.65 m，超蓄0.65 m，没有弃水，8 月 21 日库水位达101.80 m，至汛末逐步升至102.37 m。若按原计划运用，8 月 21 日控制在101.00 m,则汛末蓄水只能达到101.64 m。

1995年汛前没有弃水,水位按分期控制,至7月11日为101.23 m,比分期计划高0.23 m,8月21日蓄至102.04 m,汛末达兴利水位,并有部分弃水。若按原计划运用,汛前将弃水3 372万 m³,而7月11日库水位将下降至100.54 m,低于汛限水位101.00 m。8月21日若按101.00 m控制,由于后期来水较多,汛末库水位也可蓄至103.0 m。

1996年汛前按省防办要求,库水位控制在101.00 m,7月11日水位为101.14 m,比分期计划高0.14 m,没有弃水,因预报8月21日以后无明显降雨,所以,提前拦蓄,至8月21日超蓄至102.36 m,而9月发生一次较大降雨,来水量超过兴利需要,发生弃水。若按原计划控制,汛末也可蓄至103.00 m。

对1993年和1994年,按分期控制运用,汛前减少弃水,汛后提前抬高水位对保证用水、提高蓄水保证率都有显著的作用。1995年和1996年,8月21日以后均发生了较大的降雨过程,加上上游水库泄流,来水量较大,对汛后蓄水很有利。分期控制和原计划运用都可实现汛末蓄水达兴利水位。如果8月21日以后降雨偏少,上游水库泄流受限,按原计划运用,汛末蓄水到103.0 m是有困难的。只有分期控制才能保证汛后蓄水。

从以上分析可以看出:根据预报,若8月1日至8月21日无明显降雨,8月11日可提前适当抬高水位,以保证后期蓄水。如果8月21日以后有降雨,或上游水库泄流充足,按原计划运用,汛末也可望接近兴利水位。可视上游水库蓄水情况和后期降雨预报,少抬高或不抬高控制水位。否则,需按分期控制提前抬高水位,并适当超蓄。从历年运用情况看,1980年以来,汛期库水位低于100.5 m的有5年,低于98.30 m的有2年,10月1日库水位低于102.5 m的有7年,如果按分期控制运用,都可以提高到保证值或计划值。

4) 频率计算和模糊统计两种方法对比

用频率计算方法求分期洪水,经两库调洪计算推求分期汛限水位,模糊统计方法是依据该地区暴雨洪水的密切关系(洪水由暴雨形成,来水与降雨关系密切),对雨量进行分析,本书采用原计算结果(只分析了昭白区间,雨量系列为1964～1994年,白龟山水库主汛期限制水位按实际控制值101.0 m进行计算)作为参照对比,两种方法的分期结果基本一致,分期汛限水位可以采用以频率法为主在主汛期102.0 m基础上推算的结果。

6.1.3　利用降雨预报信息及洪水预报信息的可行性

6.1.3.1　白龟山流域暴雨成因及气象台灾害性暴雨预报服务水平分析

1. 白龟山流域暴雨成因分析

白龟山水库以上流域天气形势资料来源于中央气象台历史天气图汇编。统计、查询气象资料的时间为1980～2000年5～8月,平顶山市、鲁山县、叶县、宝丰县、汝州市五县(市)的气象台观测资料。五县(市)的气象台的地理位置分别为:平顶山市,北纬33°43′,东经113°13′,海拔84.7 m;汝州市,北纬34°11′,东经112°50′,海拔212.9 m;宝丰县,北纬33°53′,东经113°03′,海拔136.4 m;鲁山县,北纬33°45′,东经112°53′,海拔145.7 m;叶县,北纬33°38′,东经113°22′,海拔83.4 m。

白龟山流域大到暴雨日所对应的天气类型比较多,但出现频率不一,针对大到暴雨产生日所对应的天气类型可将其归纳为4个主要类型和一个其他型,它们分别为:黄淮切变或黄淮切变低涡型,南北向切变或南北向切变低涡型,低槽冷锋型,台风倒槽型或台风低压型及台风低压倒槽型;其他型即偏南气流型、西南气流型、西南涡型、华北冷涡型等。

通过对历史资料图表的查询分析统计,共有 201 个大到暴雨日,从中可知,有多种天气类型都可能使平顶山地区产生大到暴雨,并且各大到暴雨日的雨量也明显不同,有些天气类型所对应的雨量相对较大,但就同一类型,由于所处的大气环流背景不同,所产生的降水强度也有较大的差异。各主要天气类型在大到暴雨日所占的比例(见表 6-16)如下:黄淮切变或黄淮切变低涡型共 109 个,占 54%,1 d 最大降水量为 235 mm,1998 年 6 月 29 日出现在叶县;南北向切变或南北向切变低涡型共 37 个,占 18%,1 d 最大降水量为 203 mm,1991 年 7 月 17 日出现在鲁山县;低槽冷锋型共 19 个,占 10%,1 d 最大降水量为 154.8 mm,1984 年 5 月 12 日出现在鲁山县;台风倒槽型或台风低压型及台风低压倒槽型共 15 个,占 8%。其他类型共 21 个,占 10%,1 d 最大降水量为 158 mm,1982 年 8 月 14 日出现在宝丰县。

表 6-16　平顶山地区大到暴雨天气类型月统计

时间	低槽冷锋型	黄淮切变低涡型	黄淮切变型	南北切变低涡型	南北切变型	台风低压倒槽型
5 月	4	9	4	3	4	0
6 月	5	12	6	3	5	0
7 月	6	22	21	3	12	3
8 月	4	19	16	2	5	5

2. 气象台灾害性暴雨预报服务内容与水平简介

中央、省、地(市)气象台(包括欧洲和日本气象中心)目前提供的暴雨预报服务主要项目如下:

(1)每天 19:30 通过电视向公众发布未来 24 h、48 h、72 h 中国 49 个主要地市天气预报(包括降雨量级预报)。

(2)每日发布两次天气公报,预报影响中国的天气系统移动趋势,预报其未来 24 h、48 h、72 h 影响的区域范围与程度,每天实况。

(3)每日 8:00、14:00、20:00 发布未来 5~10 d 内间隔 6~12 h 地面与高空不同层面的数值预报图。

(4)每日 2:00、8:00、14:00、20:00 发布未来 5~10 d 内间隔 6 h 降雨等值线图。

(5)每日间隔 1 h 左右发布一次卫星云图。

(6)每日 2:00、8:00、14:00、20:00 发布未来 24 h、48 h、72 h 台风(或热带气旋)中心移动的经纬度、中心强度变化数值及图。

预报服务实例:

2001 年广东省阳江市 6 月的灾害性特大暴雨预报、实况比较。

预报情况:2001 年 6 月 6 日中央气象台第 44 期天气公报:预计 6~8 日,华南和江南等地的部分地区的降雨量有 30~60 mm,局部地区可达 70~120 mm;预计 8~11 日江南、华南等地将有大到暴雨,部分地区的降雨量有 60~90 mm,局部地区可达 100~150 mm;预计 11~14 日江南和华南的局部地区有 80~120 mm。

欧洲气象中心发布 6 月 6 日 8 时（图中是 GMT 时间,以下同）预报 7 日 2～8 h 降雨量。由图 6-6 可知,预报降雨强度大于 40 mm/6 h,日雨量大于 160 mm。

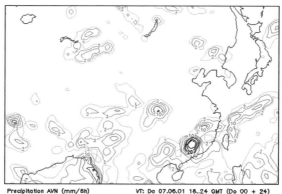

图 6-6　2001 年 6 月 6 日 8 时欧洲气象中心发布预报降雨等值线图

实况:图 6-7 是 6 月 7 日 2:00 卫星云图;6 月 8 日第 45 期天气公报:"两天总降雨量大于 100 mm 的地点有:广东台山 112 mm、深圳 205 mm、汕尾 144 mm、阳江 394 mm、上川岛 218 mm"。6 月 11 日第 46 期天气公报:"江南华南等地仍有暴雨和大暴雨,降雨量大于 150 mm 的地点有:湖南南岳 165 mm、广东佛冈 229 mm、深圳 174 mm、阳江 588 mm、广西融安 202 mm、贵州罗甸 151 mm。造成特大洪涝灾害,阳江市 7 个区县市的 36 个镇受灾,受灾人口 78.9 万,直接经济损失 2.56 亿元。"

图 6-7　2001 年 6 月 7 日 2 时卫星云图

通过上述事例分析可知:气象部门灾害性天气预报服务产品是可利用的。近年来,数值预报模型并结合卫星云图跟踪,预报精度已有很大提高。

6.1.3.2　白龟山以上流域各气象台站降雨预报信息的精度分析

1. 降雨预报与实际信息选择

经分析,白龟山水库 1966 年建库至 2001 年洪峰大于 1 000 m³/s 洪水的实测暴雨特征发现:峰前大于 5 mm 的降雨历时平均小于 24 h,发生时间在 6 月中旬至 9 月初。

为客观反映气象部门近些年的降雨预报理论与技术发展水平,且与白龟山水库汛限水位动态控制实施期一致,选用平顶山、宝丰、鲁山三个气象台1997~2002年6~9月四个月的未来24 h降雨预报资料和白龟山流域平均日降雨量资料(共702 d)进行精度分析。

2. 未来24 h降雨预报的精度分析

1)精度分析内容与方法

(1)精度分析内容。

尊重气象部门的习惯,按照表6-17降雨等级表,参考文献[1]应用统计学的方法,分析平顶山市气象台及白龟山流域未来24 h不同等级降雨预报的确率、漏报率、空报率。从防洪安全角度出发,还重点分析某一量级降雨预报条件下实际发生降雨量的频率分布规律。

表6-17 24 h降雨等级

等级	值域(mm)	等级	值域(mm)	等级	值域(mm)
无雨	0	中雨	10.1~25	暴雨	50.1~100
小雨	0.1~10	大雨	25.1~50	大暴雨	100.1~200

(2)精度分析方法。

不同等级降雨量预报确率的计算公式为

$$\eta = (n/m) \times 100\% \tag{6-4}$$

式中:m 为发布预报次数;n 为实际值落于预报等级区域内的次数。

不同等级降雨量漏报率的计算公式为

$$\beta = u/m \times 100\% \tag{6-5}$$

式中:m 为发布预报次数;u 为发布预报中漏报(实际降雨大于等级阈值上限,即 $P_r > P_f$)的次数。

不同等级降雨量空报率的计算公式为

$$k = [1 - (\beta + \eta)] \times 100\% \tag{6-6}$$

某一量级降雨预报条件下实际发生降雨量的频率分布规律,采用频率分析法计算。应用"柯尔莫哥洛夫准则"统计检验了丰满气象台漏报误差分布规律,符合偏态 P-Ⅲ 型。由表6-18统计结果可以看出,以确率为中心,空报率 > 漏报率,3 个气象台降雨预报的实际各级降雨发生频次分布属偏态型。采用矩法估计其统计参数的公式为

$$\bar{x} = \frac{1}{n} \sum_{i=1}^{n} x_i \tag{6-7}$$

$$C_v = \sqrt{\frac{\sum_{i=1}^{n} (K_i - 1)^2}{n - 1}} \tag{6-8}$$

$$C_s = n C_v \tag{6-9}$$

式中:x_i 为对应某级预报的实际降雨值;n 为样本容量;$\bar{x}$ 为期望值;$K_i = x_i / \bar{x}$ 为模比系数;C_v 为偏差系数;C_s 为偏态系数。

2)精度分析的初步成果

按照式(6-4)~式(6-6)统计流域平均未来24 h五个等级降雨预报的实际发生量级的分布,确率、漏报率、空报率的计算结果列入表6-18。

表 6-18　白龟山流域未来 24 h 各级降雨预报精度分析（流域平均）

预报量级	统计项目	预报次数	实际降雨频次及频率					确率（%）	空报率（%）	漏报率（%）
			<0.1 mm	0.1~10 mm	10~25 mm	25~50 mm	>50 mm			
5 级总计次数		702								
无雨	发生频次	404	358	42	3	0	1	358	—	46
	频率（%）		88.6	10.4	0.7	0	0.2	88.6	—	11.4
小雨	发生频次	229	114	88	23	2	2	88	114	27
	频率（%）		49.8	38.4	10.0	0.9	0.9	38.4	49.8	11.8
中雨	发生频次	10	0	3	6	1	0	6	3	1
	频率（%）		0	30	60	10	0	60	30	10
大雨	发生频次	19	0	7	5	2	3	2	12	3
	频率（%）		0	36.8	26.3	10.5	15.8	10.5	63.2	15.8
暴雨	发生频次	40	3	8	10	11	8	8	32	—
	频率（%）		7.5	20.0	25.0	27.5	20.0	20.0	80.0	—

3）初步结论

（1）5 个预报量级对应的实际降雨量级经验频率分布属于偏态型，以确率为中心，空报率＞漏报率，即除无雨预报外，其他量级有"预报偏大"的倾向，这不能排斥预报员的心理因素影响，从防洪安全角度，6~9 月防汛期间预报偏大是可以接受的。

（2）无雨预报的确率近 88.6%，漏报率近 11.4%，并且发生中雨的频率仅有 0.7%，发生大雨以上的频率为 0.2%，所以其结果可利用。

（3）小雨预报确率为 38.4%，空报率为 49.8%，漏报率为 11.8%，即发生小雨及以下的概率较大，为 88.2%，其结果可利用。

（4）就目前提供的资料看，中雨以上量级的发布次数小于 100，暂时可不用其数值分析的结果。

3. 各级降雨量的频率分布规律

1）分析各级降雨量频率分布规律的目的

为使汛限水位动态控制建立在安全可靠的基础上，即能够回答"接到不同量级降雨预报信息"是否加大泄量的问题，还需要进一步分析某一量级降雨预报条件下实际可能发生各级降雨量的频率分布规律，给决策者提供"外延"信息。

2）特殊点处理

在无雨预报中，1998 年 6 月 28 日预报无雨，平顶山、宝丰、鲁山三站降雨 78.0 mm，实际分布状态是，宝丰县站 45.2 mm，在水库流域外；平顶山市站 141.2 mm，在水库下游；真正在流域中的站是鲁山县 47.6 mm，该站具有代表性，见表 6-19。我们认为这场降雨过程已预报出来，只是降雨起讫时间存在一定误差。这场降雨分布很不均，且考查流域内的降雨也很不均，熊背、达店、澎河、白村站点附近流域降雨偏大，其余地方降雨偏小。类似这场雨，发生在 6 月，天气变化比较复杂，降雨不稳定，且未到主汛期，对防洪安全影响不大，因此这场雨在统计分析时可不作为重点考虑。

表 6-19 预报"无雨"而实际发生特大值情况　　　　　　（单位:mm）

日期(年-月-日)	预报	平顶山	宝丰	鲁山	平均
1998-06-26	无雨	0	0	0	0
1998-06-27	无雨	0	0	0	0
1998-06-28	无雨	141.2	45.2	47.6	78.0
1998-06-29	无雨	0.4	0	0.5	0.3
1998-06-30	暴雨	17.8	21.6	20.9	20.1

3)统计参数估算及结果

以各级降雨预报对应的实际降雨量为样本,利用式(6-7)及式(6-8)估算统计参数 $\bar{x}$ 与 C_v。由于样本容量较小,用适线法定 C_s 值,C_s 一般采用 C_v 的一定倍数。由于中雨以上量级样本容量太小,不参与频率计算。只对无雨、小雨进行计算适线。经过适线确定的参数列入表 6-20。

表 6-20 24 h 无雨、小雨预报实际降雨分布的统计参数(流域平均)

统计参数	N	$\bar{x}$	C_v	C_s/C_v
无雨	404	1.1	3.2	2
小雨	229	3.8	2.5	2.5

其中,无雨预报实际可能发生降雨量(流域平均情况)的频率分布及统计参数适线图如图 6-8 所示,小雨预报实际可能发生降雨量(流域平均情况)的频率分布及统计参数适线图如图 6-9 所示。

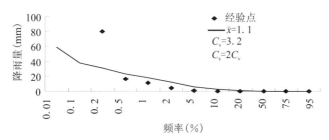

图 6-8 24 h 无雨预报实际可能发生降雨量(流域平均)的频率分布

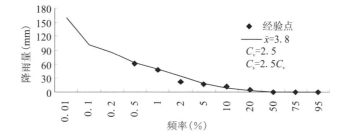

图 6-9 24 h 小雨预报实际可能发生降雨量(流域平均)的频率分布

4）分级降雨预报所对应的降雨量频率分布

当预报未来 24 h 为无雨（或小雨）时，由表 6-20、图 6-8 和图 6-9，可求得任一降雨量所发生的频率。对各量级的降雨预报作类似的计算，未来 24 h 可能发生降雨值的频率分布列入表 6-21。

表 6-21　未来 24 h 各级降雨预报实际降雨量频率分布（流域平均）

发生频率（%）	0.01	0.05	0.1	0.2	0.5	1	2	5	10	20	50	75	95
预报无雨（mm）	59.6	44.6	37.6	31.4	23.3	17.7	12.4	6.4	2.9	0.7	0	0	0
预报小雨（mm）	160.1	120.2	101.7	84.9	63.7	48.5	34.4	18.3	8.8	2.9	0.8	0.8	0.8

5）分级降雨预报的降雨量频率分布的可利用信息

预报降雨量的频率分布，可为水库汛限水位动态控制提供许多有用的信息。

因中雨以上量级预报次数太少，所以暂不单独作频率分析。表 6-22 列出了暴雨预报与降雨量实况比较，以供参考。

表 6-22　暴雨预报与实况比较（暴雨等级：50.1~100.0 mm）

日期（年-月-日）	降雨实况（mm）	日期（年-月-日）	降雨实况（mm）
1997-06-06	18.3	2000-07-04	19.9
1997-06-29	13.5	2000-07-05	23.1
1997-07-02	0	2000-07-12	19.4
1997-07-03	4.6	2000-07-13	20.4
1997-07-16	35.8	2000-07-14	20.0
1998-06-30	20.1	2000-07-27	0
1998-07-15	25.2	2000-08-03	65.8
1998-08-03	46.8	2000-08-04	94.8
1998-08-06	58.2	2000-08-08	2.4
1998-08-09	9.1	2000-08-18	0
1998-08-14	41.1	2000-09-04	26.8
1999-06-14	1.2	2001-07-02	6.7
1999-07-04	156.4	2001-07-27	34.6
1999-07-05	30.4	2001-07-29	28.4
1999-07-06	0.2	2002-06-08	10.3
2000-06-01	51.4	2002-06-21	56.1
2000-06-02	40.1	2002-06-26	32.1
2000-06-24	156.3	2002-07-22	20.7
2000-06-25	39.3	2002-07-23	4.0
2000-07-03	134.5	2002-08-24	0.5

6.1.3.3　降雨预报信息应用于"汛限水位动态控制"的可行性研究

1. 降雨预报信息可利用于实时预报调度的条件分析

从实时预报调度角度来说降雨预报的作用很大,而且贯穿于调度整个时期。为了保证防洪安全,充分利用洪水资源,白龟山水库调度较关心的是 7 月上旬至 9 月上旬的降雨预报信息。此期间调度者关心"未来降雨多大,通过降雨径流计算预估将增加多少水量,库水位会上升多高,能否超过汛限水位,是否需要弃水,放流多少合适"等问题。通过以上分析表明,目前气象部门不能提供"未来降雨多大"的准确量值预报信息,还有较大的误差,所以调度中的问题难以确切回答。

这样的降雨量预报水平能否应用,通常需要结合各水库调度情况作具体研究。经分析白龟山水库多年调度特征及不同设计频率洪水折合可抗御降雨量(见表 6-23),可归纳出降雨预报信息可利用于实时预报调度的基本条件:

(1)本水库有下游防洪任务,若气象部门降雨漏报后发生的降雨量小于水库下游防洪标准的可抗御降雨能力,则气象部门降雨信息可以利用,且无风险。

(2)从水库工程安全出发,如果气象部门降雨漏报后发生的降雨量小于水库校核标准洪水的可抗御降雨能力,则气象部门降雨信息可以利用,且无风险。

2. 未来 24 h 降雨预报信息可利用于白龟山水库实时调度的可行性

从气象部门的降雨预报水平看(见表 6-21),预报无雨,漏报可能发生大暴雨(100.1 ~ 200 mm)的频率远小于 0.01% ;预报小雨,漏报可能发生大暴雨(100.1 ~ 200 mm)的频率为 0.1 ~ 0.01% 。

另外,1980 ~ 2000 年 21 年间实际 201 个大到暴雨日,发生日降水量超过 200 mm 的只有两次,其中,1 d 最大降水量为 235 mm,1998 年 6 月 29 日出现在叶县;1 d 最大降水量为 203 mm,1991 年 7 月 17 日出现在鲁山县。而白龟山水库可抗御能力较大,见表 6-23 所列信息。因此,利用平顶山五县(市)气象台未来 24 h 降雨预报信息是安全可行的。

表 6-23　白龟山水库各种设计洪水折合可抗御降雨量

设计频率(%)	0.05	1	2	5
七日洪量 W_{7d}(×10^6 m^3)	1 773.4	1 118.1	962.3	760.7
折合径流 R(mm)	647	408	351	278
折合降雨 P(mm)	662	423	366	293

注:特大洪水降雨损失较少,皆取 15 mm,即 $P = R + 15$。

3. 降雨预报信息利用于"汛限水位动态控制"的可行性分析

1)降雨预报信息利用于"汛限水位动态控制"的关键时期分析

每发生一场大洪水,当水库从最高水位(高于兴利蓄水位)下降时,气象部门发布的降雨预报信息给调度决策者提出了问题:"若预报有雨,则库水位是否急剧下降至汛限水位?若预报无雨,可否缓慢下降至汛限水位?或控制在兴利蓄水位,这会给安全带来什么问题?"等。通过分析白龟山水库建库正常运行以来的洪水特征可以看出,每发生一场大洪水,水库从最高水位(高于兴利蓄水位)下降时期,是利用降雨预报信息"态控制汛限水位"的关键时期。

2)关键时期利用降雨预报信息的可行性分析

(1)分析依据的降雨资料:由表6-21白龟山24 h无雨(小雨)预报流域平均实际降雨量及对应的频率数据,分别填入表6-24与表6-25的①、②列。

(2)"考虑降雨预报误差"的调度起用条件:面临水位降为拟定的动态控制汛限水位上限值103.0 m(兴利蓄水位),虽溢洪道闸门已关闭,但仍用底孔泄流,其出流量为50～600 m³/s(20年一遇洪水安全泄量),且入不抵出,水位将继续下降。

(3)"考虑降雨预报误差"的调度原则:控制调洪最高水位<103.50 m(低于全赔高程0.5 m,留有余地);降雨预报发生漏报后,水库调洪最大泄量小于或等于600 m³/s。

(4)无雨及小雨预报误差对汛限水位动态控制的影响分析方法。

根据降雨预报误差所增加的入库水量,计算水库下泄流量的变化值,从而分析无雨及小雨预报误差对汛限水位动态控制的影响。其方法步骤为:

①将降雨预报误差ΔP折合成入库水量$W_{\Delta P}$;

②由统计的第1天的入库水量占总入库水量的平均比例b,求得第1天的入库水量$W_{\Delta P1} = W_{\Delta P} \times b$;

③起调水位103.0 m,第1天末的调洪最高水位103.50 m,计算第1天多余水量;

④考虑留有余地,求第1天多余水量按半天泄出所引起的下泄流量的增值;

⑤第2天至第5天末,保持库水位103.50 m,求这4 d内水库下泄流量的增值;

⑥根据水库下泄流量的增值,分析判断无雨及小雨预报误差对汛限水位动态控制的影响。

具体计算见表6-24与表6-25。表中列③ = ②×流域面积×a(流域面积1 310 km²,径流系数a =0.57);列④ = ③×b(建库以来洪水统计的第一天量占总量比的平均数b = 0.58);列⑤ = ④ - 33.52×10⁶ m³;列⑥ = ⑤/43 200 s;列⑦ = ③ - ④,若⑤为负,则⑦ = ③ - 33.52×10⁶ m³;列⑧ = ⑦/259 200 s,若⑦值为负,则第⑧列为零;⑨可能达到的最高水位值:据103.0 m相应库容 + 列③水量,再查水位库容关系求得,但要求小于或等于103.50 m。

表6-24　无雨预报误差对汛限水位动态控制的影响分析

频率 (%)	绝对 误差 (mm)	折总 水量 (×10⁶ m³)	第1天 入库量 (×10⁶ m³)	103.0 m起调,第1天末至103.50 m(差33.52×10⁶ m³),余量按半天下泄,需增加泄流量(m³/s)		保持103.50 m水位,后3 d应增加泄流量		
						尚余水量 (×10⁶ m³)	增泄流量 (m³/s)	调洪最高 水位(m)
①	②	③	④	⑤	⑥	⑦	⑧	⑨
0.01	59.6	44.50	25.81	-7.71	0	10.98	42.0	103.50
0.05	44.6	33.31	19.32	-14.20	0	-0.21	0	103.50
0.1	37.6	28.08	16.29	-17.23	0	-5.44	0	103.40
0.2	31.4	23.44	13.60	-19.92	0	-10.08	0	103.35
0.5	23.3	17.40	10.09	-23.43	0	-16.12	0	103.27
1	17.7	13.22	7.67	-25.85	0	-20.30	0	103.20
2	12.4	9.26	5.37	-28.15	0	-24.26	0	103.15

续表 6-24

频率 (%)	绝对 误差 (mm)	折总 水量 (×10⁶ m³)	第 1 天 入库量 (×10⁶ m³)	103.0 m 起调,第 1天末至103.50 m(差33.52×10⁶ m³),余量按半天下泄,需增加泄流量(m³/s)		保持103.50 m 水位,后3 d 应增加泄流量		
						尚余水量 (×10⁶ m³)	增泄流量 (m³/s)	调洪最高 水位(m)
①	②	③	④	⑤	⑥	⑦	⑧	⑨
5	6.4	4.78	2.77	−30.75	0	−28.74	0	103.07
10	2.9	2.17	1.26	−32.26	0	−31.35	0	103.03
20	0.7	0.52	0.30	−33.22	0	−33.00	0	103.01
50	0	0	0	−33.52	0	−33.52	0	103.00

表 6-25　小雨预报误差对汛限水位动态控制的影响分析

频率 (%)	绝对 误差 (mm)	折总 水量 (×10⁶ m³)	第 1 天 入库量 (×10⁶ m³)	103.0 m 起调,第 1天末至103.50 m(差33.52×10⁶ m³),余量按半天下泄,需增加泄流量(m³/s)		保持103.50 m 水位,后3 d 应增加泄流量		
						尚余水量 (×10⁶ m³)	增泄流量 (m³/s)	调洪最高 水位(m)
①	②	③	④	⑤	⑥	⑦	⑧	⑨
0.01	160.1	119.55	69.33	35.81	829	50.22	194	103.5
0.05	120.2	89.75	52.05	18.53	429	37.70	145	103.5
0.1	101.7	75.94	44.05	10.53	244	31.89	123	103.5
0.2	84.9	63.40	36.77	3.25	75.2	26.63	103	103.5
0.5	63.7	47.57	27.59	−5.93	0	14.50	54.0	103.5
1	48.5	36.20	21.00	−12.52	0	2.68	10.0	103.5
2	34.4	25.68	14.90	−18.62	0	−7.84	0	103.48
5	18.3	13.66	7.92	−25.60	0	−19.86	0	103.21
10	8.8	6.57	3.81	−29.71	0	−26.95	0	103.10
20	2.9	2.17	1.26	−32.26	0	−31.35	0	103.04
50	0.8	0.6	0.35	−33.17	0	−32.47	0	103.00
75	0.8	0.6	0.35	−33.17	0	−32.47	0	103.00
0.01 (103.0 m 起调)	160.1	119.55	69.33	35.82	829	50.22	194	103.5
0.01 (102.8 m 起调)	160.1	119.55	69.33	35.82	530	50.22	194	103.5

注:12 h 或 24 h 后可知降雨漏报信息,故将 4 d 洪量折 3 d 下泄;103.50 m 调洪最高水位约束。

如果调度决策者接到"暴雨或大暴雨预报"信息后,要在满足下游安全泄量要求前提下加大泄流,尽量降低面临时刻库水位到动态控制水位下限值;根据复核的设计洪水及预报调度方式研究结果,证明此时只要面临时刻库水位在极限允许动态控制范围内,水库及上、下游防洪都是安全的。

总之,汛限水位动态控制关键时期的平顶山五县(市)气象台未来24 h降雨预报信息是可利用的。

6.1.3.4 洪水预报方案应用于汛限水位动态控制的可行性分析

1. 汛限水位动态控制的条件及最适宜时间分析

1) 汛限水位动态控制的条件

通过分析白龟山水库1966年建库以来洪水及调度的主要特征表6-26,可得到如下结论:洪水预报方案的洪峰及峰现时间预报不是汛限水位动态控制的必要条件;而"预报洪水总量"是汛限水位动态控制的条件。即峰后退水期当"面临时刻水位的库容量"与"未来的入库水量扣除正常消耗量的水量"之和"超过汛限水位动态控制范围的下限水位",且水库闸门具有控制能力,便具备汛限水位动态控制的条件。可用推理语言描述:

若 $F[V(Z_{mianlin}) + (W_{ruku} - aw_{haoshui})] > Z_{xia}$,且 $Q_{ruku}(Z_{xia}) < q(Z_{xia})$,则具备汛限水位动态控制的条件。式中,$Z_{mianlin}$ 为面临时刻水位;W_{ruku} 为未来的入库水量;$aw_{haoshui}$ 为正常消耗量;Z_{xia} 为汛限水位动态控制范围的下限水位;F 为库容水位关系;V 为水位库容关系。

表6-26 白龟山入库洪峰大于1 000 m^3/s 的洪水特征及防洪调度分析

洪号	00.7.12	91.7.13	98.6.25	90.7.24	91.8.30	95.7.21
①一次洪水总量($\times 10^6$ m^3)	334.77	146.76	131.18	114.57	57.75	132.47
②峰后一天水位(m)	100.98	101.53	101.99	100.9	102.14	102.76
③相应库容($\times 10^6$ m^3)	184.84	215.65	238.49	183.42	249.90	286.33
④距103 m库容差($\times 10^6$ m^3)	117.02	86.21	63.37	118.44	51.96	15.53
⑤距102.6 m库容差($\times 10^6$ m^3)	92.44	61.63	38.79	93.86	27.38	−9.05
⑥退水余量($\times 10^6$ m^3)	94.38	41.67	63.76	61.71	34.08	34.33
⑦可蓄至水位(m)	102.63	102.28	103.0	102.08	102.71	103.0
⑧实际最高水位(m)	102.33	101.53	101.99	101.35	102.62	102.76

注:这些是建库以来的弃水年份实际洪水调度情况,利用峰后退水余量70%可蓄至汛限水位上限与兴利蓄水位之间,100%高于汛限水位动态控制的下限,所以汛限水位动态控制应在退水期。

从上述的条件分析不难看出,评价洪水预报方案应用于汛限水位动态控制的可行性时,应该重点评价"入库水量"预报精度。

2) 汛限水位动态控制的最适宜时间

汛限水位动态控制中,在"预报洪水总量控制"条件下,从防洪安全角度,提及"汛限水位动态控制"的时间,不应该在"一边降雨一边涨洪"时期。最早提及"汛限水位动态控制"的时间是在降雨停止时;通常提及"汛限水位动态控制"的时间是在峰后的1~2时段,且最高库水位处于汛限水位动态控制的范围内。经分析表6-26中所列出的6次有弃水的实际洪水调度主要参数发现:峰后的第二天的蓄水量加上后期减少弃水与退水量,70%可以将库水位提高到"汛限水位动态控制"的上限102.60 m与兴利蓄水位103.0 m之间,见表中第⑦行。从防洪安全与兴利蓄水两方面考虑,"峰后的第二天"是提及"汛限水位动态控制"的最适宜时间,或者说"汛限水位动态控制"的时间是在洪水的退水期。

2.产流预报误差对"汛限水位动态控制"的影响分析

分析白龟山水库产流预报模型预报精度时,仅仅给出"净雨(洪量)预报精度达到甲级方案水平"的评价结果。这里进一步分析预报误差将会给"汛限水位动态控制"带来的影响,依据 1967~1991 年的 36 次洪水资料求出产流调试结果(见附表 4),相应将数据列入表 6-27 中②列,作为分析的基础。

表 6-27 产流预报误差对汛限水位动态控制的影响分析

统计项目	绝对误差(mm)	水量差(×10⁶ m³)	峰后第二时段水量差			峰后 3 d 分析		
			余水量 $B=0.41$(×10⁶ m³)	余水量折合 102.0~103.0 m 间水位(cm)	折合平均水位(cm/d)	折合平均流量(m³/s)		
						第 3 天	第 2 天	第 1 天
①	②	③	④	⑤	⑥	⑦	⑧	⑨
平均预报误差	-0.81	-1.06	-0.43	-1	-0.2	-1.7	-2.5	-5.0
预报最大正差	14.95	19.58	8.03	13	4.4	31	46.5	92.9
预报最大负差	-23.3	-30.52	-12.51	-20	-6.8	-48.3	-72.4	-144.8
预报最小正差	0.52	0.68	0.28	0	-0.2	1.1	1.6	3.2
预报最小负差	-0.01	-0.01	-0.01	0	0	-0.02	-0.03	-0.06

注:③=②×流域面积;④=B×③($B=W_余/W$ 值,为平均数);⑤=④÷0.614 6(1 cm 水位对应水量×10⁶ m³);⑥=⑤÷3(d);⑦=④÷259 200 s;⑧=④÷172 800 s;⑨=④÷86 400 s

由表 6-27 分析计算可得出如下规律:

(1)若净雨预报偏小,汛限水位值将比预想的动态控制值高 0~20 cm,可依据峰后第 1 天预报误差信息,通过第 2~3 d 修正预报加大弃水流量 48.3~144.8 m³/s,达到预想的汛限水位动态控制值,且在下游安全泄量 600 m³/s 允许范围内。

(2)若净雨预报偏大,汛限水位值将比预想的动态控制值低 0~10 cm,可依据峰后第 1 天预报误差信息,通过第 2~3 d 修正预报减少弃水流量 31.0~92.9 m³/s,以达到预想的汛限水位动态控制值。

可见,产流预报误差对"汛限水位动态控制"的影响较少,产流预报方案是可用的。

3.产流预报误差的频率分布及分布检验

随着信息与预报技术的发展,在实时洪水调度与修改水库洪水调度规划中,人们越来越重视发挥洪水预报的作用。为了研究误差给防洪预报调度带来的影响,须先分析洪水预报误差的分布规律。对洪水调节能力强的水库,洪量对水库洪水调度起控制作用。

该部分将针对流域产流预报方案的模拟预报成果,重点分析产流预报误差的概率分布。根据洪水预报的特点与水文随机变量的分布规律,利用数理统计中的 Kolmogorov-Smirnov(K-S)检验法进行非参数假设检验,检验产流预报误差是否服从 P-Ⅲ分布或正态分布。

1)产流预报误差的频率分布

由白龟山水库 1967~1991 年的 36 场实测洪水的产流预报绝对误差样本资料,利用矩法估算产流预报绝对误差系列的统计参数 $\bar{x}$ 和 σ 值。为了考虑预报误差中的个别大点,在通过矩法估算的参数检验分布后,利用武汉水利水电大学开发的 P-Ⅲ 频率曲线配线软件,得适线后 $\bar{x}$ 和 σ 值见表6-28,配线后的频率曲线见图6-10,配线后产流预报绝对误差频率分布见表6-29。

表 6-28　矩法计算与配线后的统计参数

水库	均值 $\bar{x}$		均方差 σ	
	矩法	配线后	矩法	配线后
白龟山	− 0.815	− 1.000	7.526	11.000

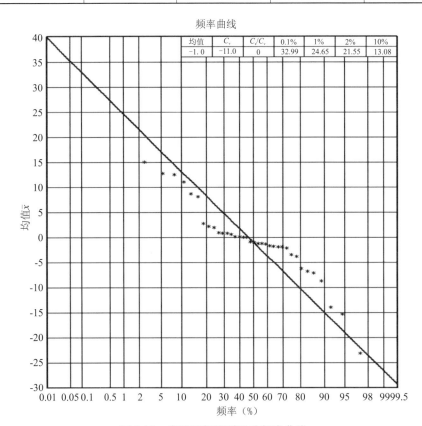

图 6-10　产流预报绝对误差频率曲线

表 6-29　产流预报绝对误差频率分布

大于某误差频率(%)	预报偏大	预报偏小	大于某误差频率(%)	预报偏大	预报偏小
0.01	39.9	41.9	2	21.6	23.6
0.02	37.9	39.9	5	17.0	19.0
0.05	35.2	37.2	10	13.1	15.1
0.1	33.0	35.0	20	8.2	10.2
0.2	30.7	32.6	30	4.7	6.7
0.33	28.8	30.8	40	1.8	3.8
0.5	27.4	29.4	50	− 1.0	1.0
1	24.6	26.6			

2）产流预报误差的分布检验

利用数理统计中的 K－S 检验法,给定显著性水平 $\alpha = 0.05$ 进行非参数假设检验,检验产流预报的误差是否服从正态分布。

根据 K－S 检验法的计算方法,将计算的各指标值列入表 6-30。

表 6-30　白龟山水库洪水预报误差 K－S 检验各指标计算值

N	X_i	$F_{(n)}(x_i)$	$\varphi(x_i)$	d_{1i}	d_{2i}
1	－23.30	0.027 8	0.001 4	0.001 4	0.026 4
2	－15.44	0.055 6	0.026 0	0.001 8	0.029 6
3	－14.08	0.083 3	0.039 0	0.016 6	0.044 3
4	－8.87	0.111 1	0.142 2	0.058 9	0.031 1
5	－7.24	0.138 9	0.196 6	0.085 5	0.057 7
6	－6.87	0.166 7	0.210 5	0.071 6	0.043 9
7	－6.29	0.194 4	0.233 5	0.066 8	0.039 0
8	－3.97	0.222 2	0.337 5	0.143 1	0.115 3
9	－3.61	0.250 0	0.355 2	0.132 9	0.105 2
10	－2.23	0.277 8	0.425 4	0.175 4	0.147 6
11	－2.07	0.305 6	0.433 8	0.156 0	0.128 2
12	－1.99	0.333 3	0.438 0	0.132 4	0.104 6
13	－1.90	0.361 1	0.442 7	0.109 3	0.081 6
14	－1.85	0.388 9	0.445 3	0.084 2	0.056 4
15	－1.48	0.416 7	0.464 8	0.075 9	0.048 1
16	－1.34	0.444 4	0.472 2	0.055 5	0.027 7
17	－1.30	0.472 2	0.474 3	0.029 8	0.002 1
18	－1.09	0.500 0	0.485 4	0.013 2	0.014 6
19	－1.01	0.527 8	0.489 7	0.010 3	0.038 1
20	－0.06	0.555 6	0.539 9	0.012 2	0.015 6
21	－0.05	0.583 3	0.540 5	0.015 1	0.042 9
22	－0.01	0.611 1	0.542 6	0.040 8	0.068 5
23	0.01	0.638 9	0.543 6	0.067 5	0.095 3
24	0.52	0.666 7	0.570 4	0.068 5	0.096 3
25	0.66	0.694 4	0.577 7	0.089 0	0.116 8
26	0.74	0.722 2	0.581 8	0.112 6	0.140 4
27	0.80	0.750 0	0.584 9	0.137 3	0.165 1
28	1.84	0.777 8	0.637 9	0.112 1	0.139 9
29	2.12	0.805 6	0.651 7	0.126 1	0.153 8
30	2.66	0.833 3	0.677 8	0.127 7	0.155 5
31	7.97	0.861 1	0.878 4	0.045 1	0.017 3
32	8.49	0.888 9	0.891 8	0.030 7	0.002 9

续表 6-30

N	X_i	$F_{(n)}(x_i)$	$\varphi(x_i)$	d_{1i}	d_{2i}
33	10.95	0.916 7	0.941 0	0.052 1	0.024 3
34	12.36	0.944 4	0.960 0	0.043 3	0.015 5
35	12.65	0.972 2	0.963 2	0.018 8	0.009 0
36	14.95	1.000 0	0.981 9	0.009 7	0.018 1

根据表 6-30 计算检验统计量 $D_n = \sqrt{36} \times 0.175\ 4 = 1.052$，与给定显著性水平 $\alpha = 0.05$ 下的临界值 $t = 1.360$ 比较，结果见表 6-31。检验结果表明，白龟山水库产流预报的绝对误差服从正态分布。

表 6-31 正态分布检验结果

项目	样本数	计算值	大小	允许值	是否服从
白龟山	36	1.052	小于	1.360	服从

6.1.4 水库防洪预报调度方式研究

6.1.4.1 研究的目的、意义与主要内容

1. 研究的目的、意义

水库防洪调度方式主要有两大类：一类是不考虑预报的有闸分级控制，通称常规防洪调度方式；另一类是考虑预报的有闸分级控制，简称防洪预报调度方式。

确定防洪调度方式属于防洪调度设计阶段的任务，其核心是在满足水库本身及上、下游防洪标准与要求的原则下，通过调节不同防洪标准频率设计洪水过程，寻求判断水库遭遇洪水的量级，改变泄流量的判断指标（也称调洪规则）。常规防洪调度方式的判断指标，通常是选择"库水位或实际入库流量"；而防洪预报调度方式选择的判断指标，一般是产流预报的"累积净雨量"或汇流预报的"洪峰流量"或短时"晴雨"预报信息等。

随着水库流域水情自动测报系统的建设与稳定运行、气象信息收集与分析手段的改进、流域洪水预报与降雨预报精度的提高，北方一些水库实施了防洪预报调度方式。例如辽宁省大伙房水库防洪预报调度方式，应用"累积净雨量及峰前流量"作判断指标，将汛限水位提高了 1.4 m；清河水库应用"累积净雨量及实际入流量"作判断指标，使汛限水位提高了 2.0 m。在实施预报调度的过程中，气象降雨预报早于实际降雨信息，实际降雨早于预报净雨信息，预报净雨早于入库洪峰信息，更早于调洪最高水位信息。基于这一特点，水库防洪预报调度方式选择前期信息作为判断水库遭遇洪水的量级、改变泄流量的判断指标，必然达到提前下泄、均匀泄流，需要防洪库容较小的效果，即可抬高汛限水位。实践证明，这是一种增加洪水资源利用率的有效防洪调度设计方法。

目前，白龟山水库仍然采用原设计的"不考虑预报的以坝前水位作为判别条件，分级有闸控制"的常规防洪调度方式，控制汛限水位是 102.0 m，洪水资源利用率较低；第 6.1.1 部分中曾分析过，白龟山水库尚有 60×10^6 m³ 左右的洪水资源可利用；并且 6.1.3 部分研究说明，白龟山水库流域水情自动测报系统运行稳定，有卫星云图等气象信息收集系

统,流域洪水预报精度较高,气象部门未来 24 h 降雨预报达到可利用程度,已具备了考虑洪水预报或降雨预报修改原防洪调度方式的基本条件。因此,白龟山水库研究防洪预报调度方式,以期提高水库的汛限水位,增加洪水资源的利用率是可能和必要的,既有经济价值,又有理论意义。

2. 研究的主要内容与方法

白龟山水库防洪预报调度研究的主要目的是确定防洪预报调度方式,然后以全区累积净雨量作为白龟山水库遭遇洪水量级及相应泄量的判别指标,拟定合理的水库防洪预报调度规则,并确定合适的水库汛限水位上限值。其研究的主要内容如下。

1)典型洪水的净雨过程及不同频率设计洪水的净雨过程推求

典型洪水过程的净雨时程分配推求采用反演模拟预报法,即基于原设计的典型洪水的总径流深,应用大伙房产流预报模型 + 模式单位线,假定不同净雨时程分配方案,模拟预报洪水过程,采用与实测过程模拟效果最佳的方案。

不同频率设计洪水的净雨过程,与推求典型洪水过程的净雨时程分配方法类似。

2)防洪预报调度方式研究

(1)确定防洪预报调度方式。根据水库承担的防洪任务,预报方案的类别、预见期,水库泄洪设施的控制能力等,可以确定白龟山水库为分级控制防洪预报调度方式。

(2)确定防洪预报调度规则。通常,选择防洪预报调度方式比较容易,困难而费时的是选定与方式相应的"调度规则"。一般通过多方案综合比较,选择一个对大坝和下游防洪都较安全的调度规则,即所谓的"满意调度规则",同时可以确定水库的汛限水位抬高值。防洪预报调度规则确定过程中涉及的主要内容、步骤及方法将在后续章节进行论述。

3)实施"防洪预报调度方式"的基本条件分析

为同类水库实施"防洪预报调度方式"提供参考。

3. 水库防洪预报调度方式研究的基础资料

(1)水库的水位—库容曲线和水位—泄量曲线。

(2)设计洪水过程。采用《沙河昭平台、白龟山水库除险加固工程初步设计报告(修订本)》提供的设计洪水过程,此过程是通过各时段洪量同频率典型年放大的方法求得;选取的典型为洪水比较集中、主峰偏后,对水库较为恶劣的1955 年 8 月 15 ~ 22 日的洪水过程,计算时段为 1 h。具体可参见《沙河昭平台、白龟山水库除险加固工程初步设计报告(修订本)》。

(3)设计净雨过程。根据流域的洪水预报模型和设计洪水过程,通过反演模拟求得各设计洪水过程对应的净雨过程,见表6-34、表6-35。各频率洪水对应的净雨总量见表6-37。

(4)调洪水位约束。

白龟山水库的调洪水位约束见白龟山水库原设计调洪规则(见第 2 章2.3)。

6.1.4.2　典型及不同频率设计洪水过程的净雨时程分配

在预报调度规划中,制定调度原则所依据的一个重要指标是累积净雨,即用一场暴雨过程的净雨累加值作为水库调度的一个依据。昭平台、白龟山两库选择1955 年入库洪水作为典型,两库典型和各频率设计洪水过程已知,但流域降雨过程未知,所以以流域降雨预报系统为基本平台,根据洪水过程反推净雨(或暴雨)过程,为预报调度规划提供基本的资料准备。

1. 反演模拟预报法模拟净雨过程的基本原理

模拟一场洪水过程的净雨过程所依据的主要是流域的产汇流计算方法。产流方面，昭平台以上采用单层蓄满产流模型，昭白区间采用大伙房模型；汇流方面，昭平台以上采用经验单位线，昭白区间采用模式单位线。

2. 反演模拟预报法模拟净雨过程的方法及步骤

1）模拟典型洪水的净雨过程

由于原典型洪水过程没有相应的降雨资料，根据原典型洪水的总径流深，应用昭白流域汇流预报模型，假定不同净雨时程分配方案，模拟预报典型洪水过程，采用与实测典型洪水过程模拟效果较好的方案，即洪水总量、3 d 洪量、洪峰流量、最大洪峰出现时间误差较小的净雨预报方案。

模拟结果如下：由昭平台1955年典型洪水反演模拟预报净雨过程见表 6-32 和图 6-11。昭白区间1955年典型洪水反演模拟预报净雨过程见表 6-33 和图 6-12。

表 6-32　昭平台1955年典型洪水模拟结果比较

项目	洪水总量（×10^6 m^3）	3 d 洪量（×10^6 m^3）	洪峰流量（m^3/s）	最大峰出现时间
实际	349.6	247.7	2 655	08-11 T06:00
反演模拟	349.6	245.2	2 655	08-11 T06:00
绝对误差	0	−2.2	0	0
相对误差（%）	0	0.8	0	0

注：3 d 洪量时间为08-10 T04:00 ～08-13 T04:00；单位线选用第 1 条单位线。

表 6-33　昭白区间 1955年典型洪水模拟结果比较

项目	洪水总量（×10^6 m^3）	3 d 洪量（×10^6 m^3）	最大洪峰（m^3/s）	最大峰出现时间
实际	210.2	87.9	1 578	08-11 T12:00
反演模拟	210.2	85.4	1 578	08-11 T12:00
绝对误差	0	−2.5	0	0
相对误差（%）	0	2.8	0	0

注：3 d 洪量时间为08-10 T04:00 ～08-13 T04:00；单位线选用第 14 条单位线。

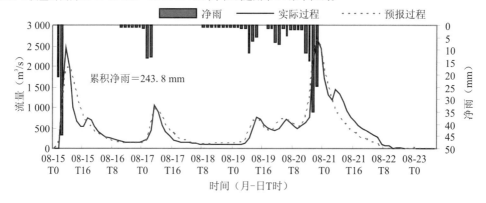

图 6-11　昭平台以上1955年典型洪水降雨径流模拟成果

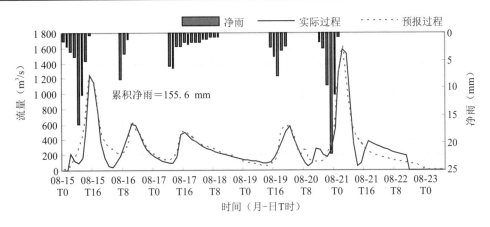

图6-12　昭白区间1955年典型洪水降雨径流模拟成果

2）模拟各种频率的设计洪水的净雨过程

根据流域的洪水预报模型和各种频率的设计洪水过程反演模拟求得各设计过程对应的净雨过程。

昭平台以上各种频率的设计洪水过程反演模拟预报净雨过程见表6-34，昭白区间各种频率的设计洪水过程反演模拟预报净雨过程见表6-35。

应指出，无论用哪种产汇流计算模型反演模拟各种频率设计洪水过程对应的净雨过程，最后都需要进行设计洪水总量控制的校核（见表6-36），满足如下水量平衡条件：

设计的净雨总量 + 基流折合的径流深 = 原设计洪水过程的径流深

表6-34　反演模拟预报法推求昭平台以上各种频率设计洪水的净雨过程（单位：mm）

时序 （月-日 T 时：分）	昭平台设计				昭平台相应			
	5%	2%	1%	0.05%	5%	2%	1%	0.05%
08-14T22:00	0	0	0	0	0	0	0	0
08-15T00:00	0	0	0	0	0	0	0	0
08-15T02:00	64	77	84	148	42	48	54	88
08-17T00:00	9	13	17	34	10	10	10	16
08-17T02:00	7	10	12	25	7	9	10	18
08-17T04:00	7	10	12	25	6	7	10	16
08-17T06:00	1	2	2	4	1	2	3	6
08-17T08:00	0	0	0	4	1	2	3	6
08-19T04:00	0	0	0	0	0	0	0	0
08-19T06:00	5	7	8	16	7	10	10	25
08-19T08:00	6	9	12	27	10	12	13	25
08-19T10:00	14	19	22	41	10	12	13	25
08-19T12:00	3	4	5	11	5	7	8	12

续表 6-34

时序	昭平台设计				昭平台相应			
（月-日 T 时:分）	5%	2%	1%	0.05%	5%	2%	1%	0.05%
08-19T14:00	3	4	5	11	5	7	8	12
08-19T16:00	0	0	0	0	0	0	0	0
08-19T18:00	0	0	0	0	0	0	0	0
08-19T20:00	0	0	0	0	0	0	0	0
08-19T22:00	12	14	14	23	8	9	10	20
08-20T00:00	12	14	14	23	8	9	10	20
08-20T02:00	12	14	14	23	8	9	10	20
08-20T04:00	0	0	0	0	0	0	0	0
08-20T06:00	0	0	0	0	0	0	0	0
08-20T08:00	0	0	0	0	0	0	0	0
08-20T10:00	13	16	17	29	10	12	13	21
08-20T12:00	13	16	17	29	10	12	13	25
08-20T14:00	19	20	19	29	10	12	13	30
08-20T16:00	33	39	41	72	19	21	22	37
08-20T18:00	121	161	193	375	68	96	112	222
08-20T20:00	8	14	23	60	25	15	15	27
08-20T22:00	7	13	22	59	31	49	62	90
08-21T00:00	0	0	0	0	0	0	0	0
08-21T02:00	0	0	0	0	0	0	0	0
7.5 d 净雨深（mm）累计量	370	474	554	1 070	301	369	422	761
7 d 净雨深（mm）累计量	361	462	540	1 047	292	358	409	740

表 6-35　反演模拟预报法推求昭白区间各种频率设计洪水的净雨过程 （单位:mm）

时序	昭白区间设计				昭白区间相应			
（月-日 T 时:分）	5%	2%	1%	0.05%	5%	2%	1%	0.05%
08-14T22:00	0	0	0	0	0	0	0	0
08-15T00:00	3	1	2	4	0	0	0	1
08-15T02:00	7	2	3	5	0	1	1	1
08-15T04:00	7	3	4	7	1	1	1	1

续表 6-35

时序 （月-日 T 时:分）	昭白区间设计				昭白区间相应			
	5%	2%	1%	0.05%	5%	2%	1%	0.05%
08-15T06:00	8	4	5	9	2	2	3	4
08-15T08:00	3	10	12	24	1	1	1	2
08-15T10:00	0	8	8	15	1	1	1	1
08-15T12:00	0	4	5	10	0	0	0	0
08-15T14:00	0	0	0	1	0	0	0	0
08-16T02:00	4	0	0	0	0	0	0	0
08-16T04:00	3	0	0	0	1	1	1	2
08-16T06:00	3	8	9	14	0	0	1	1
08-16T08:00	1	3	4	8	0	0	1	1
08-16T10:00	0	4	4	8	0	0	0	0
08-16T12:00	0	1	1	3	0	0	0	0
08-17T04:00	4	0	0	0	0	0	0	0
08-17T06:00	4	0	0	0	1	1	1	1
08-17T08:00	2	5	6	13	1	1	1	1
08-17T10:00	2	6	7	14	0	0	0	0
08-17T12:00	1	2	3	5	0	0	0	0
08-17T14:00	1	2	3	5	0	0	0	0
08-17T16:00	1	1	2	3	0	0	0	0
08-17T18:00	1	2	2	4	0	0	0	0
08-17T20:00	1	1	2	4	0	0	0	0
08-17T22:00	1	1	2	4	0	0	0	0
08-18T00:00	1	1	2	4	0	0	0	0
08-18T02:00	0	1	1	3	0	0	0	0
08-18T04:00	0	1	1	3	0	0	0	0
08-18T06:00	0	1	1	2	0	0	0	0
08-18T08:00	0	1	1	2	0	0	0	0
08-18T10:00	0	1	1	2	0	0	0	0
08-18T20:00	0	0	0	0	3	4	4	7
08-18T22:00	0	0	0	0	2	3	3	5
08-19T00:00	0	0	0	0	2	2	2	4
08-19T02:00	1	0	0	0	1	1	2	3
08-19T04:00	1	0	0	0	1	1	1	2
08-19T06:00	2	0	0	0	1	1	1	1

续表 6-35

时序	昭白区间设计				昭白区间相应			
（月-日 T 时:分）	5%	2%	1%	0.05%	5%	2%	1%	0.05%
08-19T08:00	2	2	4	3	2	2	3	5
08-19T10:00	6	2	4	3	3	4	5	8
08-19T12:00	8	3	5	3	6	8	9	15
08-19T14:00	10	7	11	23	9	11	13	21
08-19T16:00	7	11	13	27	9	12	13	22
08-19T18:00	5	15	17	30	8	10	11	19
08-19T20:00	0	10	10	24	4	6	6	11
08-19T22:00	0	6	0	19	0	0	0	0
08-20T12:00	6	0	0	0	0	0	0	0
08-20T14:00	12	0	0	0	5	6	6	12
08-20T16:00	38	5	6	14	8	10	12	21
08-20T18:00	41	11	11	24	28	34	39	73
08-20T20:00	50	29	35	119	32	40	46	84
08-20T22:00	28	68	81	158	32	40	46	88
08-21T00:00	0	76	86	120	14	17	19	32
08-21T02:00	0	15	25	60	0	0	0	0
08-21T04:00	0	0	0	0	0	0	0	0
08-21T06:00	0	0	0	0	0	0	0	0
08-21T08:00	0	0	0	0	0	0	0	0
08-21T10:00	0	0	0	0	6	8	9	20
08-21T12:00	0	15	17	30	4	5	6	12
08-21T14:00	0	6	11	24	4	5	6	7
08-21T16:00	0	6	10	12	2	3	3	7
08-21T18:00	0	3	0	0	2	3	3	7
08-21T20:00	0	0	0	0	2	3	3	7
08-21T22:00	0	0	0	0	0	0	0	5
08-22T00:00	0	0	0	0	0	0	0	5
08-22T02:00	0	0	0	0	0	0	0	0
7.5 d 净雨深（mm）累计量	277	364	432	865	200	247	285	523
7 d 净雨深（mm）累计量	261	343	407	816	186	229	263	479

表 6-36(a)　各种组合洪水的模拟结果比较(1)

洪水组合	洪水总量			7 d 洪量			洪峰流量		
	设计 (×10⁶ m³)	模拟 (×10⁶ m³)	误差 (%)	设计 (×10⁶ m³)	模拟 (×10⁶ m³)	误差 (%)	设计 (m³/s)	模拟 (m³/s)	误差 (%)
5%昭平台设计	529.0	529.0	0	516.6	526.3	2	5 887	5 817	1.1
5%昭白区间相应	261.9	260.0	0.7	244.3	241.4	0.7	3 068	3 084	0.5
2%昭平台设计	678	678	0	661.7	648.5	2	11 783	11 876	0.8
2%昭白区间相应	323.2	323.2	0	300.5	299.5	0.3	5 518	5 531	0.2
1%昭平台设计	791.6	791.9	0.1	772.9	770.6	0.3	21 168	21 232	0.3
1%昭白区间相应	372.1	372.1	0	345.0	351.0	1.3	10 248	10 240	0.08
0.05%昭平台设计	1 530.7	1 527.3	0.2	1 498.9	1 528.9	2	23 772	23 819	0.2
0.05%昭白区间相应	685.0	689.7	0.3	628.3	638.9	1.2	11 336	11 349	0.1

注:表中所有模拟的峰现时间与设计值均相同。

表 6-36(b)　各种组合洪水的模拟结果比较(2)

洪水组合	洪水总量			7 d 洪量			洪峰流量		
	设计 (×10⁶ m³)	模拟 (×10⁶ m³)	误差 (%)	设计 (×10⁶ m³)	模拟 (×10⁶ m³)	误差 (%)	设计 (m³/s)	模拟 (m³/s)	误差 (%)
5%昭平台相应	430.4	430.7	0	418.4	420.1	0.4	4 816	4 813	0.05
5%昭白区间设计	362.2	362.2	0	342.2	348.0	1.7	5 559	5 565	0.1
2%昭平台相应	527.6	527.8	0	512.6	519.8	0.4	5 949	5 962	0.2
2%昭白区间设计	476.5	480.0	0.7	449.7	472.2	5	7 398	7 409	0.1
1%昭平台相应	602.6	602.9	0	585.3	587.1	0.3	6 814	6 782	0.5
1%昭白区间设计	564.6	564.4	0	532.8	519.9	2.4	8 818	8 822	0.05
0.05%昭平台相应	1 088.1	1 088.5	0	1 058.4	1 065.8	0.7	13 011	13 052	0.3
0.05%昭白区间设计	1 133.7	1 132.7	0	1 069.0	1 062	1.2	17 243	17 287	0.3

注:表中所有模拟的峰现时间与设计值均相同。

3)白龟山以上各频率设计洪水过程对应的净雨总量分析

由表 6-34、表 6-35 得,白龟山以上各频率洪水对应的净雨总量见表 6-37。

表 6-37　白龟山以上各频率洪水过程对应的 7 d 净雨总量

频率(%)			5	2	1	0.05
重现期(年)			20	50	100	2 000
7 d 净 雨总量 (mm)	白龟山以上与 昭平台同频率	昭平台设计	361	462	540	1 047
		昭白区间相应	186	229	263	479
		全区	278	351	408	777
	白龟山以上与 昭白区间同频率	昭平台相应	292	358	409	740
		昭白区间设计	261	343	407	816
		全区	278	351	408	777

从表6-37可以看出,白龟山以上同频率洪水过程对应的不同洪水地区组成的净雨总量差别较大。例如:昭白区间设计20年一遇的净雨总量为361 mm,而昭白区间相应20年一遇的净雨总量仅为186 mm;昭白区间相应100年一遇的净雨总量为263 mm,与昭白区间设计20年一遇的净雨总量基本相当。

同频率的不同洪水地区组成的全区累积净雨总量基本一致,如表6-37所示;同频率的不同洪水地区组成的全区径流总量相等,如表6-38所示。昭平台、白龟山两库的控制流域面积相差不大(昭平台水库控制流域面积1 430 km²,昭白区间面积为1 310 km²),影响两库的天气系统一致,白龟山水库在实时调度中也考虑昭平台水库以上的天气状况和降雨量。因此,宜将全区的累积净雨量作为白龟山水库预报调度时遭遇洪水量级的主要判断指标。

表6-38　白龟山以上各频率洪水的7日洪量

频率(%)			5	2	1	0.05
重现期(年)			20	50	100	2 000
7 d 洪量 (×10⁶ m³)	白龟山以上与昭平台同频率	昭平台设计	516.6	661.7	772.9	1 498.9
		昭白区间相应	244.3	300.5	345.0	628.3
		全区	760.7	962.3	1 118.1	2 128.0
	白龟山以上与昭白区间同频率	昭平台相应	418.5	512.6	585.3	1 058.4
		昭白区间设计	342.2	449.7	532.8	1 069.0
		全区	760.7	962.3	1 118.1	2 128.0

6.1.4.3　防洪预报调度方式及其规则研究

1. 白龟山水库防洪预报调度方式的研究

基于白龟山水库上下游防洪标准及要求和泄洪设施的控制能力,确定白龟山水库的防洪预报调度方式为"有下游防洪任务、分级有闸控制、考虑洪水预报、以全区累积净雨量作为洪水遭遇量级的判别条件"的防洪预报调度方式。

2. 白龟山水库防洪预报调度规则的研究

1)基本资料

(1)两库的 Z ~ V 曲线和 Z ~ Q 曲线。

(2)两库的防洪标准及要求。

(3)水库设计洪水过程。

(4)反演模拟预报推求的设计净雨过程。

(5)水库常规防洪调度规则。

2)白龟山水库防洪预报调度规则的确定方法

昭平台水库按照常规方式进行调度,入库洪水超过10年一遇,尧沟泄洪闸须全开。在实际操作中,考虑下游白龟山水库的安全,昭平台水库在敞泄后的退水段进行了控制,即库水位低于174.44 m,控泄300 m³/s,而不是一直敞泄。

白龟山水库调洪以全区累积净雨量作为判断洪水量级改变泄量的主要指标,具体量值的选取通过"逐级调节方法"来确定,即先调节下游防护对象防洪标准洪水,确定下游防洪标准洪水的判断指标,然后用确定的指标来调节水库设计、校核标准的洪水,确定水库设计、校核标准洪水的判断指标。因为预报的累积净雨有误差,所以选择的指标不是定值,而是一个域值;为了给决策的制定与实施留有余地,在调洪过程中采用了 20 年一遇全区累积净雨量 277 mm 加 20% 增量为 340 mm,50 年一遇全区累积净雨量 351 mm 加 20% 增量为 420 mm,作为白龟山水库调节 20 年一遇、50 年一遇设计洪水的判断指标。

3)白龟山水库防洪预报调度规则的确定步骤

图 6-13 所示为确定防洪预报调度规则的步骤。通常假定某种调洪规则,以选定的防洪限制水位作为起调水位,调节计算符合设计洪水标准要求的水库校核、设计标准洪水及下游防洪标准洪水,若调洪结果既满足泄洪设备的泄流能力约束,又保证大坝及下游防洪安全,则此调洪规则为"可行调度规则",否则为不可行调洪规则。通过反复调节,经过多方案分析和比较,最终可以确定防洪预报调度规则及合适的汛限水位抬高值。

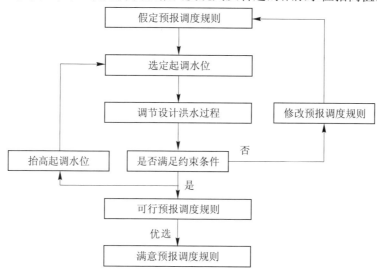

图6-13　白龟山水库防洪预报调度规则的确定步骤

4)防洪预报调度规则

白龟山水库的防洪起调水位主汛期可抬高至 102.6 m,汛后期可抬高至正常蓄水位 103.0 m,防洪预报调度规则如下:

(1)形成净雨起计算累积净雨。白龟山以上全区累积净雨 ≤340 mm 时,若入库洪水 ≤ 600 m^3/s,来多少泄多少;若入库洪水 > 600 m^3/s,控泄 600 m^3/s;库水位不低于 102.00 m。

(2)白龟山以上全区累积净雨 > 340 mm 或库水位 > 105.38 m 时,白龟山水库控泄 3 000 m^3/s。

(3)白龟山以上全区累积净雨 > 420 mm 或库水位 > 105.90 m 时,白龟山水库泄洪闸全开。

(4)白龟山库水位 > 106.19 m 时,白龟山水库泄洪闸全开,同时北干渠泄洪 200 m^3/s。

5）调洪成果

按照上述的防洪预报调度规则调洪,白龟山水库各种设计洪水的防洪预报调度的调洪成果（汛限水位分别为102.00 m 和102.60 m）如表6-39 和表6-40 所示。

表6-39　白龟山水库防洪预报调度调洪成果（起调水位102.00 m）

洪水地区组成	重现期（年）	频率（%）	昭平台		白龟山（按照旧库容曲线计算）		最高水位约束（m）
			最高水位（m）	最大泄量（m³/s）	最高水位（m）	最大泄量（m³/s）	
白龟山以上与昭平台同频率	20	5	174.80	2 510	105.38	600	105.38
	50	2	176.36	3 071	104.76	3 000	105.90
	100	1	177.82	3 548	105.08	5 661	106.19
	2 000	0.05	180.98	13 353	108.95	7 127	109.56
白龟山以上与昭白区间同频率	20	5	174.51	2 381	105.18	600	105.38
	50	2	174.78	2 502	104.78	3 000	105.90
	100	1	175.31	2 692	105.80	6 023	106.19
	2 000	0.05	180.61	12 605	109.02	7 150	109.56

表6-40　白龟山水库防洪预报调度调洪成果（起调水位102.60 m）

洪水地区组成	重现期（年）	频率（%）	昭平台		白龟山（按照旧库容曲线计算）		最高水位约束（m）
			最高水位（m）	最大泄量（m³/s）	最高水位（m）	最大泄量（m³/s）	
白龟山以上与昭平台同频率	20	5	174.80	2 510	105.38	600	105.38
	50	2	176.36	3 071	104.76	3 000	105.90
	100	1	177.82	3 548	105.21	5 734	106.19
	2 000	0.05	180.98	13 353	108.99	7 139	109.56
白龟山以上与昭白区间同频率	20	5	174.51	2 381	105.18	600	105.38
	50	2	174.78	2 502	105.15	3 000	105.90
	100	1	175.31	2 692	105.98	6 113	106.19
	2 000	0.05	180.61	12 605	108.73	7 066	109.56

汛限水位抬高至102.60 m,两种洪水地区组成各频率洪水的调洪最高水位、最大泄量均满足原设计防洪要求,即白龟山水库主汛期的汛限水位可以抬高至102.60 m。昭平台

水库、白龟山水库调洪演算成果见表6-41。

表6-41 昭平台、白龟山水库调洪演算成果（常规调算结果）

洪水地区组成	重现期（年）	昭平台				白龟山（起调水位102.00 m）按照新库容曲线计算			
		入流（m^3/s）	出流（m^3/s）	水位（m）	库容（万 m^3）	入流（m^3/s）	出流（m^3/s）	水位（m）	库容（万 m^3）
白龟山以上与昭平台同频率	20	9 930	2 540	174.89	42 712	4 525	600	105.38	48 231
	50	13 050	3 097	176.44	48 799	8 163	3 000	105.90	52 733
	100	15 460	3 570	177.89	54 824	9 384	6 442	105.97	53 324
	2 000	25 850	13 721	180.64	67 100	19 766	7 416	109.48	91 300
白龟山以上与昭白区间同频率	20	5 242	2 393	174.52	41 336	6 710	600	105.18	46 440
	50	6 475	2 533	174.87	42 634	8 830	3 000	105.61	50 247
	100	7 417	2 719	175.37	44 586	12 703	6 432	106.19	55 391
	2 000	14 162	4 318	180.56	68 600	21 270	7 426	109.52	91 693

6）防洪预报调度与常规防洪调度成果对比分析

防洪预报调度与常规防洪调度成果比较见表6-42。

表6-42 防洪预报调度与常规防洪调度成果比较

洪水地区组成	重现期（年）	频率（%）	常规防洪调度（102.00 m）		防洪预报调度（102.60 m）		最高水位约束（m）
			最高水位（m）	最大泄量（m^3/s）	最高水位（m）	最大泄量（m^3/s）	
白龟山以上与昭平台同频率	20	5	105.38	600	105.38	600	105.38
	50	2	105.88	3 000	104.76	3 000	105.90
	100	1	105.93	6 074	105.21	5 734	106.19
	2 000	0.05	109.35	7 241	108.99	7 139	109.56
白龟山以上与昭白区间同频率	20	5	105.18	600	105.18	600	105.38
	50	2	105.60	3 000	105.15	3 000	105.90
	100	1	106.03	6 134	105.98	6 113	106.19
	2 000	0.05	109.46	7 275	108.73	7 066	109.56

由表6-42可知，从102.60 m起调，按照预报调度规则进行调度，两种洪水地区组成各频率洪水的调洪最高水位、最大泄量均满足水库原设计标准的防洪要求。防洪预报调度能够提高汛限水位至102.60 m，其主要原因在于防洪预报调度选择前期降雨和净雨信息作为判断水库遭遇洪水的量级及相应泄流量的判断指标，必然比原按库水位作为判据的常规防洪调度规则达到提前下泄、均匀泄流、最大泄量小、需要防洪库容较小的效果，即可

抬高汛限水位。

以调节白龟山以上与昭平台同频率的 50 年一遇洪水为例,来进一步说明水库预报调度抬高汛限水位的机制,其调洪过程对比如图 6-14 所示。从图中可以看出,常规调度在第 110 时段左右后一直下泄 600 m³/s,而预报调度提前在第 24～80 时段一直下泄 600 m³/s,降低了调洪最高水位,进而可以抬高汛限水位。

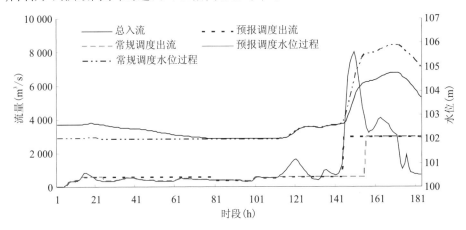

图 6-14　白龟山以上与昭平台同频率的 50 年一遇洪水的两种调洪方式调洪过程对比

3. 白龟山水库汛限水位上限值的确定

由表 6-40 和表 6-42 知,白龟山水库汛限水位的抬高主要受 20 年一遇设计洪水的制约。由 102.60 m 起调时,两种洪水组合,白龟山水库 20 年一遇洪水的调洪最高水位分别为 105.18 m 和 105.38 m,满足调洪高水位 105.38 m 的约束,尽管其他频率洪水的调洪最高水位明显低于相应的水位约束,由于受 20 年一遇洪水调洪水位的制约,主汛期汛限水位最多能抬高至 102.60 m。

昭平台水库遭遇 20 年一遇洪水时,在敞泄后的退水段进行了控制,从而将其泄流对白龟山水库调洪的影响减小到了最低。以白龟山以上与昭白区间同频率 20 年一遇为例,其敞泄时段仅为 3 h,调洪过程见图 6-15。

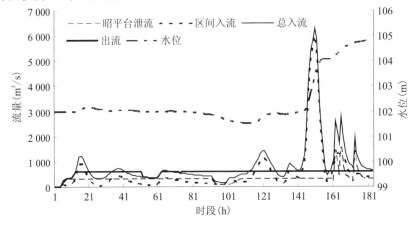

图 6-15　白龟山以上与昭白区间同频率的 20 年一遇洪水调洪过程

4. 白龟山水库防洪预报调度规则的合理性分析

1）白龟山水库遭遇 20~50 年一遇洪水情况

反演模拟白龟山以上 30 年一遇洪水的净雨情况及对应的 7 d 净雨总量分别见表 6-43 和表 6-44。

表 6-43 反演模拟 30 年一遇洪水的净雨过程结果

洪水组合		7 d 洪量			1 d 洪量			洪峰流量		
		设计 ($\times 10^6$ m^3)	模拟 ($\times 10^6$ m^3)	误差 (%)	设计 ($\times 10^6$ m^3)	模拟 ($\times 10^6$ m^3)	误差 (%)	设计 (m^3/s)	模拟 (m^3/s)	误差 (%)
白龟山以上与昭平台同频率	昭平台设计	583	583	0	321	321	0	10 970	7 242	34
	昭白区间相应	267	267	0	150	150	0	4 840	4 801	0.8
白龟山以上与昭白区间同频率	昭平台相应	452	453	0.2	237	237	0	5 480	4 819	12
	昭白区间设计	383	383	0	219	219	0	7 117	7 158	-0.6

注：所有模拟的峰现时间与设计值均相同。

表 6-44 白龟山以上 30 年一遇洪水对应的 7 d 净雨总量

频率（%）			5	3.33	2
重现期（年）			20	30	50
7 d 净雨总量（mm）	白龟山以上与昭平台同频率	昭平台设计	361	408	462
		昭白区间相应	186	204	229
		全区	274	306	346
	白龟山以上与昭白区间同频率	昭平台相应	292	316	358
		昭白区间设计	261	292	343
		全区	277	304	351

按照白龟山水库的防洪预报调度规则，白龟山以上与昭平台同频率、白龟山以上与昭白区间同频率的两种洪水组合的 30 年一遇设计洪水调洪成果见表 6-45。

由表 6-45 可知，主汛期汛限水位上限由 102.00 m 抬高到 102.60 m，按白龟山以上全区累计净雨为主，辅以库水位作为白龟山水库泄洪指标的防洪预报调度方式，调节白龟山以上 20~50 年一遇各种洪水，比较原常规洪水调度方式的调洪结果，不会增加水库本身和下游防护对象的防洪风险。

表 6-45　白龟山水库 30 年一遇洪水的防洪预报调度调洪成果（起调水位 102.60 m）

洪水地区组成	重现期（年）	频率（%）	昭平台		白龟山按旧库容曲线计算		最高水位约束（m）
			最高水位（m）	最大泄量（m³/s）	最高水位（m）	最大泄量（m³/s）	
白龟山以上与昭平台同频率	20	5	174.80	2 510	105.38	600	105.38
	30	3.33	175.09	2 609	105.47	3 000	105.38 ~ 105.90
	50	2	176.36	3 071	104.76	3 000	105.90
白龟山以上与昭白区间同频率	20	5	174.51	2 381	105.18	600	105.38
	30	3.33	174.54	2 401	105.45	3 000	105.38 ~ 105.90
	50	2	174.78	2 502	105.15	3 000	105.90

2）减小白龟山水库下游河道安全泄量时的情况分析

当白龟山水库下游河道安全泄量由 3 000 m³/s 减少到 2 100 m³/s，白龟山水库在遭遇 20 年一遇以上的入库洪水时，按白龟山水库的防洪预报调度规则调洪，仍能保证水库自身和其下游防护对象的防洪安全，较原常规洪水调度方式，不会增加防洪风险。其防洪预报调度调洪成果见表 6-46。

表 6-46　白龟山水库防洪预报调度调洪成果比较

（白龟山水库下游河道安全泄量由 3 000 m³/s 减少到 2 100 m³/s 的情况）

洪水地区组成	重现期（年）	频率（%）	白龟山（河南省水利勘测设计院）（起调水位102.00 m）按照新库容曲线计算		白龟山（大连理工大学）（起调水位102.60 m）按照旧库容曲线计算		最高水位约束（m）
			最高水位（m）	最大泄量（m³/s）	最高水位（m）	最大泄量（m³/s）	
白龟山以上与昭平台同频率	20	5	105.38	600	105.38	600	105.38
	30	3.33	—	—	105.57	2 100	105.38 ~ 105.90
	50	2	105.90	3 000	105.81	2 100	105.90
	100	1	105.97	6 442	105.80	6 024	106.19
	2 000	0.05	109.48	7 416	109.05	7 157	109.56
白龟山以上与昭白区间同频率	20	5	105.18	600	105.18	600	105.38
	30	3.33	—	—	105.45	2 100	105.38 ~ 105.90
	50	2	105.61	3 000	105.87	2 100	105.90
	100	1	106.19	6 432	106.14	6 176	106.19
	2 000	0.05	109.52	7 426	109.14	7 185	109.56

5.白龟山水库防洪预报调度研究结论

（1）由于全区净雨总量和白龟山水库的实际入库总量存在着相关性，即全区净雨总量在一定程度上能够表征白龟山水库的实际入库总量，在进行白龟山水库预报调度设计时，采用"预报的全区累积净雨量"作为遭遇洪水量级及相应泄量的判断指标。实际调洪计算表明是可行的。

（2）应用"预报累积净雨"，或辅以"实际入流与水库水位"作为防洪预报调度方式的控制指标（或规则）是可行的。比常规的水位控制指标提前判断洪水发生的量级，并改变下泄流量，能预泄腾空部分库容。若仍保持原汛限水位，则能提高防洪能力与防洪效益；若抬高汛限水位，便可增加洪水资源利用率。

（3）白龟山水库上游建有昭平台水库，其预报调度设计比一般的单库要复杂，需考虑昭平台水库泄流对其水库调洪的影响。昭平台水库的控制能力较弱，超过10年一遇洪水便要敞泄。在此次预报调度设计中，为了减缓昭平台水库泄流对白龟山水库的影响，在昭平台水库敞泄后的退水段进行了控制，而不是一直敞泄，白龟山水库的汛限水位最多能抬高至102.60 m。

（4）此次研究的防洪预报调度规则是依据1955年典型洪水过程放大的设计洪水过程确定的。由于实时预报调度所遇到的洪水大多数是非典型的一般洪水，不可能完全恪守依据1955年典型洪水做出的预报调度规则进行调度。所以，实时调度中既要符合设计的预报调度原则，又要根据实际发生而又能比较准确预报的洪水过程，兼顾上、下游的要求，兼顾防洪、兴利效益，适时控制洪水蓄、泄过程。

（5）典型洪水过程的代表性对所确定防洪预报调度规则可操作性的影响很大，提高典型洪水过程的代表性将是今后防洪预报调度设计研究的方向。

（6）以累积净雨总量作为控制指标的预报调度方式，建议主汛期汛限水位动态控制的上限定为102.60 m。在实时调度中，根据实时预报过程选择修正方案。防洪预报调度的调洪最高水位108.99 m与校核洪水位109.56 m之间库容，可留作实时调度中防御"降雨径流预报误差"使用。

（7）建议暂不考虑降雨预报信息的预报调度方式设计。必要时，至多考虑"晴雨"短时预报信息。

6.1.4.4 类似水库实施"防洪预报调度方式"设计应具备的基本条件

1.待建水库实施"防洪预报调度方式"设计的基本条件

（1）设计所依据的断面典型洪水过程具有相应的场次降雨过程记录。

（2）设计断面上、下游附近水文站点具有满足规范要求，可发布预报的洪水预报方案。若设计水库属于大型年或多年调节水库且防洪库容较大，洪量起控制作用，要求产流预报精度达到规范甲级水平；若设计水库调节能力差且防洪库容较小，洪峰起控制作用，则要求产汇流预报精度达到规范甲级水平。

（3）水库设计时考虑建设"水雨情实时遥测、预报调度"系统，并配备专管技术人员，保证系统正常运行。

（4）水库将设计建设与决策机构联系的通信系统，并配备专管技术人员保证系统畅通。

（5）提供"弥补预报误差的可行工程措施或非工程措施"分析报告。

2.已建水库实施"防洪预报调度方式"设计的基本条件

（1）水库原设计所依据的典型洪水过程或者运行中实际发生的各类典型洪水过程，都具有相应的场次逐段降雨过程记录。

（2）若水库属于大型年或多年调节水库且防洪库容较大，洪量起控制作用，要求通过多年作业预报检验，洪水预报方案的产流预报精度达到规范甲级水平；若水库调节能力差且防洪库容较小，洪峰起控制作用，则要求产汇流预报精度达到规范甲级水平。

（3）已建设的水雨情实时遥测、预报调度系统，配备了专管技术人员，经多年检验和考评认定"系统运行正常"。信息传递畅通率、误码率达到规范要求，作业预报精度为甲等。

（4）与决策机构联系的"通信系统"，已配备了专管技术人员，经多年运行、考评证明，系统畅通率99.99%。

（5）提供了"弥补预报误差的可行工程措施或非工程措施"分析与检验报告。

6.1.5　汛限水位动态控制约束域确定方法及应用研究

6.1.5.1　概述

目前，在水库汛期防洪实时调度中，既存在为保证下游防洪安全，无限要求减少下泄流量现象，又存在为增加兴利蓄水而无限抬高汛限水位现象，两者都增加了水库防洪风险，因此有必要安全、经济地确定一个汛限水位动态控制范围。

研究确定汛限水位动态控制范围的方法，通常从工程措施和非工程措施两方面考虑。分析白龟山水库工程现状，工程措施可采用白龟山水库上游昭平台水库的富余防洪库容，但因两者水文同步，所以潜力较小；非工程措施可采用"预报调度方式确定汛限水位""计年内洪水统计特性变化规律法""预泄能力约束法"等。

最后依据各方法计算的动态控制汛限水位域值集，应用包线法确定其上、下限值，即所谓的汛限水位极限允许动态控制范围。

6.1.5.2　防洪预报调度方式确定的汛限水位允许动态控制值

本方法是以水库加固后的水库及其上下游防洪要求为原则，各特征约束值为"0.05%标准的校核洪水位109.56 m""1%标准的设计洪水位106.19 m""2%标准的下游组合流量<3 000 m³/s且调洪最高库水位低于105.90 m""5%标准的下游组合流量<600 m³/s，且调洪最高库水位低于105.38 m"。选用预报净雨作为控制指标的预报调度方式，一是调节本次复核设计的各标准洪水过程；二是按"预报调度方式"，以全区净雨总量为判据，调节白龟山以上各设计洪水过程，此时推求的洪水起调水位102.60 m为汛期极限允许起调水位，亦称本方法确定的汛限水位极限允许动态控制值。

6.1.5.3　考虑洪水季节性变化规律确定汛限水位允许动态控制值

白龟山水库原设计的汛期不分期，汛期为6月21日至9月30日，汛限水位为102.0 m。此次研究由延长后的洪水资料，考虑洪水年际之间和年内洪水统计特性变化规律，将白龟山水库汛期分为两期，主汛期为6月21日至8月10日，汛限水位为102.0 m，后汛期为8月11日至9月30日，汛限水位上限为103.0 m。

6.1.5.4 预泄能力约束法

1. 基本思想

实时调度中,预泄能力约束法是汛限水位动态控制较常用的方法,基本思想是:在预见期内有多大泄流能力就将汛限水位向上浮动多少。白龟山水库汛限水位动态控制的影响因素,包括面临时刻的水情、雨情、工情;入库洪水预报和降雨预报的预见期、预见期内的预报入库量及其误差分布;预见期内预泄能力;下游河道允许预泄的流量;决策等信息传递的稳定性、速度及闸门操作时间等。若用公式概括上述诸因素,可写为

$$\Delta Z_1 \leqslant f[(q_{出} - Q_入)t_1] \qquad (q_{出} \leqslant q_安) \qquad (6\text{-}10)$$

式中:ΔZ_1 为 t_1 时期后,在规划确定汛限水位 Z_0 以上浮动增值;$f[\cdot]$ 为水位库容关系;t_1 为降雨预报或洪水预报预见期减去信息传递、决策、闸门操作时间的有效预见期;$Q_入$ 为 t_1 时期内平均入流量;$q_{出}$ 为 t_1 时期内平均泄流量;$q_安$ 为防护点堤防过流能力。

2. 方法步骤

汛限水位上浮值的确定分以下 4 个步骤。

1)计算有效预见期 t_1

$$t_1 = t_f - t_c - t_j - t_z \qquad (6\text{-}11)$$

式中:t_f 为短期降雨预报的预见期;t_c 为预报信息传递时间;t_j 为预泄决策调令传播时间;t_z 为闸门操作时间。

2)求 t_1 期间平均出流 $q_{出}$

假定经 t_1 时期后浮动水位增值 ΔZ_1,则绝对水位为 $Z_{t1} = Z_0 + \Delta Z_1$,根据 Z_{t1} 与 Z_0,查水位泄量关系得 q_{t1} 和 q_0,近似求 t_1 期间平均出流 $q_{出} = (q_{t1} + q_0)/2$。

3)求 $Q_入$

据面临时刻 t_0 预报的入库洪水过程推求 t_1 期间平均入库流量。用梯形法或矩形法可求出 $Q_入$。

4)汛限水位上浮动值计算

计算预泄水量:

$$(q_{出} - Q_\lambda) \times t_1 = \Delta V_1 \qquad (6\text{-}12)$$

计算上浮后的库容:

$$V_{t1} = V_0 + \Delta V_1 \qquad (6\text{-}13)$$

式中:V_0 为面临时刻 t_0 水位 Z_0 所相应库容。

由 V_{t1} 查求水位库容关系得到 Z'_{t1},若 $Z'_{t1} \approx Z_{t1}$,则试算停止,否则重设 Z_{t1},重复上述步骤 2)~4),直到满足要求。Z_{t1} 即为允许上浮的汛限水位。

3. 结论

白龟山水库的预泄能力,第一,受下游安全泄量的约束,采用白龟山水库下游安全泄量 600 m³/s(20 年一遇洪水的控泄条件);第二,受预泄时的退水流量约束,采用多年统计的库水位持平或下降的入库流量 50 m³/s;第三,受城市供水与灌溉日平均出流约束,取 5 m³/s;第四,受预泄时间约束,根据短期降雨预报的成果,可利用短期降雨预报的有效预见期 24 h,扣除预报信息传递时间和预泄决策调令传达及实施时间,为安全计取 12 h。基

于上述条件预泄水量至少有23.98×10^6 m³(即$(600 + 5 - 50)$ m³/s × 43 200s),在原汛限水位102.0 m 对应的库容基础上增加23.98×10^6 m³,此时对应的水位为102.40 m,作为水库汛限水位以预泄能力为基础的极限允许动态控制范围的上限,计算成果见表6-47。

表6-47　白龟山水库以预泄能力为基础的极限允许动态控制范围的上限

日平均出流(m³/s)		日最小平均入流	有效预见期	预泄水量	控制上限相应水位
安全泄量	城市供水	(m³/s)	(h)	($\times 10^6$ m³)	(m)
600	5	50	12	23.98	102.40

6.1.5.5　包线法确定汛限水位极限允许动态控制范围

通过上述各个方法推求的汛期极限允许起调水位列入表6-48。

综合分析确定主汛期(6 月 21 日至 8 月 10 日)的汛限水位动态控制域为102.00 ~ 102.60 m;汛后期(8 月 11 日至 9 月 30 日)的汛限水位动态控制域为102.60 ~ 103.00 m(兴利蓄水位)。

表6-48　汛期极限允许起调水位成果

动态控制方法		极限允许起调水位(m)
防洪预报调度方式		102.60
统计洪水季节性变化规律	6 月 21 日至 8 月 10 日	102.00
	8 月 11 日至 9 月 30 日	103.00
预泄能力约束法		102.40
现设计的兴利蓄水位		103.00

6.1.6　汛限水位动态控制方法

汛限水位动态控制方法是指汛限水位极限允许控制的上下范围内,根据实时降雨预报、降雨径流预报信息、水库面临时刻水情、水库的泄流能力及约束条件,确定预见期内控制汛限水位值的方法。

值得指出的是,只有当水库水位落在汛限水位动态控制范围内且处于洪水的退水期,才存在汛限水位动态控制问题。

本节主要研究预蓄预泄法和综合信息模糊推理模式法。

第6.1.5部分研究的分期抬高的汛限水位及其动态控制域,仍是设计阶段的成果,只能是实时调度阶段汛限水位动态控制的一个约束或参考值。

6.1.6.1　预蓄预泄法

预蓄预泄法是基于原设计安全度,较常用的汛限水位动态控制方法。基本思想是:当预报无雨时,在有效预见期内,水库有多大泄流能力,就将汛限水位上浮多少,且留一定的余地;当预报有雨或有较大降雨时,在有效预见期内的退水过程有多大的富余水量,便将汛限水位下调多少,亦留一定的余地,后者又称预泄回充法。

1.预蓄预泄法动态控制汛限水位的影响因素分析

白龟山水库预蓄预泄法动态控制汛限水位的影响因素,包括面临时刻的水情、雨情、工情,入库洪水预报和降雨预报的预见期,预见期内的预报入库洪量及其误差分布,预见期内预泄能力,下游河道允许预泄的流量,决策等信息传递的稳定性、速度及闸门操作时间等。

前面曾分析过白龟山水库洪水产汇流预报方案和平顶山市降雨预报的预见期、精度分析与误差分布,说明洪水产流预报方案及平顶山市的未来24 h降雨预报信息可利用。白龟山水库闸门已实现自动控制,库水位在102.0 ~ 103.0 m之间泄流能力为3 700 ~ 4 400 m³/s,预泄能力有余。水库自动测报预报调度系统的信息传递稳定,决策人与调度人员之间的通信畅通率高,通话迅速。上述的宏观分析说明白龟山水库具有利用预蓄预泄法动态控制汛限水位的条件。

较具体的分析见"汛限水位极限允许动态控制范围"的预泄能力法。分析白龟山水库的预泄能力的主要约束条件有:①下游安全泄量约束,采用白龟山水库第一级控泄泄量600 m³/s;②预泄时的退水流量约束,采用泄流时库水位持平或下降的入流量50 m³/s;③城市供水与灌溉日平均出流约束,取5 m³/s;④预泄时间约束,根据天气短期降雨预报的成果,虽可利用短期降雨预报的有效预见期24 h,但要扣除预报信息传递、作业预报时间和预泄决策调令传达及实施时间,降雨提前时间,为安全仅取有效预见期12 h。

在实时调度阶段确定预蓄高度时,约束条件①、③、④可用,但条件②必须依据面临时刻入流而定。

2. 预蓄预泄法确定上浮汛限水位的方法步骤

(1)基本公式。引用式(6-10),即

$$\Delta Z_1 \leq f[(q_{出} - Q_{入}) \times t_1] \qquad (q_{出} \leq q_{安})$$
$$Z_{t1} = Z_0 + \Delta Z_1 \leq Z_{Lmax}$$

式中:Z_{t1}为面临时刻t_0经t_1时期后上浮的汛限水位;ΔZ_1为经t_1时期后,在Z_0以上浮动增值;t_1为降雨预报或洪水预报预见期减去信息传递、决策、闸门操作时间的有效预见期;$Q_入$为t_1时期内平均入流量;$q_出$为t_1时期内平均泄流量;$[q_出 - Q_入]t_1$为t_1时期内可下降库容量;$f[\cdot]$为水位库容关系;$q_安$为防护点堤防过流能力;Z_{Lmax}为汛限水位动态控制极限允许上限值,主汛期102.6 m,汛后期103.0 m。

白龟山水库汛限水位动态控制的各个方案在分析后满足式(6-10)不等式条件,使实施汛限水位动态控制成为可能。

3. 确定上浮后汛限水位的步骤

(1)按照式(6-11)计算有效预见期$t_1 = 12$ h。

(2)用试算法求t_1期间平均出流$q_出$。即假定浮动水位增值$\Delta Z_1'$,则绝对水位值为Z_s'(面临时刻t_0的汛限水位Z_0值加$\Delta Z_1'$)。

根据Z_s'与Z_0,查水位泄量关系得q_s'和q_0,近似求t_1期间平均出流$q_出 = (q_s' + q_0)/2$。

(3)求$Q_入$。据面临时刻t_0预报的入库洪水过程推求t_1期间平均入库流量。用梯形法或矩形法都可以求出$Q_入$。

(4)计算汛限水位上浮动值。依据公式计算$(q_出 - Q_入)t_1 = \Delta V_1$值,由$Z_0$所相应库容$V_0 + \Delta V_1 = V_s''$查求库容水位关系得到$Z_s''$,如$Z_s'' \neq Z_s'$,则需重新设$Z_s'$,重复上述(2)~(4)步骤,若$Z_s'' \approx Z_s'$则试算停止,$Z_s'$即为汛限水位向上浮动值。

(5)满足约束条件分析。即上浮的汛限水位是否满足 $Z'_S \leqslant Z_{L\max}$ 条件。

4. 预泄回充法下调汛限水位值确定方法步骤

1)基本公式

$$\Delta Z_2 \leqslant \varphi^* \left[\frac{(Q_{退} - q_{出})}{2} \times t_2 \right] \qquad （ q_{出} \geqslant q_{工、农} ） \tag{6-14}$$

$$Z_0 - \Delta Z_2 \geqslant Z_{L\min}$$

式中：Z_0 为面临时刻 t_0 的水位；ΔZ_2 为下调水位梯度值；t_2 为退水线上起始流量与达到正常供水流量时的时间间隔；$Q_{退}$ 为 t_2 期间起始退水流量；$q_{出}$ 为 t_2 期间平均供工业等必须流量；$q_{工、农}$ 为供工业等最小流量；$\varphi^*[\cdot]$ 为回充能力；$Z_{L\min}$ 为汛限水位动态控制极限允许下限值102.0 m。

2)汛限水位下调值确定步骤

(1)面临时刻 t_0 与决策时刻 t_S 时距，即是降雨预报的有效预见期 t_1。若已知决策时刻 t_S，即可查求相应预报的退水曲线的流量 $Q_{退}$。

(2)求 t_2。从退水曲线上查求与工农业正常供水流量 $q'_{出}$ 相应出现的时间 t_e，$t_e - t_S = t_2$。

(3)求决策时刻 t_S 应下调汛限水位值。先求可能回充的水量 $\Delta V_2 = (Q_{退} - q_{出})/2 \times t_2$，由 Z_0 所相应的库容 $V_0 - \Delta V_2 = V_S$，查求库容水位关系得到 Z_S，即决策时刻 t_S 应下调汛限水位值。

(4)预泄流量计算。为提高防洪效益，面临时刻 t_0 接到有暴雨预报后，可从该时的水位 Z_0 预泄，预泄流量计算式为

$$(\Delta V_2 + Q_入 t_1)/t_1 = q_{出} \qquad （ q_{出} \leqslant q_安 ） \tag{6-15}$$

式中：$Q_入$ 为降雨预报的有效预见期 t_1 的平均入库流量；$q_安$ 为下游河道安全泄流量。

不难看出，预泄为了提高防洪效益，回充计算防止降雨预报失误后影响后期蓄水。

5. 预蓄预泄法算例

如果面临时刻处于洪水退水阶段，且仍为主汛期，库水位由103.2 m降至102.8 m，高于汛限水位动态控制上限102.6 m，出库流量600 m³/s大于入库300 m³/s，水位将继续下降，为充分利用洪水资源，当时根据未来24 h无雨信息，将出库流量减少为290 m³/s，保持库水位在102.8 m；可24 h后接到有"中到大雨"预报信息，入库流量已退为180 m³/s；水库将利用预见期内预泄能力，在满足下游防洪安全前提下降低水位在汛限水位动态控制上限102.6 m以下。能否达到此次目的？分析计算如下：

(1)根据前面的分析，可利用短期降雨预报的有效预见期为24 h，扣除预报信息传递时间和预泄决策调令传达及实施时间，为安全计取 $t_1 = 12$ h。

(2)白龟山水库的预泄能力，第一受下游安全泄量，即水库控泄流量的约束，控泄流量600 m³/s(20年一遇洪水的控泄条件)上次洪水实际最大泄流量600 m³/s；第二受预泄时的退水流量约束，当时退水过程线中未来12 h平均入流量140 m³/s；第三受城市供水等日平均出流约束，取5 m³/s。

(3)为保证安全，本次预泄流量仍按 $q_{出} = 600$ m³/s控制，所以依据公式可计算得12 h可预腾水量 $V_1 = (600 - 140) \times 43\ 200 = 19.872 \times 10^6 (\mathrm{m}^3)$。

故预泄后所达到的库容 $V_{end} = V_{102.8} - V_1 = 289.568 - 19.872 = 269.696 \times 10^6 (\mathrm{m}^3)$，查表得 $Z_S = V_{end} = 102.48$ m，满足 $Z_S \leqslant Z_{限上} = 102.60$ m（$V_{限上} = 277.276 \times 10^6$ m^3）。

若保持 $V_{end} = Z_{限上} = 102.60$ m，可降低预腾流量 $q_{出} = [(289.568 - 277.276) + (140 \times 0.043\ 2)]/0.043\ 2 = 425(\mathrm{m}^3/\mathrm{s})$。

6. 预泄回充法算例

如果面临时刻 t_0（8 月 1 日 08:00），库水位 Z_0（102.6 m，相应 $V_0 = 277.276 \times 10^6$ m^3）；入库流量 275 m^3/s；接到未来 24 h"暴雨预报"信息，为提高水库防洪能力，库水位可能降多少？相应下泄流量多少，并能保证预报失误（空报）后利用退水余量回充到预泄初库水位 Z_0？

（1）根据预报有效预见期 12 h，确定预报失误决策回充时刻 t_S（8 月 1 日 20:00）预报的退水曲线的流量 $Q_{退}$ 为 245 m^3/s，在退水曲线上查求得与工农业正常供水流量 $q'_{出} = 5$ m^3/s 相应出现的时间 t_e（8 月 5 日 08:00），于是回充历时为 $t_2 = t_e - t_S = 84\mathrm{h} = 302\ 400$ s。

（2）可求得上次洪水退水所具有回充能力 $\Delta V_2 = (Q_{退} - q'_{出})/2 \times t_2 = (245 - 5)/2 \times 302\ 400 = 36.29 \times 10^6 (\mathrm{m}^3)$，因此允许降到的库容 $V_{Lmin} = V_0 - \Delta V_2 = 277.276 - 36.29 = 240.986 \times 10^6 (\mathrm{m}^3)$，查水位库容关系表得到允许 t_S（8 月 1 日 20:00）降低到水位值 $Z_S = Z_{Lmin} = 102.01$ m，满足 $102.0 \leqslant Z_S \leqslant 102.6$ m（汛限水位动态控制上下限）。

（3）相应面临时刻 t_0 至回充时 t_S 期间（12 h，平均入流量 260 m^3/s），下游安全允许最低级泄流量 $q_{出} = 600$ m^3/s，所以可预泄水量为 $(600 - 260) \times 12 \times 3\ 600 = 14.688 \times 10^6 (\mathrm{m}^3)$，$t_S$ 时刻库水位可能降至 $V_S = (277.276 - 14.688) \times 10^6 = 262.588 \times 10^6 (\mathrm{m}^3)$；$Z_S = 102.36$ m（汛限水位动态控制上下限之间）。

（4）结论。面临时刻的水库水情及预报信息条件下，水库水位 12 h 后由汛限水位动态控制上限 102.6 m，降至下限 102.3 m，预泄流量为 600 m^3/s，等于下游允许最低级泄流量，防洪是安全的；此时若发生"降雨空报"现象，利用退水余量水库水位将恢复到预泄前水位 102.6 m。

6.1.6.2　汛限水位动态控制综合信息模糊推理模式法

1. 综合信息模糊推理模式法的基本原理

综合信息模糊推理模式法，是在分析影响汛限水位控制的各种因子的基础上，把调度人员的多年控制经验和调度方式及其规则加以归纳，写成语言控制规则，再转换为推理模式，称为"大前提"。水库实时调度时，根据面临时刻的综合信息，称为"小前提"，通过模糊推理方法，给出满意的汛限水位控制方案，以此指导水库蓄或泄。关键之一是分析影响因子，即所谓的"综合信息"；之二是研究与选择"模糊推理"方法。

1）模糊推理方法 CRI（Compositional Rule of Inference）

本方法是 L. A. Zadeh 于 1973 年提出的。利用模糊关系的合成规则，给出如下的近似推理方法：

若给定 Fuzzy 蕴涵命题"若 A 则 B"，则定义：

$$R(\mu, \nu) = (A \rightarrow B)(\mu, \nu) \triangleq [A(\mu), B(\nu)] \vee [1 - A(\mu)]$$
$$(A \in F(\mu), B \in F(\nu)) \tag{6-16}$$

若已知 $A^* \in F(U)$，则可由蕴涵关系推得 $B^* \in F(V)$，即

$$B^* = R A^* \tag{6-17}$$

则 $B^*(\nu) = \sup_{\mu \in U}(A^*(\mu) \wedge \{[A(\mu) \wedge B(\nu)] \vee [1 - A(\mu)]\})(\forall \nu)$

若给定一组 Fuzzy 蕴涵命题"若 A_i 则 B_i"，$i = 1, 2, \cdots, n$，$A_i \in F(\mu)$，$B_i \in F(\nu)$，则定义总的推理关系 R 为

$$R(\mu, \nu) \triangleq \bigvee_{i=1}^{n}[A_i(\mu) \wedge B_i(\nu)] \quad (\forall(\mu, \nu)) \tag{6-18}$$

此时仍可用式(6-17)作近似推理。

不难看出，模糊推理方法的核心是构造蕴涵关系，作关系合成运算。当遇到双重蕴涵命题"若 A_i 且 B_i 则 C_i"，$i = 1, 2, \cdots, n$，$C_i \in F(\omega)$，则总的推理关系 R 为

$$R(\mu, \nu, \omega) \triangleq \bigvee_{i=1}^{n}[A_i(\mu) \wedge B_i(\nu) \wedge C_i(\nu)], \forall(\mu, \nu, \omega) \tag{6-19}$$

这是一个三元关系，计算很复杂。汛限水位动态控制涉及的因素较多，因子超过 3 个则属于多重蕴涵命题，出现了多维模糊合成运算的极大困难。L. A. Zadeh 提出的近似推理合成方法无能为力。

2）多重蕴涵命题特征展开近似推理法

这一方法是陈永义和陈图云于1984年提出的。其关键是二者已证明的定理 1 与定理 2。此方法即不必作合成运算，也不要构造推理关系，尤其是对多重蕴涵命题，计算很简便。

定理 1：设 $\{A_i\}$ 为 U 上的独立系，$\{B_i\} \subset F(V)$，$i = 1, 2, \cdots, n$；蕴涵命题"若 A_i 则 B_i"推理关系 $R = \bigcup_{i=1}^{n}(A_i \times B_i)$，则对于任意 $A^* \in F(U)$，推理结果有

$$B^* = A^* \circ R = \bigcup_{i=1}^{n} a_i \quad (B_i \in F(V)) \tag{6-20}$$

其中定义 $a_i = \sup_{\mu \in U}(A^*(\mu) \wedge A(\mu))$ 为 A^* 关于 $\{A_i\}$ 的特征系数。

定理 2：设 $\{A_i\}$、$\{B_i\}$ 为 U、V 上的独立系，$\{C_i\} \subset F(W)$，$i = 1, 2, \cdots, n$；蕴涵命题"若 A_i 且 B_i 则 C_i"推理关系 $R = \bigcup_{i=1}^{n}(A_i \times B_i \times C_i)$，则对于任意 $A^* \in F(U)$，推理结果有

$$C^* = (A^* \times B^*) \circ R = \bigcup_{i=1}^{n}(a_i \wedge b_i) \quad (C_i \in F(W)) \tag{6-21}$$

其中，$a_i = \sup_{\mu \in U}(A^*(\mu) \wedge A(\mu))$，$b_i = \sup_{\nu \in V}(B^*(\nu) \wedge B(\nu))$，分别是 A^* 关于 $\{A_i\}$，B^* 关于 $\{B_i\}$ 的特征系数。

把定理 1 与定理 2 推广到一般情况，即是多重蕴涵命题特征展开近似推理法，其要点如下：

设 $\{A_i^{(1)}\}$，$\{A_i^{(2)}\}$，$\cdots$，$\{A_i^{(m)}\}$ 分别是 m 个论域 $U_1, U_2, \cdots, U_m$ 的独立系，$\{B_i\} \subset F(V)$，一个近似推理系统是由一组多重蕴涵命题"若 $A_i^{(1)}$ 且 $A_i^{(2)}$ 且 $\cdots$ 且 $A_i^{(m)}$ 则 B_i"构成，如果已知 $A_i^{(1)*} \in F(U_1)$，$A_i^{(2)*} \in F(U_2)$，$A_i^{(m)*} \in F(U_m)$ 则推理结果为

$$B^* = \bigcup_{i=1}^{n}(\bigwedge_{j=1}^{m} a_i^{(j)}) \quad (B_i \in F(V)) \tag{6-22}$$

其中，$a_i^{(j)} = \sup_{\mu \in U_j}(A^{j*}(\mu) \wedge A_i^{(j)}(\mu))$，$i = 1, 2, \cdots, n$，$j = 1, 2, \cdots, m$，称为 A^{j*} 关于 $\{A_i^{(j)}\}$

的特征系数。这一方法的突出特点是,只要求出特征系数便得推理结果。

2. 白龟山水库汛限水位动态控制综合信息分析与计算

1）综合信息分析

对白龟山水库而言,综合信息是指面临时刻 t 实际库水位 Z_t;由实测降雨信息预报形成的第 1 天来水和第 2~5 天的退水量;平顶山市气象台预报未来 24 h（A_{24h}）、中央气象台 120 h（A_{120h}）降雨趋势预报信息,泄流能力,调度专家及决策者汛限水位控制的经验等,上述信息是影响水库汛限水位动态控制的主要因子。

2）未来 24 h 汛限水位控制值综合状态参数计算

为了简化推理模式的结构,提高推理输出的速度,在给出汛限水位控制值的同时提供泄流方案。基于水量平衡原理,将面临时刻的实际水情、雨情、工情和退水预报未来 24 h 形成的径流,用综合状态参数 W_1、W_2、W_3 描述,即

$$\left.\begin{aligned}
W_1 &= W_{in}(t,t+1) - W_q(t,t+1) - \Delta V_1 \\
W_2 &= W_{in}(t,t+1) - W_y(t,t+1) - \Delta V_1 \\
W_3 &= W_{in}(t,t+1) - W_a(t,t+1) - \Delta V_1 \\
\Delta V_1 &= V(Z_0(t+1)) - V(Z(t))
\end{aligned}\right\} \tag{6-23}$$

式中:$Z(t)$ 为面临日 t 的 8 时实际库水位;$V(Z(t))$ 为相应水位 $Z(t)$ 的库容量;$Z_0(t+1)$、$V(Z_0(t+1))$ 分别为未来 24 h（即 $t+1$ 日 8 时,间隔 1 d）汛限水位控制的理想值及相应的库容;$W_q(t,t+1)$、$W_y(t,t+1)$、$W_a(t,t+1)$ 分别为 t 日面临时刻之后 1 d 内按正常工农业供水放流、按照装机容量发电放流及按下游防护点安全泄量所要求的放流水量;$W_{in}(t,t+1)$ 为由实测降雨信息预报形成的第 1 天退水量。

设未来 1 日 8 时（即 24 h）的库水位用 $Z(t+1)$ 表示。

若 $W_1 > 0$,说明当预报无雨,按正常工农业供水 $W_q(t,t+1)$ 放流时,24 h 后库水位将超过理想汛限水位值,即 $Z(t+1) > Z_0(t+1)$;若仍要取 $Z(t+1) = Z_0(t+1)$,则需加大放水量 W_1。

若 $W_1 < 0$,说明当预报无雨,按 $W_q(t,t+1)$ 放流时,$Z(t+1) < Z_0(t+1)$;若仍要取 $Z(t+1) = Z_0(t+1)$,则需减少放水量 W_1。

若 $W_2 > 0$,说明当预报无雨,按装机发电水量 $W_y(t,t+1)$ 放流时,$Z(t+1) > Z_0(t+1)$;若仍要取 $Z(t+1) = Z_0(t+1)$,则需弃水 W_2。

若 $W_2 < 0$,说明当预报无雨,按 $W_y(t,t+1)$ 放流时,$Z(t+1) < Z_0(t+1)$;若仍要取 $Z(t+1) = Z_0(t+1)$,则需降低发电出力,即减少发电水量 W_2。

若 $W_3 > 0$,说明当预报无雨,按下游防洪安全泄量放流 $W_a(t,t+1)$ 时,$Z(t+1) > Z_0(t+1)$;若水库防洪安全不允许超蓄,即严格控制 $Z(t+1) = Z_0(t+1)$,则需加大放水量 W_3,此时下泄流量超过下游防洪安全泄量,需进一步分析。

若 $W_3 < 0$,说明当预报无雨,按 $W_a(t,t+1)$ 放流时,$Z(t+1) < Z_0(t+1)$;若为下游安全,可再减少泄量;若为水库安全,可仍保持泄量 $W_a(t,t+1)$。

3）未来第 5 天汛限水位控制值综合状态参数计算

经分析可知,白龟山水库具有 1~3 d 降雨,形成 5~7 d 洪水的产汇流特征,且具有一

场大暴雨过后下一次降雨的间隔时间平均为 5 d 以上的规律。为此,引入综合状态因子 U_1、U_2、U_3 如式(6-24)所示,以建立未来第 5 天汛限水位控制值的推理模式。

$$\left.\begin{array}{l} U_1 = W_{in}(t,t+5) - W_q(t,t+5) - \Delta V_2 \\ U_2 = W_{in}(t,t+5) - W_y(t,t+5) - \Delta V_2 \\ U_3 = W_{in}(t,t+5) - W_a(t,t+5) - \Delta V_2 \\ \Delta V_2 = V(Z_0(t+5)) - V(Z(t)) \end{array}\right\} \quad (6\text{-}24)$$

式中:$V(Z(t))$ 为面临日 8 时水位 $Z(t)$ 的相应的库容;$V(Z_0(t+5))$ 为未来 120 h(即 $t+5$ 日 8 时,间隔 5 d)汛限水位动态控制理想值 $Z_0(t+5)$ 所相应的库容;$W_q(t,t+5)$、$W_y(t,t+5)$、$W_a(t,t+5)$ 分别为未来 120 h 内按工农业需要供水、按装机容量出流、按下游防洪安全泄量要求放流的水库放水量;$W_{in}(t,t+5)$ 为未来 120 h 内,由实测降雨信息预报形成的未来 5 d 的退水量,包括基流水量。

参数 U_1、U_2、U_3 的意义可参照 W_1、W_2、W_3 进行解释,即

若 $U_1 > 0$,则说明当预报无雨、5 d 内放流方案为 $W_q(t,t+5)$ 时,未来 120 h 库水位 $Z(t+5) > Z_0(t+5)$;$U_1 < 0$,则 $Z(t+5) < Z_0(t+5)$。

若 $U_2 > 0$,则说明当预报无雨、5 d 内放流方案为 $W_y(t,t+5)$ 时,$Z(t+5) > Z_0(t+5)$;$U_2 < 0$,则 $Z(t+5) < Z_0(t+5)$。

若 $U_3 > 0$,则说明当预报无雨、5 d 内放流方案为 $W_a(t,t+5)$ 时,$Z(t+5) > Z_0(t+5)$;$U_3 < 0$,则 $Z(t+5) < Z_0(t+5)$。

这组参数是面临时刻以后 5 d 内无降雨时三种不同泄流状态的水库综合状态参数。

3. 白龟山水库未来 24 h 汛限水位动态控制推理模式的建立

1)未来 24 h 汛限水位控制值综合参数推理模式结构

通过式(6-23)综合参数分析与计算,从简单实用角度,建议目前阶段,白龟山水库汛限水位动态控制采用综合参数推理模式法,其结构形式为

$$\left\{\begin{array}{l} \text{if} \quad T_k \text{ and } A_j \text{ and } W_i \text{ then} \quad Z_d(t+1) \text{ and } Q_d(t,t+1) \\ Z_d(t+1) \leqslant Z_{校核} \\ Q_d(t,t+1) = [W_s(t,t+1) \pm W_i]/\Delta t \\ Q_d(t,t+1) \leqslant Q_{an} \\ k = 1,\cdots,4; \quad j = 1,2; \quad i = 1,2,3; \quad s = q,y,a \end{array}\right. \quad (6\text{-}25)$$

式中:$Z_d(t+1)$ 为通过分析确定的 $(t+1)$ 时刻汛限水位动态控制值;T_k 为当前调度所处时期,T_1、T_2、T_3、T_4 分别代表主汛期涨洪期、主汛期退水期、后汛期涨洪期、后汛期退水期;A_j 为气象降雨预报分级,根据已分析的气象降雨预报可利用水平,将未来 24 h 气象降雨预报分为二级,即 $A_1 = \{降雨 \leqslant 10 \text{ mm}\}$、$A_2 = \{降雨 > 10 \text{ mm}\}$,上述分级基本属于中雨以下、中雨以上量级;$W_i$ 为式(6-23)中的综合状态参数;$Z_{校核}$ 为校核洪水位;$W_s(t,t+1)$ 为三种泄流方案泄水量,$s = q$、y、a 的意义同式(6-23);Q_{an} 为下游河道安全泄流量;$Q_d(t,t+1)$ 为 Δt (24 h)内泄流量(决策方案)。

2)未来 24 h 推理模式大前提的建立

根据汛限水位动态控制的关键时期分析得知,若当前调度时期为 T_1 或 T_3,则无须研

究汛限水位动态控制问题,此时应按水库预报调度规则(以 P 表示)进行调洪,水位与泄流量分别用 $Z_P(t+1)$ 与 $Q_P(t+1)$ 表示;若当前调度时期为 T_2,则需研究汛限水位动态控制问题,此时 $Z_d(t+1) = [102.0, 102.6]$;若当前调度时期为 T_4,则汛限水位 $Z_d(t+1) = [102.6, 103.0]$。

推理模式大前提用逻辑语句表达如下:

(1) if T_1 or T_3 then $Z_d(t+1) = Z_P(t+1)$ and $Q_d(t+1) = Q_P(t+1)$。

(2) if T_2 and A_1 then $Z_d(t+1) = [102.3, 102.6]$ and $Q_d(t,t+1)$
$$= [W_s(t+1) \pm W_i]/\Delta t , \quad s = q, y, a。$$

(3) if T_2 and A_2 then $Z_d(t+1) = [102.0, 102.3]$ and Q_t
$$= [W_s(t+1) \pm W_i]/\Delta t , \quad s = q, y, a。$$

(4) if T_4 and A_1 then $Z_d(t+1) = 103.0$ and $Q_d(t,t+1)$
$$= [W_s(t+1) \pm W_i]/\Delta t , \quad s = q, y, a。$$

(5) if T_4 and A_2 then $Z_d(t+1) = [102.6, 103.0]$ and Q_t
$$= [W_s(t+1) \pm W_i]/\Delta t , \quad s = q, y, a。$$

用语言描述如下:

(1)若全汛期处于涨洪阶段,无须研究汛限水位动态控制问题,按照预报调度规则放流。

(2)主汛期的一次洪水退水阶段,如未来 24 h 有无雨或小雨量级的降雨预报信息,动态汛限水位按照102.3 ~ 102.6 m 控制,在汛限水位控制值约束下,有多少水按三种方案之一均匀泄流,但必须满足正常供水和下游防洪要求。

(3)主汛期的一次洪水退水阶段,如未来 24 h 有中雨以上量级的降雨预报信息,动态汛限水位按照102.0 ~ 102.3 m 控制,在汛限水位控制值约束下,有多少水按三种方案之一均匀泄流,但必须满足正常供水和下游防洪要求。

(4)后汛期的一次洪水退水阶段,如未来 24 h 有无雨或小雨量级的降雨预报信息,汛限水位按照103.0 m 控制,在汛限水位控制值约束下,有多少水按三种方案之一均匀泄流,但必须满足正常供水和下游防洪要求。

(5)后汛期的一次洪水退水阶段,如未来 24 h 有中雨以上量级的降雨预报信息,动态汛限水位按照102.6 ~ 103.0 m 控制,在汛限水位控制值约束下,有多少水按三种方案之一均匀泄流,但必须满足正常供水和下游防洪要求。

基于上述建立推理模式称为"大前提",若已知面临时刻 t 的上述诸因子(称小前提),则可通过大前提推理出未来 24 h 汛限水位动态控制值及相应的泄流方案。

4. 白龟山水库未来 5 d 汛限水位动态控制推理模式的建立

1) 未来 5 d 汛限水位控制值综合参数推理模式结构

通过式(6-24)综合参数分析与计算,考虑到未来 5 d 降雨预报信息尚未经过长期检验,故从安全角度,建议目前阶段,白龟山水库未来 5 d 汛限水位动态控制综合参数推理模式法仅能供参考,其结构形式类似于式(6-25),即

$$
\begin{cases}
\text{if} \quad T_k \text{ and } A_j \text{ and } U_i \text{ then} \quad Z_d(t+5) \text{ and } Q_d(t, t+5) \\
Z_d(t+5) \leqslant Z_{校核} \\
Q_d(t, t+5) = \left[W_s(t, t+5) \pm W_i \right]/\Delta t \\
Q_d(t, t+1) \leqslant Q_{an} \\
k = 1, \cdots, 4; \quad j = 1, 2; \quad i = 1, 2, 3; \quad s = q, y, a
\end{cases} \tag{6-26}
$$

式中：$Z_d(t+5)$ 为通过分析确定的 $(t+5)$ 时刻汛限水位动态控制值；T_k 为当前调度所处时期，T_1、T_2、T_3、T_4 分别代表主汛期的涨洪期、主汛期的前退水期、后汛期的涨洪期、后汛期的退水期；A_j 为气象降雨预报分级，根据已分析的气象降雨预报可利用水平，将未来 5 d 气象降雨预报分为二级，即 $A_1 = \{降雨 \leqslant 10 \text{ mm}\}$、$A_2 = \{降雨 > 10 \text{ mm}\}$，上述分级基本属于中雨以下、中雨以上量级；$U_i$ 为式（6-26）中的综合状态参数；$Z_{校核}$ 为校核洪水位；$W_s(t, t+5)$ 为三种泄流方案的泄水量，$s = q, y, a$ 的意义同式（6-24）；Q_{an} 为下游河道安全泄流量；$Q_d(t, t+5)$ 为 Δt（120 h）内泄流量（决策方案）。

2）未来 5 d 推理模式"大前提"的建立

根据汛限水位动态控制的关键时期分析得知，若当前调度时期为 T_1 或 T_3，则无须研究汛限水位动态控制问题，此时应按水库预报调度规则（以 P 表示）进行调洪，水位与泄流量分别用 $Z_P(t+5)$ 与 $Q_P(t+5)$ 表示；若当前调度时期为 T_2，则需研究汛限水位动态控制问题，此时 $Z_d(t+1) = [102.0, 102.6]$；若当前调度时期为 T_4，则汛限水位 $Z_d(t+1) = [102.6, 103.0]$。

推理模式大前提用逻辑语句表达如下：

（1）if T_1 or T_3 then $Z_d(t+5) = Z_P(t+5)$ and $Q_d(t+5) = Q_P(t+5)$。

（2）if T_2 and A_1 then $Z_d(t+5) = [102.3, 102.6]$ and $Q_d(t, t+5)$
$\qquad = [W_s(t+5) \pm U_i]/\Delta t$，$s = q, y, a$。

（3）if T_2 and A_2 then $Z_d(t+5) = [102.0, 102.3]$ and Q_t
$\qquad = [W_s(t+5) \pm U_i]/\Delta t$，$s = q, y, a$。

（4）if T_4 and A_1 then $Z_d(t+5) = 103.0$ and $Q_d(t, t+5)$
$\qquad = [W_s(t+5) \pm U_i]/\Delta t$，$s = q, y, a$。

（5）if T_4 and A_2 then $Z_d(t+5) = [102.6, 103.0]$ and Q_t
$\qquad = [W_s(t+5) \pm U_i]/\Delta t$，$s = q, y, a$。

用语言描述如下：

（1）若全汛期处于涨洪阶段，无须研究汛限水位动态控制问题，按照预报调度规则放流。

（2）主汛期的一次洪水退水阶段，如未来 5 d 有无雨或小雨量级的降雨预报信息，动态汛限水位按照 102.3 ~ 102.6 m 控制，在汛限水位控制值约束下，有多少水按三种方案之一均匀泄流，但必须满足正常供水和下游防洪要求。

（3）主汛期的一次洪水退水阶段，如未来 5 d 有中雨以上量级降雨预报信息，则动态汛限水位按照此阶段下限值 102.0 ~ 102.3 m 控制，在蓄至汛限水位控制值的前提下，有多少水按三种方案之一均匀泄流，但必须满足正常供水和下游防洪要求。

（4）后汛期的一次洪水退水阶段，如未来5 d有无雨或小雨量级的降雨预报信息，汛限水位按照103.0 m控制，在汛限水位控制值约束下，有多少水按三种方案之一均匀泄流，但必须满足正常供水和下游防洪要求。

（5）后汛期的一次洪水退水阶段，如未来5 d有中雨以上量级降雨预报信息，则动态汛限水位按照此阶段下限值102.6～103.0 m控制，在蓄至汛限水位控制值的前提下，有多少水按三种方案之一均匀泄流，但必须满足正常供水和下游防洪要求。

基于上述建立推理模式称为"大前提"，若已知面临时刻 t 的上述诸因子（称"小前提"），则可通过大前提推理得到未来5 d汛限水位动态控制值及相应的泄流方案。

6.1.7　汛限水位动态控制方案的效益分析

6.1.7.1　效益分析方法研究

1. 方法研究的目的与内容

1）研究的目的

在不增加水库上下游防洪风险的前提下，研究动态控制汛限水位可增加的兴利效益。如何计算其效益涉及方法问题，不同方法计算出来的效益是不同的。因此，通过方案相对比较，选择一个合理且符合实际的效益增值计算方法，既具有理论价值又具有实际意义。

2）研究的主要内容

研究昭白库群兴利效益，主要是在上游昭平台水库（多年调节水库）不改变原设计兴利、调洪原则情况下，白龟山水库变动汛限水位，对水库各种兴利指标如工业与民用供水、灌溉、弃水、不足水量、各用水部门供水保证率以及相应兴利效益的影响变化情况。

2. 方法研究所依据的基本资料

（1）径流资料。昭平台水库1972～2001年逐旬、逐日、逐时段入库流量（水量）资料，昭白区间1972～2001年逐旬、逐日、逐时段流量（水量）资料。

（2）昭平台、白龟山两库的水位—库容、水位—泄量、水位—面积关系资料。

（3）昭平台、白龟山两库的特征水位及相应库容资料。

（4）库面蒸发资料。白龟山水库库面蒸发计算公式为

$$w_z = 0.1kAE \times 10^4 \text{ m}^3$$

式中：w_z 为蒸发量；k 为蒸发系数，见表6-49；A 为水库水面面积，km^2；E 为蒸发深度，采用1972～2001年共30年的多年平均日蒸发深度代替，mm。

表6-49　水库蒸发系数

月份	1	2	3	4	5	6	7	8	9	10	11	12
k	0.92	0.92	0.92	0.92	0.94	0.94	0.97	0.94	0.92	0.91	0.83	0.87

（5）库区渗漏损失采用下面公式计算：

渗流流量（单位 m^3/s）：

$$q = 0.002 (h - 98)^2 + 0.082(h - 98) + 0.42$$

渗流水量（单位 m^3）：

$$W_l = q\Delta t$$

式中：h 为时段 Δt 对应的平均水位，m。

（6）水库兴利指标。昭、白两库1972～2001年逐旬毛灌水定额资料。

昭平台水库原设计工业与民用供水 10×10^6 m³/年；设计灌溉面积 90×10^4 亩。

白龟山水库原计划工业与民用供水 118×10^6 m³/年，远景计划 135×10^6 m³/年；原设计灌溉面积 50×10^4 亩，远景计划减为 35×10^4 亩。

（7）水库控制运用规则。

昭平台、白龟山两库联调。昭平台水库按其原设计的兴利调度和洪水调度规则；昭平台放水与昭白区间径流为白龟山水库入流。

白龟山水库原设计的洪水调度规则见第2.3节。

白龟山水库兴利调度规则为：枯水期，库水位在兴利蓄水位（103.0 m）以上，农灌与工业民用供水正常，弃水使库水位回落到兴利蓄水位；库水位在兴利蓄水位以下，农业限制供水水位（101.5 m）以上，农灌与工业民用供水正常；库水位在农业限制供水水位以下，农业停止供水水位（99.5 m）以上，农业减少30%供水，工业与民用供水正常；库水位在农业停止供水水位以下，死水位（97.5 m）以上，农业停止供水，工业与民用供水正常；库水位在死水位以下，工农业停止供水。

汛期，库水位在汛限水位（102.6 m）以上，农灌与工业民用供水正常，弃水使库水位回落到汛限水位；库水位在汛限水位以下，农业限制供水水位（100.8 m）以上，农灌与工业民用供水正常；库水位在农业限制供水水位以下，农业停止供水水位（99.3 m）以上，农业减少30%供水，工业与民用供水正常；库水位在农业停止供水水位以下，死水位（97.5 m）以上，农业停止供水，工业与民用供水正常；库水位在死水位以下，工农业停止供水。

3. 效益分析计算的基本原理

兴利调节计算的基本原理是联解水量平衡方程与运动方程，离散化后按时段的水库水量平衡方程与运动方程（用水位库容、水位泄量关系替代）：

$$W_{\text{末}} = W_{\text{初}} + W_{\text{入}} - W_{\text{供}} - W_{\text{灌}} - W_{\text{蒸渗}} - W_{\text{弃}} \tag{6-27}$$

$$W = f(Z)，\quad W_{\text{弃}} = \varphi(Z)\Delta t \tag{6-28}$$

式中：$W_{\text{末}}$ 为计算时段末的水库蓄水量；$W_{\text{初}}$ 为计算时段初的水库蓄水量；$W_{\text{入}}$ 为计算时段的入库水量；$W_{\text{供}}$ 为计算时段的水库工业供水量；$W_{\text{灌}}$ 为计算时段的农业灌溉用水量；$W_{\text{蒸渗}}$ 为计算时段的蒸发渗漏量；$W_{\text{弃}}$ 为弃水量，通过水位库容 $W = f(Z)$ 关系和水位泄量 $q = \varphi(Z)$ 关系计算。

6.1.7.2　不同"输入资料水平"效益分析计算方法

兴利长系列调节的起调时间为1972年10月1日至2001年9月30日，起调水位为正常高水位（103.0 m）。

1. 两种方法比较

水库在原计划的供水指标下（工业与民用供水 118×10^6 m³/年、农业灌溉面积 50×10^4 亩），按原汛期6月21日至9月30日，分析不同的兴利调节计算方法对水库各种兴利指标的影响。兴利调节计算成果见表6-50。

表 6-50　不同兴利调节计算方法计算成果比较

| 汛限水位（m） | 方法 | 兴利用水（×10^6 m^3/年） | | | | 弃水量（×10^6 m^3/年） | 期末水位（m） | 期末库容（×10^6 m^3） | 保证率（%） | |
		工业计划	工业实际	农业计划	农业实际				工业	农业
102.0	①	118	118	123	117	413.7	101.57	216.3	96.8	83.9
	②	118	118	123	117	413.7	101.57	216.3	96.8	83.9
102.3	①	118	118	123	118	409.6	101.88	233.5	96.8	83.9
	②	118	118	123	118	409.6	101.88	233.5	96.8	83.9
102.6	①	118	118	123	119	405.8	102.19	251.5	96.8	83.9
	②	118	118	123	119	405.8	102.19	251.5	96.8	83.9

注：方法①为逐旬兴利长系列调节计算时历法（常规方法），方法②为"洪水与兴利连调"的变时段长系列调节计算方法。

2. 初步结论

由表 6-50 可知，"兴利长系列调节时历法"和"洪水与兴利连续调节"的变时段长系列调节计算方法，两种计算成果很接近，对各类兴利指标的影响并不显著，"洪水与兴利连续调节"的变时段长系列调节法与水库的实际运行情况更接近，如果在水库的洪水资料比较详尽的情况下，用此种方法进行兴利效益计算较客观。故白龟山水库汛限水位动态控制的兴利效益分析采用此方法。

3. 不同动态控制汛限水位方案"对兴利效益评价指标的影响分析"

采用"洪水与兴利连续调节"计算方法。调节周期为 1972～2001 年共 30 年，起调时间为 1972 年汛末 10 月 1 日，调节期末为 2001 年汛初 9 月 30 日。

（1）汛期按原汛期 6 月 21 日至 9 月 30 日。

若农灌指标保持不变（灌溉面积 50×10^4 亩，农灌保证率不低于 75%）。汛限水位按原设计的 102.0 m 抬高为 102.3 m 和 102.6 m 时，工业与民用供水在原计划 118×10^6 m^3/年的基础之上逐渐增加，工业与民用供水保证率不低于 96.8%，分析不同汛限水位对水库各供水指标影响的兴利计算成果见表 6-51。

表 6-51　变时段长系列兴利调节结果（汛期按原设计的 6 月 21 日至 9 月 30 日）

| 汛限水位（m） | 供水部分（×10^6 m^3/年） | | | | | 工业供水破坏年数 | 缺水量（×10^6 m^3/年） | 弃水量（×10^6 m^3/年） | | | 保证率（%） | |
	工业计划	工业实际	增加供水量	农业计划	农业实际			弃水年数（年）	年均弃水量	弃水减少量	工业	农业
102.00	118	118	—	123	116	0	6.7	28	413.7	—	96.8	83.9
102.00	125	125	7	123	117	0	6.8	28	407.3	6	96.8	83.9
102.30	135	135	17	123	117	0	6.0	27	394.4	19	96.8	83.9
102.60	138	138	20	123	118	0	4.8	26	387.9	26	96.8	83.9

由表 6-51 可知：

①工业与民用供水保证率为 96.8% 时，若汛限水位为 102.00 m，实际工业与民用供水量可达到 125×10^6 m^3/年，比原计划工业与民用供水量 118×10^6 m^3/年增加了 7×10^6 m^3/年。

如果汛限水位提高到102.3 m(增加库容17.60×10^6 m³),工业与民用供水量可达到135×10^6 m³/年,比原计划工业与民用供水量118×10^6 m³/年增加了17×10^6 m³/年。

如果汛期限制水位提高到102.6 m(增加库容35.90×10^6 m³),工业与民用供水量可达到138×10^6 m³/年;比原计划工业与民用供水量118×10^6 m³/年增加了20×10^6 m³。

②采用不考虑汛期分期的方式,白龟山水库的工业与民用供水在原计划118×10^6 m³/年指标上,白龟山水库通过适当地提高汛限水位所获得的供水效益是很显著的。

③因昭平台为多年调节水库,其汛限水位低于正常高水位7 m(正常高水位174 m),相应库容394×10^6 m³,汛限水位167 m,相应库容179×10^6 m³,兴利与防洪共用库容为215×10^6 m³,具有很大的调洪能力。根据汛期的来水情况,白龟山水库实施汛限水位动态控制,则可以在未增加水库防洪风险前提下,减少弃水,增加供水,提高水库兴利效益。

④白龟山农灌原设计保证率只有75%,灌溉亩数较大,灌溉期用水较大,因此由提高农灌水量来增加兴利效益的成效不大。

(2)按河南院"计年内洪水统计规律"确定的主汛期为7月11日至8月10日,汛限水位102.0 m,后汛期8月11日至9月30日,汛限水位上限103.0 m。

若保持农灌指标不变(灌溉面积50万亩,年均用水量117×10^6 m³),并保证农灌用水保证率不低于75%,工业与民用供水保证率不低于96.8%,分析提高分期汛限水位时对水库各供水指标的影响的兴利长系列调节计算成果见表6-52。

表6-52　提高分期汛限水位对兴利效益评价指标影响分析

方案	汛限水位(m)		弃水量 (×10⁶ m³/年)	弃水利用增量 (×10⁶ m³/年)	工业计划 (×10⁶ m³/年)	工业实际 (×10⁶ m³/年)	工业供水增量 (×10⁶ m³/年)	农业计划 (×10⁶ m³/年)	农业实际 (×10⁶ m³/年)	调节期末水位 (m)	期末库容 (×10⁶ m³)
	主汛期	后汛期									
①	②	③	④	⑤	⑥	⑦	⑧	⑨	⑩	11	12
a	102.0	102.0	413.7	—	118	118	—	123	116	101.57	215.5
b	102.0	102.0	407.3	6	125	125	7	123	116	101.56	215.5
c	102.0	102.3	402.1	11	128	128	10	123	116	101.86	232.4
d	102.0	102.6	397.9	15	131	131	13	123	117	101.92	235.6
e	102.0	103.0	396.3	17	132	132	14	123	117	101.92	235.6
f	102.3	102.3	394.4	17.6	135	135	17	123	117	101.85	231.7
g	102.3	102.6	392.3	21	135	135	17	123	117	102.16	249.6
h	102.3	103.0	389.5	24	137	137	19	123	117	102.20	252.0
i	102.6	102.6	387.9	26	138	138	20	123	118	102.15	249.3
j	102.6	103.0	384.4	29	140	140	22	123	118	102.49	269.5

由表6-52可知:

(1)由防洪预报调度方式确定的主汛期汛限水位可提高至102.6 m,在效益分析时,以此作为主汛期汛限水位抬高的上限。

当主汛限水位抬高为102.6 m,后汛期汛限水位为103.0 m(兴利蓄水位)时,在保证工业与民用供水保证率不低于96.8%的情况下,可使工业与民用供水量增加至140×10^6 m³/年,比原计划工业与民用供水量118×10^6 m³/年增加了22×10^6 m³/年。

（2）分析表中数据可知,后汛期汛限水位的抬高对于洪水资源的利用增量的影响并不是很显著,主要是因为白龟山流域的洪水绝大多数集中在主汛期,后汛期即使汛限水位提高,但是洪水资源的利用增量不显著。所以,要想充分利用洪水资源,还得探讨主汛期汛限水位提高的可行方法。

（3）对比表 6-52 中的第⑥、⑨两列,可以看出,工业与民用供水量的增加正是由于汛期减少弃水所致。

（4）表 6-52 中的第⑤列弃水减小的直接原因是汛限水位的抬高,所以弃水利用的增量值不应大于两个汛限水位之间的库容差值,即表 6-53 中所列。对比表 6-52 和表 6-53,计算结果符合约束要求。

表 6-53　不同汛限控制水位对应库容

汛限水位（m）	102.0	102.3	102.6	103.0
库容（×10⁶ m³）	240.4	258.0	276.3	301.8
库容差（×10⁶ m³）	—	17.6	35.9	61.4
弃水利用增量上限值（×10⁶ m³）	—	17.6	26	29.0

6.1.8　白龟山水库汛限水位动态控制的风险分析

汛限水位动态控制的核心内容属实时调度阶段的问题,为防止"因满足下游防洪安全而无限要求减少下泄流量导致汛限水位降低"和"因增加兴利蓄水而无限抬高汛限水位"现象发生,第6.1.5部分研究"汛限水位动态控制约束域"确定的方法。

因为"汛限水位动态控制约束域"是调度规划设计的结果,它与原设计的汛限水位一样,同样存在风险。

基于现行的设计理念,不考虑洪水和降雨预报信息,汛限水位是设计标准洪水的起调水位,只要汛限水位动态控制值超过原设计的汛限水位,便认为其风险率大于原设计的防洪标准;若汛限水位动态控制值低于原设计的汛限水位,则其供水保证率将低于原设计值。尽管规范允许考虑洪水预报实施"预蓄预泄"适当抬高原设计汛限水位,但仍要求下次洪水起涨前库水位必须降至原设计汛限水位,才不增加风险。其核心思想是:时刻预防设计、校核标准或下游防洪标准洪水来临。

汛限水位动态控制设计研究的基本思想是,要利用一切可利用的信息,如洪水预报、降雨预报、面临时刻所处的时期及补偿水库的实际库水位等,将未来某一时期的汛限水位控制在原设计汛限水位上下的一个约束域内。高于原设计汛限水位的目的是充分利用洪水资源,且不降低原设计标准;低于原设计汛限水位的意图是提高水库上下游原设计的防洪标准,且不降低原设计供水保证率。

实际上,洪水预报和降雨预报有误差,它们各服从某一分布律,利用这些信息是否增加所实施的汛限水位动态控制方案的风险度,将是推广实施汛限水位动态控制的关键问题。具体应回答如下一些问题:如何计算所依据信息的误差分布? 如何计算汛限水位动态控制方案的风险度? 其风险度较原设计增加还是减少? 有什么软或硬措施来降低风险度? 若实无任何措施,则增加的风险度能否承受? ……深入研究这些问题,既有理论价值又有经济效益,将有助于汛限水位动态控制设计研究理论的发展与方法的推广应用。

实时调度中,由于预报误差、调度期处于洪水退水阶段等,可能引起水库起调水位高于规划设计时所确定的汛限水位。这时决策人员最关心的问题是,水库防洪调度实时风险率与规划设计风险率相比有什么变化? 风险率的变化可从两个角度来考察:一是水库垮坝风险的变化;二是水库仍防御设计与校核标准洪水时风险率的变化。

6.1.8.1 水库动态控制汛限水位的风险率

1. 风险率计算的定义与基本思想

定义6.1 选定的汛限水位值 Z_{Li},水库还能抗御某一设计频率 P_k 的洪水 W_{Pk},其调洪最高水位 $Z_m(W_{Pk})$ 正好等于规划批复的允许最高蓄水位 Z_{Aj},这一频率亦称为所选汛限水位值的极限风险率 P_Z:

从水库动态控制汛限水位控制域角度定义风险率,是指水库在调度运用中,针对某一特定的风险控制指标,即允许最高蓄水位 Z_{Aj}(可为校核洪水位、混凝土坝顶、防浪墙顶或回水淹没允许高程等),在确保下游和大坝安全的前提下,自某一汛期限制水位 Z_{Li} 起调不同频率 P_{Wij} 洪水,P_{Wk} 频率洪水的调洪最高水位 $Z_m(W_{Pk})$ 恰好与特定的风险控制指标 Z_{Aj} 相等,则频率 P_{Wk} 为汛限水位 Z_{Li} 的风险率。这是一种替代方法,用公式表示为

$$P_Z(Z_{Li}) = P_k\{Z_m(W_{Pk}, Z_{Li}) = Z_{Aj}\} \leqslant P_Z(Z_{L0}, z_{m0}) \quad (Z_{低} \leqslant Z_{Li} \leqslant Z_{正}) \quad (6\text{-}29)$$

式中:$Z_m(W_{Pk}, Z_{Li})$ 为 P_k 频率洪水的调洪最高水位;$P_Z(Z_{L0}, z_{m0})$ 为校核洪水频率;$Z_{低}$ 为水库汛期最低消落水位;$Z_{正}$ 为规划设计的正常高水位。

对应 Z_{Li},$i = 1, 2, \cdots, n$ 动态控制汛限水位值,按照式(6-29)可计算出 n 个风险率 $P_Z(Z_{Li})$。根据可承受的风险度,决策者选用某一方案。

应该指出,上述定义基于对气象部门"降雨预报"的不信任,即忽视现代降雨预报水平的提高,仍坚持原设计的理念与假定,认为未来发生各种暴雨洪水的概率服从设计的 P-Ⅲ 分布,时刻要求确定的汛限水位,在汛期能防御发生上、下游设计防洪标准洪水。在不改变原设计调洪方式及规则的前提下,凡较原设计抬高了汛限水位($Z_{Li} > Z_{L0}$),则按照定义6.1计算的风险率 $P_Z(Z_{Li})$ 必然大于原设计汛限水位 Z_{L0} 的风险率 $P_Z(Z_{L0})$,即不满足式(6-29)约束。这是一个保守结果,为决策人提供一个偏安全的信息。式(6-29)还给人们一个提示,若设计洪水不改变,改变原设计调洪方式及规则则是一个方向,如现规范规定可利用洪水预报的预蓄预泄方式,既可实时提高汛限水位,又能满足约束条件。

2. 汛限水位动态控制风险率计算方法步骤

1)基于定义6.1,计算汛限水位动态控制的风险率步骤

(1)按照现行设计洪水计算规范要求,通过频率分析法求出不同频率 P_j,$j = 1, 2, \cdots, k$ 的设计洪水过程。

(2)从第 Z_{Li} 个水位起调按照常规的调度原则与规则调洪计算出 k 个最高库水位 Z_{mj},$j = 1, 2, \cdots, k$,并点绘($Z_{mj} \sim P_j$)经验频率曲线。不同的动态控制水位依同样的步骤可点绘出不同的频率曲线,即相应 $i = 1, 2, \cdots, n$ 个动态控制汛限水位可绘制出 n 条经验频率曲线族($Z_{mj} \sim Z_{Li} \sim P_j$),即调洪最高水位—汛限水位—频率复相关线,替代概率密度函数族 $f(Z_m(Z_{Li}))$。

(3)若已知动态控制水位 Z_q 方案,则可依据曲线族($Z_{mj} \sim Z_{Li} \sim P_j$),由原设计的最

高水位 Z_{m0} 值作约束,反查出对应 Z_q 方案的频率 $P_{Zq}(Z_{mq} = Z_{m0})$,$q \in k$ 即为极限风险率。

2)白龟山水库常规防洪调度方式的汛限水位动态控制的极限风险率

由表 6-54(或图 6-16)、表 6-55(或图 6-17)知,白龟山水库按常规防洪调度方式,洪水组合为白龟山以上与昭白区间同频率,汛限水位为 102.0 m 的极限风险率约为 0.041%;汛限水位为 102.6 m 的极限风险率为 0.055%,即在 $Z_{mj} \sim (Z_{Li} = 102.6) \sim P_j$ 的关系线上,查求原设计校核洪水位 109.56 m 所对应的频率。

白龟山水库按原常规防洪调度方式,洪水组合为白龟山以上与昭平台同频率,汛限水位为 102.0 m 的极限风险率约为 0.036%;汛限水位为 102.6 m 的极限风险率约为 0.049%。

表 6-54　白龟山水库常规防洪调度方式的调洪成果 1

汛限水位(m)	设计洪水频率 P(白龟山以上与昭白区间同频率)				极限风险率
	0.05%	1%	2%	5%	
102.0	109.46	106.03	105.60	105.18	0.041%
102.6	109.64	106.34	105.91	105.48	0.055%

表 6-55　白龟山水库常规防洪调度方式的调洪成果 2

汛限水位(m)	设计洪水频率 P(白龟山以上与昭平台同频率)				极限风险率
	0.05%	1%	2%	5%	
102.0	109.35	105.93	105.88	105.38	≈0.036%
102.6	109.55	106.14	106.10	105.67	≈0.049%

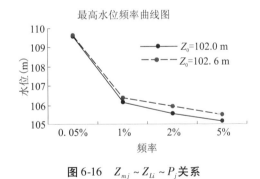

图 6-16　$Z_{mj} \sim Z_{Li} \sim P_j$ 关系
(白龟山以上与昭白区间同频率)

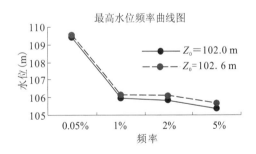

图 6-17　$Z_{mj} \sim Z_{Li} \sim P_j$ 关系
(白龟山以上与昭平台同频率)

3)白龟山水库防洪预报调度方式的汛限水位动态控制的极限风险率

由表 6-56(或图 6-18)、表 6-57(或图 6-19)知,白龟山水库按防洪预报调度方式,汛限水位为 102.0 m 的极限风险率为 0.02% ~ 0.03%;汛限水位为 102.6 m 的极限风险率为 0.026% ~ 0.031%。

表 6-56　白龟山水库防洪预报调度方式的调洪成果 1

汛限水位（m）	设计洪水频率 P（白龟山以上与昭白区间同频率）				极限风险率
	0.05%	1%	2%	5%	
102.0	108.73	105.80	104.78	105.18	≈0.02%
102.6	109.02	105.98	105.15	105.18	≈0.026%

表 6-57　白龟山水库防洪预报调度方式的调洪成果 2

汛限水位（m）	设计洪水频率 P（白龟山以上与昭平台同频率）				极限风险率
	0.05%	1%	2%	5%	
102.0	108.95	105.08	104.76	105.38	≈0.03%
102.6	108.99	105.21	104.76	105.38	≈0.031%

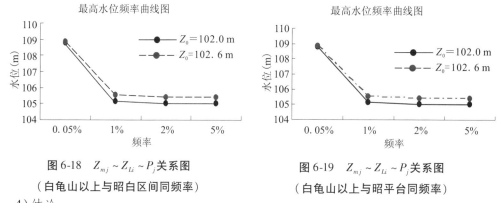

图 6-18　$Z_{mj} \sim Z_{Li} \sim P_j$关系图　　　图 6-19　$Z_{mj} \sim Z_{Li} \sim P_j$关系图

（白龟山以上与昭白区间同频率）　　　　（白龟山以上与昭平台同频率）

4）结论

比较两种水库防洪调度方式的汛限水位动态控制的极限风险率可知，防洪预报调度方式下汛限水位动态控制的极限风险率较常规防洪调度方式下汛限水位动态控制的极限风险率小。

6.1.8.2　防洪预报调度方式的风险分析

1. 防洪预报调度方式的极限风险率

1）防洪预报调度方式的极限风险的定义

定义6.2　若校核标准洪水可能遭遇各种频率径流预报误差，则基于防洪预报调度方式及汛限水位的调洪诸最高水位所对应频率的最大值，称为考虑径流预报误差的大坝安全的极限风险率。

$$\psi_{\max} = \max_{i=1,\cdots,n} \left\{ P_{Zi} \left[R(R_{m0} + \Delta R_i), Z'_{mi} \right] \right\} \tag{6-30}$$

式中：$\psi_{\max}$ 为防洪预报调度方式大坝安全的极限风险率（%）；R_{m0} 为原设计的大坝校核标准频率的洪水径流深，如白龟山水库的校核标准频率为0.05%，即 $R_{m0} = R_{0.05\%}$；ΔR_i 为相应第 i 频率的径流深预报误差；$R(\cdot)$ 为修正后的校核标准频率的径流深；Z'_{mi} 为用第 i 频率径流深误差对校核标准洪水修正后，用防洪预报调度方式调节修正后的校核标准洪水的调洪最高水位；$P_{Zi}[\cdot]$ 为 Z'_{mi} 所发生的频率；n 为所考虑的各种频率径流预报误差的数量。

2) 白龟山水库的防洪预报调度方式的大坝安全极限风险率计算步骤

(1) 用对应各种频率的径流深预报误差(表 6-58 中②行)修正原设计的 2 000 年一遇 (0.05%)洪水径流深,得到考虑不同频率径流深预报误差的 2 000 年一遇径流深(见表 6-58 中③行)及其过程线。

(2) 利用预报调度规则,由 102.6 m 起调上述的各种径流深预报误差修正的 2 000 年 一遇洪水过程线,求出不同的调洪最高水位(见表 6-58 中④行),其中各调洪最高水位对 应的极限风险率类同表 6-56 求风险率的方法,即以 109.02(频率 0.05%)~105.90 m(频 率 1%)绘制曲线,往左上外延与 109.56 m 原校核水位的交点求出。则白龟山水库考虑径 流深预报误差的洪水预报调度方式的大坝安全极限风险率<0.030%,见表 6-58 中⑥行 数据。

表 6-58　白龟山水库防洪预报调度方式下极限与期望风险计算

（白龟山以上与昭白区间同频率,102.60 m 起调）

名称	序号	净雨预报绝对误差累计频率 $P_P(X > \Delta R)$（%）				
	①	0.01	0.05	1	20	预报准确
净雨相对误差 $\Delta R_{P\%}$（mm）	②	41.9	37.2	26.6	10.2	
修正的 2 000 年一遇径流深 $R_{0.05\%} + \Delta R_{P\%}$（mm）	③	857.9	853.2	842.6	826.2	816
调洪最高水位 Z_{mi}（m）	④	109.10	109.08	(109.05)	(109.03)	109.02
最大泄量（m³/s）	⑤	7 175	7 168	7 141	7 106	7 100
风险率 ψ（%）	⑥	0.030	0.029	0.027	0.026	0.026

注:净雨预报绝对误差及相应频率见表 6-29;括号值是线性内插。白龟山以上与昭平台同频率组合状态计算略。

由表 6-58 知,白龟山水库按防洪预报调度方式,汛限水位 102.6 m 时,调节 2 000 年一 遇洪水加上不同频率洪水径流深预报误差,白龟山水库调洪最高库水位小于原设计的校 核洪水位 109.56 m。根据定义 6.2,白龟山水库在防洪预报调度下,汛限水位为 102.6 m 时,大坝安全的极限风险率小于 0.030%(白龟山水库校核洪水频率 0.05%),即小于原设 计的汛限水位 102.0 m 的常规防洪调度方式的大坝安全的极限风险率 0.05%。

3) 防洪洪水预报调度方式的下游防洪风险分析

白龟山水库下游防洪任务分为两级:遭遇小于或等于 20 年一遇入库洪水时,白龟山 水库控泄 600 m³/s;遭遇大于 20 年一遇且小于或等于 50 年一遇入库洪水时,白龟山水库 控泄 3 000 m³/s。

在实时洪水预报调度时,由于空报误差可能导致水库提前加大泄流,危及下游防洪安 全。在防洪预报调度方式设计时采用了逐级调节泄流法。表 6-59 所示为频率洪水的实 际累积净雨量、防洪预报调度规则确定的判断指标及两者对比值。

防洪预报调度规则选取白龟山以上全区累积净雨量 340 mm 作为判断白龟山水库遭 遇 20 年一遇设计洪水的泄流指标,与 20 年一遇设计洪水的全区 7 d 累积净雨总量 278 mm 相比具有 62 mm 的富余,其相对误差为 22.3%;选取白龟山以上全区累积净雨量 420

mm 作为判断白龟山水库遭遇 50 年一遇设计洪水的泄流指标,与 50 年一遇设计洪水的全区 7 d 累积净雨总量 351 mm 相比具有 69 mm 的富余,其相对误差为 20%。研究表明,净雨预报相对误差将随着流域下垫面的蓄满,或产流系数的加大而减小。当白龟山以上全区累积净雨总量达 420 mm 时,流域早已蓄满。

表 6-59　防洪预报调度规划的累积净雨判断泄流指标　　　　　　(单位:mm)

重现期(年)		20			50		
指标类别		规则	设计	差值 (绝对/相对,%)	规则	设计	差值 (绝对/相对,%)
规则确定的累积净雨指标(全区)		340			420		
全区设计 昭白区间设计	昭平台		292			358	
	昭白区间		261			343	
	全区	340	278	62/22.3	420	351	69/19.7
全区设计 昭平台设计	昭平台		361			462	
	昭白区间		186			229	
	全区	340	277	62/22.3	420	351	69/19.7

2. 防洪预报调度方式的期望风险率确定方法

表 6-58 中第⑥行的各个风险频率为校核标准洪水遭遇某一频率径流深预报误差的风险频率。实际上校核标准洪水可能与各种频率径流深预报误差遭遇,故定义6.3。

定义6.3　若校核标准洪水可能遭遇各种不同频率径流深预报误差,则基于防洪预报调度方式的汛限水位调洪的各最高水位所对应频率的期望值,称为期望风险率,即

$$P_{RZ期望} = \sum_{i=1}^{n} \Delta P_{Ri} \cdot \psi(\Delta P_{Ri}) \qquad (\sum_{i=1}^{n} \Delta P_{Ri} = 1) \qquad (6\text{-}31)$$

式中:ΔP_{Ri} 为径流深绝对误差发生频率间距,即 $\Delta P_{Ri} = P(\Delta R > \Delta R_i) - P(\Delta R > \Delta R_{i-1})$,如 $\Delta P_{R1} = 0.01\%$,$\Delta P_{R2} = (0.05 - 0.01)\%$,$\Delta P_{R3} = (1 - 0.05)\%$,$\cdots$,$\Delta P_{Rn} = (100 - 20)\%$;$\psi(\Delta P_{Ri})$ 为对应径流深绝对误差发生频率间距 ΔP_{Ri} 上的平均风险频率。

将表 6-58 的①、⑥行数据代入式(6-31),有 $P_{RZ期望} = 0.026\ 2\%$,即报调度方式汛限水位控制102.6 m 的期望风险率为 $P_{RZ期望}(Z_L = 102.6) = 0.026\ 2\% < 0.05\%$(原设计的校核标准)。

6.1.8.3　降雨预报应用于汛限水位动态控制的风险分析

为了充分利用洪水资源,白龟山水库实时调度中利用了短期洪水预报进行预蓄调度,由于洪水预报预见期短而开始利用降雨预报成果进行调度。尽管气象台未来 24 h 无雨(或小雨)预报的水平较高,但漏报率为11.5% 左右。受降雨预报信息误差影响,决策者利用降雨预报信息选定未来某一时刻的汛限水位方案,必然具有一定风险。本部分重点研究考虑降雨预报的风险率计算方法。

实际上,降雨预报水平在不断提高,经研究表明,尽管气象部门的降雨定量预报有误

差,可是分级预报信息已达到可利用程度,由表 6-18"白龟山流域未来 24 h 各级降雨预报精度分析"可知,其中"无雨预报"和"小雨预报"信息可信度较高,建议先用于汛限水位动态控制研究中。灾害性的天气及台风预报水平有很大提高,有一定信度亦可参考利用。

1. 考虑降雨预报的动态控制汛限水位的极限风险率

综合分析目前降雨预报水平,再给出以下定义。

定义6.4　考虑"无雨预报"(或"小雨预报")选定汛限水位控制值 Z_{Ld} 的极限风险率 $P_{Z 无雨极}$(或 $P_{Z 小雨极}$)等于"无雨预报"(或"小雨预报")漏报条件下发生校核标准洪水(或上下游防洪标准洪水)的频率,即

$$P_{Z 无雨极}(Z_{Ld}, Z_{m0}) = P_P(X > 0.0) \times P_Z(Z_{Ld}, Z_{m0})$$

$$0 \leqslant P_{Z 无雨极}(Z_{Ld}, Z_{m0}) \leqslant P_Z(Z_{L0}, Z_{m0}); 0 \leqslant P_P(X > 0.0) \leqslant 1 \qquad (6\text{-}32)$$

或

$$P_{Z 小雨极}(Z_{Ld}, Z_{m0}) = P_P(X > 8.0) \times P_Z(Z_{Ld}, Z_{m0})$$

$$0 \leqslant P_{小雨极}(Z_{Ld}, Z_{m0}) \leqslant P_Z(Z_{L0}, Z_{m0}); 0 \leqslant P_P(X > 8.0) \leqslant 1 \qquad (6\text{-}32')$$

式中: $P_Z(Z_{L0}, Z_{m0})$ 为原设计汛限水位 Z_{L0} 所能防御的洪水频率(替代风险率); $P_Z(Z_{Ld}, Z_{m0})$ 为选定动态控制汛限水位 Z_{Ld} 值,依据现行设计理论计算的风险率,即根据定义6.1计算的值 $P_Z(Z_{Li}) = P_{Wk}\{Z_m(W_{Pk}, Z_{Li}) = Z_{Aj}\} = P_Z(Z_{Ld}, Z_{m0})$; $P_P(X > 0)$ 为"无雨预报"水平指标,即无雨预报漏报的累计频率,根据"无雨预报"的实际可能发生的降雨值 $x_i \sim P\%$ 频率分布推求; Z_{m0} 为原设计标准调洪最高水位(或校核标准洪水位、防洪高、淹没允许高); $P_P(X > 8.0)$ 为"小雨预报"水平指标,即小雨预报漏报的累计频率,根据"小雨预报"的实际可能发生的降雨值 $x_i \sim P\%$ 频率分布推求,"小雨预报"漏报条件 X 没取 10 mm,为安全取 8 mm。

基于新理念,定义6.4假定"无雨预报"(或"小雨预报")漏报与发生设计标准洪水是两个独立随机事件。此假定基于两点:一是降雨预报基于成因分析,误差是随机的,其分布受人为因素影响,随着预报理论提高和先进工具及手段的应用,误差越来越小;二是设计洪水是依据历史样本统计规律,不受人为因素制约的随机事件。面临时刻并非任何条件下都可能发生设计标准洪水,只有在"无雨预报"(或"小雨预报")漏报的条件下才有可能发生设计标准洪水,这相当于考虑非均匀空间的事例,见表 6-60。"设计洪水 W"是一个不对称事件,即出现 $W_{7d} \geqslant 2\,128.08 \times 10^6$ m³ 洪水的累积频率为 0.05%,出现 $W_{7d} \geqslant 1\,118.1 \times 10^6$ m³ 洪水的累积频率为 1%,出现 $W_{7d} \geqslant 962.3 \times 10^6$ m³ 洪水的累积频率为 2%,"无雨预报"(或"小雨预报")漏报也是一个不对称事件,预报无雨,出现漏报 $X \geqslant 44.6$ mm 的累积频率为 0.05%,出现漏报 $X \geqslant 1$ mm 的频率为 20%,出现漏报 $X < 1$ mm 的频率为 80%。若问:"无雨预报"(或"小雨预报")发生漏报,出现入库洪量 $W_{7d} \geqslant 2\,128.08 \times 10^6$ m³ 的频率为多少? 则可按照式(6-32)计算,即

$$P_{Z 无雨极} = P_P(X > 0) \times P_W(W \geqslant 2\,128.08 \times 10^6 \text{ m}^3) = 11.4\% \times 0.05 = 0.005\,7\%$$

这明显不同于现行洪水设计的理念。

由式(6-32)可以看出:

表 6-60　　非均匀空间事例

设计频率(%)	0.05	1	2	5
7 d 洪量 W_{7d}($\times 10^6$ m³)	2 128.08	1 118.1	962.3	760.7
预报无雨(mm)	44.6	17.7	12.4	6.4
预报小雨(mm)	120.2	48.4	34.4	18.3

（1）"无雨预报"（或"小雨预报"）水平相当高，漏报频率 $P_P(X>0) \to 0$，则选定汛限水位值的风险率 $P_{Z无雨极}(Z_{Ld}, Z_{m0}) \to 0$。

（2）若"无雨预报"（或"小雨预报"）水平相当糟糕，漏报频率 $P_P(X>0) \to 1$（或 $P_P(X>8.0) \to 1$）且漏报降雨频率分布相同于水库原设计洪水相应暴雨的频率分布参数，则汛限水位值应选择 $Z_{Ld} = Z_{L0}$，使风险率 $P_{Z无雨极}(Z_{Ld}, Z_{m0}) \to P(Z_{L0}, Z_{m0})$（或风险率 $P_{Z无雨极}(Z_{Ld}, Z_{m0}) \to P(Z_{L0}, Z_{m0})$），又回归于现行设计理念。

（3）就目前降雨预报依据的手段、理论而言，通过降雨预报水平分析说明第（2）种状况，在"无雨预报"（或"小雨预报"）条件下，基本属于不可能事件，故 $P_{Z无雨极}$ 最可能发生域是 $0 < P_{Z无雨极}(Z_{Ld}, Z_{m0}) < P_Z(Z_{L0}, Z_{m0})$，或 $P_{Z小雨极}$ 最可能发生域是 $0 < P_{Z小雨极}(Z_{Ld}, Z_{m0}) < P_Z(Z_{L0}, Z_{m0})$。

2. 考虑降雨预报的动态控制汛限水位的可能最大风险率

1）定义

定义6.5　考虑"无雨预报"（或"小雨预报"）选定动态控制汛限水位值，若发生漏报，可能遭遇各种频率的漏报降雨量 $X(P_i)$，则由 Z_{Ld} 起调求不同漏报降雨量所形成洪水的最高洪水位值 $Z_m[Z_{Ld}, X(P_i)]$，相应的超过原设计调洪最高水位（或回水退赔高）Z_{m0} 的最大频率，称为考虑"无雨预报"动态控制汛限水位值的可能最大风险率，即

$$P_{Z无雨可能}(Z_{Ld}, Z_{m0}) = \max_{i=1,\cdots,n} P_{Zi}\{Z_m[Z_{Ld}, X(P_i)] \geq Z_{m0}\} \leq P_Z(Z_{L0}, Z_{m0}) \quad (6\text{-}33)$$

$$P_{Z小雨可能}(Z_{Ld}, Z_{m0}) = \max_{i=1,\cdots,n} P_{Zi}\{Z_m[Z_{Ld}, X(P_i)] \geq Z_{m0}\} \leq P_Z(Z_{L0}, Z_{m0}) \quad (6\text{-}33')$$

式中：$P_{Z无雨可能}(Z_{Ld}, Z_{m0})$ 为考虑"无雨预报"动态控制汛限水位值 Z_{Ld} 可能最大风险率；$P_{Z小雨可能}(Z_{Ld}, Z_{m0})$ 为考虑"小雨预报"动态控制汛限水位值 Z_{Ld} 可能最大风险率；$P_{Zi}\{Z_m[Z_{Ld}, X(P_i)] \geq Z_{m0}\}$ 为"无雨预报"（或"小雨预报"）发生漏报频率 P_i，其降雨 $X(P_i)$ 所形成洪水的调洪最高水位 $Z_m[Z_{Ld}, X(P_i)]$ 大于或等于 Z_{m0} 的频率；$P_Z(Z_{L0}, Z_{m0})$ 为水库原设计风险率（以校核标准或防洪标准替代）。

新理念给出的定义6.5 基于成因分析，即相信气象部门"无雨预报"（或"小雨预报"）信息。未来发生的暴雨服从"无雨预报"（或"小雨预报"）的漏报降雨频率分布。原设计的校核标准洪水暴雨是小概率事件，偶于漏报概率中，随着"无雨预报"（或"小雨预报"）水平的提高，它趋于"不可能事件"，这与现行洪水设计理念，要求全汛期实时调度中时刻"预防设计标准洪水发生"是完全不同的。

由式（6-33）可以看出：

（1）若"无雨预报"（或"小雨预报"）水平相当高，漏报值 $X(P_i) \to 0$（或漏报值 $X(P_i) \to$

0.8），$Z_m[Z_{Ld}, X(P_i)] \to Z_{Ld}$，则$P_{Z无雨可能}(Z_{Ld}, Z_{m0}) \to 0$[或$P_{Z小雨可能}(Z_{Ld}, Z_{m0}) \to 0$]。

（2）若"无雨预报"（或"小雨预报"）水平相当低，漏报后实际降雨频率等同于原设计洪水的暴雨频率分布参数，则应限定$Z_{Ld} = Z_{L0}$，满足$P_{Z无雨可能}(Z_{Ld}, Z_{m0}) = P_Z(Z_{L0}, Z_{m0})$[或满足$P_{Z小雨可能}(Z_{Ld}, Z_{m0}) = P_Z(Z_{L0}, Z_{m0})$]。回归于现行设计理念。

（3）就目前降雨预报依据的手段、理论而言，通过降雨预报水平分析说明第（2）种状况在"无雨预报"（或"小雨预报"）条件下，基本属于不可能事件，$P_{Z无雨可能}(Z_{Ld}, Z_{m0})$可能最大风险率论域是$0 < P_{Z无雨可能}(Z_{Ld}, Z_{m0}) \leqslant P_Z(Z_{L0}, Z_{m0})$[或$P_{Z小雨可能}(Z_{Ld}, Z_{m0})$可能最大风险率论域是$0 < P_{Z小雨可能}(Z_{Ld}, Z_{m0}) \leqslant P_Z(Z_{L0}, Z_{m0})$]。

（4）汛限水位抬高方案Z_{Ld}的可能最大风险率$P_{Z无雨可能}(Z_{Ld}, Z_{m0})$（或$P_{Z小雨可能}(Z_{Ld}, Z_{m0})$）计算方法步骤。

基于定义6.5，依据漏报的实际降雨频率分布，为安全计，假定流域下垫面处于饱和状态，漏报的实际降雨频率分布等于漏报的实际入库径流深频率分布；且无雨（或小雨）预报的漏报降雨亦多属局地强对流阵雨，按集中于一个时段处理。首先将其漏报信息$X(P_i)$输入到洪水预报、调度系统中，按照原设计调洪规则，由给定的汛限水位动态控制值Z_{Ld}调节预报的洪水过程，求出相应的最高水位$Z_m[Z_{Ld}, X(P_i)]$；然后在原设计的汛限水位(Z_{L0})—调最高水位—频率$(Z_{mj} \sim Z_{L0} \sim P_j)$上，对应最高水位$Z_m[Z_{Ld}, X(P_i)]$查求相应频率$P_{Zi}\{Z_m[Z_{Ld}, X(P_i)]\}$，$i = 1, \cdots, n$；最后，按照定义6.5，用式(6-33)求出利用"小雨预报"信息，动态控制汛限水位Z_{Ld}值的可能最大风险率$P_{Z无雨可能}(Z_{Ld}, Z_{m0})$（或$P_{Z小雨可能}(Z_{Ld}, Z_{m0})$）。

2）可能最大风险率计算结果

白龟山水库在选择不同起调水位102.0 m、102.6 m 和103.0 m，分别对24 h 无雨预报实际降雨量所产生的洪水进行调节。其中，上游昭平台水库考虑不放水和电站发电放水两种情况。各方案所求得的调洪最高水位分别列入表6-61~表6-63。

同样，对24 h 小雨预报实际降雨量所产生的洪水进行调节。其中，上游昭平台水库考虑不放水和电站发电放水两种情况。各方案所求得的调洪最高水位分别列入表6-64~表6-66。

表6-61 昭白区间24 h 无雨预报误差风险分析（一）

（区间退水流量为100 m^3/s，昭平台发电放水流量为36 m^3/s）

起调水位（m）	24 h 无雨预报实际降雨量（mm）及频率分布（%）					
	59.6	44.6	37.6	31.4	23.3	17.7
	0.01	0.05	0.1	0.2	0.5	1
102.0	102.63	102.43				
102.6	103.19	103.00				
103.0	103.56	103.38				
$P(Z > 105.38 \text{ m})$	0	0				

表 6-62　昭白区间 24 h 无雨预报误差风险分析(二)

(区间退水流量为 200 m^3/s,昭平台发电放水流量为 36 m^3/s)

起调水位(m)	24 h 无雨预报实际降雨量(mm)及频率分布(%)					
	59.6	44.6	37.6	31.4	23.3	17.7
	0.01	0.05	0.1	0.2	0.5	1
102.0	102.66	102.44				
102.6	103.21	102.99				
103.0	103.59	103.39				
$P(Z>105.38\ m)$	0	0				

表 6-63　昭白区间 24 h 无雨预报误差风险分析(三)

(区间退水流量为 300 m^3/s,昭平台发电放水流量为 36 m^3/s)

起调水位(m)	24 h 无雨预报实际降雨量(mm)及频率分布(%)					
	59.6	44.6	37.6	31.4	23.3	17.7
	0.01	0.05	0.1	0.2	0.5	1
102.0	102.65	102.43				
102.6	103.21	103.0				
103.0	103.59	103.39				
$P(Z>105.38\ m)$	0	0				

表 6-64　昭白区间 24 h 小雨预报误差风险分析(一)

(区间退水流量为 100 m^3/s,昭平台发电放水流量为 36 m^3/s)

起调水位(m)	24 h 小雨预报实际降雨量(mm)及频率分布(%)					
	160.1	120.2	101.7	84.9	63.7	48.5
	0.01	0.05	0.1	0.2	0.5	1
102.0	104.11	103.55				
102.6	104.58	104.05				
103.0	104.90	104.39				
$P(Z>105.38\ m)$	0	0				

3)可能最大风险率计算结果分析

(1)可能最大风险率计算,需对应某一频率的降雨量,通过降雨径流预报与调洪计算求得一最高库水位,判断其超过校核或防洪高水位的频率 $P_{Zi}\{Z_m \geq Z_{m0}\}$,因为它是漏报降雨发生频率 $P_P(X>x_i)$ 条件下的结果,所以超过校核或防洪高水位的风险率即是漏报降雨发生频率 $P_P(X>x_i)$。

表 6-65　昭白区间 24 h 小雨预报误差风险分析(二)
(区间退水流量为 200 m³/s,昭平台发电放水流量为 36 m³/s)

起调水位(m)	24 h 无雨预报实际降雨量(mm)及频率分布(%)					
	160.1	120.2	101.7	84.9	63.7	48.5
	0.01	0.05	0.1	0.2	0.5	1
102.0	104.12	103.56				
102.6	104.59	104.06				
103.0	104.90	104.39				
$P(Z>105.38\ m)$	0	0				

表 6-66　昭白区间 24 h 小雨预报误差风险分析(三)
(区间退水流量为 300 m³/s,昭平台发电放水流量为 36 m³/s)

起调水位(m)	24 h 无雨预报实际降雨量(mm)及频率分布(%)					
	160.1	120.2	101.7	84.9	63.7	48.5
	0.01	0.05	0.1	0.2	0.5	1
102.0	104.11	103.55				
102.6	104.57	104.05				
103.0	104.90	104.39				
$P(Z>105.38\ m)$	0	0				

(2)由表 6-61～表 6-63 可知,白龟山水库在洪水退水段,库水位处于汛限水位动态控制范围内(102.0～103.0 m),上游昭平台水库放水不超过 36 m³/s,昭白区间退水流量不超过 300 m³/s 时,按原常规调洪原则,调节频率为 0.01% 的无雨预报误差(59.6 mm)所形成的洪水,其调洪最高水位为 103.59 m,低于 105.38 m(20 年一遇防洪高水位),可控泄600 m³/s。

(3)由表 6-64～表 6-66 可知,白龟山水库在洪水退水段,库水位处于汛限水位动态控制范围内(102.0～103.0 m),上游昭平台水库放水不超过 36 m³/s,昭白区间退水流量不超过 300 m³/s 时,按原常规调洪原则,调节频率为 0.01% 的小雨预报误差(160.1 mm)所形成的洪水,其调洪最高水位为 104.90 m,也低于 105.38 m(20 年一遇防洪高水位),可控泄 600 m³/s。

在洪水退水段,若气象台发布未来 24 h 小雨预报信息,白龟山水库库水位可保持在汛限水位动态控制范围内,不需继续下降,对大坝与下游防护对象不增加原设计标准的防洪风险。即考虑"小雨预报"动态控制汛限水位的可能最大风险率为 0。

(4)可能最大风险率的计算结果受调洪方式与规则约束,由于"无雨预报"或"小雨预报"的实际降雨都在特大暴雨以下范围,因此在原调度规则下,统一补充一些安全、合理及可操作的最低一级防洪标准以下洪水调度规则是必要的。

3. 考虑降雨预报的动态控制汛限水位的期望风险

1) 期望风险率计算之一

首先选定风险的控制指标 Z_A，对水库本身安全而言是水库校核洪水位，对上、下游防洪安全来说，它是指淹没高程或防洪高水位。然后计算汛限水位动态控制方案 Z_{Li} 的超过指标 Z_A 的风险率。

期望风险率选用决策目标极小化公式计算，即

$$F_Z(X > x, \ Z_m \geqslant Z_A) = \int_{Z_A}^{Z_{\max}} P_P(X > x) f(Z_m(Z_L)) \mathrm{d}Z_m \tag{6-34}$$

式中：Z_m 为对应动态控制的汛限水位 Z_{Li} 的调洪最高水位；Z_A 为校核洪水位（或淹没高程）；$Z_{\max}$ 为极限容许的高程（如坝顶或防浪墙顶、极限淹没高程）；$P_P(X > x) \cdot f(Z_m(Z_L))$ 为基于"无雨预报"漏报频率 $P_P(X > x)$ 条件下，动态控制汛限水位 Z_L 的调洪最高水位 Z_m 的概率分布函数。

$$Z_{正} > Z_L > Z_{L0} - \Delta Z_2$$

式中：ΔZ_2 为根据水库洪水退水余量可回充的水位，即预泄水位与设计批准的水库汛限水位之差；其他符号含义同前。

不难看出，因式（6-32）的 $P(X > x)$ 取常量，所以核心问题仍是确定概率分布函数簇 $f(Z_m(Z_L))$。若已知概率分布函数簇，则 $P_P(X > x) f(Z_m(Z_L))$ 可求，进而由式（6-34）求出风险率 $F_Z(X > x, \ Z_m \geqslant Z_A)$。

为此也采用近似的频率分布曲线族推求方法。

可采用离散化期望公式描述：

$$P_{Z无雨期望}(Z_{Ld}, Z_{m0}) = \sum_{i=1}^{n} \Delta P_i \cdot P_{Z无雨极i}\{Z_{Ld}, Z_{m0}\} \tag{6-35}$$

或

$$P_{Z小雨期望}(Z_{Ld}, Z_{m0}) = \sum_{i=1}^{n} \Delta P_i \cdot P_{Z小雨极i}\{Z_{Ld}, Z_{m0}\} \tag{6-35'}$$

$$\sum_{i=1}^{n} \Delta P_i = 1$$

式中：ΔP_i 为"无雨预报"（或"小雨预报"）的实际降雨发生频率间距，即 $\Delta p_i = P_P(X > x_i) - P_P(X > x_{i-1})$，$i = 1, \cdots, n$，如 $\Delta P_1 = P_P(X > x_1) - P_P(X > x_0) = 0.01\%$，$\Delta P_2 = (0.05 - 0.01)\%$，$\Delta P_3 = (0.1 - 0.05)\%$，$\cdots$，$\Delta P_n = (100 - 10)\%$；$n$ 为离散区间的数目；$P_{Z雨极i}\{Z_{Ld}, Z_{m0}\}$（或 $P_{Z小雨极i}\{Z_{Ld}, Z_{m0}\}$）为对应"无雨预报"（或"小雨预报"）的实际降雨发生频率间距 ΔP_i 的平均极限风险频率。

2) 期望风险率计算之二

基于定义6.5，考虑"无雨预报"（或"小雨预报"）选定动态控制汛限水位值，若发生漏报，可能遭遇各种频率的漏报降雨量 $X(P_i)$，则由 Z_{Ld} 起调求不同漏报降雨量所形成洪水的最高洪水位值 $Z_m[Z_{Ld}, X(P_i)]$，相应的超过原设计调洪最高水位（或回水退赔高）Z_{m0} 频率 $P_{Zi}\{Z_m[Z_{Ld}, X(P_i)] \geqslant Z_{m0}\}$ 的期望值 $P_{Z无雨期望}(Z_{Ld}, Z_{m0})$，称为考虑"无雨预

报"(或"小雨预报")动态控制汛限水位值的期望风险率。可采用离散化期望公式描述：

$$P_{Z无雨期望}(Z_{Ld}, Z_{m0}) = \sum_{i=1}^{n} \Delta P_i P_{Z无雨可能i}\{Z_{Ld}, Z_{m0}\} \tag{6-36}$$

或

$$P_{Z小雨期望}(Z_{Ld}, Z_{m0}) = \sum_{i=1}^{n} \Delta P_i P_{Z小雨可能i}\{Z_{Ld}, Z_{m0}\} \tag{6-36'}$$

$$\sum_{i=1}^{n} \Delta P_i = 1$$

式中：ΔP_i 为"无雨预报"(或"小雨预报")的实际降雨发生频率的间距，即 $\Delta P_i = P(X > x_i) - P(X > x_{i-1})$，如 $\Delta P_1 = 0.01\%$，$\Delta P_2 = (0.05 - 0.01)\%$，$\Delta P_3 = (0.1 - 0.05)\%$，…，$\Delta P_n = (100 - 10)\%$；$P_{Z无雨可能i}\{Z_{Ld}, Z_{m0}\}$（或 $P_{Z小雨可能i}\{Z_{Ld}, Z_{m0}\}$）为对应"无雨预报"(或"小雨预报")的实际降雨发生频率间距 ΔP_i 上的平均最可能风险频率。

4. 降雨预报水平较高的汛限水位动态控制风险率计算方法步骤

统计分析本流域相关气象台站不同量级降雨预报精度，认定降雨预报信息可利用。具体步骤如下：

(1)认定目前可利用的是气象部门未来 24 h"无雨(或小雨)预报"信息；统计检验未来 24 h"无雨(或小雨)预报"漏报后的实际降雨概率分布类型，推求其统计参数；给出频率分析成果，即 $x_i \sim P\%$ 关系图或数值表(类同表 6-20)，作为计算风险率的基础。

(2)借用调洪最高水位—汛限水位—频率复相关线(即 $Z_{mj} \sim Z_{Li} \sim P_j$)曲线族。

(3)若已知面临时刻实时信息：气象部门发布"未来 24 h 天气晴或阴或多云""无雨(或小雨)预报"信息；洪水进入退水期，入流量小于下游允许泄流量，弃水流量仍大于入流，且闸门已具有控制能力；库水位由最高水位继续下降；选定面临时刻汛限水位抬高的方案值为 Z_{Ld}。

(4)根据式(6-32)、式(6-33)计算未来 24 h 内汛限水位抬高方案 Z_{Ld} 的极限风险率 $P_{f无雨极}(Z_{Ld}, Z_{m0})$ 和可能最大风险率 $P_{Z无雨可能}(Z_{Ld}, Z_{m0})$。若 $P_{Z无雨极}(Z_{Ld}, Z_{m0}) > P_Z(Z_{L0}, Z_{m0})$ 或 $P_{Z无雨可能}(Z_{Ld}, Z_{m0}) > P_Z(Z_{L0}, Z_{m0})$，则需限定 $Z_{Ld} = Z_{L0}$。

(5)间隔 24 h，按照上述步骤决策面临时刻汛限水位抬高值 Z_{Ld} 的新方案。

6.1.9　初步结论

6.1.9.1　洪水预报与降雨预报信息是可利用的

(1)白龟山水库洪水预报模型模拟洪水预报成果，净雨(洪量)预报的合格率 QR 为 89%(≥85.0%)，确定性系数 DC 为 0.96(>0.95)，净雨(洪量)预报项目的精度等级属于甲等，可用于发布正式预报。预报误差对"汛限水位动态控制"影响较少，是可用的。

(2)各级气象部门灾害性天气预报服务产品是可利用的，尤其是水库特大暴雨成因系统，台风路径无漏报。平顶山地区气象台 5 个预报量级对应的实际值经验频率分布属于偏态型。

"无雨预报"，实际无雨的概率近 88.6%，发生小雨及以上量级降雨的频率约为

11.4%,发生中雨及以上量级降雨的频率约为2.7%,发生大雨及以上量级降雨的频率约为0.2%。以上分析可得出"无雨预报",实际发生中雨及以上量级降雨的可能性很小的信息,此时可控制水库汛限水位在动态控制范围的上限。

"小雨预报",实际发生小雨及以下量级降雨的频率约为88.2%,发生中雨及以上量级降雨的频率约为11.8%,发生大雨及以上量级降雨的频率约为1.8%,发生暴雨及以上量级降雨的频率约为0.9%。从而可得到发生大雨及以上量级降雨的可能性很小的信息,这时可控制水库汛限水位在动态控制范围的中偏上位置。

平顶山地区气象台未来24 h无雨和小雨预报信息是可以利用的。

6.1.9.2　洪水总量预报与退水期是汛限水位动态控制的条件及关键时期

(1)当"面临时刻水位的库容"与"未来预报的入库总水量扣除正常消耗量的余量"之和"超过汛限水位动态控制范围的下限水位",且水库闸门具有控制能力,便具备汛限水位动态控制的条件。对洪量起控制作用的水库,研究提高洪水产流预报方案和退水量预报精度最为重要。

(2)从防洪安全与兴利蓄水两方面考虑,提及"汛限水位动态控制"的关键时间是在洪水的退水时期。

6.1.9.3　考虑预报的调度方式是安全可行的

采用预报净雨及实际入库流量作为判据的预报调度方式,当汛限水位抬至102.6 m,5%频率洪水下游组合流量小于下游安全泄量600 m^3/s。2%频率洪水下游组合流量小于下游安全泄量3 000 m^3/s;0.05%校核标准洪水的最高水位低于109.56 m。说明上、下游防洪及水库大坝都是安全的。

6.1.9.4　汛限水位动态控制的兴利效益很大而防洪风险无增

(1)主汛期极限允许起调水位的下限为102.0 m,上限为102.6 m。风险率没有增加,仍可保持除险加固后的水库及上、下游防洪安全。

(2)通过效益分析说明,效益增量最敏感的因素不是"后汛期汛限水位",而是"主汛期汛限水位",主汛期控制在102.0 m或102.6 m,其兴利效益相差较大。

(3)从防洪安全第一角度,若汛期不分期,如果汛期限制水位由102.0 m提高到102.6 m(增加库容35.9 × 10^6 m^3),工业民用供水保证率96.8%时,可减少弃水 26 × 10^6 m^3/年,较原计划 118 × 10^6 m^3/年增加 20 × 10^6 m^3/年(差值部分可用于增加农业灌溉用水),工业民用供水量可达到138 × 10^6 m^3/年。

若汛期分两期,当主汛限水位抬高至102.6 m,后汛限水位至103.0 m(兴利蓄水位)时,在工业民用供水保证率不低于96.8%的情况下,使工业民用供水量增加至 140 × 10^6 m^3/年,较原计划118 × 10^6 m^3/年增幅 22 × 10^6 m^3/年,增效很显著。

(4)建议试用考虑未来24 h降雨预报的汛限水位动态控制方案,即"接到大雨以上量级降雨预报,主汛期汛限水位由预蓄的102.6 m降至102.0 m,后汛期汛限水位由预蓄的103.0 m降至102.6 m",白龟山水库的城市供水效益不变,且比不计降雨预报方案偏安全。

6.2　基于时变用户的白龟山水库水资源优化研究

6.2.1　概述

6.2.1.1　水资源优化配置的重要性

我国是一个干旱缺水严重的国家。全国拥有水资源量2.8万亿 m³,人均占有水资源量2 300 m³,只有世界平均水平的1/4。水资源在地区上分布极不均匀,约有80%以上分布在长江流域及以南地区,与人口、耕地资源的分布不相匹配,南方水多、人多、耕地少,北方水少、人多、耕地多。北方有 9 个省(自治区、市)人均水资源占有量少于 500 m³,水的供需矛盾十分突出。

河南省横跨黄河、淮河、海河、长江四大水系,境内 1 500 多条河流纵横交织,流域面积 100 km²以上的河流有 493 条。全省水资源总量 414 亿 m³,全省水资源总量居全国第 19 位,人均占有量为 445 m³,仅相当于全国人均占有量的 1/5,耕地亩均占有量为 407 m³。显而易见,河南省作为中部大省,水资源拥有量十分不足,这将严重影响全省社会经济的发展。

随着人口和经济的快速增长,工业化和城市化进程的不断加快,水资源作为构成人类社会与经济发展的基本条件,其支撑地位已经显得十分突出。受特殊的自然地理环境和人类活动的双重影响,河南省很多区域都面临着洪涝灾害、水资源短缺和水污染三大水利问题,水资源已经成为我省经济发展的重要制约因素。由于用水量大幅度增加,河道径流量日趋减少,河道断流频繁发生,许多蓄水、提水、引水工程处于半闲置状态,工程效益锐减;地下水大量无节制超采,区域性地下水位持续下降,地下水资源日渐衰竭,形成了大面积的地下水漏斗,诱发了不少环境地质问题;水体污染日趋严重,省内不少河段属于Ⅳ类、Ⅴ类水体,生态环境遭到前所未有的破坏;目前很多地区地表水资源的有效利用率仅达到44%,一方面面临着严重缺水,另一方面绝大部分地表水资源白白流失。

目前,国内在水资源研究方面有不少成果,但是还没有站在战略高度、可持续发展的高度全面、系统、深入地研究水资源,截至目前,全国还没有基于区域的、深入的、细致的可持续发展水资源优化配置研究成果。因此,加速该领域的研究,将是对传统水资源研究的创新,特别是未来 20～30 年间,工业化和城市化将进一步加快,在这样的情况下,针对区域经济可持续发展的水资源优化配置研究已经成为具有战略意义的、亟待研究的重要课题。

6.2.1.2　平顶山市水资源现状和存在的问题

1.区域水资源开发利用现状

平顶山市多年平均降水量818.8 mm。多年平均地表水资源量为15.656 7亿 m³,地下水资源量为7.955 7亿 m³,重复计算量为5.275 6亿 m³,水资源总量为18.336 8亿 m³。

根据多年统计资料,平顶山市人均年用水量为196.4 m³,万元 GDP 用水量为126.1

m³,农业灌溉亩用水量173.6 m³,吨粮用水量231.7 m³,万元工业增加值取水量,含火电为75.3 m³,不含火电为68.4 m³。人均生活用水量,城镇综合为153.6 L/(人·d)(含城市环境),农村为70.6 L/d(含牲畜用水)。

由于区域内历年降水、地表水资源量、地下水资源量、水资源利用情况存在差异,以2007年为例进行说明。

2007年,平顶山市平均降水量802.8 mm(见图6-20),水资源总量22.824 0亿 m³,其中地表水资源量为18.759 0亿 m³,折合径流深237.2 mm;地下水资源量为7.730 0亿 m³。

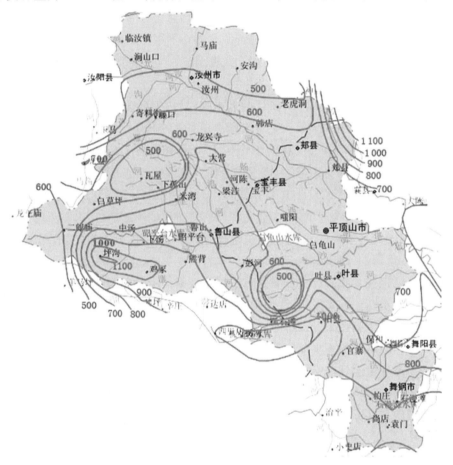

图6-20　2007年平顶山市降雨等值线图　(单位:mm)

2007年平顶山市供水总量10.148 9亿 m³,其中地表水源供水5.235 6亿 m³,占总供水量的51.6%,地下水源供水4.913 3亿 m³,占总供水量的48.4%。用水总量10.148 9亿 m³,其中农业灌溉用水4.330 3亿 m³,占42.7%;林牧渔用水0.776 1亿 m³,占7.7%;工业用水3.526 6亿 m³,占34.7%;城镇公共用水量0.137 5亿 m³,占1.4%;居民生活用水1.302 7亿 m³,占12.8%;生态环境用水0.075 7亿 m³,占0.7%。

2007年平顶山市人均用水量为195.2 m³,万元GDP用水量为123.5 m³,农业灌溉亩用水量169.6 m³,吨粮用水量234.8 m³,万元工业增加值取水量,含火电为72.3 m³,不含火电为 65 m³。人均生活用水量,城镇综合为155.2 L/(人·d)(含城市环境),农村为71.1 L/(人·d)(含牲畜用水)。

2. 白龟山水库水资源配置存在的问题

白龟山水库建库以来,在当地防洪、灌溉、工业供水和城市生活供水等方面发挥重要作用,为当地社会经济发展做出了巨大贡献,然而,10 多年来,在白龟山水库水资源管理方面,涌现出了新的问题和特点。随着平顶山社会经济发展,新的建设项目不断上马,水行政主管部门会同水资源技术人员开展了各个项目的水资源论证,发放了取水许可证,在白龟山水资源利用方面做了大量的工作。在这些工作中我们发现,根据水库设计指标和上游天然来水量进行的水资源分析研究,白龟山水库水资源量已经不能满足新上项目和新用水户的需求。但是,近 10 年来白龟山水资源利用表明,不仅大型工业项目、城市供水的保证率达到100%,而且农业灌溉的实际保证率也达到100%;同时,汛期弃水、非汛期适当泄水十分必要,但是,多年来,汛前为了使水库水位降到汛限水位以下,常常伴有大量的弃水,更加迫切的是,将来南水北调中线工程投入使用后,每年还要向白龟山水库注入1.56亿 m³ 的水量,经水库调蓄,向平顶山用水户供水,如果没有科学的水资源配置方案,极可能造成宝贵的水资源白白浪费。因此,只有对天然径流规律,昭平台水库对白龟山水库水资源影响及其年内、年际变化,各用水户用水量年内及年际变化规律,灌区面积及灌区用水量变化,农业灌溉对周边地下水位影响和地下水利用等问题进行深入研究,同未来南水北调中线供水时程相结合,才能搞清白龟山水库富余水资源量,才能为水资源管理提供科学依据,才能促进水资源优化配置、合理利用,促进地方社会经济可持续发展。

6.2.2　区域水资源研究的理论和方法

区域水资源是指一切具有生活、生产、生态价值,能够通过水文循环得以恢复和更新,在一定的技术、经济等条件下可供该区域利用或有待利用的水体。大气降水是其根本来源,但区域水资源并不局限于当地降水所产的水量,而是指一切可供该区域利用或有待利用的水资源,包括过境水、外区域调入水等。

6.2.2.1　地表水资源计算方法

1. 单站天然径流还原方法

1) 单站逐项还原法

单站逐项还原法是在水文站实测径流量的基础上,采用逐项调查或测验方法补充收集流域内受人类活动影响水量的有关资料,然后进行分析还原计算,以求得能代表某一特定下垫面条件下(真实反映流域产汇流水文特性)的天然河川径流量。

单站逐项还原法适用于水系完整、流域界线分明,各种蓄水、引水、退水工程情况清楚,并有完整、可靠的实测水文资料,同时能测得或调查收集到流域内翔实的蓄水、引水、用水资料,且实际观测的控制水量应占流域天然径流量的 50% 以上,计算公式为

$$W_{天然} = W_{实测} + W_{农灌} + W_{工业} + W_{城镇生活} \pm W_{库蓄} \pm W_{引水} \pm W_{分洪} + W_{库渗} + W_{其他}$$

$$(6-37)$$

式中：$W_{天然}$ 为还原后的天然水量；$W_{实测}$ 为水文站实测水量；$W_{农灌}$ 为灌溉用水耗损水量；$W_{工业}$ 为工业用水耗损水量；$W_{城镇生活}$ 为城镇生活用水耗损水量；$W_{库蓄}$ 为计算时段始末水库蓄水变量(增加为正、减少为负)；$W_{引水}$ 为跨流域、水系调水而增加或减少的水量(引出为正,引入为负)；$W_{分洪}$ 为河道分洪水量(分出为正,分入为负)；$W_{库渗}$ 为水库渗漏水量(数量一般不大,对下游站来讲仍可回到断面上,可以不计)；$W_{其他}$ 为对于改变计算代表站控制流域内河川径流量影响的其他水量。

2）降水径流相关法

降水径流相关法是利用计算流域内降水系列资料和代表站天然径流计算成果,建立降水径流量关系($P \sim R$ 关系或 $P + P_{上}^2 \sim R$、$P + P_{汛}^3 \sim R$),或者借用邻近河流下垫面条件相似的代表站降水径流关系,计算或插补延长缺资料及无资料流域的天然径流量。

降水径流相关法适用于无实测径流资料(或实测径流资料系列不完整)及缺少调查水量资料的天然径流量计算或径流系列的插补延长计算。同时,对于受人类活动影响前后流域降雨径流关系有显著差异的区域,可以通过人类活动影响前后流域降雨径流关系的相关资料分析,研究流域受人类活动影响前后下垫面条件的变化对河川径流的影响程度。

3）水文模型法

对于缺少水文资料、区域水量调查资料或难以用逐项还原法计算的河流或代表站,也可以采用水文模型法进行河川径流量计算。湿润地区(蓄满产流)可采用新安江模型,干旱或半干旱地区(超渗产流)可采用适应性较强的 Tank 模型或其他水文模型。

2. 分项水量调查及还原计算

伴随社会经济的快速发展,水资源开发利用程度不断提高,受人类社会经济活动影响,区域水资源形成和转化条件也发生了很大变化,水文站实测径流难以真实反映区域下垫面产汇流的水文特性。所以,需要对受人类活动影响的水量进行还原计算,推求流域某一产汇流条件较一致情况下(系列具有一致性)的河川径流量。

分项还原水量的主要项目包括农业灌溉、城镇工业和生活用水的耗损量(含蒸发消耗和入渗损失),水库蓄水变量等。

按照技术细则要求,主要计算代表站应进行逐月还原计算,提出历年逐月的天然径流系列；对于其他选用站只进行年还原计算,提出天然年径流系列。

1）农业灌溉耗损水量($W_{农耗}$)计算

农业灌溉耗损水量是指农、林、菜田引水灌溉过程中,因蒸发和渗漏损失而不能回归河流的水量。农业灌溉耗水量包括：①田间耗水量,不同作物的蒸腾、棵间散发及田间渗漏量等灌溉消耗用水；②灌溉过程中的输水损耗水量(渠首及干、支、农、斗渠输水工程),含渠道水面蒸发及渠道渗漏所增加的量。

农业灌溉耗损还原水量计算是根据河流水资源开发利用调查资料(收集渠道引水量、退水量、灌溉制度、实灌面积、实灌定额、渠系有效利用系数、灌溉回归系数等资料),在查清渠道引水口、退水口的位置和灌区分布范围的基础上,依据资料情况采用不同计算方法进行估算。概括为以下几种估算方法。

（1）有灌区年引水总量及灌溉回归系数资料。

当灌区内有年引水总量及灌溉回归系数资料时当灌区内有年引水总量及灌溉回归系数资料时，农灌还原水量为渠道首取水量与回归（入河）水量之差。

$$W_{农耗} = (1 - \beta)mF \quad 或 \quad W_{农耗} = (1 - \beta)W_{总} \tag{6-38}$$

式中：$W_{农耗}$ 为灌溉耗水量，m^3；β 为灌区回归系数（包括渠系和田间）；m 为灌溉毛定额，$\text{m}^3/$亩；F 为实灌溉面积，亩，为引水灌溉面积；$W_{总}$ 为渠道引水总量，m^3。

（2）灌区缺乏回归系数资料。

当灌区缺乏回归系数资料时，可将净灌溉水量近似作为灌溉耗水还原量，即考虑田间回归水和渠系蒸发损失，两者能抵消一部分，因此

$$W_{农耗} = nmF \tag{6-39}$$

式中：$nmF = \dfrac{1}{n}(m_1f_1 + m_2f_2 + m_3f_3 + m_4f_4)$；$n$ 为灌水次数（应考虑复种指数和复浇指数），该指标应对丰平枯降雨情况采用不同的灌水次数，它与作物组成有关，而且因降水、蒸发、气温等气象条件而异，综合考虑确定；m_i 为不同灌水季节不同作物的净灌溉定额，$\text{m}^3/($亩·次$)$；f_i 为不同灌水季节不同作物的实灌面积，亩/次；m 为平均灌水净定额，$\text{m}^3/$亩；F 为实灌面积，亩，为引水灌溉面积。

根据作物组成和时段种植面积比，用简捷法计算灌溉耗水量：

$$W_{农耗} = M_{净} \cdot A = \sum_1^t K \cdot A \cdot m \cdot n \tag{6-40}$$

式中：$M_{净}$ 为综合净灌溉定额，$\text{m}^3/$亩；A 为年实灌面积，亩；K 为时段种植面积比值；m 为灌水定额，$\text{m}^3/($亩·次$)$；n 为灌水次数；t 为计算时段。

采用上述方法要考虑丰、平、枯年份的灌溉面积、灌水次数有所不同，应根据灌区调查资料确定。若灌区作物种类较多，且灌溉制度差别较大，则按作物组成比例求出综合灌溉定额。

（3）当引水口在断面以上，退水口也在断面以上时：

$$W_{净} = W_{引} - W_{退} \quad 或 \quad W_{耗} = W_{引} \alpha_{渠}(1 - \beta) = W_{引} \alpha_{水} \tag{6-41}$$

式中：$W_{净}$、$W_{耗}$ 分别为测站断面以上灌溉净水用量、耗水量；$W_{引}$、$W_{退}$ 分别为测站断面以上的引、退水量；$\alpha_{渠}$、$\alpha_{水}$ 分别为渠系水量利用系数、灌渠水量利用系数；β 为田间回归系数，α 为 $0.10 \sim 0.20$。

（4）当引水口在断面上，退水口一部分在断面以上，一部分在断面以下时，还原水量为

$$W_{上还} = \frac{\alpha_{下}}{A}W_{引} + W_{上农} \quad 和 \quad W_{下还} = W_{下农} - \frac{\alpha_{下}}{A}W_{引} \tag{6-42}$$

式中：$W_{上还}$、$W_{下还}$ 分别为断面上、下游还原水量；$W_{上农}$、$W_{下农}$ 分别为断面上、下游农业耗水量；$\alpha_{下}$、A 分别为断面下游实灌面积、灌区总实灌面积。

（5）当渠道引水口在测站断面以上，所灌面积在断面以下时，如果有渠首引水资料，则

$$W_{还} = W_{引} \tag{6-43}$$

式中：$W_{还}$ 为断面还原水量；$W_{引}$ 为渠首引水量。

2）城市工业和生活用水耗损量计算

城镇工业用水和生活用水的耗损量包括用户消耗水量和输排水损失量，为取水量与入河废污水量之差。

（1）工业耗损水量（$W_{工业}$）计算。

工业耗损水量计算是在城市工业供水调查和分行业年取水量、用水重复利用率的典型调查分析的基础上，根据各行业的产值，计算出万元产值取用水量 Z_i（m^3/万元）和相应行业的万元产值耗水率 η_i。对地表水供水工程及供水量进行调查和分析计算。

工业耗水量可根据各行业用水定额乘以该行业耗水率求得，即

$$W_{工业} = \sum_{i=1}^{n} \eta_i Z_i \quad 或 \quad W_{工业} = \eta_{综合} Z_{综合} \tag{6-44}$$

式中：Z_i、$Z_{综合}$ 分别为各行业用水定额、工业综合用水定额；η_i、$\eta_{综合}$ 分别为各行业耗水率、工业综合耗水率。

（2）城市居民生活耗水量（$W_{生活}$）计算。

城市居民生活用水采用地表水源供水的城市，其居民生活耗水量计算可采用供水工程的引水统计资料或自来水厂的供水量调查资料。其耗水量可按下式进行计算：

$$W_{生活} = \beta' W_{用水} \tag{6-45}$$

式中：$W_{生活}$ 为生活耗水量；β' 为生活耗水率；$W_{用水}$ 为生活用水量。

农村生活用水面广量小，且多为地下水，对测站径流影响很小，一般可忽略不计。

3. 水利工程蓄水变量（$W_{蓄}$）计算

蓄水变量计算利用水库水位—库容曲线加以核对，不同年代的蓄变量要采用对应年代的水位—库容曲线。

1）大型水库和闸坝蓄变量的计算

根据水库实测水位，由水库的水位—库容曲线（反映不同时期淤积变化）查得水库蓄水量，进一步计算水库蓄变量，公式为

$$W_{库湖蓄} = W_{下月1日} - W_{本月1日} \tag{6-46}$$

式中：$W_{库湖蓄}$ 为库湖蓄水变量；$W_{下月1日}$ 为库湖下月 1 日的蓄水量；$W_{本月1日}$ 为库湖本月 1 日的蓄水量。

2）中小型水库蓄水变量计算

有实测资料时，计算方法同大型水库，无实测资料时，可根据有实测资料的典型中小型水库，建立蓄变指标与时段降水量的关系，然后移用到相似地区。

根据中小型水库的实测资料计算时段蓄变量，统计各时段的蓄变指标 η：

$$\eta = \frac{\Delta V}{V_{兴}} \times 100\% \tag{6-47}$$

式中：ΔV 为蓄水变量；$V_兴$ 为兴利库容。

　　建立典型水库流域的时段面雨量与蓄变指标相关图。以移用地区的面雨量查出蓄变指标，乘以该区总的兴利库容而得蓄变量，以此蓄变量按时段累积，如果蓄变量积超过兴利库容或小于死库容，以兴利库容或死库容作控制。

　　3）水库闸坝的渗漏损失（$W_{渗漏}$）计算

　　水库闸坝渗漏损失只对水库或闸坝水文站产生影响，对下游站渗漏仍可回到计算断面上，所以可以不计。有实测资料时可按实测资料进行计算。没有实测资料时可按月平均蓄水量的百分比计算，一般按水库蓄水量的 1% 计算。

6.2.2.2　平原地区浅层地下水资源计算方法

　　1. 平原地区地下水资源量评价方法

　　平原区地下水资源量，系指近期下垫面条件下，由当地降水、地表水体入渗补给及侧向补给地下含水层的动态水量。原理采用水均衡法，用公式表示为

$$Q_{总补} = Q_{总排} + \Delta W \tag{6-48}$$

其中 $Q_{总补} = P_r + Q_{地表水补给} + Q_{侧向} + Q_{井归}$，$Q_{总排} = Q_{开采} + Q_{河排} + W_E$

式中：$Q_{总补}$、$Q_{总排}$ 分别为多年平均地下水总补给量、地下水总排泄量；ΔW 为地下水蓄变量（水位下降时为负值，水位上升时为正值）；P_r 为降水入渗补给量；$Q_{侧向}$ 为侧向补给量；$Q_{井归}$ 为井灌回归补给量；$Q_{开采}$ 为浅层地下水开采量；$Q_{河排}$ 为河道排泄量；W_E 为潜水蒸发量；$Q_{地表水补给}$ 为地表水体补给量，包括河道渗漏补给量、渠系渗漏补给量、渠灌田间入渗补给量及以地表水为回灌水源的人工回灌补给量。

　　2. 补给量计算

　　此次灌区地下水补给量包括侧向补给量、降水入渗补给量、地表水体补给量及井灌回归补给量，其中侧向补给量、降水入渗补给量是最主要的补给量，各项补给量计算出多年平均值。

　　1）降水入渗补给量 P_r

　　降水入渗补给量 P_r 指降水渗入到土壤中并在重力作用下渗透补给地下水的水量，计算公式为

$$P_r = 10^{-1} P\alpha F \tag{6-49}$$

式中：P_r 为降水入渗补给量，万 m^3/年；P 为年降水量，mm；α 为降水入渗补给系数；F 为计算面积，km^2。

　　本次分析研究区降水量计算采用 1980～2008 年逐年的面平均降水量；α 值根据地下水埋深和年降水量，采用公式 $\alpha_年 = \dfrac{\mu \sum \Delta H_次}{P_年}$ 计算出了 1980～2008 年的降水入渗系数 α 系列值，然后计算出多年平均 $\alpha_均$ 值，从而计算出多年平均降水入渗补给量值。

　　通过灌区 1980～2008 年系列降水量（P）与降水入渗补给量（P_r）建立 $P\sim P_r$ 相关关系曲线，可以发现灌区 $P\sim P_r$ 相关关系较好，相关系数一般都在 0.85 以上，且呈指数型相关。由此说明，一般未知年份的降水入渗补给量，可根据水量值从建立的 $P\sim P_r$ 相关关系曲线上进行插补，成果精度可满足计算要求。

2）地表水体补给量

A. 河流与湖库渗漏补给量

a. 河流补给量计算方法

当河道水位高于河道岸边地下水位时，河水渗漏补给地下水。采用地下水动力学法（剖面法）计算，即达西公式：

$$Q_{河补} = 10^{-4}KIALt \tag{6-50}$$

式中：$Q_{河补}$ 为单侧河道渗漏补给量，万 m^3/年；K 为剖面位置不同岩性的渗透系数，m/d；I 为垂直于剖面的水力坡度；A 为单位长度河道垂直于地下水流向的剖面面积，m^2/m；L 为河道或河段长度，m；t 为河道或河段过水（或渗漏）时间，d。

若河道或河段两岸水文地质条件类似且都有渗漏补给，则以 $Q_{河补}$ 的两倍为两岸的渗漏补给量。

b. 湖、库渗漏补给量

湖、库渗漏补给量指湖、库内地表水体渗漏补给地下水，采用补给系数法：

$$Q_{河} = \beta Q_{引} \tag{6-51}$$

式中：$Q_{河}$ 为湖、库渗漏补给量，万 m^3/年；β 为湖、库入渗补给系数；$Q_{引}$ 为湖、库蓄水量，万 m^3/年。

B. 渠系、渠灌田间渗漏补给量

渠系渗漏补给量和渠灌田间渗漏补给量都采用系数法计算，即

$$Q_{渠系} = mQ_{渠引} \tag{6-52}$$

其中

$$m = \gamma(1 - \eta)，Q_{渠灌} = \beta_{渠} Q_{渠田}$$

式中：$Q_{渠系}$ 为渠系渗漏补给量，万 m^3/年；m 为渠系渗漏补给系数；$Q_{渠引}$ 为渠首引水量，万 m^3/年；γ 为修正系数；η 为渠系有效利用系数；$Q_{渠灌}$ 为渠灌田间入渗补给量；$\beta_{渠}$ 为渠灌田间入渗补给系数；$Q_{渠田}$ 为渠灌水进入斗渠渠首水量，万 m^3/年。

C. 井灌回归补给量

井灌回归补给量指开采的地下水进入田间后，入渗补给地下水的水量，计算公式为

$$Q_{井灌} = \beta_{井} Q_{井田} \tag{6-53}$$

式中：$Q_{井灌}$ 为井灌回归补给量，万 m^3/年；$\beta_{井}$ 为井灌回归补给系数；$Q_{井田}$ 为井灌开采量，万 m^3/年。

井灌开采量为1980～2008年的逐年调查统计值，计算出灌区多年平均井灌回归补给量。

3. 排泄量计算

平原区排泄量包括潜水蒸发量、河道排泄量、侧向排泄量和浅层地下水实际开采量。潜水蒸发量、浅层地下水开采量本次计算1980～2008年系列多年平均值，为便于计算水资源可采资源量，河道侧向排泄量则要计算出河道多年平均水位和灌区地下水多年平均水位。

1）潜水蒸发量

潜水蒸发量是指潜水在毛细管力作用下，通过包气带岩土向上运动形成的蒸发量。

采用系数法计算,即

$$W_E = EF = 10^{-1}E_0CF \tag{6-54}$$

式中:W_E 为潜水蒸发量,万 m³/年;E 为潜水蒸发量,mm/年;E_0 为水面蒸发量,采用 E601 型蒸发器的观测值,mm/年;C 为潜水蒸发系数;F 为计算面积,km²。

2)侧向排泄量

侧向排泄量是指从研究区(水文地质单元)向另一区域(水文地质单元)地下水侧向流出量。由于相邻区域水文条件稳定,一般采用剖面法达西公式计算。

3)河道排泄量

河道排泄量是指河水位低于两岸地下水位时,地下水向河道排泄的水量。一般可采用剖面法达西公式计算,在有条件的区域也可用单站基流分割类比法。

由降水入渗补给地下水而形成的河道排泄量,是水资源总量中重复水量的一部分,为便于计算,常采用如下公式:

$$Q_{降排} = Q_{河排}\frac{P_r}{Q_{总}} \tag{6-55}$$

式中:$Q_{降排}$ 为降水入渗补给地下水形成的河道排泄量;$Q_{河排}$ 为河道排泄量;P_r 为降水入渗补给地下水量;$Q_{总}$ 为浅层地下水总补给量。

4.平原区地下水均衡计算

1)浅层地下水蓄变量

浅层地下水蓄变量是指计算区初时段与末时段浅层底下水储存量值,采用公式:

$$\Delta W = 10^{-2}(h_2 - h_1)\mu F/t \tag{6-56}$$

式中:ΔW 为浅层地下水蓄变量,万 m³/年;h_1 为计算时段初地下水埋深,m;h_2 为计算时段末地下水埋深,m;μ 为浅层地下水变幅带给水度;F 为计算面积,km²;t 为计算时段长,年。

当含水层的水为潜水时,μ 为含水岩石的给水度,当含水层的水为承压水时,μ 为贮水(或弹性释水)系数。

2)浅层地下水水均衡分析

浅层地下水水均衡指研究区多年平均地下水总补给量 $Q_{总补}$、总排泄量 $Q_{总排}$、蓄变量 ΔW 三者之间的平衡关系,用公式表示为

$$Q_{总补} - Q_{总排} \pm \Delta W = X \tag{6-57}$$

$$\delta = \frac{X}{Q_{总补}} \times 100\%$$

式中:X 为绝对均衡差,万 m³;δ 为相对均衡差(%)。

当 $|X|$ 值或 $|\delta|$ 值较小时,可近似判断为 $Q_{总补}$、$Q_{总排}$、ΔW 三项计算成果的计算误差较小,计算精度较高;反之,则表明计算误差较大,计算精度较低。

6.2.2.3　地表水资源量

地表水资源量是指河流、湖泊、冰川等地表水体中由当地降水形成的、可以逐年更新的动态水量,用河川天然径流量表示。

(1)对于有径流站控制的,当径流站控制区降水量与未控制区降水量相差不大时,根据径流测站分析计算成果,按面积比折算为该分区的年径流量系列;当径流站控制区降水

量与未控制区降水量相差较大时,按面积比和降水量的权重折算分区年径流量系列。

$$W_{分区} = \sum_{1}^{i} W_{控} + W_{区间} \tag{6-58}$$

式中:$W_{分区}$、$W_{控}$、$W_{区间}$ 分别为分区、控制站、未控制区间(控制站以下至省界或河口)的水量。

$W_{区间}$ 计算因条件不同其计算方法有所差异,分区水量计算可分为以下几种形式:

①控制站水量系列的面积比缩放法。当分区内河流径流站(一个或几个)能控制该分区绝大部分集水面积,且测站上下游降水、产流等条件相近时,根据控制站天然年径流量除以控制站集水面积,求得控制站以上的年径流深,并将借用到区间上计算区间年径流量,则

$$W_{区间} = \frac{\sum_{1}^{i} W_{控}}{\sum_{1}^{i} F_{控}} F_{区间}$$

按公式可导出分区水量计算公式为

$$W_{分区} = \sum_{1}^{i} W_{控} \frac{F_{分区}}{\sum_{1}^{i} F_{控}} = R_{控} F_{分区} \tag{6-59}$$

式中:$F_{分区}$、$F_{控}$分别为分区和控制站的面积;$R_{控}$为控制站的径流深。

②控制站降水总量比缩放法。当分区控制站上下游降水量差异较大而产流条件相似时,借用控制站(或控制站以上精度较高的某一区间)天然径流系数乘以控制站以下区间的年降水量,求得区间年径流深。

$$W_{区间} = \alpha_{控} P_{区间} F_{区间}$$

按公式可导出分区水量计算公式为

$$W_{分区} = W_{控} \frac{P_{分区} F_{分区}}{P_{控} F_{控}} = \alpha_{控} P_{分区} F_{分区} \tag{6-60}$$

式中:$P_{分区}$、$P_{控}$分别为分区和控制站的面雨量;$\alpha_{控}$为控制站年径流系数。

③利用径流特征值法。当区间与邻近流域的水文气候及自然地理条件相似时,直接移用邻近站的年径流深(或年径流系数)或降雨径流关系,根据区间降水量、区间面积推求区间的年径流系列,然后与控制站水量相加求得全区水量。

④等值线法。在采用以上几种方法有困难时,区间水量采用1952~2008年年径流深等值线图量算水量,年径流系列则选用参证站的年径流系列按均值比进行缩放。

$$W_{区间} = W_{参} \frac{\overline{W_{区间}}}{\overline{W_{参}}} \tag{6-61}$$

其中

$$W_{分区} = W_{控} + W_{区间}$$

式中:$\overline{W_{区间}}$为由1952~2008年年径流深等值线图量算的区间径流量;$\overline{W_{参}}$为参证站1952~2008年年平均径流量;$W_{分区}$、$W_{参}$分别为某一年的分区水量和参证站的年径流量。

(2)水资源分区内没有径流站(或径流站控制面积很小)时,一般利用水文模型或借用自然地理特征相似地区测站的降雨—径流关系,由降水系列推求年径流量系列。

（3）流域水文模型法。

在平原水网区，河流纵横交错，水利工程较多，流域进、出水量转换频繁，无控制性较好的代表站。本次分析研究以现状（1952～2008年）下垫面为基础，将下垫面分水面、水田、旱地城镇建设用地四种类型，分别建立产流模型，以日为计算时段进行地表水资源量的计算，对城镇建设用地、水域、水田产流模型中的计算参数以试验资料成果或以经验值代替，对旱地产流模型根据区域内典型区实测资料率定降水径流关系，对模型进行检验，优先确定参数值后计算旱地产流量。在计算四种下垫面产流量的基础上通过面积加权计算研究区域内地表水资源量。

6.2.2.4　水资源总量

水资源总量指当地降水形成的地表和地下产水量，即地表径流量与降水入渗补给量之和。本次分析研究水资源总量计算采用地表水资源量（河川径流量）与降水补给量之和再扣除降水入渗补给量形成的河道基流排泄量的计算方法。

分区水资源总量一般用下列公式计算：

$$W = R_S + P_r \quad \text{或} \quad W = R + P_r - R_g \tag{6-62}$$

式中：W 为水资源总量；R_S 为地表径流量；R 为河川径流量；P_r 为地下水的降水入渗补给量（山丘区用地下水总排泄量代替）；R_g 为河川基流量（平原区只计降水入渗补给量形成的河道排泄量）。

6.2.2.5　水资源优化配置模型

白龟山水库作为平顶山市区域生活、工业、农业灌溉和生态用水的主要水源，在基于可持续发展的基础上，充分考虑其区域产业布局，协调区域资源、生态环境与经济的动态关系，协调各子区之间利益均衡，进行水资源科学分配，保证生活用水、工业用水、生态用水、农业用水，保障国家经济建设，实现整个区域可持续发展。

白龟山水库水资源优化配置属多目标线性优化问题，其主要原理如下：

设线性目标规划问题有 L 个目标优先等级 $P_1 > P_2 > \cdots > P_L$，m 个约束条件（包括目标约束和资源约束），$n + 2m$ 个变量（n 个决策变量，m 个正偏差变量，m 个负偏差变量），则线性目标规划的标准型为

$$\min Z = \sum_{j=1}^{L} P_j \left[\sum_{i=1}^{m} \left(w_{ij}^- d_j^- + w_{ij}^+ d_i^+ \right) \right] \tag{6-63}$$

约束条件：　　　$AX + D^- - D^+ = b, \quad X \geqslant 0, D^- \geqslant 0, D^+ \geqslant 0$

式中：A 为 $m \times n$ 阶矩阵；b 为 m 维列向量；$X = (X_1, X_2, \cdots, X_n)^T$ 为决策变量；$D^- = (d_1^-, d_2^-, \cdots, d_m^-)^T$ 为负偏差变量；$D^+ = (d_1^+, d_2^+, \cdots, d_m^+)^T$ 为正偏差变量。

6.2.3　水资源利用及时变规律

6.2.3.1　用水户基本情况

1. 昭平台水库用水户基本情况

昭平台水库用水户主要有神马汇源公司、鲁山钢厂、梁洼镇、中电投平顶山鲁阳发电有限责任公司、许昌市和昭平台灌区等。

2.白龟山水库用水户基本情况

白龟山水库用水户主要有姚孟电厂、火电一公司、自来水厂、飞行化工公司、疗养院、平师专、新城区、平东热电厂、姚孟二电、供水总厂和白龟山水库灌区等。

6.2.3.2　用水量年际变化

1.昭平台水库用水量年际变化

通过对昭平台水库各用水户多年取用水量相关资料的收集、整理、计算和分析,可以得出:1998～2008年,昭平台水库各用水户总用水量为34 599万 m³,其中神马汇源公司总用水量为2 970万 m³,鲁山钢厂总用水量为3 421万 m³,梁洼镇总用水量最少,仅为330 万 m³,中电投平顶山鲁阳发电有限责任公司2008年有用水,用水量为 414 万 m³,许昌市2006年和2008年有用水,用水总量为1 720万 m³,昭平台灌区用水量最多,用水量为25 744万 m³。

从年份上看:2001年用水量最大,为7 553万 m³,占水库多年总用水量的21.8%,其原因主要为灌溉用水量较大,为6 942万 m³,占当年水库总用量的91.9%;2002年、2003年和2005年用水量最小,仅为611 万 m³,占水库多年总用量的1.8%,其原因主要为当年没有灌溉用水;用水量最多年和用水量最少年之比达52 倍之多。详见表6-67 和图6-21、图6-22。

表6-67　昭平台水库各用水户年取水量统计　　　　　　　　（单位:万 m³）

年份	用水户						合计	所占总取用水量比例(%)
	神马汇源公司	鲁山钢厂	梁洼镇	中电投平顶山鲁阳发电有限责任公司	许昌市	昭平台灌区		
1998	270	311	30			3 224	3 835	11.0
1999	270	311	30			6 582	7 193	20.8
2000	270	311	30			3 284	3 895	11.3
2001	270	311	30			6 942	7 553	21.8
2002	270	311	30			0	611	1.8
2003	270	311	30			0	611	1.8
2004	270	311	30			2 486	3 097	9.0
2005	270	311	30			0	611	1.8
2006	270	311	30		800	874	2 285	6.6
2007	270	311	30			452	1 063	3.0
2008	270	311	30	414	920	1 900	3 845	11.1
合计	2 970	3 421	330	414	1 720	25 744	34 599	100
所占比例(%)	8.6	9.9	0.9	1.2	5.0	74.4	100	—

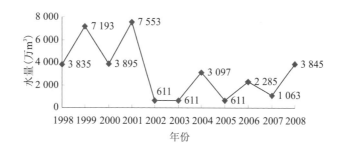

图 6-21　昭平台水库各用水户年取水量示意图

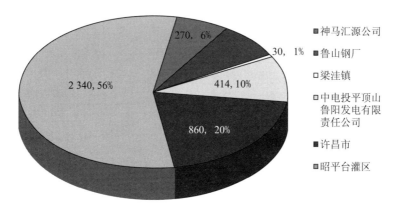

图 6-22　昭平台水库主要用水户多年平均取水量示意图

2. 白龟山水库用水量年际变化

1）按各用水户的取水量计算分析

通过对白龟山水库各用水户多年取用水量相关资料的收集、整理、计算和分析，可以得出：1998～2008年，白龟山水库各用水户总用水量为 203 738 万 m³，其中姚孟电厂总用水量为 11 366 万 m³，火电一公司总用水量为 235 万 m³，自来水厂总用水量最多，为 92 703 万 m³，飞行化工公司总用水量为 11 732 万 m³，疗养院用水量为 218 万 m³，平师专用水总量为 375 万 m³，新城区用水量最少，仅为 25 万 m³，平东热电厂总用水量为 2 220 万 m³，姚孟二电总用水量为 1 802 万 m³，供水总厂总用水量为 16 726 万 m³，白龟山灌区总用水量为 66 336 万 m³，详见表 6-68 和图 6-23、图 6-24。

表 6-68　白龟山水库各用水户年取水量统计　　　　　　　　　　　　　　（单位：万 m³）

年份	用水户												
	姚孟电厂	火电一公司	自来水厂	飞行化工集团	疗养院	平师专	新城区	平东热电厂	姚孟二电	供水总厂	白龟山灌区	合计	所占总取用水量比例（%）
1998	0	37	7 916	1 088	24	0	0	0	0	1 451	5 846	16 361	8.0
1999	1 306	57	7 283	1 095	24	0	0	0	0	1 538	20 097	31 400	15.4
2000	1 359	51	8 341	1 105	24	0	0	0	0	1 410	6 064	18 354	9.0
2001	1 272	41	7 946	1 086	24	0	0	0	0	1 362	5 656	17 387	8.5

续表 6-68

| 年份 | 用水户 | | | | | | | | | | | 合计 | 所占总取用水量比例(%) |
	姚孟电厂	火电一公司	自来水厂	飞行化工集团	疗养院	平师专	新城区	平东热电厂	姚孟二电	供水总厂	白龟山灌区		
2002	1 027	26	8 429	1 095	24	0	0	0	0	1 742	4 328	16 670	8.2
2003	1 218	4	8 748	1 089	35	11	0	0	0	1 502	3 743	16 350	8.0
2004	1 118	1	8 730	1 098	23	55	14	0	0	1 488	5 350	17 876	8.8
2005	1 028	6	8 667	1 095	10	72	11	0	0	1 553	3 093	15 533	7.6
2006	1 100	10	8 555	1 036	10	69	0	627	0	1 560	4 150	17 117	8.4
2007	1 089	4	9 074	1 021	10	84	0	755	280	1 560	3 755	17 634	8.7
2008	849	0	9 014	925	10	84	0	838	1 521	1 560	4 255	19 055	9.4
合计	11 366	235	92 703	11 732	218	375	25	2 220	1 802	16 726	66 336	203 738	100
所占比例(%)	5.6	0.1	45.5	5.8	0.1	0.2	0	1.0	0.9	8.2	32.6	100	—

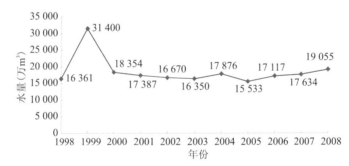

图 6-23　白龟山水库各用水户年取水量示意图

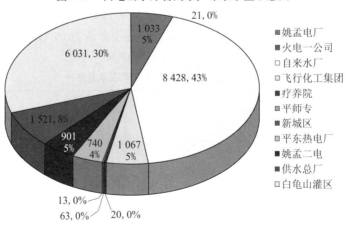

图 6-24　白龟山水库主要用水户多年平均取水量示意图

从年份上看:白龟山水库各用水户1999年用水量最大,为31 400 万 m³,占水库多年总用量的15.4%,其原因主要为灌溉用水量较大,为20 097 万 m³,占当年水库总用量的64.0%;2003年用水量最小,仅为16 350 万 m³,占水库多年总用量的8.0%;用水量最多年和用水量最少年之比为1.92倍,相差不大。详见表6-68。

2)按城市生活、工业和农业用水量分析

1998～2008年,白龟山水库地表水多年平均总供水量为18 522 万 m³,其中城市生活取水量较小,为2 675万 m³,仅占水库总供水量的14.4%,工业用水取水量较大,为9 816 万 m³,占水库总供水量的53.0%,农业用水量为6 031 万 m³,占水库总供水量的32.6%,详见表6-69 和图6-25。

表6-69　白龟山水库地表水利用统计　　　　　（单位:万 m³）

年份	城市生活	工业	农业	合计
1998年	2 273	8 242	5 846	16 361
1999年	2 341	8 962	20 097	31 400
2000年	2 484	9 806	6 064	18 354
2001年	2 585	9 146	5 656	17 387
2002年	2 615	9 727	4 328	16 670
2003年	2 726	9 881	3 743	16 350
2004年	2 778	9 748	5 350	17 876
2005年	2 771	9 670	3 093	15 534
2006年	2 883	10 084	4 150	17 117
2007年	2 944	10 936	3 755	17 635
2008年	3 022	11 778	4 255	19 055
多年平均	2 675	9 816	6 031	18 522

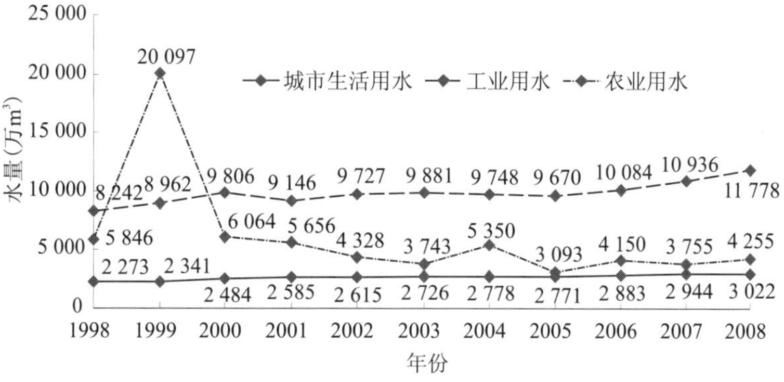

图6-25　白龟山水库地表水利用情况

6.2.3.3　用水量年内变化

1. 昭平台水库用水量年内变化

通过对昭平台水库各用水户多年取用水量有关资料的收集、整理、计算和分析,可以得出如下结论:

昭平台水库多年平均年取用水量为 3 145 万 m³,多年平均月取水量在年内变化较大,取用水量最大月是 4 月,为 596 万 m³,占多年平均年取水量的19.0%,取用水量最小月分布在 1 月、3 月、9 月、11 月和 12 月,5 个月取水量合计为 335 万 m³,仅占多年平均年取水量的10.6%,用水量最多月和用水量最少月之比为8.87倍,相差较大;其他月份:2 月的取水量为 426 万 m³,占多年平均年取水量的13.5%,5 月的取水量为 295 万 m³,占多年平均年取水量的9.4%,6 月的取水量为 532 万 m³,占多年平均年取水量的16.9%,7 月的取水量为 118 万 m³,占多年平均年取水量的3.8%,8 月的取水量为 307 万 m³,占多年平均年取水量的9.8%,10 月的取水量为 536 万 m³,占多年平均年取水量的17%。

2. 白龟山水库用水量年内变化

通过对白龟山水库各用水户多年取用水量有关资料的收集、整理、计算和分析,可以得出如下结论:

白龟山水库多年平均年取用水量为 18 522 万 m³,多年平均月取水量在年内变化不大,取用水量最大月是 6 月,为 2 036 万 m³,占多年平均年取水量的11.0%,取用水量最小月在 12 月,取水量为 1 083 万 m³,占多年平均年取水量的5.8%,用水量最多月和用水量最少月之比为1.88倍,相差不是太大;其他月份:1 月的取水量为 1 239 万 m³,占多年平均年取水量的6.7%;2 月的取水量为 1 204 万 m³,占多年平均年取水量的6.5%;3 月的取水量为 1 384 万 m³,占多年平均年取水量的7.5%;4 月的取水量为 1 574 万 m³,占多年平均年取水量的8.5%;5 月的取水量为 1 873 万 m³,占多年平均年取水量的10.1%;7 月的取水量为 1 681 万 m³,占多年平均年取水量的9.0%;8 月的取水量为 1 973 万 m³,占多年平均年取水量的10.7%;9 月的取水量为 1 652 万 m³,占多年平均年取水量的8.9%;10 月的取水量为 1 385 万 m³,占多年平均年取水量的7.5%;11 月的取水量为 1 438 万 m³,占多年平均年取水量的7.8%。

6.2.4　地表水资源研究

6.2.4.1　昭平台水库来水量及变化规律研究

昭平台水库水文站于1954年 6 月设立,原为水位站,1959年改为水库水文站观测至今,控制面积1 416 km²,具有1960～2008年连续实测水量资料系列。在昭平台水库水文站上游沙河上,1923年设立下汤水文站,控制流域面积825 km²,具有1952～1959年连续实测资料系列。在沙河支流荡泽河上,1952年设立曹楼水文站,控制流域面积430 km²,具有1952～1959年连续实测资料系列。1952～1959年昭平台水库以上流域径流量采用下汤站和曹楼站实测径流量通过面积比求得。

1960～2008年昭平台水库来水量采用昭平台水库水文站逐年各月平均实测水量、灌区引水量、工业用水量、城市生活用水量、水库蓄变量、蒸发量、渗漏量、引水量、分洪量和其他用水量等资料,逐年各月的来水量按下式计算:

$$W_{昭来} = \pm \Delta V + W_{蒸} + W_{渗} + W_{引出} \tag{6-64}$$

式中：$W_{昭来}$ 为计算时段内昭平台水库以上流域来水量；ΔV 为计算时段内昭平台水库蓄变量；$W_{蒸}$ 为计算时段内昭平台水库蒸发损失水量；$W_{渗}$ 为计算时段内昭平台水库渗漏量；$W_{引出}$ 为计算时段内昭平台水库出库总水量。

昭平台水库以上流域历年逐月来水量计算成果详见表 6-70。

表 6-70　昭平台水库不同保证率下逐月来水量统计

保证率	月来水量（万 m³）												全年
	1 月	2 月	3 月	4 月	5 月	6 月	7 月	8 月	9 月	10 月	11 月	12 月	
多年平均	793	914	1 715	2 720	3 910	4 253	13 148	14 506	6 678	3 823	1 806	967	55 233
$P = 50\%$	421	461	901	1 608	724	1 159	2002	8 961	22 665	6 138	7 190	1 350	53 580
$P = 75\%$	850	969	1 188	1 494	3 078	6 627	9 529	4 391	1 602	6 531	507	293	37 061
$P = 97\%$	966	812	4 630	1 612	663	974	968	352	1915	760	1 164	483	15 300

从表 6-70 中可以看出：昭平台水库以上流域多年平均来水量为 55 233 万 m³，来水量在时空上分布不均，来水量多集中在 7、8 月，两个月的来水量为 27 653 万 m³，占全年来水量的 50.1%，来水量最大月在 8 月，为 14 506 万 m³，占全年来水量的 26.3%，最小月为 1 月，来水量为 793 万 m³，仅占全年来水量的 1.4%，两者相比达 18.3 倍之多。

根据频率计算，昭平台水库以上流域 $P = 50\%$ 保证率来水量为 53 580 万 m³；$P = 75\%$ 保证率来水量为 37 061 万 m³；$P = 97\%$ 保证率来水量为 15 300 万 m³。

6.2.4.2　昭白区间来水量及变化规律研究

白龟山水库于 1958 年 12 月动工兴建，1959 年 11 月截流，1960 年初步基本建成，1966 年续建完成。白龟山水库水文站于 1954 年 7 月设立，开始为水位站，1960 年改为水库水文站，观测至今。在白龟山水库水文站下游沙河上，1952 年设立叶县水文站，控制流域面积 2 990 km²，具有 1952～1959 年连续实测资料系列。1952～1959 年白龟山水库以上径流量采用叶县站实测径流量按面积比缩放而得。因此，白龟山水库水文站具有 1952～2008 年 57 年实测水文资料系列，基础资料可靠，来水量计算成果精度较高。

昭白区间历年逐月来水量计算，采用上述计算的白龟山水库以上流域逐月来水量，减去昭平台水库相应时段出库总量与昭平台水库渗漏量之和，所得差值再加上本区域农业灌溉用水消耗量和区间引出水量，即得白龟山水库区间来水量。昭平台灌区农业灌溉引水、退水，由于绝大部分水量都没有退到昭白区间，故计算时没有考虑昭平台灌区农业灌溉的退水。计算中由于资料系列原因，没有考虑区间澎河和米湾两座中型水库调蓄的影响。采用的计算公式如下：

$$W_{来(区间)} = W_{来} - W_{昭出} + W_{昭灌引出} \tag{6-65}$$

式中：$W_{来(区间)}$ 为计算时段内白龟山水库区间来水量；$W_{来}$ 为计算时段内白龟山水库以上流域来水量；$W_{昭出}$ 为计算时段内昭平台水库出库总水量；$W_{昭灌引出}$ 为计算时段内昭平台水库供本区域农业灌溉用水消耗量和引出区间外水量之和。

昭平台—白龟山水库（流域区间）历年逐月来水量计算成果详见表 6-71。

表 6-71　昭平台—白龟山水库(流域区间)不同保证率下逐月来水量统计

保证率	月来水量(万 m³)												全年
	1 月	2 月	3 月	4 月	5 月	6 月	7 月	8 月	9 月	10 月	11 月	12 月	
多年平均	1 319	1 204	1 589	2 199	3 540	3 637	8 571	8 478	4 821	3 377	2005	1 327	42 067
$P=50\%$	1 068	1 237	1 233	1 330	18 037	2 571	1 387	3 202	1 762	4 849	2 241	1 332	40 249
$P=75\%$	1 730	633	1997	463	4 306	2 310	2 852	5 113	2 873	2 067	898	1 076	26 319
$P=97\%$	388	635	606	2 424	550	284	5 033	1 273	838	529	395	520	13 475

从表 6-71 中可以看出:昭平台—白龟山水库(流域区间)多年平均来水量为 42 067 万 m³,来水量在时空上分布不均,来水量多集中在 7、8 月,两个月的来水量为 17 049 万 m³,占全年来水量的40.5%,来水量最大月在 8 月,为 8 571 万 m³,占全年来水量的20.4%,最小月 2 月,来水量为1 204万 m³,仅占全年来水量的2.9%,两者相比达7.1倍之多。

根据频率计算,昭平台—白龟山水库区间 $P=50\%$ 保证率来水量为 40 249 万 m³;$P=75\%$ 保证率来水量为 26 319 万 m³;$P=97\%$ 保证率来水量为13 475万 m³。

6.2.4.3　昭白区间地表水资源量及其变化规律

这次水资源优化配置研究,在昭平台水库、白龟山水库水文站实测和调查资料基础上,参考和采用了全国第一次水资源调查与评价《河南省地表水资源(1984)》成果中昭平台水库、白龟山水库1952~1979年系列数据,补充了这次全国水资源调查与评价昭平台水库、白龟山水库1980~2008年系列最新成果数据。

采用计算公式为

$$W_{天然} = W_{实测} + W_{农灌} + W_{工业} + W_{城镇生活} \pm W_{库蓄} \pm W_{引水} \pm W_{分洪} + W_{库渗} + W_{其他} \quad (6\text{-}66)$$

式中:$W_{天然}$ 为还原后的天然水量;$W_{实测}$ 为水文站实测水量;$W_{农灌}$ 为灌溉用水耗损水量;$W_{工业}$ 为工业用水耗损水量;$W_{城镇生活}$ 为城镇生活用水耗损水量;$W_{库蓄}$ 为计算时段始末水库蓄水变量(增加为正、减少为负);$W_{引水}$ 为跨流域、水系调水而增加或减少的量(引出为正,正,引入为负);$W_{分洪}$ 为河道分洪水量(分出为正,分入为负);$W_{库渗}$ 为水库渗漏水量(数量一般不大,对下游站来讲仍可回到断面上,可以不计);$W_{其他}$ 为对于改变计算代表站控制流域内河川径流量影响的其他水量。

经分析计算,昭平台水库流域以上1952~2008年多年平均天然径流量为 54 865 万 m³,多年平均径流深为387.5 mm,天然径流量在年际分布不均,年际变化较大,最大年为1964年,其径流量为 127 700 万 m³,径流深为901.8 mm,最小年为1966年,为 9 540 万 m³,径流深仅为67.4 mm,二者相比达13.4之多。

昭平台水库多年平均天然径流量集中在 7、8 月,两月之和为 42 381 万 m³,占全年径流量的48.9%,最大月为 8 月,径流量 21 819 万 m³,占全年径流量的25.2%,最小月出现在 1 月,仅为 1 189 万 m³,占全年径流量的1.4%,相差较大。

白龟山水库流域以上1952~2008年多年平均天然径流量为 86 693 万 m³,多年平均径流深为317.6 mm。天然径流量在年际分布不均,年际变化较大,最大年为1964年,其径流量为 228 290 万 m³,径流深为836.2 mm,最小年为1966年,为 12 710 万 m³,径流深仅为46.4 mm,二者相比达18.0之多。

　　白龟山水库多年平均天然径流量集中在 7、8 月,两月之和为 42 381 万 m³,占全年径流量的48.9%,最大月为 8 月,径流量 21 819 万 m³,占全年径流量的25.2%,最小月出现在 1 月,仅为 1 189万 m³,占全年径流量的1.4%,相差较大,详见表 6-72 和表 6-73。

表 6-72　昭平台、白龟山水库逐年径流量及径流深统计

年份	昭平台水库(流域以上)		白龟山水库(流域以上)	
	径流量（万 m³）	径流深(mm)	径流量（万 m³）	径流深(mm)
1952	48 600	343.2	81 520	298.6
1953	77 560	547.7	125 000	457.9
1954	80 530	568.7	131 100	480.2
1955	101 800	718.9	166 500	609.9
1956	108 700	767.7	177 500	650.2
1957	98 790	697.7	161 380	591.1
1958	58 490	413.1	98 360	360.3
1959	18 320	129.4	21 100	77.3
1960	24 110	170.3	25 480	93.3
1961	53 580	378.4	65 960	241.6
1962	60 460	427.0	81 630	299.0
1963	72 800	514.1	105 320	385.8
1964	127 700	901.8	228 290	836.2
1965	49 570	350.1	76 750	281.1
1966	9 540	67.4	12 710	46.6
1967	74 340	525	120 570	441.6
1968	54 300	383.5	90 730	332.3
1969	41 260	291.4	72 050	263.9
1970	42 630	301.1	51 260	187.8
1971	56 030	395.7	86 170	315.6
1972	15 300	108.1	22 090	80.9
1973	66 510	469.7	96 110	352.1
1974	48 360	341.5	90 500	331.5
1975	88 960	628.2	141 280	517.5
1976	58 960	416.4	83 790	306.9
1977	39 610	279.7	71 370	261.4
1978	28 100	198.4	39 220	143.7
1979	67 360	475.7	106 780	391.1
1980	52 896	373.6	69 155	253.3
1981	30 136	212.8	33 406	122.4
1982	79 677	562.7	116 153	425.5

表 6-73　昭平台、白龟山水库逐年径流量及径流深统计

年份	昭平台水库（流域以上）		白龟山水库（流域以上）	
	径流量（万 m^3）	径流深（mm）	径流量（万 m^3）	径流深（mm）
1983	105 637	746	155 032	567.9
1984	64 058	452.4	104 611	383.2
1985	63 895	451.2	98 077	359.3
1986	22 627	159.8	29 235	107.1
1987	12 896	91.1	56 018	205.2
1988	56 854	401.5	76 895	281.7
1989	65 017	459.2	100 648	368.7
1990	62 331	440.2	102 721	376.3
1991	44 812	316.5	82 370	301.7
1992	50 600	357.3	68 451	250.7
1993	16 632	117.5	19 309	70.7
1994	37 235	263	46 091	168.8
1995	49 036	346.3	78 882	288.9
1996	78 993	557.9	114 228	418.4
1997	16 433	116.1	25 327	92.8
1998	63 339	447.3	113 937	417.4
1999	20 304	143.4	34 652	126.9
2000	116 461	822.5	211 215	773.7
2001	28 164	198.9	51 218	187.6
2002	33 058	233.5	51 458	188.5
2003	68 179	481.5	120 150	440.1
2004	39 711	280.4	74 617	273.3
2005	77 991	550.8	116 228	425.7
2006	24 453	172.7	42 749	156.6
2007	43 284	305.7	74 462	272.8
2008	30 319	214.1	43 709	160.1
多年平均	54 865	387.5	86 693	317.6

根据保证率计算分析：

昭平台水库 $P=50\%$ 保证率天然径流量为 53 580 万 m^3，径流深为378.4 mm；$P=75\%$ 保证率天然径流量为 31 688 万 m^3，径流深为223.8 mm；$P=97\%$ 保证率天然径流量为 12 896 万 m^3，径流深为91.1 mm。

白龟山水库 $P=50\%$ 保证率天然径流量为 81 630 万 m^3，径流深为299.0 mm；$P=75\%$ 保证率天然径流量为 51 239 万 m^3，径流深为187.7 mm；$P=97\%$ 保证率天然径流量

为19 309 万 m³,径流深为70.1 mm。

昭平台水库及白龟山水库流域以上 P = 50%、P = 75%和 P = 97%不同保证率逐月天然径流量详见表6-74。昭平台、白龟山水库多年平均月天然径流量见图6-26、图6-27。

表6-74 昭平台、白龟山水库不同保证率下逐月径流量统计 (单位:万 m³)

保证率	水库名称	月径流量												全年
		1 月	2 月	3 月	4 月	5 月	6 月	7 月	8 月	9 月	10 月	11 月	12 月	
P = 50%	昭平台	340	450	840	1 660	820	750	1 870	9 330	22 950	6 150	7 140	1 280	53 580
	白龟山	650	1 430	630	1 350	1 430	8 590	9 830	25 900	9 120	5 480	6 040	11 180	81 630
P = 75%	昭平台	480	584	451	1 926	3 948	8 759	6 868	3 277	3 692	914	388	403	31 688
	白龟山	1 732	1973	1 427	2 188	3 205	5 850	17 592	10 626	2 590	1 650	1 086	1 322	51 239
P = 97%	昭平台	215	196	600	1 513	1 451	1 607	1 059	2 749	1 106	2 395	0	4	12 896
	白龟山	311	1 324	2 762	1 168	3 635	1 078	986	2 905	1 246	289	2 407	1 197	19 309
多年平均	昭平台	783	899	1 685	2 689	3 842	4 058	13 258	14 515	6 727	3 654	1 808	947	54 865
	白龟山	1 189	1 396	2 497	3 787	5 912	7 817	20 563	21 819	10 795	6 099	2 879	1 941	86 693

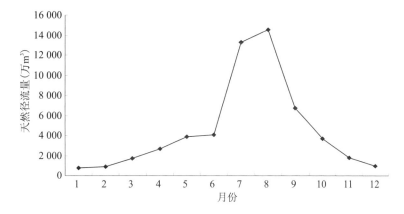

图6-26 昭平台水库多年平均月天然径流量示意图

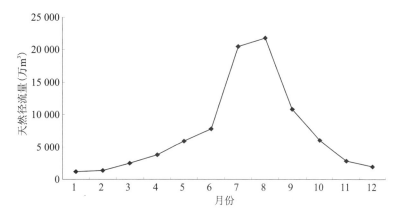

图6-27 白龟山水库多年平均月天然径流量示意图

6.2.4.4　白龟山水库水质分析

根据河南省水环境监测中心多年来对水库地表水取样、化验监测分析,监测项目有水温(℃)、pH 值、溶解氧、高锰酸盐指数、化学需氧量、五日生化需氧量、氨氮、总磷、总氮、铜、锌、氟化物、砷、镉、六价铬、铅、氰化物、挥发酚、硫酸盐、氯化物、硝酸盐氮、总硬度、铁、汞和锰等 25 项。

依据中华人民共和国《地表水环境质量标准》(GB 3838—2002)对白龟山水库地表水进行水质监测综合评价。1998～2008年,白龟山水库除2004年水质综合评价类别为Ⅲ类外,其余年份水质综合评价均为Ⅱ类,水库水质较好,能够满足城市生活(≤Ⅲ类)、工业(≤Ⅳ类)和农灌(≤Ⅴ类)用水的需求。在2004年中,除五日生化需氧量为Ⅲ类外,其余各项水质为Ⅰ类或Ⅱ类水,详见表6-75。

表6-75　白龟山水库水质监测综合评价成果

年份	水质综合类别	是否满足行业用水需求		
		城市生活(≤Ⅲ类)	工业(≤Ⅳ类)	农业(≤Ⅴ类)
1998	Ⅱ	是	是	是
1999	Ⅱ	是	是	是
2000	Ⅱ	是	是	是
2001	Ⅱ	是	是	是
2002	Ⅱ	是	是	是
2003	Ⅱ	是	是	是
2004	Ⅲ	是	是	是
2005	Ⅱ	是	是	是
2006	Ⅱ	是	是	是
2007	Ⅱ	是	是	是
2008	Ⅱ	是	是	是

6.2.4.5　白龟山水库水体纳污能力分析

水体纳污能力系指在水域使用功能不受破坏的条件下,受纳污染物的最大数量,即在一定设计水量条件下,满足水功能区水环境质量标准要求的污染物最大允许负荷量。其大小与水功能区范围的大小、水环境要素的特征和水体净化能力、污染物的物化性质等有关。

白龟山水库上游主要的排污口为鲁山县利民污水处理厂,设计处理能力为3.0万 t/d,主要处理鲁山县城市生活污水和工业废水。

根据《河南省水功能区划》,鲁山县利民污水处理厂处理后的污水排入沙河平顶山开发利用区内的二级区划沙河鲁山排污控制区,起始断面为河南鲁山县张店乡王瓜营村南,终止断面为白龟山水库入口,河长19.5 km,水质目标为Ⅲ类,以保证进入水库的水质达到中华人民共和国《地表水环境质量标准》(GB 3838—2002)中Ⅲ类的标准,使水库水质不受污染。

沙河鲁山排污控制区的下一个二级水功能区为沙河白龟山水库饮用水源区,水质目标为Ⅲ类。

为保证白龟山水库水体不受污染,就要严格控制上游来水的各项污染物的浓度,因此要对沙河白龟山水库饮用水源区的上一个二级功能区沙河鲁山排污控制区主要的污染物 COD_{Cr} 和 $NH_3 - N$ 进行纳污能力分析。

当污染物进入水体后,受到水体平流、输移、纵向离散和横向混合作用,同时与水体发生物理、化学和生化作用,水体中的污染物浓度逐渐降低,水质逐渐好转。为了客观地描述水体自净或污染降解现象,较准确地计算出河段的纳污能力,本分析研究采用一维数学模型来描述其过程,建立河流中污染物排放与河流水质间的定量关系,为评价预测和选择污染控制方案及制定水质标准和排放规定提供具体依据。

一维模型:用于一般河道允许纳污能力计算,公式为

$$W = 0.365 \times 86.4 \left[C_s \exp(KL/86.4U)\left(Q_p + \sum q \right) - C_0 Q_p \right] \qquad (6\text{-}67)$$

式中:W 为允许纳污能力,t/年;C_s 为功能区下断面(或控制代表断面)水质目标,mg/L;C_0 为功能区上断面水质浓度,mg/L;K 为自净系数,d^{-1};L 为功能区河段长度,km;U 为功能区河段平均流速,m/s;Q_p 为功能区上断面设计流量,m^3/s;$\sum q$ 为功能区各排污口和取水口流量代数和,m^3/s。

根据沙河鲁山排污控制区起始断面、终止断面和鲁山县利民污水厂的水质监测成果,经计算分析可得:

沙河鲁山排污控制区 COD_{Cr} 和 $NH_3 - N$ 的纳污能力分别为 663 t/年和35.7 t/年。鲁山县利民污水厂 COD_{Cr} 和 $NH_3 - N$ 的排放量为374.1 t/年和18.7 t/年,其排放量在允许的纳污能力之内。沙河鲁山排污控制区内水质较好。不需要削减 COD_{Cr} 和 $NH_3 - N$ 的排放量就可达到功能区的水质目标,详见表6-76。

表 6-76　沙河鲁山排污控制区纳污能力分析成果　　　　　　（单位:t/年）

污染物名称	纳污能力	鲁山县利民污水处理厂排放量	削减量
COD_{Cr}	663	374.1	0
$NH_3 - N$	35.7	18.7	0

6.2.5　白龟山灌区浅层地下水开发利用研究

6.2.5.1　灌区自然地理位置概况

1. 灌区位置

河南省白龟山灌区位于淮河流域上游,属沙颍河水系,灌区在白龟山水库下游沙河两岸,北到汝河,南到灰河,是三河之间的平原区域,灌区设计灌溉面积 50 万亩。由于北灌区、西灌区的年久失修,以及后期改造工程的不到位,使北灌区和西灌区两个灌区16.65万亩(沙汝河之间)没有得到很好的开发利用,所以本次研究区域不考虑该区域,只考虑沙河和灰河之间南灌区33.35万亩,其中井灌 10 万亩。该区域地理坐标为:东经 113°15′~113°68′,北纬 33°59′~33°73′。

2. 灌区地形地貌

白龟山灌区属于冲积平原区,按水利区划为淮河流域沙河冲积平原区,是从浅山丘陵区向地势逐渐开阔的平原区延伸的过渡地带,地形自西向东倾斜,地面高程为70.0~95.0 m(黄海基面),地势较为平坦,地面平均比降为1/8 000左右。

灌区经过长期的地质构造运动以及剥蚀、侵蚀和堆积过程,灌区的地貌景观主要是以第四纪沙河冲积平原和近代河流带状堤岸式冲积平原,土壤多属轻、中、重粉质壤土,灌区西部土层,下部多是砂性土层,易透水,上部覆盖层多以厚度不一的亚砂土和亚黏土互层,灌区东部土层比较单一,以砂性土为主,部分地层有砂黏互层现象,整个灌区地面平坦,土地肥沃,没有大的沟壑和微型高地。

6.2.5.2　灌区水文地质条件

1.灌区含水层的水文地质特征

本次研究的灌区浅层地下水是指赋存于第一隔水层之上的含水岩组中的松散岩类孔隙水,按埋藏条件和水力性质,称为潜水,但部分地段呈微承压性。本灌区内的主要浅层含水层,是第四纪中晚更新统的河流在老大槽地中发生、发展、迁移、摆动,堆积了松散的砂砾石、砂层、亚黏土互层,其上部普遍覆盖着亚砂土、亚黏土,构成了典型的二元结构含水层,这为地下水赋存提供了良好的空间场所。由于受河流冲积的作用,灌区内土壤颗粒粒径从西向东呈由大到小的规律变化,含水层厚度均一,只是在灌区西部土层中含有大量砂砾石层,这为灌区地下水侧向补给提供了良好的水力联系,整个灌区浅层含水层厚度平均在50.0 m左右,含水层地下径流条件较好,富水性较好。

2.灌区地下水的赋存条件

由于该灌区内地质结构较为单一,所以地下水赋存条件也较为简单,只是灌区西部含水层厚度较东部含水层稍厚,而且颗粒稍粗,西部地表土壤多以砂性土为主,灌区东部地表土层多以透水、释水性能较好的亚砂土和粉质砂土为主,辅以亚砂、亚黏互层,所以地下水西部比东部存水空间稍大,导水性能较好,但是东部含水层储水量比西部要大。

6.2.5.3　灌区浅层地下水的运动规律

1.灌区浅层地下水的运动特征

灌区内浅层地下水既有垂向运动形式,又有水平径流形式,在灌区内浅层地下水以垂向交替为主,在河道、水库两侧水平占主导地位,其运动规律受地形、地貌、水文及人为因素控制。

灌区内地形西高东低,其水力坡度为1/7 000~1/9 000,其总体流向是从西向东缓慢流动,流向与地形坡降,河流流势基本一致,浅层地下水流动过程中,受地形、地层岩性和开采条件的变化,方向也随着变化,由于沙河南岸灌区内地下水位常年高于沙河水位,地下水常年补给河水,浅层地下水方向与沙河水流方向呈一定夹角补给河水,南部灰河属下泄性河流,所以常年地下水补给河水。

由于该灌区内灌溉补给和开发量较大,浅层地下水调节主要靠垂直交替为主,又由于该灌区位于河流冲积平原上部,西部洪积扇的下部,地下水水平也较强,浅层地下水水平运动也较强。因此,侧向和垂向补排,同时成为灌区浅层地下水的主要运动形式。

2.灌区浅层地下水的补给、径流、排泄条件

浅层地下水的补给、排泄条件是地下水形成的重要因素,主要受水文、气象、地形地貌、包气带的岩性地质结构因素的控制和制约。

灌区浅层地下水,以垂向补给和侧向排泄为主,补给、排泄是通过含水颗粒间孔隙完成的。主要补给来源为农田灌溉水的入渗补给和上游地下水侧向补给,其次是白龟山水库渗漏补给和降雨补给等。其补给量的大小与水文地质条件、地下水水力联系、降水量、

降水强度、灌溉水量、灌溉次数、水位埋深、包气带岩性、地形地貌密切相关。灌区内水位埋深以小于 4.0 m 为主,包气带的岩性以粉质砂土、亚砂土为主,透水性较好,有利于降水、灌溉水的渗入。由于灌区水位埋深多为 2.0 ~ 4.0 m,潜水蒸发消耗较强。

灌区位于沙河冲积平原上部,西部山区洪积扇下部,地处浅层地下水补给区,浅层地下水除接受西部平原区地下水侧向补给外,还接受灌溉水、大气降水补给,在其向东流过程中,受沙河和灰河下泄的影响,一部分在汇水地带转向两河运动,一部分继续下泄东流,补给下部平原地下水。

灌区除接受侧向、灌溉水、大气降水补给外,水库渗漏补给由于受地形、地下水位、水库水位和西部侧向的影响,其补给量要小于其他各项补给量。

3. 灌区浅层地下水动态特征

浅层地下水动态,是浅层地下水形成过程中和形成后,质与量的时空变化。灌区地下水动态类型属渗入 - 蒸发型中的气象亚型,水位变化主要与气象因素有关,旬、月、季、年变化明显,季节性规律强。从灌区内地下水观测井资料可见,枯水期水位低于丰水期水位,变幅较明显。灌区浅层地下水位变化过程与降雨分配过程相吻合,年内呈现降—升—降周期变化,峰值一般比降雨滞后,高水位期多出现在 7 月下旬至 10 月;低水位多出现在 12 月至次年 4 月,其滞后时间长短与水位埋深和包气带岩性结构有关。

4. 灌区浅层地下水埋深现状

据 1998 ~ 2008 年灌区运行以来的该区域气象资料统计,2004 年的降雨频率为 50% 左右,属水平年。灌区浅层地下水的埋深具有代表性,所以以 2004 年水位统测资料来描述浅层地下水位现状,根据灌区内观测井水位动态观测资料,浅层地下水位最低值多出现在 7 月,最高值多出现在 10 月。以多年灌区内地下水观测井水位资料可知,浅层地下水位枯、丰埋深分布特征基本相同,只是埋深大小不同,从资源开发利用角度,地下水位显得更为重要。

灌区内地下水位一般为 2.0 ~ 4.0 m,分布范围一般灌区西部埋深较浅,中部较深,这是由于灌区中部叶县县城的工业、生活用水量加大,水位埋深加大。灌区西部由于地形较高以及地下水侧向和水库的补给作用,使地下水位一般略高于灌区东部水位。从位于灌区叶县境内邓李乡湾刘村 6 号观测井和龚店乡台马村 13 号观测井地下水位多年变化表和多年变化图来看,灌区内近年来水位基本没有变化,埋深都是在 2.0 ~ 4.0 m 变动,见图 6-28 和表 6-77、表 6-78。

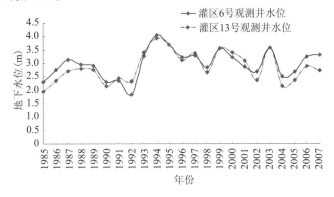

图 6-28　白龟山灌区地下水位埋深变化示意图

表 6-77　灌区 6 号观测井水位埋深

年份	水位（m）	埋深（m）
1985	72.36	2.31
1986	71.91	2.76
1987	71.53	3.14
1988	71.71	2.96
1989	71.76	2.91
1990	72.37	2.3
1991	72.31	2.36
1992	72.83	1.84
1993	71.4	3.27
1994	70.62	4.05
1995	70.98	3.69
1996	71.44	3.23
1997	71.37	3.3
1998	71.82	2.85
1999	71.11	3.56
2000	71.44	3.23
2001	71.81	2.86
2002	71.98	2.69
2003	71.09	3.58
2004	72.17	2.5
2005	71.98	2.69
2006	71.43	3.24
2007	71.35	3.32

表 6-78　灌区 13 号观测井水位埋深

年份	水位（m）	埋深（m）
1985	76.35	1.94
1986	75.95	2.34
1987	75.58	2.71
1988	75.5	2.79
1989	75.53	2.76

续表 6-78

年份	水位（m）	埋深（m）
1990	76.14	2.15
1991	75.84	2.45
1992	75.97	2.32
1993	74.88	3.41
1994	74.36	3.93
1995	74.6	3.69
1996	75.17	3.12
1997	74.9	3.39
1998	75.62	2.67
1999	74.74	3.55
2000	74.88	3.41
2001	75.2	3.09
2002	75.92	2.37
2003	74.71	3.58
2004	76.15	2.14
2005	75.92	2.37
2006	75.4	2.89
2007	75.56	2.73

6.2.5.4　灌区浅层地下水资源量分析计算

1. 计算方法

1）均衡方程的选择

地下水资源量是在地下水不断补给、贮存和消耗的循环过程中形成的。从供水和保护环境出发，以及长期稳定开发利用，资源的利用应限于可更新和可恢复的那部分水。同时，考虑含水层的调解作用，不同年季，地下水的补给项目和补给强度不同。因此，地下水补给量是一变量，使地下水总处于平衡—不平衡—平衡的发展过程中，这就需要从多年均衡的角度加以研究，通过对灌区资料的分析研究，灌区内水文地质状况、补给项和消耗量又比较清楚，故采用多年均衡法进行计算。

根据水均衡原理，一个地区含水层（组）的地下水，在一个时段内的补给和消耗不平衡循环过程中，含水层（体）水体积的变化量，等于这一时段内补给量和消耗量之差，用公式表达为

$$Q_{总补} - Q_{总消} = \mu F \frac{\Delta h}{\Delta t} \tag{6-68}$$

式中：$Q_{总补} - Q_{总消}$ 为时段内含水层（体）水体积变化量，m^3；$Q_{总补}$ 为时段内各补给项补给量之和，m^3；$Q_{总消}$ 为时段内各消耗项消耗量之和，m^3；μ 为含水层水位变动带平均给水度；Δt 为时段长度，年；Δh 为时段内地下水位变化幅度（上升为正，下降为负），m；F 为含水层（组）分布面积，m^2。

　　通过对灌区内自然条件、水文地质条件以及人为因素的分析,灌区内地下水主要补给项为:侧向补给($Q_{侧补}$)、降雨入渗补给($Q_{雨补}$)、井灌回归补给($Q_{井补}$)、水库渗漏补给($Q_{库}$)、渠系渗漏补给($Q_{渠系}$)、渠灌田间入渗补给($Q_{渠灌}$),主要消耗量有:潜水蒸发消耗($Q_{蒸发}$)、河道排泄消耗($Q_{侧排}$)、人工开采消耗($Q_{开采}$)。由此:

$$Q_{总补} = Q_{雨补} + Q_{侧补} + Q_{井补} + Q_{库补} + Q_{渠灌} + Q_{渠系}$$

$$Q_{总排} = Q_{蒸发} + Q_{侧排} + Q_{开采}$$

可以得到

$$Q_{总补} - Q_{总消} = \mu F \frac{\Delta h}{\Delta t}$$
$$= (Q_{雨补} + Q_{侧补} + Q_{井补} + Q_{库补} + Q_{渠灌} + Q_{渠系}) - (Q_{蒸发} + Q_{侧排} + Q_{开采})$$

$$(6\text{-}69)$$

　　根据各补给、消耗项补、排量的计算方法,将上式改写为

$$Q_{总补} - Q_{总消} = \mu F \frac{\Delta h}{\Delta t}$$
$$= (aPF + K_{侧补}B_{侧补}J_{侧补} + Q_{井田}\beta_{井} + K_{库补}B_{库补}J_{库补} + Q_{渠田}\beta_{渠} + Q_{渠引}m) -$$
$$(E_0CF + K_{侧排}B_{侧排}J_{侧排} + Q_{开采}) \pm V_i$$

$$(6\text{-}70)$$

式中:a、C、$\beta_{井}$、$\beta_{渠}$、m 分别为降雨入渗系数、潜水蒸发系数、井灌回归补给系数、渠灌入渗补给系数、渠系补给系数;P、E_0 分别为降雨量、水面蒸发量,mm;$K_{侧补}$ 为地下水侧向流入断面的地下水渗透系数,m/d;$J_{侧补}$ 为地下水侧向流入断面的地下水平均水力坡度;$B_{侧补}$ 为地下水侧向流入断面过水断面面积,m^2;$Q_{井田}$ 为井灌开采量,m^3;$Q_{渠田}$ 为渠灌进入斗渠渠首水量,m^3;$Q_{渠引}$ 为渠首引水量,m^3;$K_{库补}$ 为水库流入灌区断面处地下水渗透系数,m/d;$K_{侧排}$ 为地下水侧向排泄断面处地下水渗透系数,m/d;$J_{库补}$ 为水库流入灌区断面处地下水平均水力坡度;$J_{侧排}$ 为地下水侧向排泄断面处地下水平均水力坡度;$B_{库补}$、$B_{侧排}$ 分别为水库流入、地下水侧向排泄过水断面面积,m^2;$Q_{开采}$ 为人工开采量,m^3;V_i 为其他忽略因素引起的地下水体积变化量,m^3;其他符号含义同前。

　　2)均衡区的界定

　　灌区内自然地貌、地层和水文地质条件比较单一,灌区地表覆盖层多是亚砂土和亚黏土,含水层岩性是亚砂土、中砂和少量的砂砾石互层,厚度和颗粒均匀,补给和排泄边界清楚,整个灌区水文地质条件单一,均衡要素易于确定,故把整个灌区看成是一个均质、各向同性的独立水文地质单元进行计算评价较为合理、可行。

　　2.水文地质参数计算与选择

　　1)疏干给水度(μ)

　　给水度是衡量含水层(组)给水性能的重要指标。它是指在重力作用下,饱和岩土自由排出水的体积(V_a)与该饱和岩土体积(V)的比值,用公式表示为

$$\mu = V_a/V \qquad\qquad (6\text{-}71)$$

　　根据灌区内历史资料和灌区内其他工程试验数据,同时参考2005年出版的《河南省水资源调查评价》中各种岩性土的给水度,再结合灌区浅层含水层有粉砂、亚砂、亚黏土、砂砾互层等,综合确定灌区给水度平均值 μ 为0.054。

2）降雨入渗系数（ α ）

降雨入渗系数是指降雨入渗补给量 P_r 与相应降雨量 P 的比值,用公式表示为

$$\alpha = P_r/P \tag{6-72}$$

根据具有代表灌区岩性、水位埋深的叶县 6 号观测井的观测资料,采用公式 $\alpha_{年} = \dfrac{\mu \sum \Delta H_{次}}{P_{年}}$ 计算出了1980～2008年的降雨入渗系数 α 系列值,然后计算出多年平均值 $\alpha_{均}$,再结合《河南省水资源调查评价》中提供的各种降雨入渗系数值,综合确定灌区降雨入渗系数 $\alpha_{均}$ 值为0.22。

3）渠系渗漏补给系数（ m ）

渠系渗漏补给系数是指渠系渗漏补给量 $Q_{渠引}$ 与渠首引水量 $Q_{引}$ 的比值,即

$$m = Q_{渠引}/Q_{引} \tag{6-73}$$

根据《河南省白龟山灌区续建配套与节水改造工程规划报告》和2005年出版的《河南省水资源调查评价》综合考虑,灌区渠系渗漏补给系数 m 取0.18。

4）渠灌田间入渗补给系数（ $\beta_{渠}$ ）

渠灌田间入渗补给系数是渠灌田间入渗补给量 $Q_{渠灌}$ 与渠灌水进入斗渠渠首水量 $Q_{渠田}$ 的比值,即

$$\beta_{渠} = Q_{渠灌}/Q_{渠田} \tag{6-74}$$

根据《河南省白龟山灌区续建配套与节水改造工程规划报告》和2005年出版的《河南省水资源调查评价》综合考虑,渠灌田间入渗补给系数 $\beta_{渠}$ 取0.21。

5）井灌回归补给系数（ $\beta_{井}$ ）

井灌回归补给系数是井灌回归补给量 $Q_{井灌}$ 与井灌开采量 $Q_{井田}$ 的比值,即

$$\beta_{井} = Q_{井灌}/Q_{井田} \tag{6-75}$$

根据《河南省白龟山灌区续建配套与节水改造工程规划报告》和2005年出版的《河南省水资源调查评价》综合考虑,灌区灌溉水入渗补给系数 $\beta_{井}$ 取0.17。

6）渗透系数（ K ）

渗透系数为水力坡度等于 1 时的渗透速度。它同含水层的岩性、颗粒大小、密实程度及水温等诸多因素有关。

通过灌区内历史资料和灌区内其他工程试验数据分析统计,同时参考2005年出版的《河南省水资源调查评价》中各种岩性的渗透系数,计算出各种情况下的渗透系数 K 分别为: $K_{侧补} = 30$、 $K_{库补} = 50$、 $K_{侧排} = 35$。

7）潜水蒸发系数（ C ）

潜水蒸发系数是指潜水蒸发量 E 与相应计算时段的水面蒸发量 E_0 的比值,即

$$C = E/E_0 \tag{6-76}$$

据前所述,灌区内地下水位较浅,水面平缓,开采强度较低,所以潜水蒸发也是浅层地下水的主要消耗途径之一。根据灌区的实际情况,同时参考2005年出版的《河南省水资源调查评价》中提供的各种情况下潜水蒸发系数,综合考虑灌区潜水蒸发系数 C 取0.12。

8）水力坡度（ I ）

地下水水力坡度随不同区域和不同季节而变化,根据灌区观测井的多年水位平均值、

水库和河渠多年平均水位,计算可得各种情况下的水力坡度为:$J_{侧补}$ = 0.001 67、$J_{库补}$ = 0.002 、$J_{侧排}$ = 0.002 6;在"合理水位埋深"4.0 m条件下,计算出侧向补给和水库侧向补给情况下的水力坡度为:$J'_{侧补}$ = 0.001 92 、$J'_{库补}$ = 0.003。

3. 灌区浅层地下水的计算

1)浅层地下水各项量的计算

A. 补给项量的计算

a. 降雨入渗补给量(Q_p)

由公式 $Q_p = \alpha PF$,根据灌区多年平均降雨量、上面计算所得灌区降雨入渗系数和灌区面积进行计算,其结果为0.073亿 m³/年。

b. 渠系渗漏补给量($Q_{渠引}$)

由公式 $Q_{渠系} = mQ_{渠引}$,根据水库向灌区供水的多年平均引水量0.603 1 亿 m³/年和灌区渠系渗透补给系数计算,结果为0.109亿 m³/年。

c. 渠灌田间入渗补给量($Q_{渠灌}$)

由公式 $Q_{渠灌} = \beta_{渠} Q_{渠田}$,根据水库向灌区供水的多年平均引水量《河南省白龟山灌区续建配套与节水改造工程规划报告》中提供的灌区灌溉水利用系数和渠灌田间入渗补给系数计算,结果为0.048亿 m³/年。

d. 井灌回归补给量($Q_{井灌}$)

由公式 $Q_{井灌} = \beta_{井} Q_{井田}$,利用多年对灌区进行井灌开采量的调查统计资料,求出多年平均井灌开采量0.212亿 m³/年,计算结果为0.036亿 m³/年。

e. 水库侧渗补给量($Q_{库补}$)

由于沙河和灰河在该灌区段内都是下泄河道,故沙河和灰河对灌区地下水补给量为零,水库对灌区浅层地下水有一定量的补给,由于水库和灌区地下水水位年变化较小,其差较稳定,故按稳定流公式 $Q = KBJ$ 计算,其补给量为0.082亿 m³/年。

f. 地下水侧渗补给量($Q_{侧补}$)

灌区内地下水平稳,水力坡度较小,按稳定流公式 $Q = KBJ$ 计算,其结果为0.168亿 m³/年。

综上各项之和为灌区浅层地下水总补给量,共计0.516亿 m³/年,由表6-79 和图6-29可见,灌区内浅层地下水天然资源量以灌溉入渗补给为主,占资源总量的 37% 以上。

表6-79　浅层地下水天然资源成果

项目	总计	其中			
		降雨入渗	灌溉入渗	水库入渗	径流流入
资源量(亿 m³/年)	0.516	0.073	0.193	0.082	0.168
占总数的百分比(%)	100	14	37	16	33

B. 消耗项量的计算

a. 潜水蒸发($Q_{蒸发}$)

根据多年地下水位平均资料及灌区多年水面蒸发资料之平均值,用公式 $Q_{蒸发}$ =

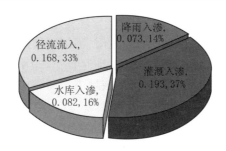

图 6-29　白龟山灌区地下水补给分布示意图 （单位：亿 m³/年）

CE_0F 进行计算，其结果为0.035亿 m³/年。

b. 人工开采量（$Q_{开采}$）

利用多年对灌区进行开采量的调查统计资料，求出多年平均开采量作为此次计算灌区的开采量，开采量为0.263亿 m³/年。

c. 河渠排泄量（$Q_{侧排}$）

利用以上所确定的参数和稳定流公式 $Q_{侧排} = KBJ$ 计算，其结果为0.185亿 m³/年。

由表6-80 和图6-30 可见，灌区内浅层地下水主要消耗于人工开采消耗占总消耗量的55%以上。

表 6-80　浅层地下水消耗量统计

项目	总计	其中		
		潜水蒸发	人工开采	河渠排泄
消耗量（亿 m³/年）	0.483	0.035	0.263	0.185
占总数的百分比	100	7	55	38

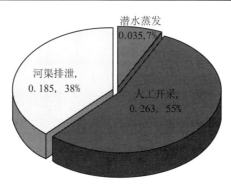

图 6-30　白龟山灌区地下水消耗分布示意图 （单位：亿 m³/年）

C. 水量均衡分析

根据水均衡原理，在多年平均条件下，地下水的总补给量应等于地下水的总消耗量，从表6-79、表6-80 中可看出，补给量大于消耗量，两者之差达到0.033亿 m³。

（1）补给量是动态变化，主要影响因素有降雨、地下水位、过境河流水位、白龟山水库水位及灌溉日数及灌溉水量，当其他因素不变，地下水位较低时，补给量增加，排泄及潜水蒸发减少，当水位处于某一临界水位时，补给量最大。

（2）地下水较高时，沟渠洼地积水，潜水蒸发转为水面蒸发，包气带含水量增加，实际蒸发大于多年平均计算蒸发量，而且水位较高时，河渠侧渗排泄增加。

（3）补给量和地下水消耗量（开采、蒸发、排泄）有一个平衡区间，当开采量大于最大可开采量时，地下水位总体趋势下降，逐渐形成地下水漏斗；当开采量小于最大可采量时，补给量和消耗量达到平衡。

2）"合理水位埋深"条件下浅层地下水可采资源量计算

区域性地下水评价，难以有一个统一的开采方案，但是可以根据规划要求，给出一个开采条件，作为开采资源的前提。设计开采条件，既要考虑当地需水情况，又要考虑如何才能获得更多地下水资源可利用量，由此，需要设计一个既有利于可采资源的形成，又能防治旱涝灾害，提高抗旱御涝的地下水位，这一地下水位称为"合理水位埋深"。

灌区内浅层地下水，一般以垂向交替运动为主，具有可调节性，地下水主要从垂向和侧向入渗获得补给，而消耗于蒸发和开采，因此，寻找一个蒸发量很小、入渗量很大的水位，作为确定"合理水位埋深"的主要依据和原则。

根据《河南省水资源调查评价》该区域内降雨入渗系数与地下水埋深 $\alpha \sim H$ 关系曲线图和潜水蒸发系数与埋深 $C \sim H$ 关系图，当水位埋深在4.0 m时，获得的资源量最大，这既有利于地下水的补给，又可以合理地开发地下水资源。

根据水均衡原理和前述水文地质条件，在"合理水位埋深"条件下，式（6-69）可简化为

$$Q_{可采} = Q_{雨补} + Q_{侧补} + Q_{井补} + Q_{库补} + Q_{渠灌} + Q_{渠系} - Q_{蒸发} \tag{6-77}$$

式（6-87）表明，地下水可开采资源量为在"合理水位埋深"条件下各项补给量减去不可夺得的天然资源量，它是在目前条件下，既能开采出来，又有补给保证的开采量。

据"合理水位埋深"从《河南省水资源调查评价》中选取各参数，降雨量仍选用多年平均降雨量。依据前述计算方法进行计算，其灌区可采资源量为0.590亿 m³/年。

通过对灌区可采资源和目前开采量的统计，求得灌区内剩余可采资源量为0.327亿 m³/年。

3）浅层地下水贮存量的计算

浅层地下水贮存量是指多年均衡低水位以下含水层的体积容水量。它虽不参与近期循环，但它可表征含水层的调节能力，为此，针对目前水位埋深条件和"合理水位埋深"条件，利用公式：

$$Q_{贮存} = \mu HF \tag{6-78}$$

计算灌区浅层含水层的贮存量，其计算结果为 $Q_{贮存}$ =0.9亿 m³/年。由此可见：灌区浅层地下水具有巨大的贮存能力，同时具有良好的调节能力。

6.2.5.5　灌区浅层地下水开发利用

1.灌区浅层地下水现状分析

1）灌区水位埋深现状分析

近年来，随着灌区内工农业的发展，灌区浅层地下水也有不同程度开采利用，但是从灌区地下水埋深表6-77、表6-78中可知，灌区浅层地下水虽然经过多年连续开发利用，但地下水位近20多年来却没有大的变化，水位埋深一直在2.0～4.0 m变化，这说明该区域补给量完全能够满足目前的消耗量，致使该区域内水位埋深一直能保持在2.0～4.0 m埋深范围内。

2) 灌区补、排关系分析

根据灌区内水文地质特征和灌区地下水补、排关系可知,灌区浅层地下水的补给条件、调节能力、水动力条件较好,开发利用的前景可观。灌区三面环河,地表水较为丰富,当灌区开采量小于补给量时,补给量完全能满足开采量,补排关系不变,河流和灌区地下水补排关系是地下水补给河流;当开采量大于补给量时,初期灌区地下水位将极速下降,补排关系将发生一定变化,西部侧渗补给量将逐渐加大,河流和灌区地下水补排关系也将由河流排泄地下水变为河流补给地下水,直到补给量满足开采量,达到新的平衡。另外,灌区西部是山前冲洪积扇,这样与灌区具有较好的补给条件和水力联系,当灌区水位下降时,西部侧向补给量将加大,并且水质较好。灌区具有这么良好的地下水补给条件,在合理开发利用下,该区域浅层地下水量完全能够满足该区域经济发展需要,开发潜力巨大。

3) 灌区浅层地下水资源量分析及评价

通过灌区水文地质参数计算与选择及地下水补、排关系分析计算出,灌区浅层地下水可开采量0.590亿 m^3/年,剩余可开采量0.327亿 m^3/年,净贮存量0.9亿 m^3/年,实际开采量只占到可开采量的45%,只是开采浅层地下水可开采量的一小部分,开采仍没有动用净贮存量,这说明灌区浅层地下水开采潜力巨大,具有巨大的贮存能力和调节能力,开发前景较好。

灌区浅层地下水补给主要靠垂向(灌溉)补给为主,在灌区各项补给项量中,每年农田灌溉补给灌区地下水量达到0.193亿 m^3,占总补给量的37%;水库入渗补给量0.082亿 m^3,占灌区地下水补给量的16%。水库对灌区多年平均总补给量达到0.239亿 m^3,相当于再造了一座地下水中型水库。由此,白龟山水库在涵养灌区地下水方面效益巨大。

2. 渠灌、井灌相结合的灌溉模式

白龟山灌区水文地质条件有利于地下水的贮存,富水性强,补给来源多样,补给充分,使得该区域浅层地下水量丰富,最大可开采量达到0.590亿 m^3,实际开采量0.263亿 m^3,现有机电井2 000眼,可灌溉面积10万亩,平均年灌溉需水量0.212亿 m^3,其中入渗反补地下水量0.036亿 m^3,实际用水量0.176亿 m^3。

为了节约水库水资源,满足地方社会经济可持续发展需要,根据以上分析,白龟山灌区采用渠灌和井灌相结合的模式,水量是有保证的,是完全可行的。

6.2.6　白龟山水资源供需平衡研究

6.2.6.1　白龟山水库(经昭平台水库兴利调节)来水量计算分析

本次分析研究所采用的1998~2008年白龟山水库来水量,主要为上述计算的昭平台—白龟山区间来水量与昭平台水库经同期调节计算的相应时段弃水量之和,再加上昭平台水库渗漏量而得。昭平台水库渗漏量,根据大坝设计情况及坝址处坝基情况,参考有关资料,按月平均库容的1%近似计算。

综合考虑,昭平台水库给神马汇源公司、鲁山钢厂、梁洼镇、中电投平顶山鲁阳发电有限责任公司、许昌市供水,以及保证昭平台灌区农业灌溉的用水量,按照批准的水库运行调度方案,经兴利调节计算,得到昭平台水库兴利调节计算成果,由此获得昭平台水库相应时段弃水量。

根据昭平台水库提供的资料成果,昭平台水库除险加固工程完工后,水库的运用原则和批准的运行调度方案如下:

(1)昭平台水库以防洪为主,供给神马汇源公司、鲁山钢厂、梁洼镇、中电投平顶山鲁阳发电有限责任公司、许昌市供水,结合农业灌溉发电。

(2)神马汇源公司、鲁山钢厂、梁洼镇、中电投平顶山鲁阳发电有限责任公司、许昌市等多家从昭平台水库取水用户,取水量均按日程平均分配。

(3)汛限水位:6月25日至8月21日,汛限水位为169.00 m,其相应库容为2.32亿 m³。

(4)兴利水位174.00 m,相应库容为3.94亿 m³。

(5)死水位159.00 m,其相应库容为3 600万 m³。

用水的优先级及供水保证程度是兴利调节计算的重要依据。昭平台水库先保证神马汇源公司、鲁山钢厂、梁洼镇、中电投平顶山鲁阳发电有限责任公司、许昌市供水,然后再供给昭平台灌区农业用水。工业及生活供水保证率均采用97%,农业灌溉保证率采用 $P=50\% \sim 75\%$。余水经泄洪闸、溢洪道排泄至下游河道。

为保证在特枯年份优先向城市工业和生活供水,经分析,昭平台水库农业灌溉用水限制水位160.20 m,其相应库容为4 950万 m³,较死库容3 600万 m³仅增加1 350万 m³;低于此水位时,农业灌溉用水不再供给。

规划水平年白龟山水库来水量采用以下公式计算:

$$W_{白调来} = W_{白来(区间)} + W_{昭弃} + W_{昭渗} \tag{6-79}$$

式中:$W_{白调来}$ 为计算时段内规划水平年白龟山水库来水量;$W_{白来(区间)}$ 为计算时段内昭平台—白龟山区间来水量;$W_{昭弃}$ 为规划水平年计算时段内,昭平台水库按照运行调度方案,经兴利调节计算的水库弃水量;$W_{昭渗}$ 为计算时段内昭平台水库渗漏量。

白龟山水库经上游昭平台水库兴利调节后历年逐月来水量详见表6-81。

表6-81　白龟山水库(经昭平台水库兴利调节后)历年逐月来水量统计　　　　(单位:万 m³)

年份	1月	2月	3月	4月	5月	6月	7月	8月	9月	10月	11月	12月	全年
1998	390	1 856	2 944	4 916	8 047	18 563	14 537	26 324	1 895	2 169	589	1 103	83 332
1999	1 119	521	2 223	6 799	8 241	16 949	14 616	442	1 047	758	266	181	53 162
2000	319	300	731	101	46	54 248	85 554	31 084	14 007	7 335	6 763	4 574	205 063
2001	3 587	4 156	816	3 039	514	20 985	27 292	4 981	1 925	307	416	2 160	70 180
2002	1 703	305	1 442	150	4 382	28 384	6 393	5 303	3 850	2 113	300	1 242	55 566
2003	1 513	1 860	1 857	2 417	876	9 553	12 671	10 714	37 295	25 616	6 438	4 677	115 489
2004	2 372	1 893	664	353	1 039	15 642	15 763	12 753	11 154	5 148	2 355	1 947	71 084
2005	1 813	1 548	1 688	2 135	414	17 227	36 263	5 861	17 346	22 388	3 831	2 112	112 626
2006	2 369	2 104	1 424	3 352	730	16 357	10 423	1 056	1 863	736	903	437	41 755
2007	372	572	4 394	1 486	634	20 559	33 733	4 107	1 608	882	449	783	69 578
2008	507	731	686	2 511	651	17 307	15 240	1 418	981	685	535	639	41 892
多年平均	1 460	1 441	1 716	2 478	2 325	21 434	24 771	9 458	8 452	6 194	2 077	1 805	83 612

从表 6-81 中可以看出:白龟山水库在上游昭平台水库现有实际供水量的情况下,经兴利调节后的多年平均来水量为83 612万 m³。

6.2.6.2　白龟山水库水资源量供需平衡分析

1. 白龟山水库运行方式及供水次序

根据《白龟山水库工程管理手册》(白龟山水库管理局〔2002〕)和《白龟山水库志》(河南省白龟山水库灌溉工程管理局〔1998〕)中提供的相关资料,白龟山水库的运用调度原则如下:

(1)白龟山水库以防洪为主、兼顾农业灌溉、工业和城市用水综合利用为目标。

(2)平顶山市居民生活及工业用水,按照日程均匀分配。

(3)汛限水位:6 月 21 日至 8 月 15 日,汛限水位102.00 m,相应库容为24 040万 m³,8 月 16 日至 8 月 25 日,汛限水位102.50 m,相应库容为27 016万 m³。

(4)兴利水位103.00 m,相应库容为30 186万 m³。

(5)农业用水限制水位:根据水库运行调度原则,大坝加固后,水库水位降至98.60 m 时,停止为农业供水,其相应库容为9 534万 m³。

(6)工业和生活用水限制水位:即死库容相应水位97.50 m,其相应库容为6 624万 m³;低于此水位时,工业和生活用水受到重大影响。

白龟山水库在进行长系列兴利调节计算时,以时段末为基准,汛期6~8 月(6 月 21 日至 8 月 15 日),水库水位控制在102.00 m 以下,8 月 16 日至 8 月 25 日,水库水位控制在102.50 m 以下,其他时间水位控制在103.00 m 以下,超过部分弃水。当水位低于98.60 m 时,农业缺水;当水位低于97.50 m 时,工业和生活缺水。

水库供水首先保证平顶山市工业及生活供水,其次再供给城市环境和灌区农业灌溉。生活供水及工业保证率达到 $P = 97\%$ 以上,灌区农业灌溉供水保证率 $P = 50\% \sim 75\%$,余水经泄洪闸、溢洪道排泄至下游河道。

2. 调节计算方法与成果

1)调节计算方法

根据昭平台水库、白龟山水库1998~2008年历年逐月入库径流量和以这两座水库为供水水源的各用水部门的需水系列资料,进行兴利调节计算。本次论证采用长系列时历法分别对昭平台水库、白龟山水库供水区进行供需调节计算。计算公式如下:

$$W_{余缺} = W_{来} - W_{蒸} - W_{渗} - W_{用} \pm \Delta V \qquad (6\text{-}80)$$

式中: $W_{余缺}$ 为计算时段内余水或缺水; $W_{来}$ 为计算时段内水库来水量; $W_{蒸}$ 为计算时段内水库总蒸发量; $W_{渗}$ 为计算时段内水库渗漏水量; $W_{用}$ 为计算时段内水库需水量; ΔV 为计算时段内水库可调节水量,与水库设计运行调度计划有关,余水为负值,缺水为正值。

2)项量与计算说明

本次水资源论证农业灌溉需水系列资料,参照了平顶山水利勘测设计院编制完成的《河南省平顶山市昭平台灌区续建配套技术改造项目工程规划》中昭平台灌区农作物灌溉需水量1952~1997年的计算成果和许昌勘测设计研究院编制完成的《河南省白龟山灌区节水续建配套工程规划报告》中白龟山灌区农作物灌溉需水量1952~1995年的计算成果,系列分别延长至2008年。白龟山灌区规划设计面积50 万亩,白龟山灌区农业灌溉

1998～2008年历年需水量成果见表6-82。

表6-82　白龟山灌区历年需水量成果

年份	白龟山灌区(50万亩)			
	灌溉净需水量(万 m³)	灌溉净定额(m³)	灌溉毛需水量(万 m³)	灌溉毛定额(m³/亩)
1998	10 680	213.6	16 431	328.6
1999	10 060	201.2	15 477	309.5
2000	9 060	181.2	13 938	278.8
2001	7 530	150.6	11 585	231.7
2002	13 175	263.5	20 269	405.4
2003	9 060	181.2	13 938	278.8
2004	8 255	165.1	12 700	254.0
2005	11 465	229.3	17 638	352.8
2006	12 740	254.8	19 600	392.0
2007	9 190	183.8	14 138	282.8
2008	15 165	303.3	23 331	466.6
多年平均	10 580	211.6	16 277	325.5

从表6-82中可以看出:白龟山灌区农业灌溉多年平均灌溉净定额为211.6 m³/亩,净需水量为10 580万 m³,参照《河南省白龟山灌区节水续建配套工程规划报告》中相关数据,灌溉水渠系利用系数按0.65计算,多年平均灌溉毛定额为325.5 m³/亩,毛需水量为16 277万 m³。

通过计算分析:白龟山灌区农业灌溉 $P=50\%$ 时灌溉需水量为14 808万 m³,$P=75\%$ 时灌溉需水量为17 138万 m³。

鲁山县城和平顶山市区工业和生活用水数据分别采用《鲁山县城供水工程可行性研究报告》和《南水北调中线工程供水区平顶山市城市水资源规划报告》批准的成果。

昭平台水库渗漏量通过沙河流入白龟山水库,作为白龟山水库来水量的一部分;白龟山水库渗漏量,通过沙河流入下游。

白龟山水库来水量,考虑满足昭平台水库各部门需水后,经水库调度运行和兴利调节后的弃水、昭平台水库计算时段内的渗漏量以及昭平台—白龟山区间的来水量。

本次分析研究昭平台水库和白龟山水库均以1998年为起调基准年,昭平台水库1998年1月1日8时水位为起调水位,其数值为160.56 m,相应库容为5 396万 m³;白龟山水库1998年1月1日8时水位为起调水位,其数值为99.36 m,相应库容为13 070万 m³。

3）调算成果

白龟山灌区设计灌溉面积为 50 万亩。根据《平顶山电厂 2×200 MW 热电联产技术改造工程水资源论证报告》，尽管白龟山水库已规划向平顶山东电厂供水，多年平均减少农业灌溉用水量 660 万 m³，影响农业灌溉面积约 3 万亩，并规划进行补偿（详见《平顶山电厂 2×200 MW 机组扩建项目占用白龟山灌区农业水源替代工程初步设计方案》）。因为农业水源替代工程初步设计方案，采用对灌区渠道进行衬砌，减少渠道输水损失，提高灌溉水的利用效率，使其占用水量得以补偿，水库水源灌溉面积没有变化。因此，本次水资源优化配置研究白龟山灌区设计灌溉面积仍按 50 万亩进行调算。

白龟山水库主要作为平顶山市工业和生活以及白龟山灌区农业灌溉用水的供水水源，主要用于该供水区灌区农田和平顶山市城市居民生活及工业用水。

考虑到白龟山水库供水的情况，分别采用白龟山水库 1998～2008 年实际供水、按供水协议理论供水和考虑南水北调供水后三种方案进行分析调节计算。

（1）按昭平台和白龟山水库 1998～2008 年各用水户实际供水量资料调算。

水量供需平衡逐年调节成果详见表 6-83、表 6-84 和图 6-31。

表 6-83　昭平台水库供水区长系列水量调节计算成果（实际供水）　　　　（单位：万 m³）

年份	入库水量	供水区需水		水库供水		供水区缺水		水库弃水
		城市生活及其他工业	农业灌溉	城市生活及其他工业	农业灌溉	城市生活及其他工业	农业灌溉	
1998	65 526	611	3 224	611	3 224	0	0	24 890
1999	25 974	611	6 582	611	6 582	0	0	27 938
2000	118 915	611	3 284	611	3 284	0	0	101 469
2001	35 859	611	6 942	611	6 942	0	0	37 431
2002	32 149	611	0	611	0	0	0	28 428
2003	67 139	611	0	611	0	0	0	51 201
2004	39 726	611	2 486	611	2 486	0	0	33 998
2005	75 486	611	0	611	0	0	0	72 249
2006	23 320	1 411	874	1 411	874	0	0	23 522
2007	41 118	611	452	611	452	0	0	36 777
2008	30 635	1 945	1 900	1 945	1 900	0	0	27 071
多年平均	50 531	805	2 340	805	2 340	0	0	42 270

表 6-84　白龟山水库供水区长系列水量调节计算成果（实际供水）　（单位：万 m³）

年份	来水量	供水区需水		水库供水		供水区缺水		水库弃水
		城市生活及其他工业	农业灌溉	城市生活及其他工业	农业灌溉	城市生活及其他工业	农业灌溉	
1998	83 332	10 515	5 846	10 515	5 846	0	0	57 713
1999	53 162	11 303	20 097	11 303	20 097	0	0	27 043
2000	205 063	12 291	6 064	12 291	6 064	0	0	181 049
2001	70 180	11 731	5 656	11 731	5 656	0	0	55 375
2002	55 566	12 342	4 328	12 342	4 328	0	0	34 814
2003	115 489	12 606	3 743	12 606	3 743	0	0	102 083
2004	71 084	12 527	5 350	12 527	5 350	0	0	57 274
2005	112 626	12 441	3 093	12 441	3 093	0	0	98 983
2006	41 755	12 967	4 150	12 967	4 150	0	0	31 739
2007	69 578	13 879	3 755	13 879	3 755	0	0	50 009
2008	41 892	14 801	4 255	14 801	4 255	0	0	24 753
多年平均	83 612	12 491	6 031	12 491	6 031	0	0	65 531

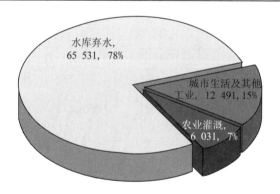

图 6-31　白龟山水库水量调节计算成果（实际供水）　（单位：万 m³）

（2）按白龟山水库和各用水户的协议供水量调节。

水量供需平衡逐年调节成果详见表 6-85 和图 6-32。

表 6-85　　白龟山水库供水区长系列水量调节计算成果表（协议用水）　　（单位：万 m³）

年份	来水量	供水区需水		水库供水		供水区缺水		水库弃水
		城市生活及其他工业	农业灌溉	城市生活及其他工业	农业灌溉	城市生活及其他工业	农业灌溉	
1998	83 332	19 491	16 431	19 491	16 431	0	0	42 585
1999	53 162	19 491	15 477	19 491	14 477	0	1 000	26 347
2000	205 063	19 491	13 938	18 775	5 908	716	8 030	168 417
2001	70 180	19 491	11 585	19 491	11 585	0	0	48 244
2002	55 566	19 491	20 269	19 491	15 381	0	4 888	16 675
2003	115 489	19 491	13 938	19 491	13 938	0	0	78 815
2004	71 084	19 491	12 700	19 491	12 700	0	0	45 114
2005	112 626	19 491	17 638	19 491	17 638	0	0	77 723
2006	41 755	19 491	19 600	19 491	19 600	0	0	17 192
2007	69 578	19 491	14 138	19 491	8 846	0	5 293	34 363
2008	41 892	19 491	23 331	19 491	17 863	0	5 468	10 713
多年平均	83 612	19 491	16 277	19 426	14 033	65	2 244	51 471

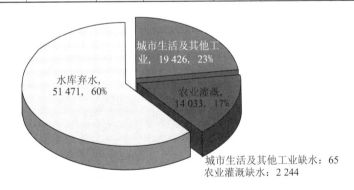

图 6-32　白龟山水库水量调节计算成果（协议供水）　（单位：万 m³）

（3）考虑南水北调供水后，对白龟山水库进行计算分析。

根据《南水北调中线工程河南省供水区平顶山市城市水资源规划报告》，预计2015年，南水北调中线工程由位于鲁山县张良镇贺塘村总干渠右岸的 11 号分水口门利用澎河向白龟山水库补水充库，分水口门设计流量 28 m³/s，年均配水量15 600万 m³。

在南水北调供水的情况下，按白龟山实际供水和协议用水两种方案来调算，详见表 6-86、图 6-33 和表 6-87、图 6-34。

表 6-86　白龟山水库供水区长系列水量调节计算成果(实际用水)

(含南水北调工程)　　　　　　　　　　　　(单位:万 m³)

年份	来水量	供水区需水		水库供水		供水区缺水		水库弃水
		城市生活及其他工业	农业灌溉	城市生活及其他工业	农业灌溉	城市生活及其他工业	农业灌溉	
1998	98 932	10 515	5 846	10 515	5 846	0	0	63 777
1999	68 762	11 303	20 097	11 303	20 097	0	0	40 834
2000	220 663	12 291	6 064	12 291	6 064	0	0	195 703
2001	85 780	11 731	5 656	11 731	5 656	0	0	63 936
2002	71 166	12 342	4 328	12 342	4 328	0	0	50 854
2003	131 089	12 606	3 743	12 606	3 743	0	0	113 704
2004	86 684	12 527	5 350	12 527	5 350	0	0	66 728
2005	128 226	12 441	3 093	12 441	3 093	0	0	110 969
2006	57 355	12 967	4 150	12 967	4 150	0	0	42 139
2007	85 178	13 879	3 755	13 879	3 755	0	0	64 026
2008	57 492	14 801	4 255	14 801	4 255	0	0	40 353
多年平均	99 212	12 491	6 031	12 491	6 031	0	0	77 548

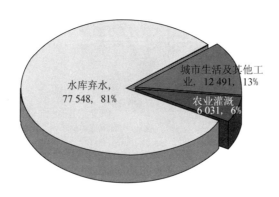

图 6-33　考虑南水北调后白龟山水库水量调节计算成果(实际供水)　(单位:万 m³)

表 6-87　白龟山水库供水区长系列水量调节计算成果(协议用水)

(含南水北调工程)　　　　　　　　(单位:万 m³)

| 年份 | 来水量 | 供水区需水 | | 水库供水 | | 供水区缺水 | | 水库弃水 |
		城市生活及其他工业	农业灌溉	城市生活及其他工业	农业灌溉	城市生活及其他工业	农业灌溉	
1998	98 932	19 491	16 431	19 491	16 431	0	0	52 985
1999	68 762	19 491	15 477	19 491	15 477	0	0	41 947
2000	220 663	19 491	13 938	19 491	13 938	0	0	179 470
2001	85 780	19 491	11 585	19 491	11 585	0	0	58 644
2002	71 166	19 491	20 269	19 491	20 269	0	0	27 387
2003	131 089	19 491	13 938	19 491	13 938	0	0	99 615
2004	86 684	19 491	12 700	19 491	12 700	0	0	58 560
2005	128 226	19 491	17 638	19 491	17 638	0	0	93 743
2006	57 355	19 491	19 600	19 491	19 600	0	0	29 325
2007	85 178	19 491	14 138	19 491	14 138	0	0	44 670
2008	57 492	19 491	23 331	19 491	23 331	0	0	20 845
多年平均	99 212	19 491	16 277	19 491	16 277	0	0	64 290

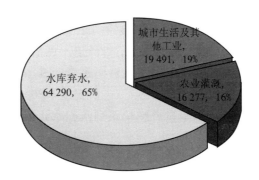

图 6-34　考虑南水北调后白龟山水库水量调节计算成果(协议供水)　(单位:万 m³)

3. 各用水户水资源保证程度分析

1) 昭平台水库用水户水资源保证程度分析

按照昭平台水库的现有实际供水量,经长系列水库水量供需平衡计算分析,1998～2008年昭平台水库多年平均向神马汇源公司、鲁山钢厂、梁洼镇、中电投平顶山鲁阳发电有限责任公司、许昌市供水等多家用水户正常年份供水量805 万 m³,供水保证率可达到100%;多年平均向昭平台灌区供水2 340 m³,供水保证率可达到100%,满足农业灌溉保证率 P = 50%～75% 的要求,昭平台水库多年平均弃水量为42 270万 m³,详见表6-83。

2）白龟山水库用水户水资源保证程度分析

（1）按白龟山水库各用水户现有实际供水量调算。

按照白龟山水库的现有实际供水量，经长系列水库水量供需平衡调节计算，1998～2008年白龟山水库多年平均向姚孟电厂、火电一公司、自来水厂、飞行化工公司、疗养院、平师专、新城区、平东热电厂、姚孟二电、供水总厂等多家用水户供水量12 491万 m³，供水保证率可达到100%；多年平均向白龟山灌区供水6 031 m³，供水保证率可达到100%，满足农业灌溉保证率 $P = 50\% \sim 75\%$ 的要求，白龟山水库多年平均弃水量为65 531万 m³，详见表6-84。

（2）按白龟山水库协议用水户供水量调算。

按白龟山水库协议用水户供水量。经长系列水库水量供需平衡调节计算，1998～2008年白龟山水库多年平均向平顶山水厂、平顶山四水厂、飞行化工公司、姚孟电厂、平顶山东电厂、平顶山矿务局、姚孟二电等多家用水户供水量19 426万 m³，多年平均缺水量65万 m³，供水保证率为90.9%，不能满足城市生活和工业用水供水保证率97%以上的要求；多年平均向白龟山灌区供水14 033万 m³，多年平均缺水量2 244万 m³，供水保证率可达到54.5%，能够满足农业灌溉保证率50%～75%的要求，白龟山水库多年平均弃水量为51 471万 m³，详见表6-85。

与按白龟山水库各用水户现有实际供水量调算结果比较，白龟山水库城市生活和工业用水供水保证率下降了9.1%，多年平均利用弃水14 059万 m³，；灌区农业灌溉供水保证率降低45.4%。

（3）考虑南水北调工程供水后，分实际供水和协议供水对白龟山水库进行调节。

按白龟山水库各用水户的实际供水量。经长系列水库水量供需平衡调节计算，1998～2008年白龟山水库多年平均向水库供水区多家用水户供水量12 491万 m³，供水保证率为100%，能满足城市生活和工业用水供水保证率97%以上的要求；多年平均向白龟山灌区供水6 031万 m³，供水保证率可达到100%，能够满足农业灌溉保证率 $P = 50\% \sim 75\%$ 的要求，白龟山水库多年平均弃水量为77 548万 m³，详见表6-86。

按白龟山水库协议用水户供水量。经长系列水库水量供需平衡调节计算，1998～2008年白龟山水库多年平均向平顶山水厂、平顶山四水厂、飞行化工公司、姚孟电厂、平顶山东电厂、平顶山矿务局、姚孟二电等多家用水户供水量19 491万 m³，供水保证率为100%，能满足城市生活和工业用水供水保证率97%以上的要求；多年平均向白龟山灌区供水16 277 m³，供水保证率可达到100%，能够满足农业灌溉保证率 $P = 50\% \sim 75\%$ 的要求，白龟山水库多年平均弃水量为64 290万 m³，详见表6-87。

与按白龟山水库各用水户现有实际供水量调算结果比较，多年平均利用弃水13 258万 m³。

6.2.6.3　水资源供需综合评价

水资源供需平衡分析就是采用各种措施使水资源供水量和需水量处于平衡状态。

白龟山水库流域以上多年平均天然径流量为86 693万 m³，多年平均径流深为317.6 mm。昭平台—白龟山水库（流域区间）多年平均来水量为42 067万 m³。

1. 近期水资源供需综合评价

按白龟山水库各用水户现有实际供水量调算,水库多年平均向平顶山市城市生活和工业等多家用水户合计总供水量12 491万 m³,能够满足各用水户的用水需求;多年平均向灌区供水6 031 m³,能够满足灌区用水要求。

按水库协议用水户供水量调算,1998～2008年白龟山水库多年平均向平顶山市城市生活和工业等多家用水户合计供水19 426万 m³,工业多年平均缺水65 万 m³,不能满足工业用水的需求;多年平均向灌区供水14 033 m³,多年平均缺水2 244万 m³,能够满足农业灌溉保证率 $P = 50\%$ ～75%的要求。

考虑南水北调工程供水后,按水库实际供水对白龟山水库进行调节,水库多年平均向城市生活和工业等多家用水户供水12 491万 m³,能够满足各用水户的用水需求,多年平均向白龟山灌区供水6 031万 m³,能够满足灌区的用水需求。

考虑南水北调工程供水后,对白龟山水库进行调节,水库多年平均向城市生活和工业等多家用水户供水19 491万 m³,能够满足各用水户的用水需求,多年平均向白龟山灌区供水16 277万 m³,能够满足灌区的用水需求。

在丰水年2000年,按水库各用水户实际供水量调算,水库能够满足平顶山市城市生活、工业和农业灌溉等用水户用水的需求;按协议供水量调算,5 月工业缺水 716 万 m³,1 月、4 月农业灌溉分别缺水3 731万 m³和4 299万 m³,这是由于2000年虽然是丰水年,但来水量在时空上分布不均,主要集中在 6～8 三个月,来水量为170 886万 m³,占全年来水量的83.3%;考虑南水北调工程供水后,对水库进行调节计算分析,水库能够满足生活、工业和农业灌溉等各用水户用水的需求。

在平水年2004年,按白龟山水库各用水户实际供水量调算,水库能够满足生活、工业和农业灌溉等各用水户用水的需求;按协议供水量调算,水库能够满足生活、工业和农业灌溉等各用水户用水的需求;这是由于2004年虽然是平水年,但来水量在时空上分布比较均匀,各月来水量相差不大,故能满足各用水户的需求;考虑南水北调工程供水后,对水库进行调节计算,水库能够满足生活、工业和农业灌溉等各用水户用水的需求。

在枯水年2008年,按白龟山水库各用水户实际供水量调算,水库能够满足生活、工业和农业灌溉等各用水户用水的需求;按水库协议用水户供水量调算,水库能够满足生活、工业等用水户的用水需求,但 4 月农业灌溉缺水5 468万 m³,缺水量靠灌区开采地下水来灌溉;考虑南水北调工程供水后,对水库进行调节计算,水库能够满足生活、工业和农业灌溉等各用水户用水的需求。

本次分析研究弃水量的大小主要是在水库的运用原则和批准的运行调度方案的基础上,在白龟山水库在正常的运营情况下,依据白龟山水库上游来水量的大小,在满足各个用水户正常取水,扣除水库蒸发量、渗漏量和引水量,大于汛限库容和兴利库容的那部分必须放掉的水量。

2. 2020年白龟山水库远期水资源供需综合评价

(1)城市生活需水量预测。

根据平顶山市城市供水发展规划,预计2020年,城市用水人口将达到110 万,城市生活综合用水定额采用220 L/(人·d),由此推算出平顶山市 2020年水平年综合生活用水需水量为9 981万 m^3。

（2）工业需水量预测。

2008年平顶山市工业产值为220.3亿元，根据平顶山市社会经济发展现状，工业产值增长率采用7%，预测2020年工业总产值达到496.2亿元，其中一般工业480.5亿元，电力工业15.7亿元。

随着工业的发展、工业结构的调整以及重复利用率的提高，工业的用水定额将逐年降低，2020年平顶山市一般工业用水定额为40 m^3/元，电力工业用水定额为260 m^3/元，据平顶山市2020年的工业产值可预测，平顶山市2020年城市工业需水量为23 310万 m^3。

（3）本次分析研究，白龟山灌区按设计灌溉面积50万亩计算。白龟山灌区农业灌溉多年平均灌溉净定额为211.6 m^3/亩，净需水量为10 580万 m^3，参照《河南省白龟山灌区节水续建配套工程规划报告》中相关数据，灌溉水渠系利用系数按0.65计算，多年平均灌溉毛定额为325.5 m^3/亩，毛需水量为16 277万 m^3。

白龟山水库供水区主要包括平顶山市工业和生活、叶县工业和生活以及白龟山灌区农业灌溉用水三部分，水库供水区规划水平年2020年总需水量为52 168万 m^3，其中平顶山市城市生活为9 981万 m^3，工业需水量为23 310万 m^3，叶县城市工业和生活供水水源由三部分组成：一部分靠水库地表水供水，一部分取自湛河水，一部分靠开采地下水供给。白龟山灌区农业灌溉需水量16 277万 m^3，由白龟山水库地表水供给或由灌区自备井地下水供给。

根据《南水北调中线工程河南省供水区平顶山市城市水资源规划报告》，预计2015年，南水北调中线工程由位于鲁山县张良镇贺塘村总干渠右岸的11号分水口门利用澎河向白龟山水库补水充库，分水口门设计流量28 m^3/s，年均配水量15 600万 m^3，其中13 000万 m^3水量由现有输水管道送往平顶山市区白龟山水厂和九里山水厂，以确保2015年以后白龟山水厂和九里山水厂的原水量需求和水质达标。叶县工业和生活年均配水量为2 600万 m^3。

白龟山水库供平顶山市区工业、生活约19 491万 m^3，其余供白龟山灌区农业用水。平顶山市区地下水工程多年平均可供水量7 178万 m^3，考虑一定的城市水环境需求，2020水平年基本可以满足平顶山市居民生活、工业和农业灌溉用水量49 568万 m^3要求。

通过对以上水资源供需平衡分析研究，我们可以得到白龟山水库在不同供水情况下的水资源分配状况、各用水户的供用水情况、在不同时间内各用水户的用水量大小及分配规律，为我们在后面的优化配置方案中提供可靠的数据资料和分析成果打下了坚实的基础。

6.2.7　水资源优化配置

6.2.7.1　水资源优化配置总体思路

1. 侧重于工程、非工程措施的优化配置

（1）在一特定流域或区域内，以有效、公平和可持续的原则，对有限的、不同形式的水资源，通过工程措施与非工程措施在各用水户之间进行科学分配。其基本功能是：在需求方面通过调整产业结构、建设节水型社会并调整生产力布局，抑制需水的增长，以适应区域的水资源条件；在供给方面则协调各项竞争性用水，加强管理，并通过各项措施调整水资源天然时空分布,使其与经济社会发展格局相适应。其目标是:满足社会经济与人口、资源、环境协调发展,满足生活、生产和生态用水对水资源在时间、空间、数量和质量上的基本要求。

(2)在特定的流域或区域内,以可持续发展为总原则,对有限的、不同形式的水资源,通过工程措施与非工程措施在各用水户之间进行的科学分配。

2. 侧重于经济技术方面的优化配置

(1)在特定区域(或流域)内,遵循一定的原则,依据社会主义市场经济的法律、行政、经济以及技术等手段,对不同形式的水资源,通过各种措施在各用水户之间进行合理分配,协调、处理水资源天然分布与生产力布局的相互关系,为国家实施可持续发展战略创造有利的水资源条件。

(2)在特定区域(或流域)内,按照系统、有效、公平和可持续利用原则,遵循自然规律和经济规律,对有限的、不同形式的水资源,通过各种技术手段,在生活、生产和生态用水之间进行科学分配。当前,城市与农村、工业与农业、经济与生态之间的用水竞争激烈,水资源供需矛盾突出。在这种情况下,要提高区域水资源承载能力,实现区域水资源可持续利用,合理配置过程中必须处理好以下十个基本关系:国民经济用水、生活用水与生态用水的关系;区域(或流域)间的水量调配关系;当地水资源利用与跨流域调水的关系;地表水利用与地下水利用的关系;常规水源与非常规水源的关系;城市用水与农村用水的关系;平水年供水与特枯水年供水的关系;生产力布局调整与节约用水的关系;水资源开发利用与保护的关系;管理措施与工程措施的关系。

3. 侧重于管理体制的优化配置

水资源合理配置:根据特定地域的自然、社会、经济状况以及水资源条件,采用科学技术方法和合理的水管理体制,对水资源开发、利用、治理、节约、保护进行统筹规划,精心设计,决策支持和合理布局与有效管理,使水资源数量、质量和空间的配置与经济、社会发展和生态环境建设相适应。

由此可见,目前关于水资源合理配置还没有统一明确的界定,但从上述定义不难看出水资源合理配置包含以下特征:①动态性,不同时期,区域可配置的水资源是不同的,并且随着社会经济的发展,各用户需水要求也会发生变化;②时空性,由于各用水部门对水资源需求的时段不同,并且各用水部门的空间位置也不同;③可协调性,水资源的量有限,但可以通过合理配置使有限的水资源,满足不同用户、不同时段的水资源量和质要求;④多层次、多目标性,既有生活目标、生产目标、生态环境目标,又有有效性、公平性、可持续性等目标,既涉及多水源、多用户,又存在工程手段和非工程手段。

6.2.7.2 多目标优化模型的建立

白龟山水库水资源优化配置方案可以通过多目标优化模型加以实现。

设天然来水地表水资源、灌区地下水源、南水北调中线供水水源 12 个月来水过程已知,用 W_{ij} 表示,其中 i 代表水源,三水源分别为 1、2、3;j 代表月份,12 个月分别为 1,2,…,12。

设用水户需水过程已知,用 ND_{ij} 表示,其中 i 代表用户,用 1、2、3、4 分别代表农业用水、工业用水、生活用水、生态用水;j 代表月份,12 个月分别为 1,2,…,12。供水为 WND_{ij},缺水量为 ST_{ij}。

农业用水、工业用水、生活用水、生态用水四个用户各月累计用水量小于各水源当月的总来水量,即

$$\sum_{i=1}^{3} W_{ij} \geqslant \sum_{i=1}^{4} WND_{ij}$$

供水小于等于需水,即

$$WND_{ij} \leqslant ND_{ij}$$

各月生态用水量小于三水源来水量之和的 η 倍,即

$$ND_{4j} \leqslant \eta \sum_{i=1}^{3} W_{ij}$$

农业用水、工业用水、生活用水、生态用水四个用户各月的缺水过程为

$$ST_{ij} = ND_{ij} - \sum_{i=1}^{3} WND_{ij} \qquad (i=1、2、3、4, j=1,2,\cdots,12)$$

目标函数:

$$\min \sum_{i=1}^{3} \sum_{j=1}^{12} ST_{ij}$$

该目标函数同约束条件及变量非负条件相结合,组成多目标优化配置模型,用于不同来水组合条件下的方案分析。

以上约束条件中,数据分别为总协议供水量、工业协议供水量、城市生活协议供水量和农业协议灌溉供水量。若把这些数据调为多年平均实际供水量,则可根据多年平均值进行优化计算。若采用远期水平年预测用水资料,则获得远期用水年水资源优化配置方案。

6.2.7.3 白龟山水库纳污能力配置方案

白龟山水库作为平顶山市城市生活、工业和灌区农业用水的重要水源,要对其水质有严格的要求,提出水环境目标和保护措施。根据平顶山水资源区划,白龟山水库是平顶山市饮用水源区,同时是工农业用水的重要水源地,水质目标要求≤Ⅲ类。为达到其目标,就要对其上游相邻的沙河鲁山排污控制区进行污染物排放控制,确保白龟山水库入口水质达到≤Ⅲ类水的要求。

根据鲁山县社会发展经济状况和产业结构,城区生活、工业以及昭白区间农业灌溉用水量的大小,对其主要污染物 COD_{Cr} 和 NH_3-N 排放总量进行优化配置。

通过计算分析。沙河鲁山排污控制区 COD_{Cr} 和 NH_3-N 的纳污能力分别为 663 t/年和35.7 t/年。鲁山县城市生活、工业和农业灌溉 COD_{Cr} 的最大排放量分别为95.7 t/年、351.4 t/年、215.9 t/年;NH_3-N 的最大排放量分别为5.2 t/年、18.9 t/年、11.6 t/年,详见表6-88。

表6-88　沙河鲁山排污控制区纳污能力优化配置成果　　　　　(单位:t/年)

污染物名称	纳污能力	允许最大排放量			合计
		城市生活	工业	农灌	
COD_{Cr}	663	95.7	351.4	215.9	663.0
NH_3-N	35.7	5.2	18.9	11.6	35.7

平顶山市新城区位于水库北边,紧邻水库,地势较高,其雨污水有可能直接排入水库,对水库水质造成污染。因此,建议在新城区建立完善的雨污水收集城市管网以及与之配套的污水处理厂,经处理后达标的污水排入下游河道,避免对水库水质造成影响。

6.2.7.4　白龟山水库水资源量优化配置

1. 水平年的确定

根据白龟山供水区内平顶山市社会经济发展规划,选定2010年作为本次研究的近期水平年,2020年为远期水平年。

2. 水资源优化配置研究

区域水资源优化配置方案设置与生成实质上是水资源配置中不同配置措施进行组合的过程。

随着社会经济的进步,水库运行调度在保证防洪安全的同时,根据"确保重点、兼顾一般"的原则,水库供水优先保障城市居民生活用水和重要工业用水,合理安排一般工业用水和农业用水,兼顾生态环境用水,通过科学调度、优化配置,使水库的效益达到最大化。

本次研究水库水资源的调控的基本准则为,先保证城市生活用水,其次为工业用水、农灌用水。

根据白龟山水库多年来年初库容的研究分析,水库年初水位多为102.50～103.00 m,对应库容为27 016万～30 186万 m^3,本次研究选定平水年1991年1月1日8:00的水位(102.61 m)为起调水位,对应库容为29 563万 m^3。

1)近期水平年(2010年)水库水资源优化配置

(1)$P=25\%$降雨频率下水库水资源优化配置。

在农业灌溉保证率 $P=50\%$ 时,水库可供水量为64 753万 m^3,城市生活需水量为4 173万 m^3,工业需水量为15 318万 m^3,农灌需水量为19 177万 m^3,总需水量为38 668万 m^3,水库地表水供水量为38 668万 m^3,城市生活、工业和农灌偏差量(d_k^-)为0。水库剩余可供水量为16 147万 m^3。

在农业灌溉保证率 $P=75\%$ 时,水库可供水量为64 753万 m^3,城市生活需水量为4 173万 m^3,工业需水量为15 318万 m^3,农灌需水量为22 108万 m^3,总需水量为41 599万 m^3,水库地表水供水41 599万 m^3,城市生活、工业和农灌偏差量(d_k^-)为0。水库剩余可供水量为9 737万 m^3,详见表6-89。

表6-89　白龟山水库水资源优化配置方案(降雨频率 $P=25\%$)　　(单位:万 m^3)

农业灌溉保证率	水库可供水量	需水量			供水量		偏差量(d_k^-)			剩余可供水量
		城市生活	工业	农业灌溉	水库地表水供水	地下水供水	城市生活	工业	农业灌溉	
50%	64 753	4 173	15 318	19 177	38 668	0	0	0	0	16 147
75%	64 753	4 173	15 318	22 108	41 599	0	0	0	0	9 737

(2)$P=50\%$降雨频率下水库水资源优化配置。

在农业灌溉保证率 $P=50\%$ 时,水库可供水量为64 341万 m^3,城市生活需水量为

4 173万 m^3,工业需水量为15 318万 m^3,农灌需水量为19 177万 m^3,总需水量为38 668万 m^3,水库地表水供水38 668万 m^3,城市生活、工业和农灌偏差量(d_k^-)为0。水库剩余可供水量为11 067万 m^3。

在农业灌溉保证率 $P=75\%$ 时,水库可供水量为64 341万 m^3,城市生活需水量为4 173万 m^3,工业需水量为15 318万 m^3,农灌需水量为22 108万 m^3,总需水量为41 599万 m^3,水库地表水供水41 599万 m^3,城市生活、工业和农灌偏差量(d_k^-)为0。水库剩余可供水量为9 435万 m^3,详见表6-90。

表6-90　白龟山水库水资源优化配置方案(降雨频率 $P=50\%$)　(单位:万 m^3)

农业灌溉保证率	水库可供水量	需水量			供水量		偏差量(d_k^-)			剩余可供水量
		城市生活	工业	农业灌溉	水库地表水供水	地下水供水	城市生活	工业	农业灌溉	
50%	64 341	4 173	15 318	19 177	38 668	0	0	0	0	11 067
75%	64 341	4 173	15 318	22 108	41 599	0	0	0	0	9 435

(3) $P=75\%$ 降雨频率下水库水资源优化配置。

在农业灌溉保证率 $P=50\%$ 时,水库可供水量为46 471万 m^3,城市生活需水量为4 173万 m^3,工业需水量为15 318万 m^3,农灌需水量为19 177万 m^3,总需水量为38 668万 m^3,水库地表水供水38 668万 m^3,城市生活、工业和农灌偏差量(d_k^-)为0。水库剩余可供水量为742万 m^3。

在农业灌溉保证率 $P=75\%$ 时,水库可供水量为46 471万 m^3,城市生活需水量为4 173万 m^3,工业需水量为15 318万 m^3,农灌需水量为22 108万 m^3,总需水量为41 599万 m^3,水库地表水供水40 708万 m^3,水库灌区地下水向农灌供水891万 m^3,城市生活、工业和农业灌溉偏差量(d_k^-)为0。水库剩余可供水量为0,详见表6-91。

表6-91　白龟山水库水资源优化配置方案(降雨频率 $P=75\%$)　(单位:万 m^3)

农业灌溉保证率	水库可供水量	需水量			供水量		偏差量(d_k^-)			剩余可供水量
		城市生活	工业	农业灌溉	水库地表水供水	地下水供水	城市生活	工业	农业灌溉	
50%	46 471	4 173	15 318	19 177	38 668	0	0	0	0	742
75%	46 471	4 173	15 318	22 108	40 708	891	0	0	0	0

2)远期水平年(2020年)水库水资源优化配置

远期水平年2020年城市生活需水量为10 761万 m^3(含叶县780万 m^3),工业需水量为25 130万 m^3(含叶县1 820万 m^3),农业用水保证率 $P=50\%$ 的需水量为19 177万 m^3,农业用水保证率 $P=50\%$ 的需水量为22 108万 m^3,为其供水水源由三部分组成:一部分靠水库地表水供水,一部分取自湛河水,一部分靠开采地下水供给。

以下白龟山水库水资源优化配置中所涉及的城市生活(10 761万 m³)和工业(25 130万 m³)的供需水量均含叶县城市生活(780 万 m³)和工业(1 820万 m³)的供需水量。

在南水北调工程向白龟山水库供水区和叶县供水的情况下:

(1)$P = 25\%$ 降雨频率下水库水资源优化配置(含南水北调)。

在农业灌溉保证率 $P = 50\%$ 时,水库可供水量为80 353万 m³,城市生活需水量为10 761万 m³,工业需水量为25 130万 m³,农灌需水量为19 177万 m³,总需水量为55 068万 m³,水库地表水供水55 068万 m³,城市生活、工业和农灌偏差量(d_k^-)为 0。水库剩余可供水量为16 619万 m³,如图6-35 所示。

在农业灌溉保证率 $P = 75\%$ 时,水库可供水量为80 353万 m³,城市生活需水量为10 761万 m³,工业需水量为25 130万 m³,农灌需水量为22 108万 m³,总需水量为57 999万 m³,水库地表水供水57 999万 m³,城市生活、工业和农灌偏差量(d_k^-)为 0。水库剩余可供水量为9 470万 m³,详见表6-92、图3-36。

表 6-92　白龟山水库水资源优化配置方案(降雨频率 $P = 25\%$)　　(单位:万 m³)

农业灌溉保证率	水库可供水量	需水量			供水量		偏差量(d_k^-)			剩余可供水量
		城市生活	工业	农业灌溉	水库地表水供水	地下水供水	城市生活	工业	农业灌溉	
50%	80 353	10 761	25 130	19 177	55 068	0	0	0	0	16 619
75%	80 353	10 761	25 130	22 108	57 999	0	0	0	0	9 470

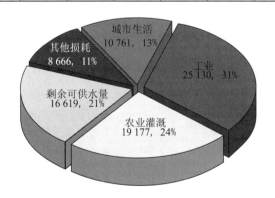

图 6-35　降雨频率 $P = 25\%$,农业灌溉保证率 50% 水资源优化配置方案
(南水北调供水,远期水平年为 2020 年)

(2)$P = 50\%$ 降雨频率下水库水资源优化配置(含南水北调)。

在农业灌溉保证率 $P = 50\%$ 时,水库可供水量为79 941万 m³,城市生活需水量为10 761万 m³,工业需水量为25 130万 m³,农灌需水量为19 177万 m³,总需水量为55 068万 m³,水库地表水供水55 068万 m³,城市生活、工业和偏差量(d_k^-)为 0。水库剩余可供水量为9 434万 m³,如图6-37 所示。

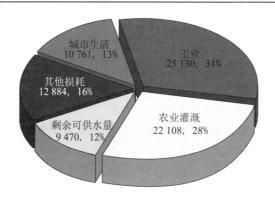

图 6-36　降雨频率 $P = 25\%$,农业灌溉保证率 75% 水资源优化配置方案
（南水北调供水，远期水平年为 2020 年）

在农业灌溉保证率 $P = 75\%$ 时,水库可供水量为 79 941 万 m³,城市生活需水量为 10 761 万 m³,工业需水量为25 130万 m³,农灌需水量为22 108 万 m³,总需水量为57 999万 m³,水库地表水供水57 999万 m³,城市生活、工业和农灌偏差量(d_k^-)为 0。水库剩余可供水量为7 801 万 m³,详见表 6-93、图 6-38。

表 6-93　白龟山水库水资源优化配置方案（降雨频率 $P = 50\%$ ）

（含南水北调工程）　　　　　　　　　　（单位:万 m³）

农业灌溉保证率	水库可供水量	需水量			供水量		偏差量(d_k^-)			剩余可供水量
		城市生活	工业	农业灌溉	水库地表水供水	地下水供水	城市生活	工业	农业灌溉	
50%	79 941	10 761	25 130	19 177	55 068	0	0	0	0	9 434
75%	79 941	10 761	25 130	22 108	57 999	0	0	0	0	7 801

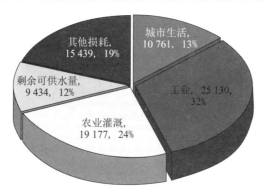

图 6-37　降雨频率 $P = 50\%$,农业灌溉保证率 50% 水资源优化配置方案
（南水北调供水，远期水平年2020年）

（3）$P = 75\%$ 降雨频率下水库水资源优化配置（含南水北调）。

在农业灌溉保证率 $P = 50\%$ 时,水库可供水量为62 071 万 m³,城市生活需水量为 10 761 万 m³,工业需水量为25 130万 m³,农灌需水量为19 177万 m³,总需水量为55 068万

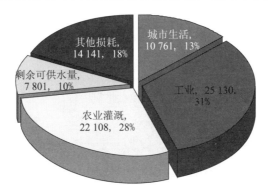

图 6-38 降雨频率 $P=50\%$，农业灌溉保证率 75% 水资源优化配置方案
（南水北调供水，远期水平年 2020 年）

m³，水库地表水供水 54 177 万 m³，地下水为灌区农业灌溉供水 892 万 m³，城市生活、工业和农灌偏差量（d_k^-）为 0。水库剩余可供水量为 0，见表 6-94、图 6-39。

表 6-94 白龟山水库水资源优化配置方案（降雨频率 $P=75\%$） （单位：万 m³）
（含南水北调工程）

农业灌溉保证率	水库可供水量	需水量			供水量		偏差量（d_k^-）			剩余可供水量
		城市生活	工业	农业灌溉	水库地表水供水	地下水供水	城市生活	工业	农业灌溉	
50%	62 071	10 761	25 130	19 177	54 177	892	0	0	0	0
75%	62 071	10 761	25 130	22 108	55 475	2 524	0	0	0	0

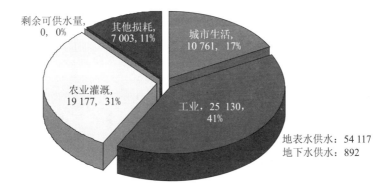

图 6-39 降雨频率 $P=75\%$，农业灌溉保证率 50% 水资源优化配置方案
（南水北调供水，远期水平年 2020 年）

在农业灌溉保证率 $P=75\%$ 时，水库可供水量为 62 071 万 m³，城市生活需水量为 10 761 万 m³，工业需水量为 25 130 万 m³，农灌需水量为 22 108 万 m³，总需水量为 57 999 万 m³，水库地表水供水 55 475 万 m³，地下水为灌区农业灌溉供水 2 524 万 m³，城市生活、工业和农灌偏差量（d_k^-）为 0。水库剩余可供水量为 0，详见表 6-94、图 6-40。

如果考虑到白龟山水库灌区有 10 万亩的井灌面积，如果水库按 40 万亩的灌溉供水

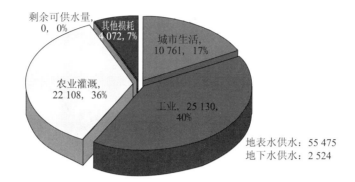

图 6-40　降雨频率 $P = 75\%$，农业灌溉保证率 75% 水资源优化配置方案

（南水北调供水，远期水平年 2020 年）

的情况下，在农业灌溉保证率 $P = 50\%$ 时，水库每年可节约 3 835 万 m^3 的水量，在农业灌溉保证率 $P = 75\%$ 时，水库每年可节约 4 422 万 m^3 的水量，水库可以在此基础上再进行水资源合理配置。

通过对水库水质，水体纳污能力和在不同降雨频率以及不同农灌用水保证率各用水户用水供需平衡分析研究，得出各用水户的水资源利用情况，水库水资源的开发利用空间和剩余可利用水量，为水库在今后的运营调度和水资源的进一步优化配置提供可靠的数据依据。

6.2.8　结论和建议

6.2.8.1　主要研究内容

（1）在白龟山水库实测降雨径流等相关资料的基础上，建立水量模拟模型，通过对相关资料的计算分析，得出水库流域以上多年平均天然径流量为 86 693 万 m^3，多年平均径流深为 317.6 mm。昭平台—白龟山水库（流域区间）多年平均来水量为 42 067 万 m^3。

（2）根据建立的白龟山水库灌区地下水模型，在"合理水位埋深"条件下，通过灌区水文地质参数计算与选择及地下水补、排关系分析，计算出，灌区浅层地下水可开采量 5 900 万 m^3/年，剩余可开采量 3 270 万 m^3/年，净贮存量 9 000 万 m^3/年。

（3）通过对白龟山水库多年水质监测成果进行综合分析评价，得出水库水质为 Ⅱ ~ Ⅲ 类，水质较好，能够满足城市生活、工业、生态环境和农业灌溉的需求。

（4）通过对白龟山水库的来水进行纳污能力计算分析，得出水库上游相邻水功能区沙河鲁山排污控制区 COD_{Cr} 和 $NH_3 - N$ 的纳污能力分别为 663 t/年和 35.7 t/年，鲁山县城市生活、工业和农业灌溉 COD_{Cr} 的最大排放量分别为 95.7 t/年、351.4 t/年、215.9 t/年；$NH_3 - N$ 的最大排放量分别为 5.2 t/年、18.9 t/年、11.6 t/年。

（5）通过对水库在不同典型降雨频率的情况下各用水户的供需情况进行分析研究，得出：

①在 $P = 25\%$ 降雨频率的丰水年，农灌保证率 $P = 50\%$ 和 $P = 75\%$ 的情况下，水库能够满足生活、工业和农灌等各用水户用水的需求，水库剩余可供水量为 16 147 万 m^3 和 9 737 万 m^3。

②在 $P = 50\%$ 降雨频率的平水年,农灌保证率 $P = 50\%$ 和 $P = 75\%$ 的情况下,水库均能够满足生活、工业和农灌等各用水户用水的需求,水库剩余可供水量为 11 067万 m^3 和 9 435万 m^3 。

③在 $P = 75\%$ 降雨频率的枯水年,农灌保证率 $P = 50\%$ 的情况下,水库能够满足生活、工业和农灌等各用水户用水的需求,水库剩余可供水量为 742 万 m^3 ;在农灌保证率 $P = 75\%$,水库能够满足城市生活和工业等各用水户用水的需求,水库剩余可供水量为 0,农灌缺水 891 万 m^3 ,需靠开采灌区地下水来满足农灌的需求。

(6)在考虑南水北调工程向平顶山市供水的条件下,通过对水库丰水年、平水年和枯水年状况下各用水户的供需情况进行分析研究,得出在 $P = 25\%$ 降雨频率的丰水年,在 $P = 50\%$ 降雨频率的平水年,在 $P = 75\%$ 降雨频率枯水年,水库能够满足生活、工业和农业灌溉等各用水户用水的需求。

(7)考虑到白龟山水库灌区有 10 万亩的井灌面积,在水库按 40 万亩的灌溉供水的情况下,农业灌溉保证率 $P = 50\%$ 时,水库每年可节约 3 835万 m^3 的水量,农业灌溉保证率 $P = 75\%$ 时,水库每年可节约 4 422万 m^3 的水量,水库可以在此基础上再进行水资源合理配置。

6.2.8.2　技术特点

(1)利用降雨径流、水文模型、下渗计算、蒸发计算、还原计算、水量平衡、地下水模拟模型以及多目标优化方法开展区域水资源供需平衡和优化配置研究,实现了研究方法的集成创新。

(2)采用地下水模型理论与方法开展白龟山灌区地下水开采与补给关系研究,分析论证了渠系灌溉对区域地下水补给的重大作用,提出了灌区内引水灌溉和地下水灌溉并举的新模式,节约用水潜力极大。

(3)采用多目标优化理论和方法开展多用户不同供水保证率条件下的水资源优化配置方案研究,获得了丰、平、枯三种情况的水资源优化配置方案,拓展了优化配置方案的针对性。

(4)针对南水北调向水库输水条件下的水资源供需研究,获得多个水资源配置优化方案,为南水北调中线工程启用后白龟山水库水资源合理配置打下了基础。

(5)通过天然来水(主水)、跨流域调水(客水)、蒸发、下渗时变供水、时变用水、弃水等综合研究,提出了白龟山水库的剩余可供水量,为今后平顶山社会经济长期可持续发展提供了水资源条件。

6.2.8.3　结论

(1)本项目通过水量平衡常规方法、地下水模型和多目标优化模型,进行项目的研究,理论依据充分,方法正确,成果可靠。

(2)通过地下水补给关系研究,从实际观测资料和计算结果来看,浅层地下水补给量是充分的,现有开发量为 2 630万 m^3 ,可开采量 5 900万 m^3 ,剩余可开采量 3 270万 m^3 。由此,我们提出灌区采用渠灌和井灌并举的方式,可以节约水库灌溉用水量 3 835万 m^3 ,依据充分。

(3)根据白龟山水资源平衡分析和优化配置计算结果,可知,在现有实际用水户用水量条件下,白龟山水库多年平均理论弃水65 531万 m³。根据实际资料计算多年平均弃水57 417万 m³,其中,汛期(7~9月)弃水32 436万 m³,占总弃水量的56.5%,非汛期弃水量24 981万 m³,占总弃水量的43.5%。理论计算和实际弃水是比较相符的。

(4)根据优化分析计算结果,可知,远期规划水平年(2020年)在 $P = 25\%$ 降雨频率下,在农业灌溉保证率 $P = 75\%$ 时,水库可供水量为80 353万 m³,水库剩余可供水量为9 470万 m³。

(5)在南水北调为白龟山供水的条件下,以2020年水平年为例,白龟山仍有16 619万 m³ 水量,为今后社会经济可持续发展提供了水资源条件。

(6)根据白龟山库区及上游纳污能力分析计算结果,以及水质优化配置方案,COD 和氨氮最大排放量分别不能超过663.0 t/年和35.7 t/年,使水质能够符合饮用水源地标准。

(7)由灌区地下水分析计算可知,水库灌溉对灌区地下水多年平均补给量,达到2 750万 m³,相当于再造了一座地下水中型水库,因此白龟山水库在涵养灌区地下水方面,效益巨大。

6.2.8.4 建议

(1)建议在白龟山灌区采用渠灌和井灌并举的模式,达到节约白龟山水库水资源的目的。

(2)在现有用水户的前提下,白龟山水库汛期和非汛期弃水量较大,建议在灌区非灌溉期,在白龟山需要弃水时,适当向南干渠放水,涵养地下水源。

(3)在新增较大用水户的情况下,建议进一步开展水资源优化配置方案分析,保证供水用水的合理性。

6.3　白龟山水库防洪减灾实践

6.3.1　白龟山水库防汛工作体系综述

河南省白龟山水库防汛工作体系综述

魏恒志

(河南省白龟山水库管理局　平顶山　467031)

摘　要:白龟山水库为大(2)型综合利用水利工程,工程所处地理位置及气候气象水文环境复杂,防汛形势严峻。建库至今,水库通过加强工程措施和非工程措施,特别是防汛责任制体系的建立和完善,确保了防汛工作的组织到位、工程到位、预案到位、队伍到位和物资到位,形成了一个较为完善的防汛工作体系,在实践中发挥了较好作用,产生了较好的社会效益。本文分析了白龟山水库工程特点,重点总结了防汛责任制工作体系,概述了汛期不同阶段防办的主要日常工作,为水利工程的防汛度汛工作提供了有益的参考。

关键词:防汛 责任制 工作体系 白龟山水库

白龟山水库位于河南省平顶山市西南郊,是淮河流域沙河干流上一座以防洪为主,集防洪、城市供水、农业灌溉等为一体的大(2)型综合利用水利工程。白龟山水库防洪标准为 100 年一遇设计、2 000 年一遇校核,总库容 9.22 亿 m³。水库下游有平顶山、漯河、周口等重要城市,且有焦枝、京广铁路和京港澳、宁洛高速公路及 107 国道等交通要道,工程地理位置极为重要,水库安危直接影响下游广大人民群众生命财产的安全。白龟山水库于1958 年 12 月兴建,1960 年 9 月基本建成,1966 年 8 月正式竣工蓄水,1998 年 10 月至 2006年 12 月进行了水库除险加固。水库运行 50 多年来,发挥了较好的社会效益和经济效益,水库防洪效益约达 200 多亿元,工农业供水近 100 亿 m³,为地方国民经济发展做出了重要贡献。

1　白龟山水库防汛库情

1.1　工程特点

1.1.1　工程组成复杂

白龟山水库建筑物由拦河坝、顺河坝、北副坝(待建)、拦洪闸(过路涵)、泄洪闸、南干渠渠首闸和北干渠渠首闸、拦河坝及顺河坝导渗降压等工程组成。拦河坝长 1 545.35 m。顺河坝长 18 016.5 m。拦洪闸为 7 孔带胸墙的开敞式闸。南干渠渠首闸为 2 孔潜孔式灌溉闸。北干渠渠首闸为 3 孔带胸墙的开敞式灌溉兼泄洪闸。拦河坝导渗降压工程由降压井、导渗廊道、明渠及尾水渠组成。顺河坝导渗降压工程由 347 眼降压井、暗涵、导渗降压沟、尾水渠管涵组成。

1.1.2　工程白蚁隐患较重

自 2000 年发现白蚁以来,每年在春秋两季,都安排进行人工开挖药物防治,并利用地质雷达技术进行大坝无损探测研究,虽然取得了明显效果,但远没有达到根治的目的,白蚁隐患防治仍是工程管理重中之重。

1.1.3　北副坝尚未实施

白龟山水库北副坝,结合平顶山市新城区规划的纬四路和经十四路修建。2008 年除险加固竣工验收,北副坝作为遗留工程,由于城市规划及征地拆迁的滞后,新城区道路实施不到位,导致做微地形处理沿道路建设的北副坝至今进展缓慢,致使水库不能按设计标准运用,给调度增加了难度和风险,同时也增加了肖营村处抢险筑坝的工作量,使水库抢险时段提前。

1.1.4　管理环境影响大

白龟山水库建库至今,定边划界未能全面进行,已严重影响了正常的管理秩序。为提高白龟山水库工程管理水平和效率,定边划界和确权发证工作必须加紧推进。

1.2　气候特点

白龟山水库流域属亚热带暖湿季风气候区向暖温带半干旱季风气候区的过渡地带,气象特征具有明显的过渡性和季风性。白龟山流域年平均气温约 14 ℃,极端最低−18 ℃,最高 42 ℃。流域年均相对湿度 70%,月平均湿度以 12 月最小,为 50%,8 月最大,为 80%。流域内气压变化范围为 1 000 ~ 800 hPa。流域年平均风力 2.3 级,月平均风力最大 3 级,最小 2 级,最大风力可达 9 级西北风。水库水面年均蒸发量为 1 046 mm,水面大,地势开阔,风多而大,年均蒸发水量达 5 830 万 m³。流域内多年平均降雨量约900 mm。

1.3　水文特点

沙颍河是淮河流域最大支流,总流域面积 39 880 km^2,河南省境内34 440 km^2。白龟山水库建于沙河主干上,控制沙河流域面积2 740 km^2,其中昭平台以上1 430 km^2,昭白区间1 310 km^2。昭平台以上为深山区,昭白区间为浅山丘陵区,地势逐渐开阔。白龟山水库坝址处地面高程为 90～92 m,河床高程为 86～87 m。昭平台以上是河南省四大暴雨中心之一,年平均雨量900 mm,80%集中在汛期,年际变化较大,最大最小值可差 8 倍。由于暴雨和地形条件,洪水暴涨暴落,极易造成灾害。白龟山水库自建成蓄水至1990年淤积测量,30 年间共淤积1 497万 m^3,平均每年淤积近 50 万 m^3。

1.4　地理特点

1.4.1　上压

白龟山水库上游51 km 处建有昭平台水库,昭平台上游为暴雨中心,昭平台水库的泄洪直接增加白龟山水库防洪负担。

1.4.2　下控

水库下游漯河市河道安全过流量为3 000 m^3/s,白龟山水库最大泄量为7 104 m^3/s,现实是不允许白龟山水库按最大泄量下泄的。

1.4.3　两边挤

左边北汝河目前尚无洪水控制工程,一旦降雨,将是直通下泄;右边澧河、甘江河洪水也排入沙颍河;这样两边形成挤压形势,考虑下游安全,调度时需要错峰限制白龟山泄洪;"75·8"就是一个典型例子。

1.4.4　中间一个瓶颈:即沙河防洪能力不足 20 年一遇,燕山水库建成提高到 50 年一遇,

即使这样,白龟山水库泄洪能力也受限制,大流量泄洪,河堤将不堪重负。白龟山水库最大泄量为7 104 m^3/s,沙河河道允许最大流量3 000 m^3/s,而实际上,因为河道河势的变化及堤防的欠维护,沙河实际过洪能力还要小。

正是这些"上压、下控、两边挤、中间还有一个瓶颈"的特殊地理限制,白龟山水库的防汛调度责任更加重大,防汛责任制的体系更需要完善、科学。

2　白龟山水库防汛责任制体系

2.1　地方行政首长负责制

地方行政首长负责制是白龟山水库整个防汛责任制的核心,平顶山市一名市领导担任白龟山水库防汛指挥部指挥长,并通过新闻媒体向社会公布,接受监督。汛期召开防汛工作专题会议,各责任单位按时参加,指挥长作重要讲话,各责任单位限期实地到责任段认领防汛任务。多年实践证明,以地方行政首长负责制为核心的防汛工作责任制,对提高防汛工作效率,集中社会有效资源,加强防汛责任心,把防汛工作落到实处,至关重要。

2.2　三方责任制

河南省白龟山水库管理局是河南省水利厅直属的二级单位,主要负责白龟山水库及其灌溉工程的管理。河南省水利厅是白龟山水库管理局的上级主管部门,白龟山水库管理局是白龟山水库安全管理的责任主体,平顶山市政府行政首长是白龟山水库防汛工作的政府责任人,白龟山水库的防汛工作形成了水库主管部门责任人、水库管理单位责任人

和地方政府责任人三方同防的责任体系。

2.3　分级责任制

河南省白龟山水库防汛指挥部指挥长职责:对白龟山水库防汛工作负总责,统一指挥白龟山水库防汛和抗洪抢险工作,对水库重大调度运用方案和抢险措施,以及抗洪抢险时部队的调用等重大问题进行决策。服从省防汛指挥部指挥,执行上级调度命令。

防汛指挥部副指挥长职责:督促防汛责任单位落实各项防汛职责。在指挥长的领导下指挥白龟山水库防汛和抗洪抢险工作,对指挥长负责。

当白龟山水库接近警戒水位,或水库工程发生重大险情时,副指挥长到防汛办公室带班,参加汛情会商和重大问题研究并报指挥长决策。

防汛指挥部领导成员职责:在指挥长、副指挥长领导下,做好白龟山水库防汛和抗洪抢险工作:①按照有关防汛法律法规,做好防汛宣传和思想动员工作,增强各级干部和广大群众的水患意识;②掌握防洪工程存在的主要问题,检查督促各项度汛措施的落实;③及时掌握汛情,组织指挥防汛队伍抗洪抢险,坚决贯彻执行上级的防汛调度命令;④在洪水发生后迅速开展救灾工作,安排好群众生活,尽快恢复生产,修复水毁工程,保持社会稳定;⑤做好分工范围内的防汛工作,督促防汛责任制的落实。

每年汛前结合防汛工作实际,对指挥长、副指挥长、指挥部成员再进行调整和详细的职责分工。

2.4　分包责任制

对各县区有关单位所担负白龟山水库的防汛抢险责任进行明确,并以白龟山水库防汛责任书形式印发。

为加强水库大坝及泄洪闸重点部位的巡查工作,及早发现和处置险情,我们成立了白龟山水库汛期水库大坝巡查大队,划分责任坝段,加强对汛期工程安全、工程外观和工程管理范围的监管。

建立白龟山水库水政监察执法监管制度,对白龟山水库水资源、水工程、防汛抗旱等有关设施进行执法监管,预防、遏制水事违法行为的发生,及时发现和纠正水事违法行为,确保工程安全,为防汛创造宽松环境。

2.5　岗位责任制

完善白龟山水库管理局有关科室防汛岗位责任制,对各科室分管的工作及防汛承担的任务进行细化明确,对工程管理业务处室及管理人员、群管人员、防汛人员、抢险队员岗位责任制的范围、项目、安全程度、责任时间等作出明确规定,确保各司其职、各负其责;同时成立抢险技术组、防汛办公室、综合组、通信组、政工组、水政保卫组、物资组、后勤组、工程组、各县区责任单位联络组,对不同岗位防汛工作进一步明确,定岗定责,责任到人。

2.6　技术责任制

为准确评价工程抗洪能力,准确确定雨水情预报数据,科学制订水情调度方案,及时采取有效的抢险措施,有效地解决防汛相关的技术问题,发挥工程技术人员在防汛抢险中的技术专长,我们完善了白龟山水库防汛技术责任制,对防汛技术领导分工、防汛技术工作任务、防汛调度技术责任、防汛抢险技术责任进行了明确。对于关系重大的技术决策，则要组织相当技术级别的人员或者专家进行咨询论证，并及时向上级部门请示报告。

2.7　值班责任制

防汛值班是防汛工作的重要环节之一，搞好防汛值班，对及时迅速传递和处置雨水情、汛情、工情险情信息，有效组织和指挥防汛抢险工作至关重要。每年汛期，我们都不厌其烦地强调防汛值班，严格坚持领导带班和24小时值班制度，进一步规范防汛值班秩序。每班设一名局领导带班，安排一名业务精、情况熟的专业技术干部和一名责任心强、外部协调能力强的中层干部为总值班，预报调度确保有两名业务技术干部值班，其他值班如驾驶员、操舟手、电工、安全保卫和其他岗位的值班相应排班，真正把防汛值班工作落到实处。要求值班人员熟悉水库防汛基本情况，及时掌握汛情现状，按时请示传达汇报，及时掌握险情及处理情况，对发生的重大汛情及事件，认真做好记录，严格执行交接班制度，认真履行交接班手续，加强上下级联系，认真履行防汛值班职责，保持通信畅通，坚守工作岗位，严禁脱岗。遇到汛情，带班、值班人员第一时间弄清情况，及时分析研判，提出处置方案，按照防汛会商制度规定，分别形成决策意见。同时按照局防汛督察方案要求，防汛工作督察领导小组，不定期进行防汛工作督导督察，并通报防汛值班情况，对违反值班规定，造成工作失误的，按照有关规定严肃处理。

2.8　防汛措施

白龟山水库管理局通过水库工程检查、大坝观测检测、工程的维修养护、灌溉工程的管理等工程措施，确保工程在设计标准内安全运行，为防汛提供最基础的保障。

同时通过依法防汛，规范涉水行为，完善预案，落实以行政首长负责制为核心的各项防汛责任制，加强通信和雨水情预报和预警，严格执行调度命令，足额储备防汛物资，加强防汛检查和督察，及时进行防汛会商、成立机动抢险队及严格水行政执法等非工程措施，使防汛工作科学化，为水库兼顾防洪与兴利充分发挥效益提供可靠保证。

2.9　配套制度

工作制度是工作规则、规范，是工作得到落实的重要保证。我们在多年的防汛工作实践中，逐步建立和完善了一系列方案和制度，如河南省白龟山水库防洪预案、河南省白龟山水库大坝安全应急预案、河南省白龟山水库管理局防汛信息发布制度、河南省白龟山水库管理局汛期水情调度工作规定、河南省白龟山水库管理局汛期防汛各应用子系统运行保障工作责任制、河南省白龟山水库管理局防汛督察制度、调整和明确河南省白龟山水库管理局防汛机动抢险队，同时实行内部情况通报制、会议纪要制、会商纪要制、汛情快报、内部通知、防汛简报等制度，形成了完善的责任制制度体制，确保防汛工作各环节都有人抓、落得实。

3　白龟山水库防汛具体要求

在上级主管部门水利厅的正确领导和指导下，河南省白龟山水库管理局的干部职工齐心协力，防汛工作正逐步走向正规化、规范化、制度化轨道，形成了一系列规范运作、行之有效的防汛工作程序。

3.1　汛前准备工作

汛前准备工作包括汛前准备和部署、防汛组织机构完善、防汛队伍组建及培训、防汛抢险物资储备、防洪预案修订、汛前检查及查险除险、防汛相关文件、防汛工作会议准备等。

3.2　汛期重点工作

汛期重点工作包括防汛值班、雨水工情的监测、防汛工作会议的召开、汛情雨情水情的防汛会商、防汛调度、汛情快报、防汛简报闸门启闭运用及操作、资料保管、防汛电话录音、联系制度、防汛简明手册、防汛督察、雨水情实时统计和防汛工作实时总结等。

3.3　汛后工作

汛后工作包括暴雨洪水资料收集分析、特征洪水还原计算、灾害损失分析、防洪效益计算、汛后工程检查、年度防汛工作总结、兴利调节修正等。

结语:河南省白龟山水库的防汛工作,以国家相关法律法规为保障,以上级水利部门的防洪政策体制与技术措施为支撑,建立、完善和落实了以地方行政首长负责制为核心的防汛工作责任制,相关政府职能部门、各级政府层层分解任务抓落实,水库管理局内部各部门职责明晰,责任明确,分工细致,监管到位,从政策、行政、技术、体制、措施多方面着手,完善工作机制、完善工作方案、完善责任体系、完善各项制度,切实贯彻"安全第一,常备不懈,以防为主,全力抢险"的防汛工作方针,积极主动采取有效的防御措施,最大限度地减轻洪水灾害的影响和损失,为地方经济建设的顺利进行、人民生命财产的安全和社会的稳定提供了强有力的不可替代的水利支撑。与此同时,我们也在反思,对防汛工作的思想认识还有死角,防汛责任制的监督落实还需细化,防汛工作的协调还需加强。下步工作中,我们将进一步加大与地方政府及各职能部门的协调和合作,突出防汛工作的重点,克服麻痹思想,立足于抗大洪、抢大险、救大灾,严格督察监管制度,细化各项责任制,一级抓一级,真正将责任落到实处,将措施落实到位,确保安全度汛。

6.3.2　白龟山水库防洪效益分析

白龟山水库防洪效益分析

赵国真　曹新爱

摘　要:白龟山水库自建成投入运用以来,在防洪、供水、灌溉等方面经济效益显著,尤其防洪效益更为突出。本次防洪效益分析计算工作依据《已成防洪工程经济效益分析计算及评价规范》(SL 206—98)进行。先对防洪工程体系经济效益进行分析计算,然后按防洪工程体系内各个防洪工程所抗御的洪峰流量进行分配,计算出白龟山水库防洪工程经济效益。防洪工程本身不能直接创造财富,其效益主要由减少洪灾损失来体现。所谓防洪工程经济效益,指对同一场致灾洪水而言,如果没有修建防洪工程,天然洪水像脱缰的野马,一泄千里,可能对下游造成相当大的洪灾损失;而修建了防洪工程后,天然洪水被人为的滞、蓄、调控下泄,下游可能免受或少受洪灾损失。两者洪灾损失的差值即防洪工程经济效益。

关键词:水库;防洪效益;分析

白龟山水库地处中原重镇平顶山市郊的沙河干流上,地理位置重要,水库建成投入运用以来,在防洪、灌溉和城市供水等方面发挥了巨大作用,尤其在防洪方面效益十分显著,但"十分显著"从来没有一个量化指标。为了弄清白龟山水库防洪工程的经济效益究竟有多大,作者本着尊重科学、求真务实的态度,利用现有能收集到的资料,对区域上、下游,左、右岸5个水文站30多年的水文资料进行分析研究(见图6-41),先后筛选水文参数近万对,分别用"马司京根法"、"峰—量相关法"、"峰—峰相关法"进行洪水还原计算,经过实际计算和比对分析,选用较为切合实际的上、下游站峰—峰相关法作为白龟山水库下游河道洪水还原计算的最佳方法,并利用该洪水计算成果和调查收集统计分析的洪灾资料,按照《已成防洪工程经济效益分析计算及评价规范》(SL 206—98)的要求,先对防洪工程体系经济效益分析计算,然后按防洪工程体系中分摊的防洪经济效益(截至2000年漯河以西)为205.56亿元,多年平均6.05亿元。

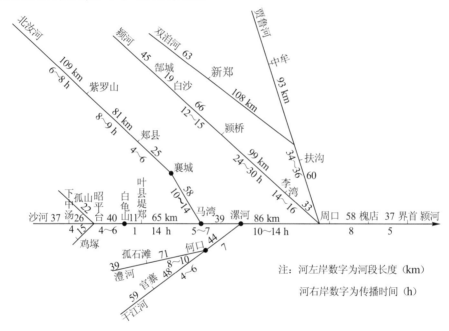

图6-41　沙颍河洪峰传播时间示意图

　　防洪工程本身一般不能直接创造财富,其效益主要由减少洪灾损失来体现。所谓防洪工程经济效益,指对同一场致灾洪水而言,如果没有修建防洪工程,天然洪水像脱缰的野马,一泄千里,可能对下游造成相当大的洪灾损失;而修建了防洪工程后,天然洪水被人为的滞、蓄、调控下泄,下游可能免受或少受洪灾损失。两者洪灾损失的差值即防洪工程经济效益。

1　计算范围

　　本次防洪工程体系经济效益分析计算及洪灾调查只考虑区域漯河以西范围。防洪工程体系由昭平台水库、白龟山水库、孤石滩水库、河道(沙河、北汝河、澧河)堤防、泥河洼滞洪区等工程组成,其洪水调度是互为关联和有影响的。分析计算的重点是兴建防洪工程前防洪标准较低,洪灾频繁且严重,而兴建防洪工程后防洪标准有较大提高的地区。根据有关资料统计:"沙河左岸1921～1948年的28年内决口13次,平均约5年决口2次;右堤在1910～1944年的35年内决口19次,平均约5年决口3次。"以上资料表明:在没有修建防洪工程之前,洪灾频繁发生。自从 20 世纪 50 年代大规模兴建水利工程以来,随着泥河洼滞洪区、昭平台水库、白龟山水库、孤石滩水库、河道堤防五大防洪工程体系相继建成,沙河两岸(除了1975年特大洪水)很少决口,说明以上防洪工程建成并联合运用后,河道防洪标准有较大提高。由于资料所限,区域内的防洪工程不是全部参加计算,仅考虑白龟山水库、泥河洼滞洪区、河道堤防等部分防洪工程的经济效益,然后在三者之间分摊。

2 计算期

防洪工程经济效益分析的计算期包括计算起始年至计算截止年。白龟山水库工程从1958年始建到竣工经历了兴建、度汛、续建三个阶段,于1966年 8 月竣工并投入运用至今。为此,区域防洪工程经济效益分析计算期选在1967 ~ 2000年。

3 计算起始点前的防洪能力

起始点以前的防洪能力,是防洪效益分析计算的重要依据,计算起始点以前防洪能力的大小,直接影响防洪效益分析计算成果。本次起始点以前的防洪能力选在白龟山水库竣工之前、下游河道的初始防洪能力较低的情况下。依据《沙河区域防洪规划要点报告(漯河以上)》及洪灾损失调查统计资料分析确定。以漯河水文站为控制断面,其初始防洪能力取表 6-95 中下限安全泄量1 900 m^3/s 作为致灾与不致灾的水文参数。

表 6-95 漯河以西主要干、支流防洪能力

河道	控制河段	控制面积 （km^2）	安全泄量（m^3/s）	
			平槽	最大
沙河	鲁山—叶县	2 990	2 400 ~ 4 000	—
	叶县—岔河口	9 308	2 400	3 600
	岔河口—漯河	12 575	1 900 ~ 2 200	2 600 ~ 2 900
北汝河	襄城—岔河口	6 080	1 000	2 050
澧河	姜店—漯河	2 787	800	1 100

4 洪灾统计资料的取用原则和方法

洪灾统计资料是分析计算防洪工程体系防洪经济效益的基础,原则上采用归口部门的洪灾统计资料,但限于当时的统计口径与现在进行区域防洪工程经济效益分析计算所要求的统计口径不一致,为了正确反映洪灾的实际情况,将已收集到的洪灾统计资料进行综合分析、合理划分,以提高资料的可靠度。

5 计算方法和内容

计算多年平均防洪工程经济效益的方法有频率曲线法、实际发生年法和保险费法。前者适用于拟建防洪工程,后者有一定的缺陷。因此,本次对已成防洪工程经济效益分析计算,采用实际发生年法,按无防洪工程可能造成的洪灾损失与有防洪工程实际洪灾损失的差值计算。

防洪工程经济效益分析计算内容包括直接经济效益、间接经济效益和负效益。

6 无防洪工程的洪灾损失

首先进行洪水还原计算,采用上、下游站的峰—峰相关计算方法,建立流量相关关系;然后把受水库影响的洪水还原,选用最不利的洪水组合,算出马湾站还原流量;最后把受滞洪区影响的洪水还原,计算漯河站还原流量。

6.1　马湾站洪峰流量还原计算

(1)马湾站最大洪峰与上游站相应洪峰相关计算。

建立马湾站历年实测最大洪峰与上游站(白龟山水库控泄流量加襄城站实测流量)相应洪峰相关关系并进行相关计算。

马湾站与上游白龟山水库站、襄城站流量相关计算结果:

相关系数:0.88

回归系数:0.68

回归方程:$Q_下 = 0.68Q_上 + 438.40$

式中:$Q_上$为相应于马湾站实测最大流量时白龟山站控泄流量、襄城站实测流量之和;$Q_下$为马湾站实测最大洪峰流量。

从计算结果可以看出,马湾站最大洪峰流量与上游站相应洪峰流量相关密切,可以相互插补延长资料。

(2)白龟山水库最大入库洪峰流量还原计算。水量平衡方程式为

$$\left[(Q_始 + Q_末)\Delta t/2 \right] - \left[(q_始 + q_末)\Delta t/2 \right] = W_末 - W_始$$

式中:$Q_始$、$Q_末$分别为时段始、末的入库流量,m^3/s;$q_始$、$q_末$分别为时段始、末的出库流量,m^3/s;Δt为时段,s;ΔW为时段Δt内的蓄洪量,m^3。

利用历年实测水位及出库流量资料,反推入库流量过程中最大值作为白龟山水库最大入库洪峰流量。

(3)马湾站洪峰流量还原计算。在白龟山水库的还原入库流量与襄城站的相应流量中以最不利的组合洪水作为上游站流量。

利用相关回归方程 $Q_下 = 0.68Q_上 + 438.40$ 计算马湾站还原洪峰流量。

6.2　漯河站洪峰流量还原计算

(1)漯河站流量与上游站相应流量相关计算。用漯河站历年实测最大洪峰流量与上游站(马湾+何口)相应流量建立相关关系并进行相关计算。

漯河站与上游马湾站、何口站流量相关计算结果如下:

相关系数:0.97

回归系数:0.86

回归方程:$Q_下 = 0.86Q_上 + 33.79$

式中:$Q_上$为相应漯河站实测最大流量时马湾站、何口站实测流量之和;$Q_下$为漯河站实测最大洪峰流量。

从计算结果可以看出,漯河站最大洪峰流量与上游站相应洪峰流量密切相关,可以相互插补延长资料。

(2)漯河站洪峰流量还原计算。把马湾站还原流量与何口站相应流量及泥河洼滞洪区进洪流量叠加作为上游站流量,利用相关回归方程 $Q_下 = 0.86Q_上 + 33.79$ 计算漯河站还原洪峰流量。

6.3　确定致灾洪水年

根据以上还原分析计算,从计算结果得知,漯河站还原洪峰流量超过初始防洪能力

1 900 m³/s 的年份共 19 年,以此作为致灾洪水年。

6.4　确定成灾面积

首先利用现有洪灾资料进行相关计算,然后利用相关计算结果求出成灾面积。

(1)漯河站流量与成灾面积相关计算。利用历史统计成灾面积和相应实测流量数据进行漯河站流量与成灾面积相关计算。

(2)成灾面积计算。用上节成灾面积流量关系式:$A \approx 0.007\ 9Q - 10.734$,把各致灾洪水年漯河站的还原流量代入方程式,求出成灾面积。

6.5　确定综合损失单价

根据相关定额、标准,确定综合损失单价,见表 6-96。

表 6-96　水灾综合损失单价取定　　　　　　　(单位:元/hm²)

年份	1950	1960	1970	1975	1980	1990	2000
大洪水	1 500	3 600	6 000	10 710	9 000	15 067	36 771
一般洪水	750	1 350	2 250		3 000	7 891	

注:1.根据《河南水旱灾害》一书中的规定,采用大洪水损失率的有1968年、1975年、1982年。

2.就近几年的洪水情况看,1998年、2000年属大洪水年份,采用大洪水损失率。

3."75·8"特大洪水年,许昌地区有专项洪灾调查资料,其综合损失单价为7 140元/hm²,参照《河南水旱灾害》的规定,该准淮河部分损失率加大50%,即采用10 710元/hm²。

6.6　直接洪灾损失计算

根据以上成灾面积和综合损失单价即可算出直接洪灾损失。

6.7　间接洪灾损失计算

间接洪灾损失是防洪效益分析计算的重要组成部分。

按洪灾损失占直接洪灾损失的比例,目前河南省还没有现成的取费标准供水选用,只有参考以下资料。长江三峡工程论证中,通过对荆江地区1954年洪水的灾情调查和对洪水前后历年农业发展情况的分析计算,不计入城镇第二、第三产业的间接经济损失在内的农业间接经济损失约为直接经济损失的28%;河南省驻马店地区在遭到1975年8月洪灾损失后,农业生产的恢复期约为5年,不计入第二、第三产业的间接经济损失约为直接经济损失的26.2%。借鉴以上资料,本次只考虑农业间接洪灾损失系数,取为10%～26%。

6.8　无防洪工程的洪灾损失

无防洪工程的洪灾损失等于直接洪灾损失与间接洪灾损失之和。

7　有防洪工程体系的洪灾损失计算

7.1　直接洪灾损失计算

(1)确定实际致灾洪水年。在确定实际致灾洪水年时,需考虑沙河、汝河、澧河在漯河的洪水组合情况,找出最不利的洪水组合。

从白龟山水库竣工运行以来,实际致灾洪水年有1975年、1982年、1996年、1998年、2000年 5 年。

(2)确定实际成灾面积。实际致灾洪水年的成灾面积为漯河以西成灾面积减去泥河洼滞洪区相应的受淹面积。

(3)综合损失单价的分析计算。采用表 6-96 中的损失单价。

（4）直接洪灾损失计算。把以上实际致灾洪水年的成灾面积与综合损失单价相乘，即得直接洪灾损失。

7.2　间接洪灾损失计算

有防洪工程的间接洪灾损失占直接洪灾损失的比例，参考前面 6.7 中所述选用。

7.3　防洪工程负效益计算

所谓负效益，就是因兴建防洪工程而淹没和挖压占地，使这部分土地失去利用机会，历年累计减少的农业净收入。

本次负效益计算，只考虑白龟山水库防洪工程的淹没、挖压占地和泥河洼蓄、滞洪区运用年份的淹没负效益，不考虑河道的负效益。

7.3.1　白龟山水库防洪工程负效益计算

水库防洪与兴利工程淹没、挖压占地分摊系数计算：

白龟山水库是一座以防洪、兴利为主，兼顾其他综合利用的水利工程，对淹没、挖压占耕地进行防洪与兴利分摊。

（1）按库容比例分摊方法：

库容划分，采用 1995 年 12 月河南省水利厅批复的新库容表。

防洪库容：防洪高水位（105.22 m、相应库容 4.675 0 亿 m³）至防洪限制水位（101.00 m、相应库容 1.856 5 亿 m³）之间的库容。

调洪库容：校核洪水位至防洪限制水位之间的库容。

兴利库容：正常蓄水位（103.00 m、相应库容 3.018 6 亿 m³）至死水位（97.5 m、相应库容 0.662 4 亿 m³）之间的库容。

死库容：死水位以下的库容。

（2）防洪分摊系数计算：

$$防洪分摊系数 = (V_{纯防} + V_{重防})/(V_{纯防} + V_{重} + V_{纯兴} + V_{死}) = 0.498 8$$

式中：$V_{纯防}$ 为防洪高水位至正常蓄水位之间的库容，$V_{纯防} = 4.675 0 - 3.018 6 = 1.656 4$（亿 m³）；$V_{重防}$ 为防洪应分摊的重复库容，$V_{重防} = V_{纯防} V_{重}/(V_{纯防} + V_{纯兴}) = 1.656 4 \times 1.162 1/(1.656 4 + 1.194 1) = 0.675 3$（亿 m³）；$V_{重}$ 为防洪和兴利共用的重复库容，即正常蓄水位至防洪限制水位之间的库容，$V_{重} = 3.018 6 - 1.856 5 = 1.162 1$（亿 m³）；$V_{纯兴}$ 为防洪限制水位至死水位之间的库容，$V_{纯兴} = 1.856 5 - 0.662 4 = 1.194 1$（亿 m³）；$V_{死}$ 为死库容。

水库防洪工程淹没、挖压占地计算：白龟山水库工程 104.00 m 高程以下淹没和挖压占地 0.562 6 万 hm²。

农业净产值计算：农业净产值指标，也就是淹没耕地每年亩均损失指标。选取 1986 年为调查年。据《平顶山志》调查资料，经换算得出 1986 年农业净产值为 2 552.55 元/（hm²·年）。非调查年的亩均损失指标随着社会经济的发展而逐年递增，一般损失增长率为 3%。

白龟山水库防洪工程负效益计算：每年的种植净效益乘以水库防洪工程挖压占地 0.280 6 万 hm²，即得历年负效益。

7.3.2　泥河洼滞洪区负效益计算

泥河洼滞洪区从 1967 年以来共有 8 年启用分洪，采用《河南省防汛简明手册》中的数据，区内实际洪灾淹没损失作为负效益。

7.4　有防洪工程体系的洪灾损失计算

有了以上洪灾年的直接、间接损失及历年的防洪负效益,即可计算出总洪灾损失。

8　防洪工程体系经济效益分析计算

有了以上两种情况下的洪灾损失,就可逐年计算出防洪工程经济效益,累计年效益为整个防洪工程体系的效益。

综合损失单价受多种因素的影响,每年都是变数,为了消除价格差异,统一计算口径,利用河南省及平顶山市统计局提供的物价指数,将2000年定为基准年,把当年价格的防洪工程体系经济效益换算为基准年的防洪工程体系经济效益。

计算结果显示,本防洪工程体系总经济效益485.50亿元。

9　单个防洪工程的经济效益

防洪工程体系经济效益要在白龟山水库、泥河洼滞洪区、河道堤防等工程之间进行分摊。

分摊原则:在不同的防洪工程之间分配时,可根据防洪工程实际抗御的洪峰流量及在此洪峰流量情况下可能造成的洪灾经济损失分析确定其分配比例。根据以上分配原则,分配结果见表6-97。

表6-97　单个工程分配比例及效益

名称	白龟山	泥河洼	河槽	合计
历年累计实际抗御的洪峰流量(m^3/s)	42 954	9 462	49 031	101 447
分配比例(%)	42.34	9.33	48.33	100
防洪工程体系效益(亿元)	205.56	45.30	234.64	485.50
多年平均效益(亿元)	6.05	1.33	6.90	14.28
防洪工程体系效益(亿元,不包括"75·8")	169.83	37.42	193.85	401.10
多年平均效益(亿元,不包括"75·8")	5.15	1.13	5.87	12.15
"75·8"防洪工程体系效益(亿元)	35.74	7.87	40.79	84.40

"75·8"防洪工程体系效益84.40亿元,白龟山水库防洪工程应分摊的经济效益35.74亿元。

10　合理性评价

分别验证马湾站、漯河站与上游站相关计算结果。把马湾站、漯河站的实测流量与相关计算流量进行相对误差计算。经分析,其相对误差小于8%的占91%,用上、下游站流量相关计算结果进行洪水还原计算,其精度符合规范要求。

利用现已收集到的洪灾资料所作的漯河流量与成灾面积相关分析,两者的相关关系基本密切,说明洪灾资料的来源是可靠的,分析和划分是合理的。

综合损失单价的合理性,在6.5节中已说明,资料取用可靠。

"75·8"这场特大洪水灾害损失,据《河南水旱灾害》统计资料表明,驻马店、许昌、周口、南阳四地区累计成灾面积104.6万hm^2,总经济损失近百亿元,其中许昌地区(含平顶山市)成灾面积21.6万hm^2,占累计成灾面积的20.65%。这次防洪工程体系经济效益分析计算结果表明:"75·8"有防洪工程体系的洪灾损失按当年价为26.17亿元。经以上两者比较,说明这次"75·8"洪灾损失分析计算的结果稍微偏大,但仍属合理。

在计算水库防洪工程负效益时,必须计算水库防洪与兴利工程淹没、挖压占地分摊系数。由于水库原规划汛中限制水位102.0 m。"1978年河南省水利厅勘测设计院提出《白龟山水库水文复核成果草稿后》,因汛中限制水位102.0 m 起调,防洪标准达不到1 000年标准,汛中限制水位改为101.0 m。"从1978年以后(除1982~1984年汛中限制水位100.6 m 外)实际运行的汛中限制水位为101.0 m。因此,这次防洪工程经济效益分析时,汛中限制水位采用101.0 m。如果汛中限制水位采用102.0 m 计算出的防洪工程经济效益偏大0.16%。

11　结语

在以上合理性评价中:①洪水还原计算方法可行,精度符合要求;②洪灾统计资料来源可靠,淹没范围的分析、计算划分合理;③采用的综合损失单价有可靠根据;④"75·8"特大洪灾损失计算符合实际。因此,用这次防洪工程体系经济效益分析计算的成果,来量化区域内防洪工程体系的经济效益和白龟山水库防洪工程的经济效益是有充分依据和说服力的。

6.3.3　降雨预报误差对水库防洪预报调度的影响分析

降雨预报误差对水库防洪预报调度的影响分析

魏恒志　田　力

(河南省白龟山水库管理局　平顶山　467031)

摘　要:以白龟山水库为例,对当地气象台及白龟山流域未来24 h 不同等级降雨预报精度进行分析;同时研究在发生降雨预报误差时,对水库防洪预报调度的影响。

关键词:降雨预报误差　防洪预报调度　影响分析

1　问题的提出及研究思路

目前,在进行水库防洪预报调度时,降雨预报还存在一定的误差。为分析误差带来的影响,本文以白龟山水库为例,选用当地三个气象台1997~2002年6~9四个月的未来24 h 降雨预报资料和白龟山流域平均日降雨量资料(共702 d)进行精度分析计算;同时研究降雨预报误差对水库防洪预报调度的影响。

研究思路:首先从降雨预报精度分析入手,分别对降雨量预报的确率、漏报率、空报率进行统计,计算其发生的概率和某一量级降雨预报条件下实际发生降雨量的频率分布规律。然后把降雨预报误差折合成入库水量,计算水库下泄流量的变化值,根据水库下泄流量的增值,分析预报误差对水库防洪预报调度的影响。

2　降雨预报精度分析

2.1　分析方法

不同等级降雨量预报确率的计算公式为

$$\eta = n/m \times 100\%$$ 　　　　　　(6-81)

式中:m 为发布预报次数;n 为实际值落于预报等级区域内的次数。

不同等级降雨量漏报率的计算公式为

$$\beta = u / m \times 100\% \tag{6-82}$$

式中：m 为发布预报次数；u 为发布预报中漏报（实际降雨大于等级阈值上限，即 $P_r > P_f$）的次数。

不同等级降雨量空报率的计算公式为

$$k = \left[1 - (\beta + \eta) \right] \times 100\% \tag{6-83}$$

某一量级降雨预报条件下实际发生降雨量的频率分布规律，采用频率分析法计算。用矩法估计其统计参数的公式为

$$\bar{x} = \frac{1}{n} \sum_{i=1}^{n} x_i \tag{6-84}$$

$$C_v = \sqrt{\frac{\sum_{i=1}^{n} (K_i - 1)^2}{n - 1}} \tag{6-85}$$

$$C_s = n C_v \tag{6-86}$$

式中：x_i 为对应某级预报的实际降雨值；n 为样本容量；$\bar{x}$ 为期望值；$K_i = x_i / \bar{x}$ 为模比系数；C_v 为偏差系数；C_s 为偏态系数。

2.2　计算实例

白龟山水库为大（2）型半平原水库，防洪标准为 100 年一遇洪水设计，2 000 年一遇洪水校核。总库容为 9.22 亿 m^3。校核洪水位为 109.56 m，设计洪水位 106.19 m，兴利水位 103.0 m；死水位为 97.5 m，设计汛限水位 102.0 m。

采用实例水库的数据，按照式（6-81）~式（6-83）统计流域平均未来 24 h 五个等级降雨预报的实际发生量级的分布，确率、漏报率、空报率的计算结果列入表 6-98；结合各级降雨预报对应的实际降雨量为样本进行统计计算，可以得出结论：以确率为中心，空报率 > 漏报率，三个气象台降雨预报的实际各级降雨发生频次分布属偏态型。

表 6-98　未来 24 h 各级降雨预报精度分析（流域平均）

预报量级	统计项目	预报次数	实际降雨频次及频率					确率（%）	空报率（%）	漏报率（%）
			<0.1	0.1~10	10~25	25~50	>50			
5 级总计次数		702								
无雨	发生频次	404	358	42	3	0	1	358	—	46
	频率（%）		88.6	10.4	0.7	0	0.2	88.6	—	11.4
小雨	发生频次	229	114	88	23	2	2	88	114	27
	频率（%）		49.8	38.4	10.0	0.9	0.9	38.4	49.8	11.8
中雨	发生频次	10	0	3	6	1	0	6	3	1
	频率（%）		0	30	60	10	0	60	30	10
大雨	发生频次	19	0	7	5	2	3	2	12	3
	频率（%）		0.0	36.8	26.3	10.5	15.8	10.5	63.2	15.8
暴雨	发生频次	40	3	8	10	11	8	8	32	—
	频率（%）		7.5	20.0	25.0	27.5	20.0	20.0	80.0	—

3 降雨预报误差对水库防洪预报调度的影响分析方法

3.1 分析计算方法

根据降雨预报误差所增加的入库水量,计算水库下泄流量的变化值,从而分析预报误差对水库防洪预报调度的影响。其方法步骤如下:

(1)根据分级降雨预报所对应的降雨量频率分布,将降雨预报误差 ΔP 折合成入库水量 $W_{\Delta P}$。

(2)由统计的第 1 天的入库水量占总入库水量的平均比例 b,求得第 1 天的入库水量 $W_{\Delta P1} = W_{\Delta P} \times b$。

(3)起调水位103.0 m,第 1 天末的调洪最高水位103.50 m,计算第 1 天多余水量。

(4)考虑留有余地,求第 1 天多余水量按半天泄出所引起的下泄流量的增值。

(5)第 2 天至第 5 天末,保持库水位103.50 m,求这 4 天内水库下泄流量的增值。

(6)根据水库下泄流量的增值,分析判断预报误差对防洪预报调度的影响。

3.2 实例分析

仍以白龟山水库为例,流域降雨的五个预报量级对应的实际降雨量级经验频率分布属于偏态型,以确率为中心,空报率 > 漏报率,即除无雨预报外,其他量级有"预报偏大"的倾向,从防洪安全角度考虑,6~9月防汛期间预报偏大是可以接受的。但是,无雨及小雨的预报的漏报率近11.8%,误差不可忽略,需对其进一步的研究,分析对水库防洪预报调度的影响。

具体计算见表6-99与表6-100。表中列③ = ② × 流域面积 × a(流域面积 1 310 km²,径流系数 a = 0.57);列④ = ③ × b(建库以来洪水统计的第 1 天量占总量比的平均数 b = 0.58);列⑤ = ④ - 33.52 × 10⁶ m³;列⑥ = ⑤/43 200 s;列⑦ = ③ - ④,当⑤为负,则⑦ = ③ - 33.52 × 10⁶ m³;列⑧ = ⑦/259 200 s,当⑦值为负,则第⑧列为零;⑨可能达到的最高水位值:据103.0 m 相应库容 + 列③水量,再查水位库容关系求得,但要求小于等于103.50 m。

注:考虑降雨预报误差的调度原则:从汛限水位的上限值103.0 m 起调,控制调洪最高水位 < 103.50 m(低于全赔高程0.5 m,留有余地);降雨预报发生漏报后,水库调洪最大泄量小于等于 600 m³/s。

从以上结果可以看出:

(1)气象台未来24 h降雨预报信息在水库防洪预报调度中是可以利用的。

(2)在发生降雨预报误差时,可以采用以上方法进行误差的分析。通过实际的计算,分析了降雨预报误差在白龟山水库防洪预报调度中的影响,当起调水位为103.0 m 时,发生无雨及小雨预报误差后,水库调洪最高水位103.5 m,最大泄量为 194 m³/s,均小于或等于调度原则规定的调洪最高控制水位103.5 m,最大泄量 600 m³/s 上限值。

表 6-99 无雨预报误差对防洪预报调度的影响分析

频率 （%）	绝对 误差 （mm）	折总 水量 （×10⁶ m³）	第1天 入库量 （×10⁶ m³）	103.0 m 起调，第一天 末至 103.50 m（差 33.52×10⁶ m³），余量 按半天下泄，需增加泄 流量（m³/s）		保持103.50 m 水位，后 三天应增加泄流量		
						尚余水量 （×10⁶ m³）	增泄流量 （m³/s）	调洪最高 水位（m）
①	②	③	④	⑤	⑥	⑦	⑧	⑨
0.01	59.6	44.50	25.81	−7.71	0	10.98	42.0	103.50
0.05	44.6	33.31	19.32	−14.20	0	−0.21	0	103.50
0.1	37.6	28.08	16.29	−17.23	0	−5.44	0	103.40
0.2	31.4	23.44	13.60	−19.92	0	−10.08	0	103.35
0.5	23.3	17.40	10.09	−23.43	0	−16.12	0	103.27
1	17.7	13.22	7.67	−25.85	0	−20.30	0	103.20
2	12.4	9.26	5.37	−28.15	0	−24.26	0	103.15
5	6.4	4.78	2.77	−30.75	0	−28.74	0	103.07
10	2.9	2.17	1.26	−32.26	0	−31.35	0	103.03
20	0.7	0.52	0.30	−33.22	0	−33.00	0	103.01
50	0	0	0	−33.52	0	−33.52	0	103.00

表 6-100 小雨预报误差对防洪预报调度的影响分析

频率 （%）	绝对 误差 （mm）	折总 水量 （×10⁶ m³）	第1天 入库量 （×10⁶ m³）	103.0 m 起调，第一天 末至 103.50 m（差 33.52×10⁶ m³），余量 按半天下泄，需增加泄 流量（m³/s）		保持103.50 m 水位，后 三天应增加泄流量		
						尚余水量 （×10⁶ m³）	增泄流量 （m³/s）	调洪最高 水位（m）
①	②	③	④	⑤	⑥	⑦	⑧	⑨
0.01	160.1	119.55	69.33	35.81	829	50.22	194	103.50
0.05	120.2	89.75	52.05	18.53	429	37.70	145	103.50
0.1	101.7	75.94	44.05	10.53	244	31.89	123	103.50
0.2	84.9	63.40	36.77	3.25	75.2	26.63	103	103.50
0.5	63.7	47.57	27.59	−5.93	0	14.50	54.0	103.50
1	48.5	36.20	21.00	−12.52	0	2.68	10.0	103.50
2	34.4	25.68	14.90	−18.62	0	−7.84	0	103.48
5	18.3	13.66	7.92	−25.60	0	−19.86	0	103.21
10	8.8	6.57	3.81	−29.71	0	−26.95	0	103.10
20	2.9	2.17	1.26	−32.26	0	−31.35	0	103.04
50	0.8	0.6	0.35	−33.17	0	−32.47	0	103.00
75	0.8	0.6	0.35	−33.17	0	−32.47	0	103.00

注：12 h 或 24 h 后可知降雨漏报信息，故将 4 d 洪量折 3 d 下泄；103.50 m 调洪最高水位约束。

参考文献

[1] 大连理工大学. 水库防洪预报调度方法及应用[M]. 北京:中国水利水电出版社,1996.

[2] 大连理工大学,河南省水利勘测设计院,白龟山水库管理局. 河南省白龟山水库汛限水位设计与运用报告[R]. 2004.

6.3.4　应用时序递阶组合模型预报水库年入库水量

应用时序递阶组合模型预报水库年入库水量

魏恒志　徐章耀

（河南省白龟山水库管理局　平顶山　467031）

摘　要:应用时间序列分析方法,将年入库水量时间序列通过趋势项、周期项和平稳随机项的分析、识别与提取,建立了时序递阶组合模型。应用该模型来预报白龟山水库年入库水量。分析结果表明,该模型概念清晰、结构简单,模拟预报白龟山水库年入库水量具有较高的精度。
关键词:时序递阶组合模型　白龟山水库　年入库水量　预报

1　时序递阶组合模型的建立

水文时间序列 $X(t)$,一般由趋势项 $f(t)$,周期项 $p(t)$ 和随机项 $\eta(t)$ 组成,可以用以下组合模型描述:

$$X(t) = f(t) + p(t) + \eta(t) \tag{6-87}$$

趋势项反映的是水文现象因水文或气象因素而引起的季节性趋势或多年变化趋势;周期项反映的是水文现象的周期性变化,这两项反映的是水文时间序列变化中的确定性成分。把这两项分离出去,余下的就是随机项。

时序递阶组合模型预测的基本原理就是分析研究水文时间序列各组成成分成因的基础上,将各组成部分依次自剩余序列中识别并通过建立相应模拟预报子模型而分离出来,并对子模型进行外延而得到各组成部分的预报值。最后将各组成部分的预报值合成得到水文时间序列的模拟预报值,模型基本结构如下[1]:

$$X(t) = f(t) + X'(t) \tag{6-88}$$

$$X'(t) = p(t) + X''(t) \tag{6-89}$$

$$X''(t) = \eta(t) \tag{6-90}$$

下面以白龟山水库1967～2002年共36年的年入库水量资料为依据,建立时序递阶组合模型对白龟山水库年入库水量进行模拟,用2003～2008年的实测资料对模型进行检验。

1.1　趋势项分析

一个观测序列的趋势性通常可以通过斯波曼(Spearman)秩次相关检验、肯德尔(Kendal)秩次相关检验、滑动平均以及游程检验等方法来检验[2]。本文采用肯德尔(Kendal)秩次相关检验法进行趋势性识别。该法的基本思路是先针对所研究的序列构造一个统计量[3] U :

$$U = \frac{\tau}{[\mathrm{Var}(\tau)]^{\frac{1}{2}}} \tag{6-91}$$

其中:

$$\tau = \left[\frac{4p}{n(n-1)}\right] - 1$$

$$\mathrm{Var}(\tau) = \frac{2(2n+5)}{9n(n-1)}$$

式中:p 为序列中所有对偶值 $(X_i,X_j,j>i)$ 中的 $X_i<X_j$ 的出现个数;n 为系列长度。

当 n 增加时,U 很快收敛于标准化正态分布。在显著性水平 α 下,在正态分布表中查出临界值 $U_{\alpha/2}$,检验 $|U|>U_{\alpha/2}$ 是否成立。如果成立,则说明序列存在趋势项,否则不存在趋势成分。确定序列存在趋势项之后,一般采用线性关系式、对数关系式、指数关系式或者多项式关系式来对趋势项进行曲线拟合。

用以上公式计算得:$\tau=0.009\,5$,$\mathrm{Var}(\tau)=0.013\,6$,$U=0.081\,6$,选显著水平 $\alpha=0.05$,查得 $U_{\alpha/2}=1.96$,由于 $|U|<U_{\alpha/2}$,说明白龟山水库年入库水量序列不存在趋势项成分。

1.2　周期项分析

水文时间序列分离出趋势项后,即可将剩余的序列 $X(t)\sim f(t)$ 进行周期分析。本文采用方差分析法分析水文时间序列的周期性[4],将剩余序列看成是由不同周期的规则波动叠加而成,因而在分离周期时,逐步分解出一些比较明显的周期波,然后叠加起来作为该时间序列的周期项,把这个周期项进行外推就可用于预报。具体方法简述如下:

(1)识别最大可能的周期数 K。在分析周期之前,事先并不知道这一序列存在多少个周期,所以要根据序列长度,列出可能存在的周期,逐个试验,即

$$K=\left[\frac{N}{2}\right]=\begin{cases}\dfrac{N}{2},N\text{ 为偶数}\\[2mm]\dfrac{N-1}{2},N\text{ 为奇数}\end{cases}\qquad(6\text{-}92)$$

则序列中可能存在的周期长度为 $2,3,4,\cdots,N/2$。

(2)按试验周期排列数据计算组间和组内离差平方和。

组间离差平方和:

$$S_1=\sum_{j=1}^{b}a_j\left(\bar{x}_j-\bar{x}\right)^2\qquad(6\text{-}93)$$

组内离差平方和:

$$S_2=\sum_{j=1}^{b}\sum_{i=1}^{a_j}\left(x_{ij}-\bar{x}_j\right)^2\qquad(6\text{-}94)$$

式中:j 表示组别,$j=1,2,\cdots,b$,表示分为 b 组;i 为每组含有的项数,$i=1,2,\cdots,a_j$,表示每组有 a_j 个数据。

(3)计算试验周期的方差比。

$$F=\frac{S_1}{S_2}\frac{f_2}{f_1}\qquad(6\text{-}95)$$

式中:$f_1=b-1$,表示组间自由度;$f_2=n-b$,表示组内自由度。

(4)F 检验确定显著周期。选定某一信度 α(常取0.05或0.1)。由 $\alpha\sqrt{f_1}\sqrt{f_2}$ 查 F 分布表,可得该信度下 F_α 值。若 $F>F_\alpha$,则该试验周期显著;若 $F<F_\alpha$,则该试验周期不显著。

(5)从所有的显著试验周期中选择 F 最大的试验周期为第一周期,并将其从初始序列中滤去。将剩余序列再重复上述步骤,直至不存在显著周期。

(6)将各周期值叠加并外推,即可拟合周期项并进行周期项预报。

根据以上方法,选择信度 $\alpha=0.05$,经分析,识别出的周期数分别为 8、18、5 共 3 个周

期。从序列中依次剔除这些周期项后,得到余波。

1.3 随机项分析

水文时间序列经适当的提取了趋势项和周期项后,剩余的最终余波即为平稳随机序列,因此可用线性自回归模型 $AR(p)$ 对其进行拟合和预报[5]。

(1)模型的建立。自回归模型 $AR(p)$ 的形式为

$$\eta(t) = \varphi_{p,1}\eta(t-1) + \varphi_{p,2}\eta(t-2) + \cdots + \varphi_{p,i}\eta(t-i) + \cdots + \varphi_{p,p}\eta(t-p) + \varepsilon(t)$$

$$(6-96)$$

式中:$\varphi_{p,i}(i=1,2,\cdots,p)$ 为自回归模型系数;p 为模型阶数;$\varepsilon(t)$ 为残差项,自回归模型系数可通过建立 Yuler - Walker 方程组,采用下列递推公式求得:

$$\begin{cases} \varphi_{1,1} = \gamma_1 \\ \varphi_{k+1,k+1} = \dfrac{\gamma_{k+1} - \sum\limits_{j=1}^{k}\gamma_{k+1-j}\varphi_{k,j}}{1 - \sum\limits_{j=1}^{k}\gamma_j\varphi_{k,j}} \quad (j=1,2,\cdots,k) \\ \varphi_{k+1,j} = \varphi_{k,j} - \varphi_{k+1,k+1}\varphi_{k,k+1-j} \end{cases} \quad (6-97)$$

式中:γ_k 为序列的 k 阶自相关系数,用下式计算:

$$\gamma_k = \dfrac{\sum\limits_{t=1}^{n-k} X_t X_{t+k}}{\sum\limits_{t=1}^{N} X_t^2} \quad (6-98)$$

(2)模型阶数 p 的识别。模型阶数 p 可用经验公式来确定[4]:

$$p = \left(\dfrac{1}{4} - \dfrac{1}{10}\right)n \quad (6-99)$$

式中:n 为序列长度。因此,$p=5$。

(3)模型的检验。本文针对"$AR(p)$ 模型的残差项 $\varepsilon(t)$ 是相互独立序列即纯随机序列"这一基本假设进行检验[3]。

根据建立的模型,以最终余波 $\eta(t)$ 反求残差项 $\varepsilon(t)$,构造统计量:

$$U_k = \dfrac{r_k + Er_k}{\sqrt{\text{Var}\, r_k}} \quad (6-100)$$

其中:

$$r_k = \dfrac{\sum\limits_{t=1}^{n-k}(\varepsilon(t)-\bar{\varepsilon})[\varepsilon(t+k)-\bar{\varepsilon}]}{\sum\limits_{t=1}^{n}(\varepsilon(t)-\bar{\varepsilon})^2} \;;\; Er_k = -\dfrac{1}{n-k} \;;\; \text{Var}\, r_k = \dfrac{n-k-1}{(n-k)^2}$$

式中:k 为最大滞时(其取值一般可以考虑在 $n/4$ 左右);n 为实测序列长度;r_k 为残差项 $\varepsilon(t)$ 的 k 阶自相关系数。

在 $k \neq 0$ 时,U_k 渐近服从标准正态分布,由此检验 $\varepsilon(t)$ 的独立性,选择显著水平 α,从正态分布表中查 $U_{\alpha/2}$,检验 $|U| < U_{\alpha/2}$ 是否成立。如果成立,则说明 $\varepsilon(t)$ 独立性显著即为

纯随机序列,否则 $\varepsilon(t)$ 不是纯随机序列。

根据以上方法,由式(6-96)~式(6-99)计算,确定 AR(5) 模型为

$$\eta(t) = -0.212\,31\eta(t-1) + 0.398\,23\eta(t-2) + 0.093\,86\eta(t-3) - 0.072\,74\eta(t-4) -$$
$$0.259\,9\eta(t-5) \tag{6-101}$$

按式(6-101)和最终余波反算出残差项 $\varepsilon(t)$,取 $k=9$, $\alpha=0.05$,由此根据式(6-100)计算统计量 $U_k = 0.21$,根据显著水平 $\alpha = 0.05$,查得 $U_{\alpha/2} = 1.96$,由于 $|U_k| < U_{\alpha/2}$,故 $\varepsilon(t)$ 为相互独立的假定可以接受,由此可验证建立的 AR(5) 模型有效。

2　成果检验

将各个周期波与最终余波的预测值叠加,分别进行模拟和预测,即可得到年入库水量序列的模拟值和预测值。

本文拟用模拟合格率和预报合格率两项指标对白龟山水库年入库水量序列的模拟预报成果进行检验和评价。拟取 20% 作为相对误差上限,即模拟、预报成果的相对误差绝对值小于 20%,则认为该成果是合格的,否则成果不合格。

利用该组合模型对白龟山水库 1967~2002 年的年入库水量资料进行模拟,并将模拟值和实测值进行比较,模拟效果见图 6-42。其中,相对误差小于 20% 的有 29 年,占序列长度的 80.5%;大于 20% 的有 7 年,占序列长度的 19.5%,由此可知,模型模拟成果合格。

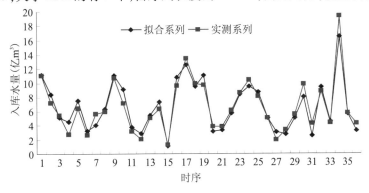

图 6-42　时序递阶组合模型模拟白龟山水库年入库水量过程

用 2003~2008 年的实测资料对模型进行预测,只有一年的相对误差大于 20%,合格率为 83.3%。具体结果见表 6-101。

表 6-101　白龟山水库年入库水量时序递阶组合模型预测效果

预报年份	2003	2004	2005	2006	2007	2008
实测值(亿 m³)	9.731 4	8.472 81	9.215 35	5.263 04	6.564 90	3.492 76
预测值(亿 m³)	8.532 1	7.599 76	7.425 42	6.122 43	7.751 25	6.093 93
相对误差(%)	12.32	10.3	19.42	-16.33	-18.07	-74.47

从表 6-101 中可以看出,对 2003~2008 年共 6 年的年入库水量预测的结果中,前 5 年预测值相对于实测值的误差都小于 20%,预测精度较高。

3　结语

（1）采用时间序列分析方法对白龟山水库年入库水量序列进行了分析,并建立了年入库水量的时序递阶组合预测模型。通过对序列趋势项、周期项的识别和提取,使剩余系列平稳化,在此基础上建立合理的 $AR(p)$ 模型,将它与前面分析的各周期波叠加,即可对年入库水量进行预测,应用结果显示该方法应用于白龟山水库精度较高。

（2）该模型模拟预报白龟山水库年入库水量,精度都较高。在预报当中只有2008年的误差比较大,这很可能是由两方面原因造成的:一是由于2008年的年入库水量为历年来的极小值,而周期分析是根据已有的资料对未来进行外推预测,当未来资料系列中出现不曾出现的极大或极小值时,周期分析对缺乏考虑的这些值就会产生较大误差;二是由于平稳随机序列模型后一年的预测值依赖于前一年的预测值,因此预测误差有叠加放大的趋势所致。

（3）时间序列分析方法是对历史数据进行分析的数学方法,它是根据已获得的资料对未来进行预测,因此它的精度取决于用于建模的历史数据的长度,资料系列越长拟合精度一般就越高。因此,建议资料系列长度一般不宜短于30年[5]。

参考文献

[1] 张学功,王强.应用时序递阶组合模型预报白溪水库年平均入库流量[J].中国农村水利水电,2005(2):41-43.

[2] 邹仁爱,陈俊鸿.雷州半岛年降水量序列分析及预测模型[J].水文,2006(1):55-59.

[3] 丁晶,邓育仁.随机水文学[M].成都:成都科技大学出版社,1988.

[4] 范钟秀.中长期水文预报[M].南京:河海大学出版社,1999.

[5] 韩宇平,郭卫宁.时序递阶组合模型在降雨预测中的应用[J].人民黄河,2008(4):33-35.

6.3.5　湛河自白龟山水库引生态水的实践与认识

湛河自白龟山水库引生态水的实践与认识

杜玉娟　徐章耀

（河南省白龟山水库管理局　平顶山　467031）

摘　要:近几年,湛河自白龟山水库引生态水来改善和美化两岸水环境。本文概括介绍了白龟山水库进行生态放水的情况和效果,并对这一实践进行了思考,从中得到了几点认识和体会。

关键词:白龟山水库　湛河　生态水　认识

1　白龟山水库和湛河概况

白龟山水库位于淮河流域沙颍河水系沙河干流上,坝址位于河南省平顶山市西南郊,距平顶山市中心9 km,它和上游相距51 km的昭平台水库形成梯级水库,是一座集防洪、城市供水、农业灌溉为一体的大（2）型综合利用水利工程。水库总库容9.22亿 m^3,控制流域面积2 740 km^2,其中昭白区间流域面积1 310 km^2,该区域年平均降雨量约900 mm,是河南省常遇的暴雨中心地区。水库是淮河流域大型防洪水库,对控制淮河上游沙颍河流域的洪水,保护豫、皖两省大面积农田和京广铁路、京港澳高速公路、107 国道以及漯河市、周口市的防洪安全具有重要作用。水库枢纽主要建筑由拦河坝、顺河坝、泄洪闸、北干渠渠首闸和南干渠渠首闸等工程组成。为湛河引生态水的北干渠渠首闸位于北坝头上游约 500 m,向北方向的山凹处。它是 3 孔带胸墙的开敞式闸,单孔净宽 5.0 m,高 3.5 m,最大泄量 200 m³/s。

湛河,古时称湛水,发源于平顶山市薛庄乡马跑泉村。自发源地由西向东,流经市区,全区 42.3 km。湛河公园,位于市区中部湛河两岸大堤之上,全长 6 km,南北宽 240 m(水面宽 80 m),占地总面积 72 hm²(水面面积 24 hm²)。

2 湛河引生态水情况及效果

2.1 湛河引生态水情况

国内学者研究的生态需水内容广泛[1],提出了许多生态需水定义。从广义上来讲,维持全球生物地理生态系统水分平衡所需用的水,包括水热平衡、生物平衡、水沙平衡、水盐平衡等所需用的水都是生态需水。狭义地讲,生态需水是为了维持生态系统的某种质量水平,需要向生态系统不断地提供或保留的水量。对于河流,为维护生态系统的天然结构与功能,河流系统生态环境所需水量即是生态需水。

湛河来水不足,水流流速缓慢,自净能力低,污染物不能及时排出,为改善湛河水质,有关部门实施了从白龟山水库进行生态放水的引水措施,以满足湛河生态需水的要求。

通过白龟山水库北干渠渠首闸引生态水至湛河上游,加大河道水流流量,提高河道水流流速,使得稀释后浓度较低的水及时排入沙河,也美化了湛河两岸大堤之上河滨公园的环境。

2007 ~ 2009 年 3 年引生态水量如表 6-102 所示。

表 6-102　2007 ~ 2009 年 3 年来白龟山水库来水及湛河引生态水量　　　　　(单位:万 m³)

年份	项目	1 月	2 月	3 月	4 月	5 月	6 月	7 月	8 月	9 月	10 月	11 月	12 月	合计
2007	来水量	1 320	1851	4 291	4 339	2 205	2 820	20 733	12 010	6 381	4 661	2 942	2 096	65 649
	生态水量	0	0	628	2 325	3 910	883	0	0	619	0	1 365	535	10 266
2008	来水量	3 916	2 277	1 121	881	2 994	838	5 885	6 238	4 111	2 993	2 051	2 064	34 869
	生态水量	0	0	0	256	1 620	112	20	155	308	236	0	0	2 707
2009	来水量	1 002	684	599	856	1 672	655	13 413	10 864	7 859	3 682	4 724	6 417	52 425
	生态水量	0	0	314	28	711	92	154	150	272	2 283	0	0	4 006

从表 6-102 可以看出,4、5、9 月的引水量偏多,1、2、12 月的偏少,年均引水生态水量为 5 659 万 m³。

由于北干渠在汛期也承担泄洪的作用,汛期的弃水有部分从北干渠排出流入湛河,也起到了生态水的效果,但表 6-102 中数据不包括弃水量,所以 6 ~ 8 月引生态水量也较少。

2.2 湛河引生态水效果

湛河引生态水可以加大河道的径流量,增加河道的环境容量,增强了水体的自净能力,使流入河道的污染物得到自然稀释和降解,市区水环境也得到改善。水环境的改善将为该水域居民提供一个良好的生活环境,将大大改善生态环境,带来巨大的社会、经济效益。此外,河道的水流流速加大,减缓了河道的淤积速度,同时还将冲刷掉部分底泥及污染物,减小了其引起河水二次污染的可能性。

2006年12月,白龟山水库除险加固工程初步验收后,北干渠过水能力从 120 m³/s 提高到 200 m³/s,使湛河的水环境动力条件得到了进一步改善。

3　湛河引生态水的认识和思考

3.1　确定白龟山水库适宜生态水位

根据统计学的有关规律[2],假定多年水位的年际年内变化对白龟山水库生态系统已经构成事实上的适应,把多年统计中的最低水位作为最低生态水位,把逐月最低水位值的年平均值作为适宜生态水位值。根据白龟山水库多年水文资料,可知白龟山水库最低生态水位为97.65 m,适宜生态水位为100.96 m。

白龟山水库在保证防洪、灌溉、城市和生活供水的前提下,可根据湛河污染状况和白龟山水库水位科学调度,以放水影响不低于适宜生态水位100.96 m 为控制运用。

3.2　开展水库优化调度,提高雨洪资源利用率

利用先进的气象预报、雨水情测报及计算机快速处理数据等科技手段,通过昭平台水库和白龟山水库的优化调度和水库风险调度,根据白龟山水库近几年来水情况(如表6-102 所示),可采用汛前晚弃水和汛后提前抬高蓄水位的方式,提高水库供水保证率,增加水库可供水量。

3.3　加强河道调蓄能力建设

引生态水的过程可以调节控制河流的水量,在对河道进行拓宽整治、疏浚清淤后,将增大河道的过流断面而使水流顺畅。为减少引水的水量分流,可在一些进出河道上设闸,并可结合城市防洪合理调度水利闸坝的运行,加强河道的调蓄能力以降低内涝的威胁。

4　结语

白龟山水库目前的主要功能是防洪、城市供水和农业灌溉,结合湛河水环境和水生态日益恶化状况,通过科学调度进行生态放水,十分必要也是成功的。在保证白龟山水库适宜生态水位和区域内工农业及城市生活正常需水条件下,开展水库优化调度,采用汛前晚弃水和汛后提前抬高蓄水位的方式,提高水库供水保证率,以满足湛河生态环境用水的需要。但在湛河引生态水的过程中也存在一定问题,比如说虽然引生态水后湛河的水文、水势发生了变化,但对变化后的水文、水质情况还没有进行比较全面、系统的观测,因此加强水文、水质资料的观测和收集,对下一步的研究是很重要的。

参考文献

[1]徐志侠,王浩,董增川,等.河道与湖泊生态需水理论与实践[M].北京:中国水利水电出版社,2005.
[2]朱志龙,虞志坚,张远征.长湖非汛期可利用生态水量分析[J].水利水电快报,2008,29(增刊):71.

6.3.6 2014年白龟山水库应急供水及调水工作

2014年白龟山水库应急供水及调水工作

1 近年连续干旱,入库水量严重不足

白龟山水库是平顶山城区重要水源地,承担着向百万市民提供生活用水、工业用水、沿线农业灌溉用水的任务。白龟山水库兴利库容为2.36亿 m^3,因近年连续干旱,特别是去年入库水量严重不足,仅仅来水1.74亿 m^3,为多年平均来水量的26%,而全年工业生活用水量达1.43亿 m^3,农业灌溉用水量4 790万 m^3,环境生态供水量2 963万 m^3,严重入不敷出,水库水位持续下降。

2013年汛末,水库水位100.31 m,比多年同期平均水位低1.6 m,蓄水量15 419万 m^3,静态可供水量仅8 795万 m^3。

2014年以来,平顶山市降水显著低于常年平均水平,且分布极不均匀,是近50年来最严重的旱情。2014年前4个月,白龟山水库来水仅为2 390万 m^3,供水量则达到了6 214万 m^3,供水形势十分严峻。

2 局请示汇报情况

2013年汛末,根据气象资料,白龟山水库管理局预测2013年10月至2014年5月水库来水将会极少。2013年10月10日,白龟山水库管理局技术管理科组织人员编制完成《水库当前水位情况下的调度方案》,预测在无来水的情况下,水库仅能供水4个半月,提出了节约用水、严格控制用水的建议。

由于水库水位持续下降,2013年11月20日水库水位已降至99.78 m,静态可供水量仅仅只有6 713万 m^3,在上游无来水和有效降水的情况下,仅能满足110 d左右的供水需求。鉴于水库日益紧张的供水形势,2013年11月26日,白龟山水库管理局拟定了《河南省白龟山水库管理局关于当前水位下水库蓄水情况与供水调度意见的报告》,以白管〔2013〕69号文上报市政府,并抄送平顶山市水利局和各用水单位,对水库的蓄水情况进行了说明,对当前供水形势进行了分析,并提出了相关调度意见,建议严格控制用水,加强节约用水管理。

2013年12月5日,白龟山水库管理局向平顶山市安全生产委员会安全生产考核小组汇报了水库当年来水严重不足和水库供水紧张形势。

平顶山市政府于2014年1月13日下发通知,要求加强节约用水管理,限制或暂停高耗水行业用水,园林绿化、市政道路和有条件的企业,最大限度地使用再生水。1月14日,市政府又召开专题会议,研究解决市区供水工作。

2014年5月4日水库库水位97.98 m,距死水位97.5 m只有0.48 m,静态可供水量1 195万 m^3,仅能满足20多d的用水需求,而根据天气预报,近期水库流域没有大的降水过程,水库供水形势极其严峻,预计5月底库水位将降至死水位。为确保平顶山市近百万市民生活用水需要和经济社会稳定健康发展,经慎重研究,白龟山水库管理局起草了《河南省白龟山水库管理局关于适时动用死库容进行应急供水的请示》(白管〔2014〕24号),

紧急向河南省水利厅上报请示,请示在库水位到达死水位97.5 m时,适时动用死库容紧急向平顶山市提供城市生活用水,并适当补充农业灌溉用水,停止工业供水。

2014年5月14日,白龟山水库管理局又起草了《河南省白龟山水库管理局关于适时动用死库容进行应急供水的报告》(白管〔2014〕27号),上报平顶山市政府,请求市政府督促有关单位做好停水、节水宣传工作,加强节水管理,启动应急供水,保障生活用水安全。

5月20日,白龟山水库管理局以白管〔2014〕30号文《河南省白龟山水库管理局关于从白龟山水库取水的紧急通知》告知各取水户:6月初水库水位接近97.5 m时,水库将停止供水,各用水户启动应急供水预案,自行解决取水问题;特殊情况确需从水库取水的,需于5月26日前向水行政主管部门申请办理特殊用水申请,并报水库管理局备案,批复后方可取水;请各用水户认真做好节约用水工作,合理安排生产。

5月26日8时,白龟山水库水位为97.64 m,距死水位仅有0.14 m。鉴于白龟山水库水位持续下降的情况,为保障城市生活和工业用水,平顶山市委、市政府科学决策,果断行动,决定从白龟山水库的上游昭平台水库向白龟山水库调水。5月27日18时至6月3日零时,昭平台水库以40 m³/s的泄量向白龟山水库调水,共输水2 000万m³。由于昭平台水库到白龟山水库区间河道蜿蜒曲折,河道大部分干涸,直到5月31日这次调的水才进入白龟山水库。5月31日8时,白龟山水库水位达到了历史最低,为97.53 m,距离死水位仅仅0.03 m,此后水库水位才慢慢上升,至6月10日8时,水库水位达到了97.97 m,为本次调水水库水位的峰值,此后水位逐渐下降,至此本次调水受水完毕。除去渗漏、蒸发等自然损耗,经测算本次调水白龟山水库实际受水约1 300万m³,缓解了用水危机。

从2014年1月15日起,白龟山水库管理局每天以短信方式向平顶山市政府及市水利局有关领导通报水库水位、可供水量等水情信息。从5月20日起,每天以短信方式向市政府及市水利局、市节水办有关领导、水库管理局领导及各用水户通报水库水位、可供水量等水情信息。自5月以来,白龟山水库管理局每周召开一次供水形势分析会,同时加强与气象部门沟通,研究分析来水及当前供水情况,并及时向平顶山市防汛抗旱指挥部和城市供水部门通报。

3 局应急供水工作部署情况

2014年5月以来,白龟山水库管理局多次召开供水形势分析和水库应急供水管理会,技术管理科、供水管理科、水库处、水政支队等参加,研究分析来水及当前供水情况,及时向市防汛抗旱指挥部和城市供水部门通报,分析非常情况下的应急供水方案,明确各部门职责。5月26日上午,副局长魏恒志组织有关科室在局四楼会议室又召开了应急供水紧急会议,会议传达了5月25日平顶山市紧急供水会议精神,通报了近期的水情形势,进一步部署了当前各部门工作,水政支队要确保水质安全,技术管理科要确保技术和水情信息安全,水库管理处要确保工程安全,经营管理科确保供水安全,会议要求各部门要从讲政治高度共同努力,圆满完成供水任务。

5月6日上午,白龟山水库团总支、白龟山学雷锋志愿服务总队举办了"保护母亲河、净化白龟湖"的活动,魏恒志副局长带领来自基层的40余名党员干部、团员青年志愿者参加了此次活动。志愿者对北坝头花园广场、拦河坝等重点工程部位进行了白色垃圾集中拣拾、分区域清理,并向市民发放了《中华人民共和国水法》《中华人民共和国防洪法》《河南省水利工程管理条例》《河南省河道采砂管理办法》《中华人民共和国水库大坝安全管理条例》《中华人民共和国河道管理条例》《平顶山市白龟湖饮用水源保护管理办法》等法律法规宣传单,向市民宣传了保护母亲河、净化白龟湖的重要性。近三个小时的拣拾,共清理了百余袋垃圾,并统一整理、打包,放至垃圾堆放点,水库北坝头、拦河坝沿岸的环境面貌焕然一新。以实际行动带动市民共同关注白龟湖,保护水生态,确保我们的"生命之源"更安全、更清洁、更健康。

4　适时动用死库容应急供水

4.1　首次动用死库容

2014 年 5 月 4 日水库水位 97.98 m,距死水位 97.5 m 只有 0.48 m,静态可供水量 1 195 万 m^3,仅能满足全市 20 多 d 的用水需求,水库供水形势极其严峻,预计 5 月底库水位将降至死水位。为确保平顶山市近百万市民生活用水需要和经济社会稳定健康发展,白龟山水库管理局以白管〔2014〕24 号文紧急向省水利厅上报请示,请示在库水位到达死水位 97.5 m 时,适时动用死库容紧急向平顶山市提供城市生活用水,并适当补充农业灌溉用水,停止工业供水。

2014 年 5 月 14 日,白龟山水库管理局又起草了《河南省白龟山水库管理局关于适时动用死库容进行应急供水的报告》(白管〔2014〕27 号),上报市政府,请求市政府督促有关单位做好停水、节水宣传工作,加强节水管理,启动应急供水,保障生活用水安全。

动用死库容后,拦河坝、顺河坝坡面暴露在烈日下,容易使坝前铺盖产生裂缝、滑坡、跌窝等险情,因而动用死库容之后,管理局的工作量将更大。

5 月中旬,白龟山水库管理局组织精干力量完成了《河南省白龟山水库管理局紧急情况下动用死库容部分水量保证城市供水初步方案》的编制,就动用死库容应急供水的方式和计划以及对水利工程可能产生的影响进行了分析,并制定了防护措施。为使编制的方案更加完善,5 月 26 日下午,副局长魏恒志带领技术管理科有关人员奔赴南阳市水利局取经并到赵湾水库实地调研,根据赵湾水库实际动用死库容的情况和经验,对初步方案进行了进一步修改完善,5 月 29 日,把完善后的《河南省白龟山水库管理局紧急情况下动用死库容部分水量保证城市供水初步方案》上报河南省水利厅,5 月 30 日,河南省水利厅组织有关专家对方案进行了评审,根据专家的评审意见,我们又对方案进行了完善,并委托河南省水利勘测设计研究有限公司作了《白龟山水库拦河坝河槽段典型断面稳定计算分析》,分析了不同工况下的拦河坝坝坡稳定性,经分析计算,四个工况的上游坝坡稳定系数值均大于规范规定值 1.20,说明坝坡是稳定的;6 月 25 日,河南省水利厅对方案进行了批复,同意白龟山水库动用死库容应急供水方案,动用库容 686 万 m^3,限制水位 97.20 m,要采取必要的防护措施,确保大坝工程运行安全。

7 月 10 日,白龟山水库管理局组织技术骨干和专业技术人员编制完成《河南省白龟山水库死库容运用应急预案》,从组织及技术保障、水雨情预报监测及调度、大坝安全管理、险情预警及抢护、物资保障、水资源保护等多个方面对应急供水工作进行了安排。

7月15日水库水位降至97.54 m,距死水位0.04 m,白龟山水库管理局以内部明电白防办电〔2014〕01号紧急请示省防办动用死库容应急供水,7月16日省防办以内部明电豫防办电〔2014〕65号通知同意白龟山水库动用死库容应急供水。

7月18日,白龟山水库正式动用死库容为平顶山市城区应急供水。同时白龟山水库管理局也正式启动《河南省白龟山水库死库容运用应急预案》,对各项工作进行了安排部署。

4.2　旱情持续加剧,二次启用死库容

白龟山水库每日供平顶山市城区居民生活工业水量约40万 m³,而平顶山市周庄水厂和光明路水厂等地下深井备用水源仅能提供每日4万 m³的水量,别无其他备用水源,虽然平顶山市启动了调水应急方案,计划通过南水北调干渠刁河渡槽应急引水和通过燕山水库调水补充水源,但调水最快也要到8月中下旬才能入白龟山水库,供水缺口极大。为保障全市近百万市民生活用水安全及经济社会稳定健康发展,在确保水库大坝安全的前提下,需继续动用死库容向市区应急供水。

根据第一次动用死库容的水量、供水情况以及天气预报情况,预计只能供水12 d,于是白龟山水库管理局又紧急委托河南省水利勘测设计研究有限公司编制完成了继续动用死库容应急供水方案,并于7月26日通过了河南省水利厅组织的专家评审。7月29日,白龟山水库管理局以白管〔2014〕45号文请示省水利厅继续动用死库容进行应急供水,当日,省水利厅以豫水管〔2014〕79号文进行了批复,同意白龟山水库继续动用死库容应急供水,供水限制水位96.90 m,取水量约640万 m³。

7月28日,白龟山水库管理局制定了《白龟山水库应急供水低水位运行坝坡保护临时处置方案》。

7月29日,白龟山水库管理局召开应急供水紧急会议,要求全体职工分组分段每天对大坝徒步检查,对发现的问题及时报告,及时处理,保障工程安全。

7月30日,白龟山水库管理局以内部明电白防办电〔2014〕2号紧急请示省防办7月30日起继续动用死库容应急供水,省防办以豫防办电〔2014〕77号通知,同意继续动用死库容向平顶山市实施应急供水,供水最低水位96.90 m。同时白龟山水库管理局也下发了《关于全局动员切实加强应急供水工程安全的紧急通知》,成立了宣传报道、工程巡查处置、技术措施方案、现场抢护、后勤保障、综合信息6个应急工作组和5个工程巡查组,要求全局职工积极行动起来,打破科室及职能界限,听从调遣,服从指挥,切实有效完成工作任务。

8月1日,白龟山水库管理局又下发了《关于加强工程巡检、防护及进度上报工作的通知》,对各科室、6个工作组、5个巡查组的工作作了具体要求。

4.3　第三次动用死库容

8月15日,白龟山水库管理局以内部明电白防办电〔2014〕3号紧急请示省防办当水位降至96.90 m时,在确保大坝工程安全的前提下,第三次动用死库容进行应急供水,保证平顶山市城区居民基本生活用水。省防办以豫防办电〔2014〕94号通知,同意第三次动

用死库容向平顶山市实施应急供水,供水最低水位96.50 m,取水量约790万 m³。

8月18日,按照河南省水利厅批复,开始第三次动用死库容应急供水。

4.4　结束水库死库容运用应急预案

自7月18日启动《河南省白龟山水库死库容运用应急预案》(以下简称预案)以来,白龟山水库管理局各科室、各工作组、各巡查组等在局党委领导下,按照预案,团结协作,精心组织,认真做好信息通报、工程巡查、工程抢护等工作,针对大坝工程出现的裂缝等问题,采取土工膜覆盖、石沫覆盖、黏土覆盖和黏土灌浆等措施,获得了良好的效果,水库应急供水工作取得了阶段性成果。

三次动用白龟山水库死库容进行应急供水,累积动用死库容供水1 532万 m³,水库低于死水位运行59 d。其中,7月18日开始第一次动用死库容,水位在97.49～97.20 m,动用死库容686万 m³;7月30日开始第二次动用死库容,水位为97.19～96.90 m,动用死库容640万 m³;8月18日开始第三次动用死库容,水位在96.89～96.80 m,动用死库容205万 m³。

9月7日水库流域内开始连续降雨,截至9月16日8时,库水位97.74 m,昭白区间平均降雨已达133 mm,水库水位持续上升。根据当前水库雨水情,按照预案结束条件,自9月17日起,结束水库死库容运用应急预案。

5　水资源保护工作

为了确保低水位情况下供水水质和水利工程安全,白龟山水库管理局首先于今年三月份参加了由平顶山市政府组织的"保护水源地水生态环境增殖放流活动"。期间我局向库内投放草鱼、花鲢、白鲢、鲤鱼等4种鱼苗约100余万尾。其次,为了提高广大人民群众保护水生态环境的社会责任感,白龟山水库管理局在资金非常紧张的情况下,安排资金,在水库码头、北坝头广场安装了一套无线广播系统,水政支队每天上午10点到11点,下午3点半到5点,反复播放饮用水源地保护宣传条例。每次外出巡查时,还利用执法车广播沿路宣传相关的法律法规条例,加强水源地保护宣传。水政支队还加大了对周边水域的巡查力度,在常规巡查两次的基础上增加了相关部门的联合执法巡查,对于重点部位重复巡查,巡查频率也由每周两次调整为每天都巡查,凡是有排污、采砂、倾倒渣土等妨害水质、水工程安全的行为,发现一起严厉打击一起,确保水质安全。另外,为了保护水源地水生态平衡、水质安全,水政支队还积极参加由白龟湖综合治理办公室组织的综合整治活动,夜间水面巡查,此项巡查活动在夜间或清晨较容易出现违规现象的时段进行突击检查,严厉打击了在水源保护区破坏水生态平衡、污染水源的如电鱼、毒鱼、抬网捕鱼及违规采砂等各种违规行为。

6　工程巡查、抢护工作

为了确保低水位情况下水利工程安全,白龟山水库管理局组织有关人员制订非常时期巡查方案并组织实施,制定《白龟山水库死库容运用应急预案》和《白龟山水库低水位运行工程防护处置方案》,并认真组织实施。

6.1　大坝巡检

白龟山水库开始低于死水位运行时,在日常巡查的基础上,强化巡查力度,深入现场,对工程设施进行全面检查,重点观察,不放过任何一个细节,实时跟踪工况变化,并做好记录比对,坚持每天对大坝工程概况做到心中有数,及时发现问题,及时上报,并做好记录汇总,提出解决方案,最大限度地防止因干旱导致工程出现防洪安全隐患。

与养护公司配合协作,强化群管人员特别时期的特别管理,督促群管人员每天做好管辖责任段的检查工作,发现问题及时上报,确保水库工程万无一失。

委托河南省水下救护抢险队对拦河坝0+200~1+500段进行水下摸探工作,为特殊情况下掌握水下坝体状况提供安全保证。

6.2　大坝监测

为掌握水库在低水位运行下的基本动态和运行状况,大坝监测充分发挥水库的听诊器和眼睛作用,对水库拦坝、顺坝坝前台地、裂缝带等进行地形测量。

(1)7月27日对拦河坝浆砌石铺盖以下及泄洪闸北翼墙坝底裸露部分进行平面图测量。

(2)7月30日对顺河坝4+000~8+000坝段的坝前台地、滩地和裂缝带进行测量。

(3)8月18日对拦河坝进行地形及断面测量,掌握低水位下大坝地形资料。

(4)每日测量拦坝、顺坝渗流量。

(5)8月8日配合河南省勘测总队进行水库淤积测量及复核水位线。

(6)对拦河坝管水位自动化监测安装调试、验收。

(7)对97.5 m死水位等进行水位线测量及标识。

(8)对泄洪闸两侧翼墙及北翼墙外标识水尺及水位标记。

(9)做好汛期观测资料整理,实时掌握大坝监测情况,为大坝安全运行提供依据。

(10)为确保低水位声像资料的连续、完整,留存下珍贵的原始资料,坚持每天对拦河坝、泄洪闸、顺河坝2+000、4+500、6+400、7+400、南干渠7个固定点的每天水位变化情况进行拍照、保存,直至应急预案解除。

6.3　水库机电设备运行

按照操作和保养规程完成启闭机、泄洪闸备用发电机组例行保养、试车运行。在汛中进行了一次全面的工程检查,并对检查的问题进行针对性的处理。做好文字及图片等资料的整理、归类,为做好后续工作以及领导正确决策提供实际依据。扎实做好机电设备的保养维护工作,模拟演练在市电停电的情况下,启用备用发电机组进行临时供电启闭闸门,确保在任何情况下,都能准确、及时、安全地进行闸门的启闭。模拟演练高水位时,拦洪闸的启闭等应急方案。

泄洪闸管护人员加强巡查,确保重点部位和工程设施的安全。管理好泄洪闸坝顶各大门,保证无关的车辆不准进入。保证工程车辆的畅通,确保防汛抢险任务顺利进行。

完成移动式备用发电机组的保养、维修工作,并顺利保障了顺坝泥浆灌缝的临时用电(280 h)。

完成绳孔封闭装置的控制线路和电源线路的安装,并对部分设计进行了改动,现对机械部分进行改动设计,安装、调试。

6.4　大坝工程应急防护

7 月 18 日启动应急预案以来,5 个工程巡查组对拦河坝、顺河坝等工程进行徒步拉网式巡查,并做好巡查记录,保存好声像资料,发现问题及时汇总上报局应急抢险技术组,保证局应急抢险技术组第一时间做出应急抢险方案。

7 月 18 日,库水位降至死水位 97.5 m,拦河坝坝前铺盖出现少部分裸露;库水位降至 97.26 m 时,拦河坝坝前铺盖有 400 m,顺河坝 4+000～8+000 坝前草皮台地距离水面 20 m 开始出现裸露;之后,顺河坝 4+000～8+000 坝前草皮台地距离水面 35 m、顺河坝 4+000～7+500 坝前草皮台地前出现 1～5 mm 宽且不规则的细小裂缝,深度 100～200 mm;7 月 25 日最大发展到宽 20 mm,深度 500～1 200 mm;7 月 28 日最大发展到宽 25 mm,深度 500～1 400 mm。

7 月 18 日上午,根据局领导和相关科室会商意见,开始对拦河坝进行铺设石沫、进行黏土铺盖保护等。7 月 23 日、24 日、25 日、26 日对顺河坝 6+000、6+130、6+230、6+250、6+300 五处裂缝部位进行开挖探查,五个深坑最深 1 500 mm。7 月 27 日开始对 6+300 处黏土铺盖层裂缝进行泥浆灌缝处理,较大裂缝采用黏土粉灌,较小裂缝采用泥浆灌缝,而后覆盖土工膜养护。期间投入 2 台大型抽水泵每天不间断地对拦河坝已保护好的黏土铺盖层进行浇水养护,投入 4 台抽水泵对顺河坝 4+000～8+000 裸露铺盖层进行浇水养护。至 9 月 8 日低水位运行应急状态结束,拦河坝、顺河坝、迎水坡铺设黏土铺盖保护层共计 1 万多 m^2,使用石沫约 1 900 m^3,消耗黏土约 1 万多 m^3,总共治理面积约 7 万 m^2。

同时,为保证应急防护工作正常开展,对顺河坝 9+450～16+200 段的防汛道路进行维修抢护,历时 12 d 维修完毕,消耗石沫 1 000 多 m^3。

7　水情信息工作

从 2014 年 1 月 15 日起,技术管理科安排专人每天早上 08:30 以短信方式向平顶山市政府、市水利局和市节水办有关领导通报水库水位、蓄量和可供水量等水情信息。从 5 月 20 日开始,每天早上 08:30 以短信方式除向市政府及市水利局有关领导外,还向各用水户、水库管理局领导和部分中层通报水库水位、蓄量和可供水量等水情信息。

每周一上午,编写印发白龟山水库水情简报。收集整理上一周的蓄水、降水和泄水情况,汇总分析供水、大坝渗漏和库面蒸发数据,并汇报水政执法工作情况。

为进一步开发利用汛期洪水资源,充分发挥现有水库的调蓄作用,挖掘调蓄潜力,提高干旱情况下供水保证率,更好地保证平顶山市日益增长的工业生活、农业灌溉和生态用水需求,白龟山水库管理局委托河南省沙颍河勘测设计院编制完成《白龟山水库近期风险调度方案技术研究报告》,报告结合白龟山水库北副坝工程尚未建成的实际情况,延长了洪水系列资料,对设计洪水进行了复核,采用蒙特卡罗方法和水库调洪过程耦合的方法,分析不同风险因子组合情况下不同汛限水位方案的风险,并进行了风险效益综合评价,提出了白龟山水库汛期汛限水位调整方案和相应的洪水调度方案,并制定了相应标准洪水的抢护措施。

在应急供水和调水期间,综合信息组收集整理工程、水情、供水、蒸发渗漏等信息,并报送省防办、平顶山市防汛抗旱指挥部办公室、平顶山市人民政府、平顶山市水利局、平顶山市人民政府用水节水管理办公室及河南省白龟山水库管理局有关部门,及时发布各类信息,做好雨、水、工情的上传下达工作。同时,综合信息组实时关注并多次去上游澎河孙街入库处和澎河渡槽分水闸门现场查看从丹江口水库向平顶山市应急调水的进展情况。8月7日起,通过长江防总调度,南水北调中线建管局实施,开始从丹江口水库南水北调总干渠渠道向平顶山市供水。8月17日18时,南水北调总干渠刁河渡槽引往平顶山市的丹江口水库水流从鲁山县境内的澎河渡槽分水口闸门流出。8月18日22时,丹江水抵达了位于鲁山县滚子营乡孙街村的白龟山水库入口处,开始注入水库。白龟山水库成为了南水北调中线工程首先受水的水库。综合信息组密切关注入库来水情况、水位变化幅度和天气状况等,及时收集相关信息,准确汇总分析,为各级领导和防汛抗旱指挥部门科学抗旱提供决策依据。

结合预测预报,针对水库具体情况,密切监视天气变化,及时掌握雨水情,统筹防汛抗旱需求,科学调度水资源,保障防汛安全和抗旱供水,严格执行24 h防汛值班制度,出现问题及时报告。

8　供水管理工作

(1)抓好供水形势宣传,做到未雨绸缪。面对日益严峻的供水形势,白龟山水库管理局经营管理科积极同技术管理科沟通、配合,及时掌握水情信息并以此向各用水单位宣传不同时期和阶段的水库水位及库容情况,让各用水单位充分认识2014年上半年供水的严峻形势;提醒各用水单位提前谋划,做好应急取水预案。5月20日,经营管理科起草《河南省白龟山水库管理局关于从白龟山水库取水的紧急通知》,明确说明供水形势的严峻和应急预案。要求用水企业向水行政主管部门办理特殊用水申请,认真做好节约用水工作,合理安排生产;经营管理科全体同志分组深入用水企业送达文件、通报供水现状、积极宣传《中华人民共和国水法》和相关法律法规,强调当前时期计划用水、节约用水的重要性。同时,耐心解答用水企业相关负责人的咨询和问题,宣传工作及时而富有成效。

在《河南省白龟山水库死库容运用应急预案》启动初期,我们适时起草并向各用水户送达《河南省白龟山水库管理局关于启用白龟山水库死库容应急供水的通知》,明确可以取水的范畴,通过手机短信、电话联络以及深入各用水单位取水泵房等形式,向取用水单位宣传不同时期、不同阶段水库水位水量状况,以此提高各用水单位惜水、节水意识;及时向各用水户通报相关情况。收集取水户的用水计划,向平顶山市防汛抗旱指挥部办公室适时报送,以便平顶山市及时掌握各用水单位的用水需求,同时要求各用水户按计划取水。

(2)积极配合协调,做好紧急调水工作的监控。一方面,根据《平顶山市防汛抗旱指挥部关于白龟山水库供水用户重新上报用水指标的通知》(平防指电〔2014〕4号)要求,按照通知内容及时向各用水单位进行了通知,各用水单位以书面形式对2014年6月1日至30日的用水计划指标进行了申报,为紧急从昭平台水库调水,合理安排水量提供了依据。另一方面,及时掌握上游来水的入库情况,为用水单位及时提供水情信息。在昭平台水库开闸放水之后,经营管理科的同志在副局长魏恒志的带领下,多次到沙河上游查看来水入库情况,保持同昭平台水库管理局的联系沟通,实现来水信息共享。

应急供水期间,在要求各用水单位按计划取水的同时,依法加强对用水单位取用水的监管,采用远程监控系统和实地巡查计量装置相结合的方法,建立各用水单位日取水台账,计划控制,严格管理;不定期的到各用水户的取水泵房,实地查看取水泵的运行情况和运行记录,杜绝各取水户超计划取水。按照市节水办的要求,坚持每天上报各用水单位的日取水量,为平顶山市委、市政府关于各单位取用水的调度及分配决策提供了依据。

(3)加强用水核查,确保供水安全。在从昭平台水库调水之后,为及时掌握各用水企业的取用水情况,经营管理科及时调整工作安排,由以前每月一次的取水计量改为每天一次抄报,专门安排科室的供水管理人员每天到各用水单位的取水泵房抄表,绘制相关表格,对用水企业的日用水量实行动态管理,并把相关供水数据及时报告局领导。与此同时,供水管理人员加大对用水单位取水情况的巡查力度,加强对取用水的监督管理,要求用水单位在保证正常生产需要的基础上,严格按照用水计划取水,节约、合理使用水资源。

根据制定的应急供水预案及上级精神,优先保证居民生活用水,合理提供工业生产用水,在连续动用死库容的情况下,由于沟通及时,宣传到位,各用水单位均采取了应急取水措施,有力保障了居民的生活用水和企业的正常生产,为地方经济发展、维护社会稳定做出了应有贡献。

由于供水形势紧张,平顶山市节水办公室对各用水单位均压缩了取水指标,给我局的水费收入带来了一定程度的冲击。为保证单位供水收入不出现大幅下滑的情况,我们在保证正常供水水费征收的同时,依据《水利工程供水价格管理办法》(中华人民共和国发展和改革委员会中华人民共和国水利部令〔第 4 号〕)第二章、第十二条的规定:"在特殊情况下动用水利工程死库容的供水价格,可按正常供水价格的 2 至 3 倍核定"。在向各用水户送达《河南省白龟山水库管理局关于启用白龟山水库死库容应急供水的通知》时,以书面形式通知各取水单位,在水库水位低于97.50 m 的死库容运行期间,按照上述规定中正常供水价格的 2 倍征收到位,以相对稳定的供水收入保证了白龟山水库管理局各项工作的正常运行。

9　丹江口水库向平顶山市应急调水情况

2014年入夏以来,河南省中西部和西南部发生了严重干旱,部分城市出现供水短缺,特别是平顶山市主要水源地白龟山水库蓄水一直偏少,已三次动用死库容,供水形势十分严峻。为了解决平顶山市供水水源问题,王铁副省长到平顶山市召开现场会,研究决定从丹江口水库向平顶山市白龟山水库应急调水。国家防汛抗旱总指挥部办公室于 7 月 30 日在北京召开了关于向平顶山白龟山水库应急调水的协调会,并派工作组到白龟山水库和南水北调干渠渠首实地调研,确定相关技术方案。

8 月 4 日,国家防汛抗旱总指挥部副总指挥、水利部部长陈雷召开专题会议,研究丹江口水库向平顶山市白龟山水库应急调水方案,决定从丹江口水库通过南水北调中线总干渠向白龟山水库实施应急调水。国家防汛抗旱总指挥部立即下发了《关于实施从丹江口水库向平顶山市应急调水的通知》,根据国家防汛抗旱总指挥部组织制订的应急调水方案,调水路线从南水北调中线陶岔枢纽自流引水至刁河渡槽闸前,再从刁河渡槽闸临时泵站抽水,经南水北调中线总干渠,由澎河退水闸进入澎河,输水至白龟山水库。调水从

8 月 6 日开闸,初步确定调水规模 2 400 万 m^3,调水流量 10 m^3/s,后期视旱情发展和丹江口水库来水情况再作调整。

水利部、国家南水北调办公室、长江防汛抗旱总指挥部、汉江集团、湖北防汛抗旱指挥部大力支持河南省应急调水工作。河南省水利厅、省南水北调办公室和南水北调中线局河南直管局派出专家,现场调研,考察供水线路和供水方案。邓州市全力配合,为应急调水工程现场提供全方位服务。平顶山市委、市政府成立了南水北调应急调水指挥部,全面负责组织实施调水工作。

8 月 17 日 18 时,从南水北调总干渠刁河渡槽引往平顶山市的丹江口水库水流顺利到达鲁山县张良镇澎河渡槽分水口闸门,分水口闸门缓缓升起,沿澎河河道顺流而下,中央党的群众路线教育实践活动第一巡回督导组组长周声涛,河南省水利厅厅长、南水北调办主任王小平,省南水北调办副主任杨继成,省防办主任杨大勇到工程现场察看水流情况。

8 月 18 日 22 时,丹江水经过 220 km 的南水北调总干渠和 14 km 的澎河河道,终于抵达了位于鲁山县滚子营乡孙街村的白龟山水库入口处。

为确保应急调水工作顺利实施,长江防总启动了抗旱Ⅱ级应急响应,下发了《长江防总关于实施从丹江口水库向平顶山市应急调水的通知》,并派出工作组进行现场检查指导。国务院南水北调办、南水北调中线干线建设管理局、淮河水利委员会南水北调中线一期陶岔渠首枢纽工程建设管理局、河南省防汛抗旱指挥部及平顶山市政府等有关单位按照国家防汛抗旱总指挥部批准的应急调水方案,各负其责、各司其职、团结协作、密切配合,有效保证了应急调水的顺利实施。

8 月 20 日 8 时,白龟山水库水位为96.87 m,库容为 5 235 万 m^3,19 日入库水量约为40 万 m^3。此次应急调水工程将极大缓解平顶山市区的居民生活用水问题。

鉴于平顶山市城市生活用水形势依然严峻,经河南省防汛抗旱指挥部请示,国家防汛抗旱总指挥部决定在前期批准调水量2 400万 m^3 的基础上,再增加 2 600 万 m^3,将平顶山调水总量调整为 5 000 万 m^3,并要求 9 月 20 日前后完成上述应急调水任务。随后,长江防汛抗旱总指挥部按照国家防汛抗旱总指挥部通知要求有序组织实施第二阶段应急调水工作。

9 月 20 日 16 时,随着南水北调中线工程澎河渡槽(位于鲁山县张良镇)的退水闸门缓缓落下,丹江口水库向平顶山应急调水工程圆满结束,白龟山水库(平顶山市区水源地)已畅饮 5 000 万 m^3 丹江水。

10　供水时段、水量汇总分析

10.1　5 月昭平台调水 2 000 万 m^3

5 月 20 日,平顶山市防汛抗旱指挥部以平防指电〔2014〕5 号文通知,拟定昭平台水库从 5 月 28 日起开始向白龟山水库调水,调水总量为 1 500 万 m^3,泄量 25 m^3/s,调水时间为 7 d。5 月 25 日上午,为解决供水紧张问题,平顶山市防汛抗旱指挥部召开城市应急供水紧急会议,研究全市供水形势。5 月 27 日上午,平顶山市市委书记陈建生率领市水利局、白龟山水库管理局和城市供水等单位到昭平台水库现场察看放水准备工作,研究补水方案,并指示尽快实施,确保平顶山市城市生活和工业用水安全。按照陈建生书记的要求,昭平台水库管理局决定将开闸放水时间提前至 5 月 27 日 18 时。

从 5 月 27 日 18 时昭平台水库开闸放水,下泄流量为 30 m³/s,到当天 22 时增加到 40 m³/s。6 月 1 日,平顶山市防汛抗旱指挥部以平防指电〔2014〕22 号文通知,根据汛期天气预报和白龟山水库受水情况,昭平台水库增加应急调水量 500 万 m³。6 月 2 日 24 时,昭平台水库停止调水,累计放水约 2 000 万 m³。

昭平台水库 5 月 27 日 18 时开始放水后,5 月 30 日 8 时,白龟山水库上游白村水文站附近河道入库处测得流量约为 3 m³/s。5 月 31 日 19 时,白村水文站测得流量约为 27 m³/s。6 月 1 日 8 时白龟山水库水位97.54 m,较 5 月 31 日 8 时水位97.53 m,上涨了0.01 m,库容增加了 24 万 m³。6 月 10 日 8 时白龟山水库水位97.97 m,相应库容为7 793 万 m³,较 5 月 31 日 8 时水位97.53 m 上涨了0.44 m,库容增加了 1 098 万 m³。同时,5 月 31 日,昭平台白龟山区间平均降雨约为9.9 mm,白龟山站降雨17.3 mm。6 月 2 日,南水北调沙河渡槽弃水 180 万 m³。6 月 10 日 8 时水库水位达到了97.97 m,为本次调水水库水位的峰值,此后水位逐渐下降,至此本次调水受水完毕。综合昭平台水库补水、区间降雨和沙河渡槽弃水,白龟山水库入库水量总共约为 1 598 万 m³。除去渗漏、蒸发等自然损耗,经测算本次从昭平台调水白龟山水库实际受水约 1 300 万 m³,至此,平顶山市区供水在无上游来水和有效降雨的情况下,可有效保证至 7 月上旬。

10.2　8、9 月丹江口水库调水5 000万 m³

在国家防汛抗旱总指挥部、水利部、国务院南水北调办、汉江集团等支持下,8 月 6 日,河南省紧急启动了丹江口水库向平顶山应急调水工程。

按照国家防汛抗旱总指挥部首次批复的方案,应急调水2 400万 m³;后根据平顶山的实际情况,9 月 12 日,国家防汛抗旱总指挥部再次批准调水2 600万 m³。丹江口水库总计调水5 000万 m³,极大地缓解了平顶山城市供水困难。8 月 18 日 22 时,应急调水水头已到达平顶山市水源地白龟山水库。截至 8 月 19 日 8 时监测,应急调水通过南水北调中线陶岔渠首枢纽累计过水量 565 万 m³,扣除渠道沿程槽蓄水量,白龟山水库累计入库水量约57 万 m³。9 月 20 日 16 时,此次应急调水工程圆满结束。此次调水历时 46 d,累计向白龟山水库调水5 000万 m³,圆满完成了预期的调水目标,有效缓解了平顶山市城区 100 多万人的供水紧张状况。

受丹江口水库持续来水和昭平台白龟山区间流域内的连续降雨影响,白龟山水库水位持续回升。截至 9 月 16 日 8 时,白龟山水库水位为97.74 m,蓄水量为 7 207 万 m³;水位较 8 月 28 日 8 时96.80 m 增加了0.94 m,库容增加了 2 115 万 m³。这是白龟山水库 7 月以来水位首次超过97.50 m 的死水位。9 月 20 日调水结束后,白龟山水库于 9 月 25 日受水完毕,水位为98.75 m,蓄水量为 9 980 万 m³。

丹江调水期间,除去丹江口水库来水,降雨和地下径流补给约1 000万 m³。

从 8 月 18 日 22 时,平顶山市水文局监测到丹江水开始注入白龟山水库,截至 9 月 25 日受水结束,累积入库水量约为 5 886 万 m³,扣除调水期间降雨和地下径流补给的

1 000 万 m³,实际入库约 4 886 万 m³。

10.3　10 月昭平台水库补水4 500万 m³、澎河水库补水1 500万 m³

10 月 9 日,为确保平顶山城区供水安全,平顶山防汛抗旱指挥部以平防汛〔2014〕21号文和平防办电〔2014〕66 号内部明电,研究决定由昭平台水库和澎河水库分别向白龟山水库补水 4 500 万 m³ 和 1 500 万 m³。据昭平台水库防办提供,从 10 月 9 日 22:00 至 22日 08:30,累积向白龟山水库放水 4 550 万 m³。据澎河水库防办提供,从 10 月 7 日至 11月 3 日,累积向白龟山水库放水 1 607 万 m³。

10 月 7 日 8 时至 11 月 3 日 8 时,昭平台水库调水 4 550 万 m³,澎河水库调水 1 607万 m³,昭白区间累计降雨46.7 mm,白龟山水库累积入库水量约5 293 万 m³。扣除调水期间昭白区间降雨和地下径流补给的500 万 m³,此次补水实际入库约 4 793 万 m³。

2014年11月17日8时,白龟山水库水位为99.98 m,蓄水量为 14 095 万 m³,静态可供水量为7 471万 m³。按照 10 月日耗水量的均值45 万 m³/d 计算,在未来无有效降雨和区间径流补给的情况下,还可供 166 d,约 5 个月,即可供水至 4 月底。

11　应急供水工作体会

(1)超前谋划。

在2013年汛末,水库库水位100.31 m,比多年同期平均水位低1.6 m,蓄水量 15 419万 m³,静态可供水量仅 8 795 万 m³,根据气候预报情况,预测2013年10月至2014年5月水库来水将会极少,白龟山水库管理局副局长魏恒志召集技术管理科有关人员召开水库枯水期调度工作会议,要求制订当前水位情况下的调度方案。10 月 10 日,技术管理科组织人员编制完成《水库当前水位情况下的调度方案》,预测在无来水的情况下,水库仅能供水约 4 个月,提出了节约用水、严格控制用水的建议。

(2)汇报沟通及时。

汛后局领导多次关注水库水情信息,要求一定要做好水库调度工作,由于干旱无雨,水库来水形势严峻,一个月来水仅仅只有 300 多万 m³,库水位持续下降,供水形势也日益严峻,鉴于以上情况,白龟山水库管理局领导多次跟平顶山市水利局领导沟通,并向平顶山市政府专题汇报,于 11 月 20 日拟定了《河南省白龟山水库管理局关于当前水位下水库蓄水情况与供水调度意见的报告》,以白管〔2013〕69 号文上报平顶山市政府,并抄送市水利局和各用水单位,引起了平顶山市政府的高度重视,市政府于2014年 1 月 13 日下发通知,要求加强节约用水管理,限制或暂停高耗水行业用水,园林绿化、市政道路和有条件的企业,最大限度地使用再生水。1 月 14 日,平顶山市政府又召开专题会议,研究解决市区供水工作。

2014年5月初库水位已降至98.00 m 以下,预测仅能满足 20 多 d 的用水需求,供水形势极其严峻,为确保平顶山市近百万市民生活用水需要和经济社会稳定健康发展,白龟山水库管理局积极行动,5 月 4 日以白管〔2014〕24 号紧急上报请示河南省水利厅,在库水位达到死水位时,适时动用死库容紧急向平顶山市提供城市生活用水;5 月 14 日,又起草了《河南省白龟山水库管理局关于适时动用死库容进行应急供水的报告》(白管〔2014〕27 号),上报平顶山市政府,请求市政府督促有关单位做好停水、节水宣传工作,加强节水管理,启动应急供水,保障生活用水安全。

（3）应急方案科学。

面对日益严峻的供水形势,白龟山水库管理局、平顶山市水利局积极行动,应急供水工作早安排、早部署,平顶山市水利局经过研究提出了从昭平台水库调水入白龟山水库的应急供水方案,该方案于 5 月 27 日 18 时至 6 月 2 日 24 时得到了实施,效果令人满意,有效缓解了当前白龟山水库供水的紧张形势。同时,白龟山水库也研究编制了《白龟山水库管理局紧急情况下动用死库容部分水量保证城市供水初步方案》,方案根据赵湾水库动用死库容的实践经验和评审专家意见,几易其稿,使方案更加完善、更加具有可操作性。这些方案的制定为保障平顶山市城市供水提供了可靠的技术支持。

（4）管理措施到位。

随着库水位持续降低,供水形势日益严峻,水库管理局及早对各项工作安排部署,水政支队加强了水法宣传和执法巡查,确保了水质安全;技术管理科及时向领导通报水情信息,制订调度和供水方案,为水情调度提供技术支撑;水库管理处加强了大坝巡查和监测,及时对大坝维修养护,确保了水库工程安全;经营管理科加强了供水管理,确保了供水安全。

（5）多方配合到位。

在此次应急供水过程中,有关各方按照国家防汛抗旱总指挥部、省防办和平顶山市防汛抗旱指挥部的统一部署,顾全大局,克服困难,相互支持,密切协作。白龟山水库管理局多次召开供水形势分析会和应急供水管理会,安排部署有关工作,技术管理科安排专人从 1 月 15 日起每天早上 08:30 以短信方式向平顶山市政府、市水利局及水库管理局有关领导通报水库水位、蓄量和可供水量等水情信息,每周一上午,编写印发白龟山水库水情简报,编制紧急情况下动用死库容部分水量保证城市供水初步方案,拟文向河南省水利厅请示动用水库死库容和向平顶山市政府报告,在"引昭入白"的这段时间,更是时刻关注水库水位、入库等情况,并及时向有关领导汇报。水政支队每天上午 10 点到 11 点,下午 3 点半到 5 点,反复播放饮用水源地保护宣传条例,利用执法车广播沿路宣传相关的法律法规条例,还加大了对周边水域的巡查力度,在常规巡查两次的基础上增加了相关部门的联合执法巡查,对于重点部位重复巡查,巡查频率也由每周两次调整为每天都巡查。经营管理科起草了《河南省白龟山水库管理局关于从白龟山水库取水的紧急通知》,全体人员深入用水企业送达文件、通报供水现状、积极宣传《中华人民共和国水法》和相关法律法规,按照平防指电〔2014〕4 号文要求,通知各用水单位对 6 月 1 ~ 30 日的用水计划指标进行申报,在从昭平台水库和丹江口水库调水之后,专门安排科室的供水管理人员每天到各用水单位的取水泵房抄表,绘制相关表格,对用水企业的日用水量实行动态管理,并把相关供水数据及时报告局领导,同时,加大对用水单位取水情况的巡查力度,加强对取用水的监督管理。水库管理处加强了水库大坝日常巡查;全力保障机电设备运行安全可靠;强化对大坝观测设施的监测,认真做好大坝岁修养护工作,及早安排白蚁治理。

平顶山市水利局组织多名工程技术人员连续奋战在调水河道沿线,现场勘察、组织指挥,共组织挖掘机 10 台、铲车 26 台,拆除阻水道路 8 条,开挖疏通沙障 13 处,确保了调水按计划进行。

昭平台水库管理局在接到市防汛抗旱指挥部放水通知后,立即组织人员到下游河道沿途勘察,拆除、清理阻水建筑物,5 月 27 日下午,拆除了渠首闸加固工程围堰,清理了下游河道,将电站增容工程予以停工,在接到平顶山市委书记陈建生尽快放水的指示后,于27 日 18 时开闸放水。

鲁山县河务管理局在鲁山县委、县政府的部署下,将此次调水工程分为 6 个标段,每个标段由一名局领导分包,101 名职工全部分到 6 个标段上去,不分昼夜工作,为顺利引水做出了积极贡献。

平顶山市自来水公司和市水文局等部门密切监测水情变化,及时上报有关数据,为科学决策提供了保障。

(6)领导高度重视。

6 月 1 日下午,河南省水利厅厅长王小平、河南省防汛抗旱指挥部办公室主任杨大勇一行到白龟山水库检查指导当前供水保障工作和防汛工作,实地查看了防汛值班室、机关院、水库小区和泄洪闸,并到水库上游白村水文站附近河道入库处,查看了调水入库情况,对当前供水保障工作和防汛工作作了重要指示。

5 月 19 日、5 月 27 日、5 月 31 日,平顶山市委书记陈建生 3 次到供水工程现场调研城市供水工作,研究引水措施,要求坚决打赢抗旱保供水这场硬仗;市长张国伟 3 次在供水现场安排落实具体措施。

5 月 28 日下午,河南省水利厅副厅长崔军一行到白龟山水库检查指导防汛和城市供水保障工作,实地查看了白龟山水库防汛准备情况,并详细了解了水库蓄水和从昭平台水库向白龟山水库补水等情况,对当前水库防汛及城市供水保障工作提出了具体要求。

5 月 20 日下午,河南省防汛抗旱指挥部办公室主任杨大勇一行三人到白龟山水库检查指导供水保障工作。听取了水库当前蓄水与供水工作的情况介绍,并仔细了解水库历史上低水位年的水情与供水情况,对水库当前供水保障工作提出了要求。

5 月 16 日上午,河南省防汛抗旱督察专员冯林松到白龟山水库检查调研水库防汛及当前供水保障工作,实地徒步查看了水库拦洪闸、拦河坝工程,仔细了解水库防汛、工程管理及蓄水、供水工作,并与管理局负责同志就水库蓄水情况及应急供水保障工作进行了交流,对当前水库防汛及动用死库容应急供水工作作了指导。

6 月 3 日上午,平顶山市水利局副局长、白龟山水库防汛指挥部副指挥长王保贵一行到白龟山水库检查指导城市供水保障及防汛工作,详细了解了近期水位变化情况、上游来水情况和昭平台补水入库情况,听取了白龟山水厂负责同志取水情况介绍和本次调水对水厂供水保障情况,要求一定要做好市区近百万市民的供水保障工作,同时也要做好各项防汛准备工作。

7 月 17 日,河南省省委书记郭庚茂到平顶山市调研,对平顶山市抗旱减灾工作做出重要指示,强调要保证城乡居民生活用水、人畜饮水、城市供水;力求保障生产用水,减少损失;厉行节约、循环利用。

7 月 18 日上午,河南省防汛抗旱督察专员冯林松到白龟山水库检查指导水库应急供水保障工作,仔细了解了水库目前蓄水、供水及工程运行情况,现场检查和指导了坝前铺盖防护抢护工作,要求各有关部门要通力协作,统筹考虑城市应急供水工作,及时启动抗旱应急响应,做好相关应急供水保障预案。

7月19日下午,河南省水利厅厅长王小平、河南省防汛抗旱指挥部办公室主任杨大勇一行在平顶山市副市长冯晓仙的陪同下到白龟山水库检查指导应急供水工作,查看了平顶山市自来水公司取水口,详细了解水库动用死库容进行应急供水预案、平顶山市城市供水保障情况及工程运行情况,要求做好应急供水预案,确保水库工程安全,为平顶山市城市供水搞好服务。

7月22日下午,河南省王铁副省长、王国栋副厅长到白龟山水库检查指导应急供水工作,询问了平顶山市自来水公司取水口情况,详细了解水库当前水情、水库动用死库容进行应急供水预案、平顶山市城市供水保障情况及工程运行情况,要求抓紧完成水库二次动用死库容的研究论证工作,做好二次动用死库容的各项准备;考虑从燕山水库、丹江口水库通过南水北调总干渠向平顶山市紧急供水;并沿沙河上游打井,作为备用地下水源补充城市生活用水。

7月28日上午,河南省水利厅戴艳萍总工到白龟山水库检查指导应急供水大坝工程防护工作,查看了拦河坝防渗铺盖保护情况,仔细了解铺盖分布的位置,要求在做好应急供水工作的同时,要加强工程的保护工作,加强工程巡查,做好工程现场文字、影像记录工作,采取有效、可行的措施及时解决供水中出现的问题,应急供水期间要加强领导带班值班,实行24小时值班制度。

7月29日下午,国家防汛抗旱指挥部办公室调研员刘宝军一行到白龟山水库检查指导应急供水工作,了解了水库基本情况,听取了工程、调度、供水、抢险等方面的情况汇报,并详细询问了平顶山市城市居民生活用水及工业用水情况,并指出城市供水工作是涉及千家万户,是关系百姓切身利益的大事,各部门要密切配合,各司其职,各负其责,全力保障平顶山市城市应急供水。河南省防汛抗旱督察专员翟艳君、平顶山市水利局副局长吴瑞华陪同检查。

7月30日,国家防汛抗旱总指挥部办公室在北京召开关于向白龟山水库应急调水的协调会,并派工作组到白龟山水库和南水北调干渠渠首实地调研,确定相关技术方案。

7月31日下午,水利部建设与管理司副司长徐元明、国家防汛抗旱指挥部办公室副主任万海斌、水利部水利水电规划设计总院副总工温续余、中国水利水电科学研究院教授级高级工程师李海芳和南京水利科学研究院马福恒博士、教授级高级工程师施伯兴等一行到白龟山水库调研应急供水及大坝工程安全工作。查看了拦河坝防渗铺盖保护情况,仔细了解了建库以来大坝上游黏土铺盖设计和施工情况,听取了水库两次动用死库容应急供水管理工作、大坝边坡稳定复核等方面的情况汇报,并详细询问了平顶山市城市居民生活用水情况,对目前所采取的大坝工程安全抢护措施予以肯定,最后建议加强巡查频次,做好巡查记录,发现问题及时上报处理。河南省水利厅副厅长王国栋一同调研。

8月3日,河南省省长谢伏瞻到白龟山水库检查指导应急供水工作。

8月4日,国家防汛抗旱总指挥部副总指挥、水利部部长陈雷组织召开专题会议,研究丹江口水库向白龟山水库应急调水方案。

　　8月8日、9日,平顶山市应急供水长江水利委员会技术组、调水组分别来白龟山水库实地查看、调研应急供水工作,详细了解了水库去年到今年的降雨、蓄水、供水情况,重点了解了动用死库容应急供水情况及对工程采取的保护措施,并要求各部门要密切配合当前水库调水工作,各负其责,确保民生供水,采取果断措施,确保水库工程安全。

　　11月23日,国家防汛抗旱指挥部办公室李兴学处长、淮河水利委员会防汛抗旱指挥部办公室刘国平副主任在省防汛抗旱指挥部办公室督导专员冯林松陪同下,到白龟山水库管理局检查指导应急供水后水库工程情况,在沿拦河坝仔细察看了应急供水后工程情况,听取了关于应急调水、应急供水及工程保护情况汇报,对启用死库容应急供水、及时采取工程保护措施给予充分肯定,同时要求加强工程运行管理、重视高水位下工程运行状况监测工作,确保强降雨或来水时水位抬高对工程安全的影响。

第7章 水库调度相关常识

7.1 防洪标准及工程分等标准

要制定某一河段、水库或地区的防御洪水方案,首先要确定以防御多大的洪水为目标,即确定防洪标准。人们常以洪水的重现期来表示洪水量级的大小。一个地点不同重现期洪水的数值是水文部门以一定数量的实测洪水资料为基础,通过频率分析法求得的。

防洪标准的确定,一般要根据防洪保护对象在遭受洪灾时造成的经济损失和社会影响划分若干等级。

7.1.1 水库分等标准

根据《水电枢纽工程等级划分及设计安全标准》(DL 5180—2003),水利水电枢纽工程的分等、水工建筑物的分级以及设计洪水标准如表7-1~表7-4所示。

表7-1 水利水电枢纽工程的分等指标

工程等别	水库		防洪		治涝	灌溉	供水	水电站
	工程规模	总库容(亿 m³)	城镇及工矿企业重要性	保护农田(万亩)	治涝面积(万亩)	灌溉面积(万亩)	城镇及工矿企业的重要性	装机容量(万 kW)
I	大(1)型	≥10	特别重要	≥500	≥200	≥150	特别重要	≥120
II	大(2)型	10~1.0	重要	500~100	200~60	150~50	重要	120~30
III	中型	1.0~0.10	中等	100~30	60~15	50~5	中等	30~5
IV	小(1)型	0.10~0.01	一般	30~5	15~3	5~0.5	一般	5~1
V	小(2)型	0.01~0.001		≤5	≤3	≤0.5		≤1

注:水电枢纽工程的防洪作用与工程等别的关系,应按照 GB 50201—1994 的有关规定确定。

表7-2 水工建筑物级别的划分

工程等别	永久性建筑物级别		临时性建筑物级别
	主要建筑物	次要建筑物	
I	1	3	4
II	2	3	4
III	3	4	5
IV	4	5	5
V	5	5	5

注:1. 永久性建筑物,系指枢纽工程运行期间使用的建筑物,根据其重要性分为:主要建筑物,系指失事后将造成下游灾害或严重影响工程效益的建筑物,例如坝、泄洪建筑物、输水建筑物及电站厂房等;次要建筑物,系指失事后不致造成下游灾害或对工程效益影响不大并易于修复的建筑物,例如失事后不影响主要建筑物和设备运行的挡土墙、导流墙、工作桥及护岸等。

2. 临时性建筑物,系指枢纽工程施工期间所使用的建筑物,例如导流建筑物等。

表7-3　山区、丘陵区水电枢纽工程永久性壅水、泄水建筑物的洪水设计标准

不同坝型的枢纽工程		永久性壅水、泄水建筑物级别				
		1	2	3	4	5
正常运用洪水重现期(年)		1 000~500	500~100	100~50	50~30	30~20
非常运用洪水重现期(年)	土坝、堆石坝	PMF 或 10 000~5 000	5 000~2 000	2 000~1 000	1 000~300	300~200
	混凝土坝、浆砌石坝	5 000~2 000	2 000~1 000	1 000~500	500~200	200~100

注:PMF 为可能最大洪水。

表7-4　平原区永久性壅水、泄水建筑物和水电站厂房的洪水设计标准

水工建筑物级别	1	2	3	4	5
正常运用洪水重现期(年)	300~100	100~50	50~20	20~10	10
非常运用洪水重现期(年)	2 000~1 000	1 000~300	300~100	100~50	50~20

7.1.2　水闸分等标准

根据《水闸技术管理规程》(SL 75—94),按校核过闸流量(无校核过闸流量则以设计过闸流量为准)划分为:

大型水闸:1 000 m^3/s 及以上。

中型水闸:100 m^3/s 及以上,不足1 000 m^3/s。

小型水闸:10 m^3/s 及以上,不足 100 m^3/s。

7.1.3　城市的等级和防洪标准

根据《防洪标准》(GB 50201—2014),城市的等级和防洪标准如表7-5 所示。

表7-5　城市的等级和防洪标准

等级	重要性	非农业人口(万)	防洪标准[重现期(年)]
I	特别重要城市	≥150	≥200
II	重要城市	150~50	200~100
III	中等城市	50~20	100~50
IV	一般城镇	≤20	50~20

注:1. 各类工矿企业的规模,按国家现行规定划分;

　　2. 如辅助厂区(或车间)和生活区单独进行防护的,其防洪标准可适当降低。

7.2　常用水文特征值

7.2.1　汛期时间的划分

从全国来讲,汛期时间是不同的,主要由各地区根据具体气候、降水情况决定,南方入汛时间较早,结束时间较晚;北方入汛时间较晚,但结束时间较早。每年 5～9 月,江淮流域降雨明显比其他月份多,故河南省习惯上把 5～9 月称为汛期。汛期又分为初汛期、中汛期和末汛期。中汛期又称大汛期或主汛期。

7.2.2　频率与重现期

（1）频率的概念。频率是指某一数值随机变量出现的次数与全部系列随机变量总数的比值,用符号 P 表示,以百分比（%）作单位。

频率是随机变量出现的机会,例如 $P = 1\%$,表示平均每 100 年会出现一次;$P = 5\%$,表示平均每 100 年会出现 5 次,或平均每 20 年会出现一次。这样,计算频率的公式为

$$P = m/n \times 100\%$$

式中:m 为大于或等于某一随机变量出现的次数;n 为所观测的随机变量总次数。

（2）重现期的概念。随机变量出现频率的另一种表达方式是重现期,即通常所讲"多少年一遇"。重现期用 T 表示,水文分析所用的单位是"年"。

（3）重现期与频率的关系。重现期与频率的关系,可表示如下:

①当所分析的对象是最大洪峰流量或最大 24 h 降水量等,它们出现的频率小于 50% 时,则重现期为

$$T = 1/P \qquad （年）$$

②当所分析的对象是较小的枯水流量,其频率一般大于 50%,则重现期为:

$$T = 1/(1 - P) \qquad （年）$$

应当注意的是,所谓重现期为 100 年一遇,是指在很长的时间内,平均每逢 100 年会出现一次,而不是说刚好在 100 年出现一次,事实上在 100 年内可能遇到好几次,也可能一次也遇不到。

7.2.3　常用的特征值

7.2.3.1　河道水位特征值

（1）起涨水位。一次洪水过程中,涨水前最低的水位。

（2）洪峰水位。一次洪水过程中出现的最高水位值。同样按日、月、年进行统计,可以分别得到日、月、年最高水位。

（3）警戒水位。当水位继续上涨达到某一水位,防洪堤可能出现险情,此时防汛护堤人员应加强巡视,严加防守,随时准备投入抢险,这一水位即定为警戒水位。警戒水位主要是根据地区的重要性、洪水特性、堤防标准及工程现状而确定。

（4）保证水位。按照防洪堤防设计标准,应保证在此水位时堤防不溃决。有时也把历史最高水位定为保证水位。

7.2.3.2　水库的特征水位与库容

水库工程为完成不同任务不同时期和各种水文情况下,需控制达到或允许消落的各种库水位称为水库特征水位。相应于水库特征水位以下或两特征水位之间的水库容积称为水库特征库容。《水利水电工程水利动能设计规范》（DL/T 5015—1996）中,规定水库特征水位主要有:正常蓄水位、死水位、防洪限制水位、防洪高水位、设计洪水位、校核洪水

位等;主要特征库容有:兴利库容(调节库容)、死库容、重叠库容、防洪库容、调洪库容、总库容等。

(1)正常蓄水位与兴利库容。水库在正常运用情况下,为满足兴利要求在开始供水时应蓄到的水位,称正常蓄水位,又称正常高水位、兴利水位,或设计蓄水位。它决定了水库的规模、效益和调节方式,也在很大程度上决定水工建筑物的尺寸、型式和水库的淹没损失,是水库最重要的一项特征水位。当采用无闸门控制的泄洪建筑物时,它与泄洪堰顶高程相同;当采用有闸门控制的泄洪建筑物时,它是闸门关闭时允许长期维持的最高蓄水位,也是挡水建筑物稳定计算的主要依据。正常蓄水位至死水位之间的水库容积称为兴利库容,即调节库容。用以调节径流,提供水库的供水量。

(2)死水位与死库容。水库在正常运用情况下,允许消落到的最低水位,称死水位,又称设计低水位。死水位以下的库容称为死库容,也叫垫底库容。死库容的水量除遇到特殊的情况外(如特大干旱年),它不直接用于调节径流。

(3)防洪限制水位与重叠库容。水库在汛期允许兴利蓄水的上限水位,也是水库在汛期防洪运用时的起调水位,称防洪限制水位。防洪限制水位的拟定,关系到防洪和兴利的结合问题,要兼顾两方面的需要。当汛期内不同时段的洪水特征有明显差别时,可考虑分期采用不同的防洪限制水位。正常蓄水位至防洪限制水位之间的水库容积称为重叠库容,也叫共用库容。此库容在汛期腾空,作为防洪库容或调洪库容的一部分。

(4)防洪高水位与防洪库容。水库遇到下游防护对象的设计标准洪水时,在坝前达到的最高水位,称防洪高水位。只有当水库承担下游防洪任务时,才需确定这一水位。此水位可采用相应下游防洪标准的各种典型洪水,按拟定的防洪调度方式,自防洪限制水位开始进行水库调洪计算求得。

防洪高水位至防洪限制水位之间的水库容积称为防洪库容。它用以控制洪水,满足水库下游防护对象的防洪要求。

(5)设计洪水位。水库遇到大坝的设计洪水时,在坝前达到的最高水位,称设计洪水位。它是水库在正常运用情况下允许达到的最高洪水位。也是挡水建筑物稳定计算的主要依据,可采用相应大坝设计标准的各种典型洪水,按拟定的调度方式,自防洪限制水位开始进行调洪计算求得。

(6)校核洪水位与调洪库容。水库遇到大坝的校核洪水时,在坝前达到的最高水位,称校核洪水位。它是水库在非常运用情况下,允许临时达到的最高洪水位,是确定大坝顶高及进行大坝安全校核的主要依据。此水位可采用相应大坝校核标准的各种典型洪水,按拟定的调洪方式,自防洪限制水位开始进行调洪计算求得。校核洪水位至防洪限制水位之间的水库容积称为调洪库容。

它用以拦蓄洪水,在满足水库下游防洪要求的前提下保证大坝安全。

(7)总库容。校核洪水位以下的水库容积称为总库容。它是一项表示水库工程规模的代表性指标,可作为划分水库等级、确定工程安全标准的重要依据。

以上所述各项库容,均为坝前水位水平线以下或两特征水位水平线之间的水库容积,常称为静态库容,即是习惯上讲的库容。在水库运用中,特别是洪水期的调洪过程中,库区水面线呈抛物线形状,这时实际水面线以下、库尾和坝址之间的水库容积,称为动态库容。实际水面线与坝前水位水平线之间的容积,称为楔形库容或动库容。

7.2.3.3　流量特征值

(1)洪峰流量。一次洪水过程中,流量的最大值。

(2)历史最大流量。历史最大洪水发生过程中的最大流量,又称历史洪水洪峰流量。

(3)安全泄量(允许泄量)。某河道或涵闸能安全通过的最大泄流量。河道安全泄量指在保证水位时的相应流量,亦代表现有堤防的防洪能力。

7.2.4　设计洪水

(1)设计洪水是指符合一定设计标准的洪水。它包括设计洪峰流量、一定时段的设计洪水总量和设计洪水过程线三个要素。

(2)防洪设计标准是指防洪保护对象和防洪工程本身的防洪安全标准。防洪设计标准是衡量水利工程防洪效果的指标,通常采用洪水的重现期作为洪水的设计标准。

7.2.5　洪水特性

洪水特性的表示方法,通常用洪峰流量、一次洪水总量和洪水总历时来表示。

(1)一次洪水总量。它是某一控制断面以上流域内一次降雨产生的径流量,可以用一次降雨产生的径流深乘以产流的流域面积求得。也可以由一次洪水流量过程线与横坐标所包围的面积求得。

(2)洪水总历时。是指一次洪水过程所经历的时间,可以由一次洪水流量过程线的底宽求得。

7.3　水文和气象常识

7.3.1　水文名词

7.3.1.1　流域和水系

流域是地表水与地下水分水线所包围的集水区或汇水区,因地下水分水线不易确定,习惯上将地表水的集水区称为流域。河道干流的流域是由所属各级支流的流域所组成。流域面积的确定,可根据地形图勾出流域分水线,然后求出分水线所包围的面积。河流的流域面积可以计算到河流的任一河段,如水文站控制断面,水库坝址或任一支流的汇合口处。流域里大大小小的河流,构成脉络相通的系统,称为河系或水系。

7.3.1.2　河流的分段及其特点

每条河流一般都可分为河源、上游、中游、下游、河口等五个分段。

(1)河源。河流开始的地方,可以是溪涧、泉水、冰川、沼泽或湖泊等。

(2)上游。直接连着河源,在河流的上段,它的特点是落差大,水流急、下切力强,河谷狭,流量小,河床中经常出现急滩和瀑布。

(3)中游。中游一般特点是河道比降变缓,河床比较稳定,下切力量减弱而旁蚀力量增强,因此河槽逐渐拓宽和曲折,两岸有滩地出现。

（4）下游。下游的特点是河床宽，纵比降小，流速慢，河道中淤积作用较显著，浅滩到处可见，河曲发育。

（5）河口。河口是河流的终点，也是河流流入海洋、湖泊或其他河流的入口，泥沙淤积比较严重。

7.3.1.3　河流的断面

河流的断面分为纵断面及横断面。

（1）纵断面。沿河流中线（也有取沿程各横断面上的河床最低点）的剖面，测出中线上（或河床最低点）地形变化转折点的高程，以河长为横坐标，高程为纵坐标，即可绘出河流的纵断面图。纵断面图可以表示河流的纵坡及落差的沿程分布。

（2）横断面。河槽中某处垂直于流向的断面，称为在该处河流的横断面。它的下界为河底，上界为水面线，两侧为河槽边坡，有时还包括两岸的堤防。横断面也称为过水断面，是计算流量的重要参数。

7.3.1.4　水尺与水位

水尺是直接观读江河、湖泊、水库、灌渠水位的标尺。水尺的历史悠久，直至现代仍在广泛使用。

河流或者其他水体的自由水面离某一基面零点以上的高程称为水位。水位的单位是m，一般要求记至小数 2 位，即0.01 m。以水位为纵轴，时间为横轴，可绘出水位随时间的变化曲线，称为水位过程线。

7.3.1.5　基面

变化曲线基面是指计算水位和高程的起始面。在水文资料中涉及的基面有绝对基面、假定基面、测站基面、冻结基面等四种。

（1）绝对基面。是将某一海滨地点平均海水面的高程定义为零的水准基面。我国各地沿用的水准高程基面有大连、大沽、黄海、废黄河口、吴淞、珠江等基面。我国于1956年规定以黄海（青岛）的多年平均海平面作为统一基面，为中国第一个国家高程系统，从而结束了过去高程系统繁杂的局面。但由于计算这个基面所依据的青岛验潮站的资料系列（1950～1956年）较短等原因，我国测绘主管部门决定重新计算黄海平均海面，以青岛验潮站1952～1979年的潮汐观测资料为计算依据，并用精密水准测量接测位于青岛的中华人民共和国水准原点，得出1985年国家高程基准高程和1956年黄海高程的关系为

$$1985年国家高程基准高程 = 1956年黄海高程 - 0.029 \text{ m}$$

1985年国家高程基准已于1987年5月开始启用，1956年黄海高程系同时废止。

（2）假定基面。为计算测站水位或高程而暂时假定的水准基面。常在水文测站附近设有国家水准点，在一时不具备接测条件的情况下使用。

（3）测站基面。是水文测站专用的一种假定的固定基面。一般选为低于历年最低水位或河床最低点以下0.5～1.0 m。

（4）冻结基面。也是水文测站专用的一种固定基面。一般测站将第一次使用的基面冻结下来，作为冻结基面。

7.3.1.6　流速

流速是指水流质点在单位时间内所通过的距离。渠道和河道里的水流各点的流速是

不相同的,靠近河(渠)底、河边处的流速较小,河中心近水面处的流速最大,为了计算简便,通常用横断面平均流速来表示该断面水流的速度。

7.3.1.7　径流与径流量

流域地表面的降水,如雨、雪等,沿流域的不同路径向河流、湖泊和海洋汇集的水流叫径流。在某一时段内通过河流某一过水断面的水量称为该断面的径流量。径流是水循环的主要环节,径流量是陆地上最重要的水文要素之一,是水量平衡的基本要素。

7.3.1.8　径流量的表示方法及其度量单位

(1)流量 Q。指单位时间内通过某一过水断面的水量。常用单位为立方米每秒(m^3/s)。各个时刻的流量是指该时刻的瞬时流量,此外还有日平均流量、月平均流量、年平均流量和多年平均流量等。

(2)径流总量 W。时段 Δt 内通过河流某一断面的总水量。以所计算时段的时间乘以该时段内的平均流量,就得径流总量 W,即 $W = Q\Delta t$。它的单位是立方米(m^3)。以时间为横坐标,以流量为纵坐标点绘出来的流量随时间的变化过程就是流量过程线。流量过程线和横坐标所包围的面积即为径流量。

(3)径流深 R。指计算时段内的径流总量平铺在整个流域面积上所得到的水层深度。它的常用单位为毫米(mm)。

若时段为 $\Delta t(s)$,平均流量为 $Q(m^3/s)$,流域面积为 $A(km^2)$,则径流深 R(mm)由下式计算:

$$R = Q\Delta t(1\,000A)$$

(4)径流模数 M。一定时段内单位面积上所产生的平均流量称为径流模数 M。它的常用单位为 $m^3/(s \cdot km^2)$,计算公式为

$$M = Q/A$$

(5)径流系数 α。为一定时段内降水所产生的径流量与该时段降水量的比值,以小数或百分数计。

7.3.1.9　径流的形成过程

从降雨到达地面至水流汇集、流经流域出口断面的整个过程,称为径流形成过程。

径流的形成是一个极为复杂的过程,为了在概念上有一定的认识,可把它概化为两个阶段,即产流阶段和汇流阶段。

(1)产流阶段。当降雨满足了植物截留、洼地蓄水和表层土壤贮存后,后续降雨强度又超过下渗强度,其超过下渗强度的雨量,降到地面以后,开始沿地表坡面流动,称为坡面漫流,是产流的开始。如果雨量继续增大,漫流的范围也就增大,形成全面漫流,这种超渗雨沿坡面流动注入河槽,称为坡面径流。地面漫流的过程,即为产流阶段。

(2)汇流阶段。降雨产生的径流,汇集到附近河网后,又从上游流向下游,最后全部流经流域出口断面,叫作河网汇流,这种河网汇流过程,即为汇流阶段。

7.3.1.10　潮汐

在太阳和月球引潮力作用下,地球表面的大气圈、海水和地壳发生周期性相对运行的现象,称为潮汐。这些相对运行分别称为大气潮汐、海洋潮汐和地壳潮汐。由于地球、月球和太阳三者运行的相对位置周期性变化,潮汐的大小和涨落时间逐日不同。又因各地

纬度不同和受地形、水文、气象等因素的影响,各地潮汐也有差异和各自的变化。月球距地球较近,其引潮力为太阳的2.17倍,故潮汐现象主要随月球的运行而变。

7.3.1.11　潮汐的分类

潮汐类型按周期不同,可分为日周潮、半日周潮和混合潮。在一个太阴日(约24 h 50 min)内发生一次高潮和一次低潮的现象称为全日周潮;发生两次高潮和两次低潮的现象称为半日周潮。在半日周潮海区中,如两次高潮和低潮的潮位、涨落潮历时不等,且通常半月中有数天出现全日周潮的现象,称为混合潮。混合潮又可分为不正规日周潮和不正规半日周潮。各地潮汐的类型,可根据主要太阴日分潮与主要太阴半日分潮的平均潮高的比值来确定。

7.3.1.12　天文潮和气象潮及风暴潮

潮位一般由天文潮和气象潮两部分组成。

天文潮是地球上海洋受月球和太阳引潮力作用所产生的潮汐现象。它的高潮和低潮潮位和出现时间具有规律性,可以根据月球、太阳和地球在天体中相互运行的规律进行推算和预报。

气象潮是由水文气象因素(如风、气压、降水和蒸发等)所引起的天然水域中水位升降现象。除因短期气象要素突变,如风暴所产生的水位暴涨暴落(风暴潮)外,气象潮一般比天文潮小。风暴潮是由气压、大风等气象因素急剧变化造成的沿海海面或河口水位的异常升降现象。风暴潮是一种气象潮,由此引起的水位升高称为增水,水位降低称为减水。风暴潮可分为两类:一类是由热带气旋引起的;另一类是由温带气旋引起的。在热带气旋通过的途径中均可见到气旋引起的风暴潮。温带气旋所引起的风暴潮在沿海各地都可能发生,且主要发生在冬、春两季。这两类风暴潮的差异是:前者是水位的变化急剧,而后者水位变化较为缓慢,但持续时间较长。这是由于热带气旋较温带气旋移动得快,而且风和气压的变化也往往急剧的缘故。

7.3.1.13　大、小潮汛

由于月球以一月为周期绕地球运动,随着月球、太阳和地球三者所处相对位置不同,潮汐除周日变化外,并以一月为周期形成一月中两次大潮和两次小潮。在朔(初一)、望(十五)日,由于月球、太阳和地球运行位置处于一直线上,月球和太阳的引潮力相互叠加,此时海面升降最大,形成一月中两次最高的高潮和最低的低潮,称为大潮。在上弦日(初七或初八)与下弦日(廿二或廿三),由于月球、太阳和地球相互运行的位置,接近直角三角形,月球、太阳对地球的引潮力相互消减,此时海面升降最小,称为小潮。事实上,由于自然环境和海水运动的惯性以及海底摩阻力等的影响,大潮通常发生在朔、望日后2~3 d(习惯上称为迟后),小潮通常发生在上弦、下弦后2~3 d。习惯上把大小潮称为大小潮汛。

7.3.2　气象常识

7.3.2.1　气象名词

1.天气图与气象卫星云图

用于分析大气物理状况和特性的图统称为天气图。通常专指表示某一时刻、在一大范围地区内的天气实况或天气形势图,是根据同一时刻各地测得的天气实况,译成天气符号、折合数字,按一定格式填在空白地图上而制成。主要有地面天气图和高空天气图两种。前者填写的数值和符号有海平面气压、气温、露点、云状、云量、能见度、风向、风速、现在天气、过去天气等。根据图上气压值绘出等压线,结合温度、露点、天气现象标出各类天气系统和天气形势及其天气分布等。后者填写有关层次的高度、温度、湿度、风向、风速等。根据图上高度和温度值分别绘出等高线和等温线,从而显示出空间天气系统及其天气形势的分布。通过地面天气图、高空天气图的三维分析,预测未来天气的变化。

卫星云图是气象卫星拍摄发送回来的云的图片,能显示出大范围的云况,是天气预报的参考依据之一。在图上标有经线和纬线,通过分析,能提供各地上空所存在的各种天气系统、追踪系统的移动和发展,并可推断风和其他气象要素的分布。根据卫星上装置仪器的不同,发送来的卫星云图分为红外卫星云图和可见光卫星云图两类。由于卫星云图比较准确、及时、直观,已成为防汛人员了解掌握天气变化趋势和做好防汛抗旱工作的有力工具。

2. 地面等压线和 3 000 m 上空,308 线

在分析地面图时,将气压相等的各站的连线叫作等压线。从等压线的分布可以看出高压、低压等气压系统的所在地区,经过比较,就可以掌握它们的动态。在分析高空图时,将某一等压面位势高度相同点的连线叫作等高线。由于降水云系主要形成于 3 000 m 左右的上空,因而分析 700 hPa 等压面的天气形势尤为重要。气象广播中经常提到"3 000 m 上空,308 线在……一线",指的是 700 hPa 等压面的天气形势,为了便于理解,故称为"3 000 m 上空",308 线就是气压为 700 hPa,位势高度为 3 080 m(以什米为单位,即位势为 308 什米)的各地连成的等高线。

3. 高压、高压脊

在分析天气图时,有些等压线是闭合曲线,如果其中心的气压值比周围高,这个区域叫作高压控制的区域,其中气压最高的地方,称为高压中心。自高压中心向外,气压逐渐下降。由于沿各个方向气压的下降率不同,所以等压线不是以高压中心为圆心的一组同心圆。气压降得慢的部位,等压线就从高压中心向外凸出,该凸出部分,叫作高压脊。在高压(或高压脊)控制的地方,空气由于受地球自转的作用,不断沿顺时针方向向外流散,在它的上空,就会有空气下沉补充流走的空气。高空空气在向低空流动的过程中,温度逐渐升高,空气中的水汽(或云滴)就会不断蒸发,同时也使地面的水汽和尘埃不易上升凝结。所以,在高压中心附近,一般都是晴到少云天气。

4. 低压、低压槽

在分析天气图时,如果闭合等压线内的气压比周围低,就称为低气压(简称低压)。低压区域内气压最低的地方,叫作低压中心。自低压中心向外,气压逐渐升高,但是沿各个方向气压的升高率不同,气压升高缓慢的部位,等压线就自低压中心向外凸出,该处的气压低于毗邻三面的气压,形似凹槽,故称低压槽。和高压的情况相反,低压周围的空气是呈逆时针方向向内流动的,由于受到地面的阻挡,流向低压中心的空气只能向上流动,形成上升气流,并把近地层的水汽和尘埃带到高空。空气在上升过程中,温度不断降低,

冷却凝结为云、雨。所以,在低压系统影响时易出现阴雨天气。

5. 倒槽、气旋波

低压槽一般自低压中心伸向偏南或西南方,槽向北或东北方向开口。若低压中心伸向北或东北方向,槽向南或西南开口,地面天气图上等压线呈"∧"型的低槽叫作倒槽。如果在低压的西北侧有冷空气侵入,东南侧有暖空气绕低压中心旋转运动,这样的低压中心,就叫气旋波(或叫气旋)。

6. 槽线、切变线

槽线,就是连结自低压中心到低压槽内气压最低的点而成的一条线,通常呈东北—西南向或北—南向,槽线的两侧风向有明显转折。在水平方向,槽前盛行西南暖湿气流,槽后为干燥的西北气流。在垂直方向,槽前有上升运动,如水汽充沛,常产生降水;槽后为下沉气流,天气转晴。

在槽线的两侧有明显的温度差异和风向的转变。如果在某一地区范围内,只有风的转变,没有明显的温度差异,这就叫切变线。当切变线形成后,由于两侧风向、风速的不一致,使切变线区域内形成辐合带,使大量气流上升,因此在切变线影响下,常出现阴雨天气。

7. 冷锋、暖锋、静止锋

性质不同的冷暖气团相遇而形成的交界面,通称锋面。锋面分冷锋、暖锋、静止锋等。因为锋面附近,是冷暖空气的交会地带,因而这里往往伴有云、雨或大风等天气现象。

冷锋:是冷空气势力较强,冷气团向暖气团地区前进,它们的交界面叫作冷锋(意即冷空气前锋)。冷锋一般向南到东南方向移动,冷锋过后冷空气逐渐占据原来暖空气控制的地区,冷锋影响前,一般吹东南风或南到西南风,气压降低,湿度增大,气温较高。冷锋影响时,风向转偏北,气压逐渐升高,湿度减小,气温下降,一般会出现降水,夏季往往有雷阵雨,有时冷空气分股南下,第一条冷锋过境后不久,还会有第二条、第三条冷锋过境,后来的冷锋叫作副冷锋。

暖锋:是暖空气势力较强,向前推进,冷空气后退,锋面一般向北到东北方向移动,暖空气逐渐占据原来由冷空气控制的地区,这种锋面叫作暖锋。暖锋影响前,一般吹东到东南风,风力增大,气压下降,天气转阴有雨;暖锋过境后,风向转南到西南,气压仍有所下降,温度升高,湿度较大,阵性降水会停止转多云,有时有雾。

静止锋:是由于冷、暖空气势力相当,使两者之间的界面呈静止状态的锋面,叫静止锋;有时锋面移动缓慢或在冷暖空气之间来回作小的摆动,呈准静止状态,称准静止锋。如果静止锋在某地区停留时间较长,受它影响的地区将连绵阴雨。静止锋以北到高空切变线以南的地区,通常为大片雨区。淮河以南六七月份的梅雨,就是受江淮流域静止锋和高空切变线影响的结果。

8. 梅雨

每年六七月间在长江中下游和淮河地区一般都有一段持续阴雨天气或降水集中时段。这一时期,由于大气环流的季风调整,来自海洋的暖湿气流与北方南下的冷空气在江淮流域持续交绥,形成一条东西向准静止锋,一般称为梅雨锋,造成阴雨连绵和暴雨集中的天气。此时正值江南梅子黄熟时期,故称梅雨或黄梅天气;又因这时高温高湿,衣物容易霉烂,又称霉雨。在梅雨时期,从江淮流域至日本南部,维持一条稳定持久的雨带。雨带中的暴雨分布不均匀,常有数个暴雨中心。梅雨锋的暴雨强度一般比台风暴雨要小得多,但由于梅雨锋持续时间长,暴雨面积广,造成的洪涝灾害范围一般比台风要大。

形成梅雨锋暴雨的大气环流条件一般包括:①在亚洲的高纬度地区对流层中部有阻塞高压或稳定的高压脊,大气环流相对稳定少变;②中纬度地区西风环流平直,频繁的短波活动为江淮地区提供冷空气条件;③西太平洋副热带高压有一次明显西伸北跳过程,500 hPa 副高脊线稳定在北纬 20°~25°,暖湿气流从副热带高压边缘输送到江淮流域。在这种环流条件下,梅雨锋徘徊于江淮流域,并常常伴有西南涡和切变线,在梅雨锋上中尺度系统活跃。不仅维持了梅雨期连续性降水,而且为暴雨提供了充沛的水气。梅雨锋暴雨是不同尺度环流系统相互作用下形成的一种特定地区的特殊天气,大气环流的变异性,导致各年梅雨期开始有迟有早,梅雨持续时间有长有短,有的年份,梅雨锋特别活跃,暴雨频繁,造成洪涝灾害。有的年份,梅雨锋不明显,出现空梅,形成干旱天气。有的年份,会出现梅雨带北移后又返回江淮流域再度维持相对稳定的现象,习惯上称倒黄梅。江淮流域梅雨结束后,雨带移至华北地区,江淮流域进入高温少雨天气。

9.副热带高压

副热带高压为常年位于南、北半球副热带地区的高气压带,简称副高。它受海陆分布影响,常分裂为若干有闭合中心的高压单体,在等压面图上,等高线呈椭圆形状,长半轴略与纬圈平行。各副热带高压单体通常以地理位置命名。影响我国天气的主要是太平洋副热带高压西部的一环,一般称为西太平洋副高,它常呈东西带状,大范围的旱涝变化与它的活动有密切的关系。夏季,在西太平洋副高控制区内盛行干旱天气,西北部边缘是副高与西风带波动相互作用地区,盛行西南风,是我国夏季风的主要水汽通道,有低涡、切变线和气旋波等低压系统活动,也是中国夏季主要雨带分布区。雨带约位于 500 hPa 副高脊线以北 8~10 个纬距处。西太平洋副高脊线所在的纬度位置和副高强弱有明显的季节变化。中国主要雨带的季节位移与副高季节变化有十分密切的关系。在一般年份,冬季西太平洋副高脊线在北纬 15°附近,雨带位于华南沿海一带;春季脊线开始缓慢北移,低纬地区的暖湿空气开始活跃,雨带移至南岭附近,华南雨季开始;初夏,西太平洋副高出现第一次北跳,脊线位于北纬 20°~25°。雨带移至江淮流域,出现梅雨季节。7 月中旬前后,副高出现第二次北跳,脊线在北纬 30°附近,雨带移至黄河流域及其以北地区;8 月下旬以后,副高开始南撤,雨带随之南移;但这种变化各年差异甚大。副热带高压除南北进退以外,还有东西摆动,造成中国历年旱涝分布不均的复杂多变现象。

10.台风(热带风暴、强热带风暴)

台风是产生于热带洋面上的一种强烈的热带气旋。台风经过时常伴随着大风和暴雨天气。风向呈逆时针方向旋转。等压线和等温线近似为一组同心圆。中心气压最低而气温最高。

台风分级。台风按热带气旋中心附近最大风力的大小进行分级。过去我国气象部门将 8~11 级风称为台风,12 级和 12 级以上的风称为强台风。1989 年 1 月 1 日起,我国采用国际统一分级方法,近中心最大风力在 8~9 级时称为热带风暴,近中心最大风力在

10～11 级时称为强热带风暴,近中心最大风力在 12 级或 12 级以上时称为台风。为了叙述简单,以下仍统称为台风。

台风路径:大致可分为三类:①西进型:台风自菲律宾以东一直向西移动,经过南海最后在中国海南岛或越南北部地区登陆。②登陆型:台风向西北方向移动,穿过台湾海峡,在中国广东、福建、浙江沿海登陆,并逐渐减弱为低气压。这类台风对中国的影响最大。③抛物线型:台风先向西北方向移动,当接近中国东部沿海地区时,不登陆而转向东北,向日本附近转去,路径呈抛物线形状。

台风灾害:台风是一种破坏力很强的灾害性天气系统,但有时也能起到消除干旱的有益作用。其危害性主要有三个方面:①大风。台风中心附近最大风力一般为 8 级以上。②暴雨。台风是最强的暴雨天气系统之一,在台风经过的地区,一般能产生 150～300 mm 降雨,少数台风能产生 1 000 mm 以上的特大暴雨。1975年第 3 号台风在淮河上游产生的特大暴雨,创造了中国大陆地区暴雨极值,形成了河南“75·8”大洪水。③风暴潮。一般台风能使沿岸海水产生增水,江苏省沿海最大增水可达 3 m。“9608”和“9711”号台风增水,使江苏省沿江沿海出现超历史的高潮位。

台风形成后,一般会移出源地并经过发展、减弱和消亡的演变过程。一个发展成熟的台风,圆形涡旋半径一般为 500～1 000 km,高度可达 15～20 km,台风由外围区、最大风速区和台风眼三部分组成。外围区的风速从外向内增加,有螺旋状云带和阵性降水;最强烈的降水产生在最大风速区,平均宽 8～19 km,它与台风眼之间有环形云墙;台风眼位于台风中心区,最常见的台风眼呈圆形或椭圆形状,直径为 10～70 km 不等,平均约 45 km,台风眼的天气表现为无风、少云和干暖。

台风编号:中国把进入东经 150°以西、北纬 10°以北、近中心最大风力大于 8 级的热带低压,按每年出现的先后顺序编号,这就是我们从广播、电视里听到或看到的“今年第×号台风(热带风暴、强热带风暴)”。

11. 龙卷风

龙卷风是一种伴随着高速旋转的漏斗状云柱的强风涡旋。龙卷风中心附近风速可达 100～200 m/s,最大 300 m/s,比台风近中心最大风速大好几倍。中心气压很低,一般可低至 400 hPa,最低可达 200 hPa。它具有很大的吸吮作用,可把海(湖)水吸离海(湖)面,形成水柱。由于龙卷风内部空气极为稀薄,温度急剧降低,促使水汽迅速凝结,这是形成漏斗云柱的重要原因。漏斗云柱的直径,平均只有 250 m 左右。龙卷风产生于强烈不稳定的积雨云中。它的形成与暖湿空气强烈上升、冷空气南下、地形作用等有关。它的生命史短暂,一般维持十几分钟到一两个小时,但其破坏力惊人,能把大树连根拔起,建筑物吹倒,或把部分地面物卷至空中。

12. 冰雹

冰雹是从雹云(强烈发展的积雨云)中降落下来的冰球或冰块,大的有小碗口大,常与雷雨、大风同时出现。冰雹发生前,天气闷热,气压下降很多,最高气温可达 30 ℃或以上。雹云呈黑色,底部发红,雷声如推磨隆隆不断。形成冰雹的天气形势往往是华东沿海上空为低压槽,在华北上空有冷性低压东南下,地面图上暖性低压内有冷锋南移,并在午后到傍晚时影响。

13. 冻雨

冻雨是初冬或冬末春初时节见到的一种天气现象。当较强的冷空气南下遇到暖湿气流时,冷空气像楔子一样插在暖空气的下方,近地层气温骤降到零度以下,湿润的暖空气被抬升,并成云致雨。当雨滴从空中落下来时,由于近地面的气温很低,在电线杆、树木、植被及道路表面都会冻结上一层晶莹透亮的薄冰,气象上把这种天气现象称为冻雨。冻雨多发生在冬季和早春时期。我国出现冻雨较多的地区是贵州省,其次是湖南省、江西省、湖北省、河南省、安徽省、江苏省及山东省、河北省、陕西省、甘肃省、辽宁省南部等地,其中山区比平原多,高山最多。

14. 人工降水

人工降水是用人工方法促成云层产生降水、增加降水或改变降水分布的措施。目前,主要从改变云的微物理过程着手,在冷云中用人工冰核或强冷却剂诱发冰晶效应;在暖云中则用大颗粒质粒或大水滴加强云内水滴的重力碰并增长过程,从而达到降水的目的。

7.3.2.2　天气预报用语规定

1. 天气预报分类

天气预报可分为短期、中期、长期三种。在48 h以内为短期,超过48 h为中期,半个月以上为长期。通常在广播与电视里播放的都是短期天气预报。

在重大的灾害性天气系统出现前,各级气象台站还要及时发布"消息""报告""警报""紧急警报"等内容。

"消息":预计某种灾害性天气系统将于两天之后影响本地区,或尚难确定有无重大影响,但对本地区具有威胁时,可先发布"消息",如"台风消息"等。

"报告":预计两天之内,将有某种灾害性天气出现,对本地区有一定影响,可发布"报告",如"大风报告""高温报告"等。

"警报":预计某种灾害性天气系统,两天之内影响本地且危害较大,即发布"警报",如"台风警报""暴雨警报""大风警报"等。

"紧急警报":预报24 h内受台风影响,近中心最大风力达12级或以上,则发布"台风紧急警报"。对24 h内的热带低压、热带风暴、强热带风暴影响,也发布相应的紧急警报。

2. 天空状况

天空状况是以天空云量多少和阳光强弱来决定的,分晴天、少云、多云、阴天四种情况。

晴天:天空无云,或有中、低云量不到1成,高云量在4成以下。

少云:天空中有1~3成的中、低云层,或有4~5成的高云。

多云:天空中有4~7成的中、低云层,或有6~10成的高云。

阴天:天空阴暗,密布云层,或稍有云隙,而仍感到阴暗。

3. 降雨量强度

降雨量强度分级如表7-6所示。

表 7-6　降雨量强度分级　　　　　　　（单位：mm）

等级	12 h 降雨总量	24 h 降雨总量
小 雨	0 ~ 5.0	0 ~ 10.0
中 雨	1.1 ~ 15.0	10.1 ~ 25.0
大 雨	15.1 ~ 30.0	25.1 ~ 50.0
暴 雨	30.1 ~ 70.0	50.1 ~ 100.0
大暴雨	70.1 ~ 140.0	100.1 ~ 200.0
特大暴雨	> 140.0	> 200.0

4. 降雪量强度

降雪量强度分级如表 7-7 所示。

表 7-7　降雪量强度分级　　　　　　　（单位：mm）

等级	12 h 降雪总量	24 h 降雪总量
小雪	0 ~ 1.0	0 ~ 2.5
中雪	1.0 ~ 3.0	2.6 ~ 5.0
大雪	> 3.0	> 5.0

注：降雪量与降雨量的换算：10 mm 厚雪等于 1 mm 降雨量。

5. 风力

风力等级划分如表 7-8 所示。

表 7-8　风力分级

风力等级	陆地地面物体征象	相当风速	
		km/h	m/s
0	静，烟直上	< 1	0 ~ 0.2
1	烟能表示风向	1 ~ 5	0.3 ~ 1.5
2	人面感觉有风，树叶微动	6 ~ 11	1.6 ~ 3.3
3	树叶及微枝摇动不息，旌旗展开	12 ~ 19	3.4 ~ 5.4
4	能吹起地面灰尘和纸张，树的小枝摇动	20 ~ 28	5.5 ~ 7.9
5	有叶的小树摇摆，内陆水面有小波	29 ~ 38	8.0 ~ 10.7
6	大树枝摇动，电线呼呼有声，举伞困难	39 ~ 49	10.8 ~ 13.8
7	全树摇动，迎风步行感觉不便	50 ~ 61	13.9 ~ 17.1
8	微枝折毁，人向前行感觉阻力甚大	62 ~ 74	17.2 ~ 20.7
9	草房遭受破坏，大树枝可折断	75 ~ 88	20.8 ~ 24.4
10	树木可被吹倒，一般建筑物遭破坏	89 ~ 102	24.5 ~ 28.4
11	陆上少见，大树可被吹倒，一般建筑物遭到严重破坏	103 ~ 117	28.5 ~ 32.6
12	陆上绝少，其摧毁力极大	118 ~ 133	32.7 ~ 36.9
13		134 ~ 149	37.0 ~ 41.4
14		150 ~ 166	41.5 ~ 46.1
15		167 ~ 183	46.2 ~ 50.9
16		184 ~ 201	51.0 ~ 56.0
17		202 ~ 220	56.1 ~ 61.2

6. 降水强度判断方法(供参考)

(1)微雨。降水数滴,对野外工作无影响。

(2)小雨。雨点清晰可辨,下到地面石板上或屋瓦上不四溅,地面泥水浅注形成很慢,降雨开始后至少两分钟以上才能完全滴湿石板或屋瓦,屋上雨声缓和,屋檐只有滴水。

(3)中雨。雨落如线,雨滴不易分辨,落在硬地或屋瓦上即四溅,水洼泥潭形成很快,屋上有淅淅沙沙的雨声。

(4)大雨和暴雨。雨水如倾盆,平视空间模糊成片,落到屋瓦或硬地时,四溅高达数寸。水潭形成极快,能见度大减,屋顶上有哗哗喧闹声。

7. 连续阴雨天气以及我国主要的连续阴雨天气

1)连续阴雨天气

连续阴雨天气指连续 3 d 以上的阴雨现象。降雨强度可以是小雨、中雨,也可以是大雨或暴雨。

连续阴雨天气过程,是在大范围天气形势稳定和水汽来源充沛的情况下,产生降雨的天气系统在某一地区停滞或连续地重复出现而造成的。它主要发生在副热带高压北侧暖湿空气与西风带中的冷空气相交绥的地带。

2)我国主要的连续阴雨天气

(1)春季连续阴雨。当乌拉尔附近出现阻塞高压,其下游为平直的西风环流,不断地有小槽从高原东移,带下一股股冷空气侵入长江以南地区,同时西太平洋高压或南海高压稳定在海上,华南维持西南暖湿气流,在这种环流形势下,出现春季低温连续阴雨天气过程。

(2)初夏江淮流域梅雨。初夏产生在江淮流域雨期较长的连续阴雨天气,即梅雨。梅雨由冷暖空气长期在该地区交绥,导致锋面或气旋的频繁活动所致。

(3)秋季长江中下游连续阴雨。每年秋季 9 ~ 11 月,西风带开始南移,副热带高压也逐渐南退,与此同时,长江中下游出现连续阴雨的天气。

(4)秋季西南地区连续阴雨。秋季,在长江中下游出现连续阴雨的同时,西南地区的四川、贵州和云南东部地区,一般也出现连续阴雨天气,从 9 月中旬开始到 10 月下旬才告结束。

(5)西北地区东南部秋季连续阴雨。西北地区东南部 9 月和 10 月也是多雨季节,常出现连续阴雨天气,一般以小雨为主,有时亦出现大雨或暴雨。

8. 降雨类型

按气流对流运动对降雨的影响,降雨可分为气旋雨、地形雨、对流雨、台风雨四种类型。

(1)气旋雨。随着气旋或低压过境而产生的降雨,称为气旋雨,它是我国各季降雨的重要天气系统之一。气旋雨可分为非锋面雨和锋面雨两种。非锋面气旋雨是气流向低压辐合而引起气流上升所致,锋面气旋雨是由锋面上气旋波所产生的。气旋波是低层大气中的一种锋面波动。气旋波发生在温带地区,所以叫温带气旋波,气旋波发展到一定的深度就形成气旋。江淮气旋就是发生在江淮流域及湘赣地区的锋面气旋,在春夏两季出现较多,特别在梅雨期间的六七月更为活跃,是造成江淮地区暴雨的重要天气系统之一。

我国大部分地区是温带,属南北气流交会地区,气旋雨极为发达。各地气旋雨所占比率都在60%以上,华中和华北超过80%,即使西北内陆也达70%。我国境内的气旋多发生在高原以东地区。在北方形成的有蒙古气旋、东北低压和黄河气旋。我国气旋生成之后,一般向东北方向移动出海,有名的江南梅雨,就是六七月间的极地气团和热带海洋气团交会于江南地区所造成的。

(2)地形雨。当潮湿的气团前进时,遇到高山阻挡,气流被迫缓慢上升,引起绝热降温,发生凝结,这样形成的降雨,称为地形雨。地形雨多降在迎风面的山坡上,背风坡面则因空气下沉引起绝热增温,反使云量消减,降雨减少。

地形雨常随着地形高度增高而增加。地形雨如不与对流雨或气旋雨结合,雨势一般不会很强。

(3)对流雨。当地面受热,接近地面的空气气温增高,密度变小,于是发生对流,如果空气潮湿,上升的气流便会产生大雨或伴有雷电称为对流雨。对流雨多发生在夏季,范围发展很快,持续时间较短,占年降水量的比例也不大。

(4)台风雨。台风雨是热带海洋上的风暴带来的降雨。这种风暴是由异常强大的海洋湿热气团组成的,台风经过之处暴雨狂泄,一次可达数百毫米,有时可达 1 000 mm 以上,极易造成灾害。

9. 天气预报

电台、电视台每天都有天气预报节目,这里提供一点小常识:"今天白天"是指上午 08:00 到晚上 20:00 的 12 h;"今天夜间"是指 20:00 到次日早上 08:00 的 12 h。"多云"指云量占40% ~70%;"阴"指云量占80% ~100%;"晴"指云量占10% ~30%。

预报时间没超过 12 h,是指 12 h 降水量级标准。比如,预报今天白天中午或晚上有雷阵雨,指的是 12 h 内的降水量。如果预报今天白天到夜间有中到大雨,则指的是 24 h 内的降水量。

7.3.2.3　影响气候的天文与海温因子

1. 太阳黑子

太阳黑子是太阳光球上经常出现的阴暗斑点。它是太阳活动的基本标志。充分发展的黑子是由较暗的核(本影)与围绕它的较亮部分(半影)组成,形如中凹浅碟,温度比光球温度低一二千度。黑子大多分布在日面纬度 ±8° ~ ±40°,常成群出现,有大有小,数目也时多时少。太阳黑子的活动具有约 11 年、22 年、80 年的周期(22 年周期为磁周)。黑子具有高达几千高斯的磁场,大黑子群的出现往往会在地球上引起磁暴、电离层扰动和极光等地球物理现象。根据统计,地球上天气或气候反常与黑子活动有一定相关性。

2. 厄尔尼诺现象

厄尔尼诺现象是指位于赤道东太平洋冷水域中的秘鲁洋流水温反常升高、鱼群大量死亡的现象。由于此现象一般出现于圣诞节(圣子耶稣诞辰)前后,厄尔尼诺(ElNino)在西班牙文中即为圣子之意,故名。在少数年份此现象出现时,大范围水温可比常年偏高3 ~6 ℃。厄尔尼诺现象的出现常使低纬度海水温度年际变幅达到峰值。因此,不仅对低纬大气环流,甚至对全球气候的短期振动都具有重大影响。100 多年来,著名的厄尔尼诺年是:1891 年、1898 年、1925 年、1939~1941 年、1953 年、1957~1958 年、1965~1966 年、1972~1976 年、1982~1983 年和1997~1998 年。

3."拉尼娜"现象

"拉尼娜"是西班牙语"上帝之女"之意。它是一种厄尔尼诺年之后的矫枉过正现象。这种水文特征将使太平洋东部水温下降,出现干旱,与此相反的是西部水温上升,降水量比正常年份明显偏多。

7.4 水情电报编码规则选编

为及时、准确、有效地传输实时水情信息,更好地为防汛抗旱、水资源管理和国民经济建设服务,统一水情信息传输的编码标准,加强科学管理,制定了《水情信息编码标准》(SL 330—2005)。

水情信息编码应包括编码格式标识符、水情站码、观测时间码、水文要素标识符及与水文要素相对应的数据(值)、结束符"NN"六个部分,各部分由空格分隔,不应缺漏。

编码格式标识符应由格式码与水情信息编码分类码组成,格式码在前,编码分类码在后。格式码 A、B、C 与 10 类水情信息编码分类码组合,分别构成 A、B、C 三种不同类别水情信息的编码格式标识符,其中格式码"A"可缺省。编码格式标识符应列在编码的首组,且不应缺省。

水情信息的编码格式可分为下列三类:

(1)单站多要素格式:用于编列一个水情站在不同时间内观测到的一项或多项水文要素的信息。用格式码 A 表示,简称 A 格式。

(2)多站多要素格式:用于编列多个水情站在同一时间内观测到的一项或多项水文要素的信息。用格式码 B 表示,简称 B 格式。

(3)单站水文系列格式:用于编列一个水情站以均匀时段观测到的一项或多项水文要素的一组信息。用格式码 C 表示,简称 C 格式。

白龟山水库水情采用 A 格式。水情信息编码格式如下。

7.4.1 降雨量编码格式

降雨量编码格式如下:

P 站号 ␣ 月日时分 ␣ P2 数据 ␣ DT 时分 ␣ PD 数据 ␣ WS 代码 ␣ PX 数据 ␣ PM 数据 ␣ NN

格式中:P 为降水;␣ 为空格符;P2 为降雨时段标识;DT 为降雨历时;PD 为日降雨量;WS 为天气状况,代码 7 表示雨,代码 8 表示阴,代码 9 表示晴;PX 为旬降水量;PM 为月降水量;NN 为结束符。

降雨量编码示例有:

【例 7-1】 某雨量站81012,采用三级标准编报,降雨量的起报标准为有雨即报。6月18 日 8~14 时降雨量为1.4 mm,14 时天气阴,则该时段降雨量编码可采用 A 格式编写:

P ␣ 81012 ␣ 06 181 400 ␣ P6 ␣ 1.4 ␣ WS ␣ 8 ␣ NN

【例7-2】 某雨量站45878,采用三级拍报标准,降雨量的起报标准为 5 mm。7 月 17 日 8~14 时降雨量为3.7 mm,14 时天气阴,因未达到起报标准,可不编报;14~20 时降雨 量6.3 mm,20 时天气雨,已达到起报标准,则应将上一时段降雨量一并报出。17 日 20 时 至 18 日 2 时降雨量3.2 mm,天气阴,因未达到起报标准,可不编报;18 日 2~8 时降雨量 9.8 mm,天气雨,已达到起报标准,又到了编报日雨量的时间,应连同后两个未报的时段 降水量以及日降水量一并报出。

该站 17 日 20 时的编码可采用 A 格式编写:

P ␣ 45878 ␣ 07171400 ␣ P6 ␣ 3.7 ␣ WS ␣ 8 ␣ TT ␣ 07172000 ␣ P6 ␣ 6.3 ␣ WS ␣ 7 ␣ NN

该站 18 日 8 时的编码宜采用 A 格式编写:

P ␣ 45878 ␣ 07180200 ␣ P6 ␣ 3.2 ␣ WS ␣ 8 ␣ TT ␣ 07180800 ␣ P6 ␣ 9.8 ␣ PD ␣ 23 ␣ WS ␣ 7 ␣ NN

【例7-3】 某水库站62 038,规定有雨即报,6 月 28 日 8 时至 29 日 8 时日降水量16.8 mm,29 日 8 时天气阴,其编码可采用 A 格式编写:

K ␣ 62038 ␣ 06290800 ␣ PD ␣ 16.8 ␣ WS ␣ 8 ␣ NN

7.4.2 暴雨加报编码格式

暴雨加报编码格式为:

P 站号 ␣ 月日时分 ␣ PR 数据 ␣ DT 时分 ␣ WS 代码 ␣ NN

格式中:PR 为暴雨量。

暴雨加报编码示例如下:

【例7-4】 某水情站68428,采用三级拍报,起报标准为 10 mm,规定要进行暴雨加 报,加报标准为 1 h 降雨超过 30 mm 即作暴雨计。7 月 14 日 8~9 时降雨 31 mm,9 时天 气雨;9~10 时又降雨 42 mm,10 时仍在降雨;10~11 时降雨 2 mm,11~13 时无雨。13~ 14 时又降雨10.1 mm,14 时天气阴。8~14 时时段降雨量为85.1 mm。则:

9 时的暴雨加报编码为

P ␣ 68428 ␣ 07140900 ␣ PR ␣ 31 ␣ DT ␣ 1 ␣ WS ␣ 7 ␣ NN

10 时的暴雨加报编码为

P ␣ 68428 ␣ 07141000 ␣ PR ␣ 42 ␣ DT ␣ 1 ␣ WS ␣ 7 ␣ NN

14 时时段降雨量已到编报标准,其编码为

P ␣ 68428 ␣ 07141400 ␣ P6 ␣ 85.1 ␣ WS ␣ 8 ␣ NN

7.4.3 水库水情编码格式

水库水情编码格式如下:

K 站号 ␣ 月日时分 ␣ QI(D)入库流量 ␣ DT 时分 ␣ ZU 水位 ␣ ZS 水势 ␣ HS 水流特 征 ␣ W 蓄水量 ␣ QA 出库流量 ␣ QS 流量测法 ␣ GS 设备类别 ␣ GN 设备编号 ␣ GT 开 启孔数 ␣ GH 开启高度 ␣ QZ 流量 ␣ QS 流量测法 ␣ NN

格式中:QI(D)为入库流量(日均流量);DT 为时段长度;ZU 为库上水位;ZS 为水势状态,

代码 4 表示落,代码 5 表示涨,代码 6 表示平;HS 为水流特性,代码 5 表示起涨,代码 6 表示洪峰;W 为蓄水量;QA 为总出库流量;QS 为流量测法,代码 1 表示曲线,代码 2 表示浮标,代码 3 表示流速仪;GS 为输水设备类别,代码 0 表示非常溢洪道,1 表示正常溢洪道,2 表示泄洪道(洞),3 表示灌溉洞(渠),4 表示发电(洞),5 表示供水洞(渠),6 表示排沙孔,7 表示船闸,9 表示其他;GN 为输水设备编号;GT 为闸门开启孔数;GH 为闸门开启高度;QZ 为输水设备流量。

水库水情编码示例如下:

【例 7-5】　某水库站56804,7 月 4 日 8 时库上水位16.07 m,水势落,库下水位7.01 m,水势平,蓄水量1.50亿 m³,水库总出库流量为 100 m³/s。A 格式编码为:

K ␣ 56804 ␣ 07040800 ␣ ZU ␣ 16.07 ␣ ZS ␣ 4 ␣ W ␣ 150 ␣ QA ␣ 100 ␣ ZB ␣ 7.01 ␣ ZS ␣ 6 ␣ NN

第8章　防洪防汛及水库大坝安全管理法规选编

《中华人民共和国水法》

（2002年8月29日第九届全国人民代表大会常务委员会第二十九次会议通过）

第一章　总　则

第一条　为了合理开发、利用、节约和保护水资源，防治水害，实现水资源的可持续利用，适应国民经济和社会发展的需要，制定本法。

第二条　在中华人民共和国领域内开发、利用、节约、保护、管理水资源，防治水害，适用本法。

本法所称水资源，包括地表水和地下水。

第三条　水资源属于国家所有。水资源的所有权由国务院代表国家行使。农村集体经济组织的水塘和由农村集体经济组织修建管理的水库中的水，归各该农村集体经济组织使用。

第四条　开发、利用、节约、保护水资源和防治水害，应当全面规划、统筹兼顾、标本兼治、综合利用、讲求效益，发挥水资源的多种功能，协调好生活、生产经营和生态环境用水。

第五条　县级以上人民政府应当加强水利基础设施建设，并将其纳入本级国民经济和社会发展计划。

第六条　国家鼓励单位和个人依法开发、利用水资源，并保护其合法权益。开发、利用水资源的单位和个人有依法保护水资源的义务。

第七条　国家对水资源依法实行取水许可制度和有偿使用制度。但是，农村集体经济组织及其成员使用本集体经济组织的水塘、水库中的水的除外。国务院水行政主管部门负责全国取水许可制度和水资源有偿使用制度的组织实施。

第八条　国家厉行节约用水，大力推行节约用水措施，推广节约用水新技术、新工艺，发展节水型工业、农业和服务业，建立节水型社会。

各级人民政府应当采取措施，加强对节约用水的管理，建立节约用水技术开发推广体系，培育和发展节约用水产业。

单位和个人有节约用水的义务。

第九条　国家保护水资源，采取有效措施，保护植被，植树种草，涵养水源，防治水土流失和水体污染，改善生态环境。

第十条　国家鼓励和支持开发、利用、节约、保护、管理水资源和防治水害的先进科学技术的研究、推广和应用。

第十一条　在开发、利用、节约、保护、管理水资源和防治水害等方面成绩显著的单位和个人,由人民政府给予奖励。

第十二条　国家对水资源实行流域管理与行政区域管理相结合的管理体制。

国务院水行政主管部门负责全国水资源的统一管理和监督工作。

国务院水行政主管部门在国家确定的重要江河、湖泊设立的流域管理机构(以下简称流域管理机构),在所管辖的范围内行使法律、行政法规规定的和国务院水行政主管部门授予的水资源管理和监督职责。

县级以上地方人民政府水行政主管部门按照规定的权限,负责本行政区域内水资源的统一管理和监督工作。

第十三条　国务院有关部门按照职责分工,负责水资源开发、利用、节约和保护的有关工作。

县级以上地方人民政府有关部门按照职责分工,负责本行政区域内水资源开发、利用、节约和保护的有关工作。

第二章　水资源规划

第十四条　国家制定全国水资源战略规划。

开发、利用、节约、保护水资源和防治水害,应当按照流域、区域统一制定规划。规划分为流域规划和区域规划。流域规划包括流域综合规划和流域专业规划;区域规划包括区域综合规划和区域专业规划。

前款所称综合规划,是指根据经济社会发展需要和水资源开发利用现状编制的开发、利用、节约、保护水资源和防治水害的总体部署。前款所称专业规划,是指防洪、治涝、灌溉、航运、供水、水力发电、竹木流放、渔业、水资源保护、水土保持、防沙治沙、节约用水等规划。

第十五条　流域范围内的区域规划应当服从流域规划,专业规划应当服从综合规划。

流域综合规划和区域综合规划以及与土地利用关系密切的专业规划,应当与国民经济和社会发展规划以及土地利用总体规划、城市总体规划和环境保护规划相协调,兼顾各地区、各行业的需要。

第十六条　制定规划,必须进行水资源综合科学考察和调查评价。水资源综合科学考察和调查评价,由县级以上人民政府水行政主管部门会同同级有关部门组织进行。

县级以上人民政府应当加强水文、水资源信息系统建设。县级以上人民政府水行政主管部门和流域管理机构应当加强对水资源的动态监测。

基本水文资料应当按照国家有关规定予以公开。

第十七条　国家确定的重要江河、湖泊的流域综合规划,由国务院水行政主管部门会同国务院有关部门和有关省、自治区、直辖市人民政府编制,报国务院批准。跨省、自治区、直辖市的其他江河、湖泊的流域综合规划和区域综合规划,由有关流域管理机构会同江河、湖泊所在地的省、自治区、直辖市人民政府水行政主管部门和有关部门编制,分别经有关省、自治区、直辖市人民政府审查提出意见后,报国务院水行政主管部门审核;国务院水行政主管部门征求国务院有关部门意见后,报国务院或者其授权的部门批准。

前款规定以外的其他江河、湖泊的流域综合规划和区域综合规划,由县级以上地方人民政府水行政主管部门会同同级有关部门和有关地方人民政府编制,报本级人民政府或者其授权的部门批准,并报上一级水行政主管部门备案。

专业规划由县级以上人民政府有关部门编制,征求同级其他有关部门意见后,报本级人民政府批准。其中,防洪规划、水土保持规划的编制、批准,依照防洪法、水土保持法的有关规定执行。

第十八条　规划一经批准,必须严格执行。

经批准的规划需要修改时,必须按照规划编制程序经原批准机关批准。

第十九条　建设水工程,必须符合流域综合规划。在国家确定的重要江河、湖泊和跨省、自治区、直辖市的江河、湖泊上建设水工程,其工程可行性研究报告报请批准前,有关流域管理机构应当对水工程的建设是否符合流域综合规划进行审查并签署意见;在其他江河、湖泊上建设水工程,其工程可行性研究报告报请批准前,县级以上地方人民政府水行政主管部门应当按照管理权限对水工程的建设是否符合流域综合规划进行审查并签署意见。水工程建设涉及防洪的,依照防洪法的有关规定执行;涉及其他地区和行业的,建设单位应当事先征求有关地区和部门的意见。

第三章　水资源开发利用

第二十条　开发、利用水资源,应当坚持兴利与除害相结合,兼顾上下游、左右岸和有关地区之间的利益,充分发挥水资源的综合效益,并服从防洪的总体安排。

第二十一条　开发、利用水资源,应当首先满足城乡居民生活用水,并兼顾农业、工业、生态环境用水以及航运等需要。

在干旱和半干旱地区开发、利用水资源,应当充分考虑生态环境用水需要。

第二十二条　跨流域调水,应当进行全面规划和科学论证,统筹兼顾调出和调入流域的用水需要,防止对生态环境造成破坏。

第二十三条　地方各级人民政府应当结合本地区水资源的实际情况,按照地表水与地下水统一调度开发、开源与节流相结合、节流优先和污水处理再利用的原则,合理组织开发、综合利用水资源。

国民经济和社会发展规划以及城市总体规划的编制、重大建设项目的布局,应当与当地水资源条件和防洪要求相适应,并进行科学论证;在水资源不足的地区,应当对城市规模和建设耗水量大的工业、农业和服务业项目加以限制。

第二十四条　在水资源短缺的地区,国家鼓励对雨水和微咸水的收集、开发、利用和对海水的利用、淡化。

第二十五条　地方各级人民政府应当加强对灌溉、排涝、水土保持工作的领导,促进农业生产发展;在容易发生盐碱化和渍害的地区,应当采取措施,控制和降低地下水的水位。

农村集体经济组织或者其成员依法在本集体经济组织所有的集体土地或者承包土地上投资兴建水工程设施的,按照谁投资建设谁管理和谁受益的原则,对水工程设施及其蓄水进行管理和合理使用。

农村集体经济组织修建水库应当经县级以上地方人民政府水行政主管部门批准。

第二十六条　国家鼓励开发、利用水能资源。在水能丰富的河流,应当有计划地进行多目标梯级开发。

建设水力发电站,应当保护生态环境,兼顾防洪、供水、灌溉、航运、竹木流放和渔业等方面的需要。

第二十七条　国家鼓励开发、利用水运资源。在水生生物洄游通道、通航或者竹木流放的河流上修建永久性拦河闸坝,建设单位应当同时修建过鱼、过船、过木设施,或者经国务院授权的部门批准采取其他补救措施,并妥善安排施工和蓄水期间的水生生物保护、航运和竹木流放,所需费用由建设单位承担。

在不通航的河流或者人工水道上修建闸坝后可以通航的,闸坝建设单位应当同时修建过船设施或者预留过船设施位置。

第二十八条　任何单位和个人引水、截(蓄)水、排水,不得损害公共利益和他人的合法权益。

第二十九条　国家对水工程建设移民实行开发性移民的方针,按照前期补偿、补助与后期扶持相结合的原则,妥善安排移民的生产和生活,保护移民的合法权益。

移民安置应当与工程建设同步进行。建设单位应当根据安置地区的环境容量和可持续发展的原则,因地制宜,编制移民安置规划,经依法批准后,由有关地方人民政府组织实施。所需移民经费列入工程建设投资计划。

第四章　水资源、水域和水工程的保护

第三十条　县级以上人民政府水行政主管部门、流域管理机构以及其他有关部门在制定水资源开发、利用规划和调度水资源时,应当注意维持江河的合理流量和湖泊、水库以及地下水的合理水位,维护水体的自然净化能力。

第三十一条　从事水资源开发、利用、节约、保护和防治水害等水事活动,应当遵守经批准的规划;因违反规划造成江河和湖泊水域使用功能降低、地下水超采、地面沉降、水体污染的,应当承担治理责任。

开采矿藏或者建设地下工程,因疏干排水导致地下水水位下降、水源枯竭或者地面塌陷,采矿单位或者建设单位应当采取补救措施;对他人生活和生产造成损失的,依法给予补偿。

第三十二条　国务院水行政主管部门会同国务院环境保护行政主管部门、有关部门和有关省、自治区、直辖市人民政府,按照流域综合规划、水资源保护规划和经济社会发展要求,拟定国家确定的重要江河、湖泊的水功能区划,报国务院批准。跨省、自治区、直辖市的其他江河、湖泊的水功能区划,由有关流域管理机构会同江河、湖泊所在地的省、自治区、直辖市人民政府水行政主管部门、环境保护行政主管部门和其他有关部门拟定,分别经有关省、自治区、直辖市人民政府审查提出意见后,由国务院水行政主管部门会同国务院环境保护行政主管部门审核,报国务院或者其授权的部门批准。

前款规定以外的其他江河、湖泊的水功能区划,由县级以上地方人民政府水行政主管

部门会同同级人民政府环境保护行政主管部门和有关部门拟定,报同级人民政府或者其授权的部门批准,并报上一级水行政主管部门和环境保护行政主管部门备案。

县级以上人民政府水行政主管部门或者流域管理机构应当按照水功能区对水质的要求和水体的自然净化能力,核定该水域的纳污能力,向环境保护行政主管部门提出该水域的限制排污总量意见。

县级以上地方人民政府水行政主管部门和流域管理机构应当对水功能区的水质状况进行监测,发现重点污染物排放总量超过控制指标的,或者水功能区的水质未达到水域使用功能对水质的要求的,应当及时报告有关人民政府采取治理措施,并向环境保护行政主管部门通报。

第三十三条　国家建立饮用水水源保护区制度。省、自治区、直辖市人民政府应当划定饮用水水源保护区,并采取措施,防止水源枯竭和水体污染,保证城乡居民饮用水安全。

第三十四条　禁止在饮用水水源保护区内设置排污口。

在江河、湖泊新建、改建或者扩大排污口,应当经过有管辖权的水行政主管部门或者流域管理机构同意,由环境保护行政主管部门负责对该建设项目的环境影响报告书进行审批。

第三十五条　从事工程建设,占用农业灌溉水源、灌排工程设施,或者对原有灌溉用水、供水水源有不利影响的,建设单位应当采取相应的补救措施;造成损失的,依法给予补偿。

第三十六条　在地下水超采地区,县级以上地方人民政府应当采取措施,严格控制开采地下水。在地下水严重超采地区,经省、自治区、直辖市人民政府批准,可以划定地下水禁止开采或者限制开采区。在沿海地区开采地下水,应当经过科学论证,并采取措施,防止地面沉降和海水入侵。

第三十七条　禁止在江河、湖泊、水库、运河、渠道内弃置、堆放阻碍行洪的物体和种植阻碍行洪的林木及高秆作物。

禁止在河道管理范围内建设妨碍行洪的建筑物、构筑物以及从事影响河势稳定、危害河岸堤防安全和其他妨碍河道行洪的活动。

第三十八条　在河道管理范围内建设桥梁、码头和其他拦河、跨河、临河建筑物、构筑物,铺设跨河管道、电缆,应当符合国家规定的防洪标准和其他有关的技术要求,工程建设方案应当依照防洪法的有关规定报经有关水行政主管部门审查同意。

因建设前款工程设施,需要扩建、改建、拆除或者损坏原有水工程设施的,建设单位应当负担扩建、改建的费用和损失补偿。但是,原有工程设施属于违法工程的除外。

第三十九条　国家实行河道采砂许可制度。河道采砂许可制度实施办法,由国务院规定。

在河道管理范围内采砂,影响河势稳定或者危及堤防安全的,有关县级以上人民政府水行政主管部门应当划定禁采区和规定禁采期,并予以公告。

第四十条　禁止围湖造地。已经围垦的,应当按照国家规定的防洪标准有计划地退地还湖。

禁止围垦河道。确需围垦的,应当经过科学论证,经省、自治区、直辖市人民政府水行政主管部门或者国务院水行政主管部门同意后,报本级人民政府批准。

第四十一条　单位和个人有保护水工程的义务,不得侵占、毁坏堤防、护岸、防汛、水文监测、水文地质监测等工程设施。

第四十二条　县级以上地方人民政府应当采取措施,保障本行政区域内水工程,特别是水坝和堤防的安全,限期消除险情。水行政主管部门应当加强对水工程安全的监督管理。

第四十三条　国家对水工程实施保护。国家所有的水工程应当按照国务院的规定划定工程管理和保护范围。

国务院水行政主管部门或者流域管理机构管理的水工程,由主管部门或者流域管理机构商有关省、自治区、直辖市人民政府划定工程管理和保护范围。前款规定以外的其他水工程,应当按照省、自治区、直辖市人民政府的规定,划定工程保护范围和保护职责。

在水工程保护范围内,禁止从事影响水工程运行和危害水工程安全的爆破、打井、采石、取土等活动。

第五章　水资源配置和节约使用

第四十四条　国务院发展计划主管部门和国务院水行政主管部门负责全国水资源的宏观调配。全国的和跨省、自治区、直辖市的水中长期供求规划,由国务院水行政主管部门会同有关部门制订,经国务院发展计划主管部门审查批准后执行。地方的水中长期供求规划,由县级以上地方人民政府水行政主管部门会同同级有关部门依据上一级水中长期供求规划和本地区的实际情况制订,经本级人民政府发展计划主管部门审查批准后执行。

水中长期供求规划应当依据水的供求现状、国民经济和社会发展规划、流域规划、区域规划,按照水资源供需协调、综合平衡、保护生态、厉行节约、合理开源的原则制定。

第四十五条　调蓄径流和分配水量,应当依据流域规划和水中长期供求规划,以流域为单元制定水量分配方案。

跨省、自治区、直辖市的水量分配方案和旱情紧急情况下的水量调度预案,由流域管理机构商有关省、自治区、直辖市人民政府制订,报国务院或者其授权的部门批准后执行。其他跨行政区域的水量分配方案和旱情紧急情况下的水量调度预案,由共同的上一级人民政府水行政主管部门商有关地方人民政府制订,报本级人民政府批准后执行。

水量分配方案和旱情紧急情况下的水量调度预案经批准后,有关地方人民政府必须执行。

在不同行政区域之间的边界河流上建设水资源开发、利用项目,应当符合该流域经批准的水量分配方案,由有关县级以上地方人民政府报共同的上一级人民政府水行政主管部门或者有关流域管理机构批准。

第四十六条　县级以上地方人民政府水行政主管部门或者流域管理机构应当根据批准的水量分配方案和年度预测来水量,制订年度水量分配方案和调度计划,实施水量统一调度;有关地方人民政府必须服从。

国家确定的重要江河、湖泊的年度水量分配方案,应当纳入国家的国民经济和社会发展年度计划。

第四十七条　国家对用水实行总量控制和定额管理相结合的制度。省、自治区、直辖市人民政府有关行业主管部门应当制订本行政区域内行业用水定额,报同级水行政主管部门和质量监督检验行政主管部门审核同意后,由省、自治区、直辖市人民政府公布,并报国务院水行政主管部门和国务院质量监督检验行政主管部门备案。

县级以上地方人民政府发展计划主管部门会同同级水行政主管部门,根据用水定额、经济技术条件以及水量分配方案确定的可供本行政区域使用的水量,制定年度用水计划,对本行政区域内的年度用水实行总量控制。

第四十八条　直接从江河、湖泊或者地下取用水资源的单位和个人,应当按照国家取水许可制度和水资源有偿使用制度的规定,向水行政主管部门或者流域管理机构申请领取取水许可证,并缴纳水资源费,取得取水权。但是,家庭生活和零星散养、圈养畜禽饮用等少量取水的除外。

实施取水许可制度和征收管理水资源费的具体办法,由国务院规定。

第四十九条　用水应当计量,并按照批准的用水计划用水。

用水实行计量收费和超定额累进加价制度。

第五十条　各级人民政府应当推行节水灌溉方式和节水技术,对农业蓄水、输水工程采取必要的防渗漏措施,提高农业用水效率。

第五十一条　工业用水应当采用先进技术、工艺和设备,增加循环用水次数,提高水的重复利用率。

国家逐步淘汰落后的、耗水量高的工艺、设备和产品,具体名录由国务院经济综合主管部门会同国务院水行政主管部门和有关部门制定并公布。生产者、销售者或者生产经营中的使用者应当在规定的时间内停止生产、销售或者使用列入名录的工艺、设备和产品。

第五十二条　城市人民政府应当因地制宜采取有效措施,推广节水型生活用水器具,降低城市供水管网漏失率,提高生活用水效率;加强城市污水集中处理,鼓励使用再生水,提高污水再生利用率。

第五十三条　新建、扩建、改建建设项目,应当制订节水措施方案,配套建设节水设施。节水设施应当与主体工程同时设计、同时施工、同时投产。

供水企业和自建供水设施的单位应当加强供水设施的维护管理,减少水的漏失。

第五十四条　各级人民政府应当积极采取措施,改善城乡居民的饮用水条件。

第五十五条　使用水工程供应的水,应当按照国家规定向供水单位缴纳水费。供水价格应当按照补偿成本、合理收益、优质优价、公平负担的原则确定。具体办法由省级以上人民政府价格主管部门会同同级水行政主管部门或者其他供水行政主管部门依据职权制定。

第六章　水事纠纷处理与执法监督检查

第五十六条　不同行政区域之间发生水事纠纷的,应当协商处理;协商不成的,由上一级人民政府裁决,有关各方必须遵照执行。在水事纠纷解决前,未经各方达成协议或者共同的上一级人民政府批准,在行政区域交界线两侧一定范围内,任何一方不得修建排水、阻水、取水和截(蓄)水工程,不得单方面改变水的现状。

第五十七条　单位之间、个人之间、单位与个人之间发生的水事纠纷,应当协商解决;当事人不愿协商或者协商不成的,可以申请县级以上地方人民政府或者其授权的部门调解,也可以直接向人民法院提起民事诉讼。县级以上地方人民政府或者其授权的部门调解不成的,当事人可以向人民法院提起民事诉讼。在水事纠纷解决前,当事人不得单方面改变现状。

第五十八条　县级以上人民政府或者其授权的部门在处理水事纠纷时,有权采取临时处置措施,有关各方或者当事人必须服从。

第五十九条　县级以上人民政府水行政主管部门和流域管理机构应当对违反本法的行为加强监督检查并依法进行查处。

水政监督检查人员应当忠于职守,秉公执法。

第六十条　县级以上人民政府水行政主管部门、流域管理机构及其水政监督检查人员履行本法规定的监督检查职责时,有权采取下列措施:

(一)要求被检查单位提供有关文件、证照、资料;

(二)要求被检查单位就执行本法的有关问题作出说明;

(三)进入被检查单位的生产场所进行调查;

(四)责令被检查单位停止违反本法的行为,履行法定义务。

第六十一条　有关单位或者个人对水政监督检查人员的监督检查工作应当给予配合,不得拒绝或者阻碍水政监督检查人员依法执行职务。

第六十二条　水政监督检查人员在履行监督检查职责时,应当向被检查单位或者个人出示执法证件。

第六十三条　县级以上人民政府或者上级水行政主管部门发现本级或者下级水行政主管部门在监督检查工作中有违法或者失职行为的,应当责令其限期改正。

第七章　法律责任

第六十四条　水行政主管部门或者其他有关部门以及水工程管理单位及其工作人员,利用职务上的便利收取他人财物、其他好处或者玩忽职守,对不符合法定条件的单位或者个人核发许可证、签署审查同意意见,不按照水量分配方案分配水量,不按照国家有关规定收取水资源费,不履行监督职责,或者发现违法行为不予查处,造成严重后果,构成犯罪的,对负有责任的主管人员和其他直接责任人员依照刑法的有关规定追究刑事责任;尚不够刑事处罚的,依法给予行政处分。

第六十五条　在河道管理范围内建设妨碍行洪的建筑物、构筑物,或者从事影响河势稳定、危害河岸堤防安全和其他妨碍河道行洪的活动的,由县级以上人民政府水行政主管部门或者流域管理机构依据职权,责令停止违法行为,限期拆除违法建筑物、构筑物,恢复原状;逾期不拆除、不恢复原状的,强行拆除,所需费用由违法单位或者个人负担,并处一万元以上十万元以下的罚款。

未经水行政主管部门或者流域管理机构同意,擅自修建水工程,或者建设桥梁、码头和其他拦河、跨河、临河建筑物、构筑物,铺设跨河管道、电缆,且《防洪法》未作规定的,由县级以上人民政府水行政主管部门或者流域管理机构依据职权,责令停止违法行为,限期补办有关手续;逾期不补办或者补办未被批准的,责令限期拆除违法建筑物、构筑物;逾期不拆除的,强行拆除,所需费用由违法单位或者个人负担,并处一万元以上十万元以下的罚款。

虽经水行政主管部门或者流域管理机构同意,但未按照要求修建前款所列工程设施的,由县级以上人民政府水行政主管部门或者流域管理机构依据职权,责令限期改正,按照情节轻重,处一万元以上十万元以下的罚款。

第六十六条　有下列行为之一,且《防洪法》未作规定的,由县级以上人民政府水行政主管部门或者流域管理机构依据职权,责令停止违法行为,限期清除障碍或者采取其他补救措施,处一万元以上五万元以下的罚款:

(一)在江河、湖泊、水库、运河、渠道内弃置、堆放阻碍行洪的物体和种植阻碍行洪的林木及高秆作物的;

(二)围湖造地或者未经批准围垦河道的。

第六十七条　在饮用水水源保护区内设置排污口的,由县级以上地方人民政府责令限期拆除、恢复原状;逾期不拆除、不恢复原状的,强行拆除、恢复原状,并处五万元以上十万元以下的罚款。

未经水行政主管部门或者流域管理机构审查同意,擅自在江河、湖泊新建、改建或者扩大排污口的,由县级以上人民政府水行政主管部门或者流域管理机构依据职权,责令停止违法行为,限期恢复原状,处五万元以上十万元以下的罚款。

第六十八条　生产、销售或者在生产经营中使用国家明令淘汰的落后的、耗水量高的工艺、设备和产品的,由县级以上地方人民政府经济综合主管部门责令停止生产、销售或者使用,处二万元以上十万元以下的罚款。

第六十九条　有下列行为之一的,由县级以上人民政府水行政主管部门或者流域管理机构依据职权,责令停止违法行为,限期采取补救措施,处二万元以上十万元以下的罚款;情节严重的,吊销其取水许可证:

(一)未经批准擅自取水的;

(二)未依照批准的取水许可规定条件取水的。

第七十条　拒不缴纳、拖延缴纳或者拖欠水资源费的,由县级以上人民政府水行政主管部门或者流域管理机构依据职权,责令限期缴纳;逾期不缴纳的,从滞纳之日起按日加收滞纳部分千分之二的滞纳金,并处应缴或者补缴水资源费一倍以上五倍以下的罚款。

第七十一条　建设项目的节水设施没有建成或者没有达到国家规定的要求,擅自投入使用的,由县级以上人民政府有关部门或者流域管理机构依据职权,责令停止使用,限期改正,处五万元以上十万元以下的罚款。

第七十二条　有下列行为之一,构成犯罪的,依照刑法的有关规定追究刑事责任;尚不够刑事处罚,且防洪法未作规定的,由县级以上地方人民政府水行政主管部门或者流域管理机构依据职权,责令停止违法行为,采取补救措施,处一万元以上五万元以下的罚款;违反治安管理处罚条例的,由公安机关依法给予治安管理处罚;给他人造成损失的,依法承担赔偿责任：

（一）侵占、毁坏水工程及堤防、护岸等有关设施,毁坏防汛、水文监测、水文地质监测设施的;

（二）在水工程保护范围内,从事影响水工程运行和危害水工程安全的爆破、打井、采石、取土等活动的。

第七十三条　侵占、盗窃或者抢夺防汛物资,防洪排涝、农田水利、水文监测和测量以及其他水工程设备和器材,贪污或者挪用国家救灾、抢险、防汛、移民安置和补偿及其他水利建设款物,构成犯罪的,依照刑法的有关规定追究刑事责任。

第七十四条　在水事纠纷发生及其处理过程中煽动闹事、结伙斗殴、抢夺或者损坏公私财物、非法限制他人人身自由,构成犯罪的,依照刑法的有关规定追究刑事责任;尚不够刑事处罚的,由公安机关依法给予治安管理处罚。

第七十五条　不同行政区域之间发生水事纠纷,有下列行为之一的,对负有责任的主管人员和其他直接责任人员依法给予行政处分：

（一）拒不执行水量分配方案和水量调度预案的;

（二）拒不服从水量统一调度的;

（三）拒不执行上一级人民政府的裁决的;

（四）在水事纠纷解决前,未经各方达成协议或者上一级人民政府批准,单方面违反本法规定改变水的现状的。

第七十六条　引水、截（蓄）水、排水,损害公共利益或者他人合法权益的,依法承担民事责任。

第七十七条　对违反本法第三十九条有关河道采砂许可制度规定的行政处罚,由国务院规定。

第八章　附　则

第七十八条　中华人民共和国缔结或者参加的与国际或者国境边界河流、湖泊有关的国际条约、协定与中华人民共和国法律有不同规定的,适用国际条约、协定的规定。但是,中华人民共和国声明保留的条款除外。

第七十九条　本法所称水工程,是指在江河、湖泊和地下水源上开发、利用、控制、调配和保护水资源的各类工程。

第八十条　海水的开发、利用、保护和管理,依照有关法律的规定执行。

第八十一条　从事防洪活动,依照防洪法的规定执行。水污染防治,依照水污染防治法的规定执行。

第八十二条　本法自2002年10月1日起施行。

《中华人民共和国防洪法》

(1997年8月29日第八届全国人民代表大会常务委员会第二十七次会议通过 根据2009年8月27日第十一届全国人民代表大会常务委员会第十次会议《关于修改部分法律的决定》第一次修正 根据2015年4月24日第十二届全国人民代表大会常务委员会第十四次会议《关于修改〈中华人民共和国港口法〉等七部法律的决定》第二次修正)

第一章　总　则

第一条　为了防治洪水,防御、减轻洪涝灾害,维护人民的生命和财产安全,保障社会主义现代化建设顺利进行,制定本法。

第二条　防洪工作实行全面规划、统筹兼顾、预防为主、综合治理、局部利益服从全局利益的原则。

第三条　防洪工程设施建设,应当纳入国民经济和社会发展计划。

防洪费用按照政府投入同受益者合理承担相结合的原则筹集。

第四条　开发利用和保护水资源,应当服从防洪总体安排,实行兴利与除害相结合的原则。

江河、湖泊治理以及防洪工程设施建设,应当符合流域综合规划,与流域水资源的综合开发相结合。

本法所称综合规划是指开发利用水资源和防治水害的综合规划。

第五条　防洪工作按照流域或者区域实行统一规划、分级实施和流域管理与行政区域管理相结合的制度。

第六条　任何单位和个人都有保护防洪工程设施和依法参加防汛抗洪的义务。

第七条　各级人民政府应当加强对防洪工作的统一领导,组织有关部门、单位,动员社会力量,依靠科技进步,有计划地进行江河、湖泊治理,采取措施加强防洪工程设施建设,巩固、提高防洪能力。

各级人民政府应当组织有关部门、单位,动员社会力量,做好防汛抗洪和洪涝灾害后的恢复与救济工作。

各级人民政府应当对蓄滞洪区予以扶持;蓄滞洪后,应当依照国家规定予以补偿或者救助。

第八条　国务院水行政主管部门在国务院的领导下,负责全国防洪的组织、协调、监督、指导等日常工作。国务院水行政主管部门在国家确定的重要江河、湖泊设立的流域管理机构,在所管辖的范围内行使法律、行政法规规定和国务院水行政主管部门授权的防洪协调和监督管理职责。

国务院建设行政主管部门和其他有关部门在国务院的领导下,按照各自的职责,负责有关的防洪工作。

县级以上地方人民政府水行政主管部门在本级人民政府的领导下,负责本行政区域内防洪的组织、协调、监督、指导等日常工作。县级以上地方人民政府建设行政主管部门和其他有关部门在本级人民政府的领导下,按照各自的职责,负责有关的防洪工作。

第二章　防洪规划

第九条　防洪规划是指为防治某一流域、河段或者区域的洪涝灾害而制定的总体部署,包括国家确定的重要江河、湖泊的流域防洪规划,其他江河、河段、湖泊的防洪规划以及区域防洪规划。

防洪规划应当服从所在流域、区域的综合规划;区域防洪规划应当服从所在流域的流域防洪规划。

防洪规划是江河、湖泊治理和防洪工程设施建设的基本依据。

第十条　国家确定的重要江河、湖泊的防洪规划,由国务院水行政主管部门依据该江河、湖泊的流域综合规划,会同有关部门和有关省、自治区、直辖市人民政府编制,报国务院批准。

其他江河、河段、湖泊的防洪规划或者区域防洪规划,由县级以上地方人民政府水行政主管部门分别依据流域综合规划、区域综合规划,会同有关部门和有关地区编制,报本级人民政府批准,并报上一级人民政府水行政主管部门备案;跨省、自治区、直辖市的江河、河段、湖泊的防洪规划由有关流域管理机构会同江河、河段、湖泊所在地的省、自治区、直辖市人民政府水行政主管部门、有关主管部门拟定,分别经有关省、自治区、直辖市人民政府审查提出意见后,报国务院水行政主管部门批准。

城市防洪规划,由城市人民政府组织水行政主管部门、建设行政主管部门和其他有关部门依据流域防洪规划、上一级人民政府区域防洪规划编制,按照国务院规定的审批程序批准后纳入城市总体规划。

修改防洪规划,应当报经原批准机关批准。

第十一条　编制防洪规划,应当遵循确保重点、兼顾一般,以及防汛和抗旱相结合、工程措施和非工程措施相结合的原则,充分考虑洪涝规律和上下游、左右岸的关系以及国民经济对防洪的要求,并与国土规划和土地利用总体规划相协调。

防洪规划应当确定防护对象、治理目标和任务、防洪措施和实施方案,划定洪泛区、蓄滞洪区和防洪保护区的范围,规定蓄滞洪区的使用原则。

第十二条　受风暴潮威胁的沿海地区的县级以上地方人民政府,应当把防御风暴潮纳入本地区的防洪规划,加强海堤(海塘)、挡潮闸和沿海防护林等防御风暴潮工程体系建设,监督建筑物、构筑物的设计和施工符合防御风暴潮的需要。

第十三条　山洪可能诱发山体滑坡、崩塌和泥石流的地区以及其他山洪多发地区的县级以上地方人民政府,应当组织负责地质矿产管理工作的部门、水行政主管部门和其他有关部门对山体滑坡、崩塌和泥石流隐患进行全面调查,划定重点防治区,采取防治措施。

城市、村镇和其他居民点以及工厂、矿山、铁路和公路干线的布局,应当避开山洪威胁;已经建在受山洪威胁的地方的,应当采取防御措施。

第十四条　平原、洼地、水网圩区、山谷、盆地等易涝地区的有关地方人民政府,应当制定除涝治涝规划,组织有关部门、单位采取相应的治理措施,完善排水系统,发展耐涝农作物种类和品种,开展洪涝、干旱、盐碱综合治理。

城市人民政府应当加强对城区排涝管网、泵站的建设和管理。

第十五条　国务院水行政主管部门应当会同有关部门和省、自治区、直辖市人民政府制定长江、黄河、珠江、辽河、淮河、海河入海河口的整治规划。

在前款入海河口围海造地,应当符合河口整治规划。

第十六条　防洪规划确定的河道整治计划用地和规划建设的堤防用地范围内的土地,经土地管理部门和水行政主管部门会同有关地区核定,报经县级以上人民政府按照国务院规定的权限批准后,可以划定为规划保留区;该规划保留区范围内的土地涉及其他项目用地的,有关土地管理部门和水行政主管部门核定时,应当征求有关部门的意见。

规划保留区依照前款规定划定后,应当公告。

前款规划保留区内不得建设与防洪无关的工矿工程设施;在特殊情况下,国家工矿建设项目确需占用前款规划保留区内的土地的,应当按照国家规定的基本建设程序报请批准,并征求有关水行政主管部门的意见。

防洪规划确定的扩大或者开辟的人工排洪道用地范围内的土地,经省级以上人民政府土地管理部门和水行政主管部门会同有关部门、有关地区核定,报省级以上人民政府按照国务院规定的权限批准后,可以划定为规划保留区,适用前款规定。

第十七条　在江河、湖泊上建设防洪工程和其他水工程、水电站等,应当符合防洪规划的要求;水库应当按照防洪规划的要求留足防洪库容。

前款规定的防洪工程和其他水工程、水电站的可行性研究报告按照国家规定的基本建设程序报请批准时,应当附具有关水行政主管部门签署的符合防洪规划要求的规划同意书。

第三章　治理与防护

第十八条　防治江河洪水,应当蓄泄兼施,充分发挥河道行洪能力和水库、洼淀、湖泊调蓄洪水的功能,加强河道防护,因地制宜地采取定期清淤疏浚等措施,保持行洪畅通。

防治江河洪水,应当保护、扩大流域林草植被,涵养水源,加强流域水土保持综合治理。

第十九条　整治河道和修建控制引导河水流向、保护堤岸等工程,应当兼顾上下游、左右岸的关系,按照规划治导线实施,不得任意改变河水流向。

国家确定的重要江河的规划治导线由流域管理机构拟定,报国务院水行政主管部门批准。

其他江河、河段的规划治导线由县级以上地方人民政府水行政主管部门拟定,报本级人民政府批准;跨省、自治区、直辖市的江河、河段和省、自治区、直辖市之间的省界河道的规划治导线由有关流域管理机构组织江河、河段所在地的省、自治区、直辖市人民政府水行政主管部门拟定,经有关省、自治区、直辖市人民政府审查提出意见后,报国务院水行政主管部门批准。

第二十条　整治河道、湖泊,涉及航道的,应当兼顾航运需要,并事先征求交通主管部门的意见。整治航道,应当符合江河、湖泊防洪安全要求,并事先征求水行政主管部门的意见。

在竹木流放的河流和渔业水域整治河道的,应当兼顾竹木水运和渔业发展的需要,并事先征求林业、渔业行政主管部门的意见。在河道中流放竹木,不得影响行洪和防洪工程设施的安全。

第二十一条　河道、湖泊管理实行按水系统一管理和分级管理相结合的原则,加强防护,确保畅通。

国家确定的重要江河、湖泊的主要河段,跨省、自治区、直辖市的重要河段、湖泊,省、自治区、直辖市之间的省界河道、湖泊以及国(边)界河道、湖泊,由流域管理机构和江河、湖泊所在地的省、自治区、直辖市人民政府水行政主管部门按照国务院水行政主管部门的划定依法实施管理。其他河道、湖泊,由县级以上地方人民政府水行政主管部门按照国务院水行政主管部门或者国务院水行政主管部门授权的机构的划定依法实施管理。

有堤防的河道、湖泊,其管理范围为两岸堤防之间的水域、沙洲、滩地、行洪区和堤防及护堤地;无堤防的河道、湖泊,其管理范围为历史最高洪水位或者设计洪水位之间的水域、沙洲、滩地和行洪区。

流域管理机构直接管理的河道、湖泊管理范围,由流域管理机构会同有关县级以上地方人民政府依照前款规定界定;其他河道、湖泊管理范围,由有关县级以上地方人民政府依照前款规定界定。

第二十二条　河道、湖泊管理范围内的土地和岸线的利用,应当符合行洪、输水的要求。

禁止在河道、湖泊管理范围内建设妨碍行洪的建筑物、构筑物,倾倒垃圾、渣土,从事影响河势稳定、危害河岸堤防安全和其他妨碍河道行洪的活动。

禁止在行洪河道内种植阻碍行洪的林木和高秆作物。

在船舶航行可能危及堤岸安全的河段,应当限定航速。限定航速的标志,由交通主管部门与水行政主管部门商定后设置。

第二十三条　禁止围湖造地。已经围垦的,应当按照国家规定的防洪标准进行治理,有计划地退地还湖。

禁止围垦河道。确需围垦的,应当进行科学论证,经水行政主管部门确认不妨碍行洪、输水后,报省级以上人民政府批准。

第二十四条　对居住在行洪河道内的居民,当地人民政府应当有计划地组织外迁。

第二十五条　护堤护岸的林木,由河道、湖泊管理机构组织营造和管理。护堤护岸林木,不得任意砍伐。采伐护堤护岸林木的,应当依法办理采伐许可手续,并完成规定的更新补种任务。

第二十六条　对壅水、阻水严重的桥梁、引道、码头和其他跨河工程设施,根据防洪标准,有关水行政主管部门可以报请县级以上人民政府按照国务院规定的权限责令建设单位限期改建或者拆除。

第二十七条　建设跨河、穿河、穿堤、临河的桥梁、码头、道路、渡口、管道、缆线、取水、排水等工程设施,应当符合防洪标准、岸线规划、航运要求和其他技术要求,不得危害堤防安全,影响河势稳定、妨碍行洪畅通;其可行性研究报告按照国家规定的基本建设程序报请批准前,其中的工程建设方案应当经有关水行政主管部门根据前述防洪要求审查同意。

前款工程设施需要占用河道、湖泊管理范围内土地,跨越河道、湖泊空间或者穿越河床的,建设单位应当经有关水行政主管部门对该工程设施建设的位置和界限审查批准后,方可依法办理开工手续;安排施工时,应当按照水行政主管部门审查批准的位置和界限进行。

第二十八条　对于河道、湖泊管理范围内依照本法规定建设的工程设施,水行政主管部门有权依法检查;水行政主管部门检查时,被检查者应当如实提供有关的情况和资料。

前款规定的工程设施竣工验收时,应当有水行政主管部门参加。

第四章　防洪区和防洪工程设施的管理

第二十九条　防洪区是指洪水泛滥可能淹及的地区,分为洪泛区、蓄滞洪区和防洪保护区。

洪泛区是指尚无工程设施保护的洪水泛滥所及的地区。

蓄滞洪区是指包括分洪口在内的河堤背水面以外临时贮存洪水的低洼地区及湖泊等。

防洪保护区是指在防洪标准内受防洪工程设施保护的地区。

洪泛区、蓄滞洪区和防洪保护区的范围,在防洪规划或者防御洪水方案中划定,并报请省级以上人民政府按照国务院规定的权限批准后予以公告。

第三十条　各级人民政府应当按照防洪规划对防洪区内的土地利用实行分区管理。

第三十一条　地方各级人民政府应当加强对防洪区安全建设工作的领导,组织有关部门、单位对防洪区内的单位和居民进行防洪教育,普及防洪知识,提高水患意识;按照防洪规划和防御洪水方案建立并完善防洪体系和水文、气象、通信、预警以及洪涝灾害监测系统,提高防御洪水能力;组织防洪区内的单位和居民积极参加防洪工作,因地制宜地采取防洪避洪措施。

第三十二条　洪泛区、蓄滞洪区所在地的省、自治区、直辖市人民政府应当组织有关地区和部门,按照防洪规划的要求,制定洪泛区、蓄滞洪区安全建设计划,控制蓄滞洪区人口增长,对居住在经常使用的蓄滞洪区的居民,有计划地组织外迁,并采取其他必要的安全保护措施。

因蓄滞洪区而直接受益的地区和单位,应当对蓄滞洪区承担国家规定的补偿、救助义务。国务院和有关的省、自治区、直辖市人民政府应当建立对蓄滞洪区的扶持和补偿、救助制度。

国务院和有关的省、自治区、直辖市人民政府可以制定洪泛区、蓄滞洪区安全建设管理办法以及对蓄滞洪区的扶持和补偿、救助办法。

第三十三条　在洪泛区、蓄滞洪区内建设非防洪建设项目,应当就洪水对建设项目可能产生的影响和建设项目对防洪可能产生的影响作出评价,编制洪水影响评价报告,提出防御措施。建设项目可行性研究报告按照国家规定的基本建设程序报请批准时,应当附具有关水行政主管部门审查批准的洪水影响评价报告。

在蓄滞洪区内建设的油田、铁路、公路、矿山、电厂、电信设施和管道,其洪水影响评价报告应当包括建设单位自行安排的防洪避洪方案。建设项目投入生产或者使用时,其防洪工程设施应当经水行政主管部门验收。

在蓄滞洪区内建造房屋应当采用平顶式结构。

第三十四条　大中城市,重要的铁路、公路干线,大型骨干企业,应当列为防洪重点,确保安全。

受洪水威胁的城市、经济开发区、工矿区和国家重要的农业生产基地等,应当重点保护,建设必要的防洪工程设施。

城市建设不得擅自填堵原有河道沟叉、贮水湖塘洼淀和废除原有防洪围堤。确需填堵或者废除的,应当经城市人民政府批准。

第三十五条　属于国家所有的防洪工程设施,应当按照经批准的设计,在竣工验收前由县级以上人民政府按照国家规定,划定管理和保护范围。

属于集体所有的防洪工程设施,应当按照省、自治区、直辖市人民政府的规定,划定保护范围。

在防洪工程设施保护范围内,禁止进行爆破、打井、采石、取土等危害防洪工程设施安全的活动。

第三十六条　各级人民政府应当组织有关部门加强对水库大坝的定期检查和监督管理。对未达到设计洪水标准、抗震设防要求或者有严重质量缺陷的险坝,大坝主管部门应当组织有关单位采取除险加固措施,限期消除危险或者重建,有关人民政府应当优先安排所需资金。对可能出现垮坝的水库,应当事先制定应急抢险和居民临时撤离方案。

各级人民政府和有关主管部门应当加强对尾矿坝的监督管理,采取措施,避免因洪水导致垮坝。

第三十七条　任何单位和个人不得破坏、侵占、毁损水库大坝、堤防、水闸、护岸、抽水站、排水渠系等防洪工程和水文、通信设施以及防汛备用的器材、物料等。

第五章　防汛抗洪

第三十八条　防汛抗洪工作实行各级人民政府行政首长负责制,统一指挥、分级分部门负责。

第三十九条　国务院设立国家防汛指挥机构,负责领导、组织全国的防汛抗洪工作,其办事机构设在国务院水行政主管部门。

在国家确定的重要江河、湖泊可以设立由有关省、自治区、直辖市人民政府和该江河、湖泊的流域管理机构负责人等组成的防汛指挥机构,指挥所管辖范围内的防汛抗洪工作,其办事机构设在流域管理机构。

有防汛抗洪任务的县级以上地方人民政府设立由有关部门、当地驻军、人民武装部负责人等组成的防汛指挥机构,在上级防汛指挥机构和本级人民政府的领导下,指挥本地区的防汛抗洪工作,其办事机构设在同级水行政主管部门;必要时,经城市人民政府决定,防汛指挥机构也可以在建设行政主管部门设城市市区办事机构,在防汛指挥机构的统一领导下,负责城市市区的防汛抗洪日常工作。

第四十条　有防汛抗洪任务的县级以上地方人民政府根据流域综合规划、防洪工程实际状况和国家规定的防洪标准,制定防御洪水方案(包括对特大洪水的处置措施)。

长江、黄河、淮河、海河的防御洪水方案,由国家防汛指挥机构制定,报国务院批准;跨省、自治区、直辖市的其他江河的防御洪水方案,由有关流域管理机构会同有关省、自治区、直辖市人民政府制定,报国务院或者国务院授权的有关部门批准。防御洪水方案经批准后,有关地方人民政府必须执行。

各级防汛指挥机构和承担防汛抗洪任务的部门和单位,必须根据防御洪水方案做好防汛抗洪准备工作。

第四十一条　省、自治区、直辖市人民政府防汛指挥机构根据当地的洪水规律,规定汛期起止日期。

当江河、湖泊的水情接近保证水位或者安全流量,水库水位接近设计洪水位,或者防洪工程设施发生重大险情时,有关县级以上人民政府防汛指挥机构可以宣布进入紧急防汛期。

第四十二条　对河道、湖泊范围内阻碍行洪的障碍物,按照谁设障、谁清除的原则,由防汛指挥机构责令限期清除;逾期不清除的,由防汛指挥机构组织强行清除,所需费用由设障者承担。

在紧急防汛期,国家防汛指挥机构或者其授权的流域、省、自治区、直辖市防汛指挥机构有权对壅水、阻水严重的桥梁、引道、码头和其他跨河工程设施作出紧急处置。

第四十三条　在汛期,气象、水文、海洋等有关部门应当按照各自的职责,及时向有关防汛指挥机构提供天气、水文等实时信息和风暴潮预报;电信部门应当优先提供防汛抗洪通信的服务;运输、电力、物资材料供应等有关部门应当优先为防汛抗洪服务。

中国人民解放军、中国人民武装警察部队和民兵应当执行国家赋予的抗洪抢险任务。

第四十四条　在汛期,水库、闸坝和其他水工程设施的运用,必须服从有关的防汛指挥机构的调度指挥和监督。

在汛期,水库不得擅自在汛期限制水位以上蓄水,其汛期限制水位以上的防洪库容的运用,必须服从防汛指挥机构的调度指挥和监督。

在凌汛期,有防凌汛任务的江河的上游水库的下泄水量必须征得有关的防汛指挥机构的同意,并接受其监督。

第四十五条　在紧急防汛期,防汛指挥机构根据防汛抗洪的需要,有权在其管辖范围内调用物资、设备、交通运输工具和人力,决定采取取土占地、砍伐林木、清除阻水障碍物和其他必要的紧急措施;必要时,公安、交通等有关部门按照防汛指挥机构的决定,依法实施陆地和水面交通管制。

依照前款规定调用的物资、设备、交通运输工具等,在汛期结束后应当及时归还;造成损坏或者无法归还的,按照国务院有关规定给予适当补偿或者作其他处理。取土占地、砍伐林木的,在汛期结束后依法向有关部门补办手续;有关地方人民政府对取土后的土地组织复垦,对砍伐的林木组织补种。

第四十六条　江河、湖泊水位或者流量达到国家规定的分洪标准,需要启用蓄滞洪区时,国务院,国家防汛指挥机构,流域防汛指挥机构,省、自治区、直辖市人民政府,省、自治区、直辖市防汛指挥机构,按照依法经批准的防御洪水方案中规定的启用条件和批准程序,决定启用蓄滞洪区。依法启用蓄滞洪区,任何单位和个人不得阻拦、拖延;遇到阻拦、拖延时,由有关县级以上地方人民政府强制实施。

第四十七条　发生洪涝灾害后,有关人民政府应当组织有关部门、单位做好灾区的生活供给、卫生防疫、救灾物资供应、治安管理、学校复课、恢复生产和重建家园等救灾工作以及所管辖地区的各项水毁工程设施修复工作。水毁防洪工程设施的修复,应当优先列入有关部门的年度建设计划。

国家鼓励、扶持开展洪水保险。

第六章　保障措施

第四十八条　各级人民政府应当采取措施,提高防洪投入的总体水平。

第四十九条　江河、湖泊的治理和防洪工程设施的建设和维护所需投资,按照事权和财权相统一的原则,分级负责,由中央和地方财政承担。城市防洪工程设施的建设和维护所需投资,由城市人民政府承担。

受洪水威胁地区的油田、管道、铁路、公路、矿山、电力、电信等企业、事业单位应当自筹资金,兴建必要的防洪自保工程。

第五十条　中央财政应当安排资金,用于国家确定的重要江河、湖泊的堤坝遭受特大洪涝灾害时的抗洪抢险和水毁防洪工程修复。省、自治区、直辖市人民政府应当在本级财政预算中安排资金,用于本行政区域内遭受特大洪涝灾害地区的抗洪抢险和水毁防洪工程修复。

第五十一条　国家设立水利建设基金,用于防洪工程和水利工程的维护和建设。具体办法由国务院规定。

受洪水威胁的省、自治区、直辖市为加强本行政区域内防洪工程设施建设,提高防御洪水能力,按照国务院的有关规定,可以规定在防洪保护区范围内征收河道工程修建维护管理费。

第五十二条　任何单位和个人不得截留、挪用防洪、救灾资金和物资。

各级人民政府审计机关应当加强对防洪、救灾资金使用情况的审计监督。

第七章　法律责任

第五十三条　违反本法第十七条规定,未经水行政主管部门签署规划同意书,擅自在江河、湖泊上建设防洪工程和其他水工程、水电站的,责令停止违法行为,补办规划同意书手续;违反规划同意书的要求,严重影响防洪的,责令限期拆除;违反规划同意书的要求,影响防洪但尚可采取补救措施的,责令限期采取补救措施,可以处一万元以上十万元以下的罚款。

第五十四条　违反本法第十九条规定,未按照规划治导线整治河道和修建控制引导河水流向、保护堤岸等工程,影响防洪的,责令停止违法行为,恢复原状或者采取其他补救措施,可以处一万元以上十万元以下的罚款。

第五十五条　违反本法第二十二条第二款、第三款规定,有下列行为之一的,责令停

止违法行为,排除阻碍或者采取其他补救措施,可以处五万元以下的罚款:

(一)在河道、湖泊管理范围内建设妨碍行洪的建筑物、构筑物的;

(二)在河道、湖泊管理范围内倾倒垃圾、渣土,从事影响河势稳定、危害河岸堤防安全和其他妨碍河道行洪的活动的;

(三)在行洪河道内种植阻碍行洪的林木和高秆作物的。

第五十六条 违反本法第十五条第二款、第二十三条规定,围海造地、围湖造地、围垦河道的,责令停止违法行为,恢复原状或者采取其他补救措施,可以处五万元以下的罚款;既不恢复原状也不采取其他补救措施的,代为恢复原状或者采取其他补救措施,所需费用由违法者承担。

第五十七条 违反本法第二十七条规定,未经水行政主管部门对其工程建设方案审查同意或者未按照有关水行政主管部门审查批准的位置、界限,在河道、湖泊管理范围内从事工程设施建设活动的,责令停止违法行为,补办审查同意或者审查批准手续;工程设施建设严重影响防洪的,责令限期拆除,逾期不拆除的,强行拆除,所需费用由建设单位承担;影响行洪但尚可采取补救措施的,责令限期采取补救措施,可以处一万元以上十万元以下的罚款。

第五十八条 违反本法第三十三条第一款规定,在洪泛区、蓄滞洪区内建设非防洪建设项目,未编制洪水影响评价报告的,责令限期改正;逾期不改正的,处五万元以下的罚款。

违反本法第三十三条第二款规定,防洪工程设施未经验收,即将建设项目投入生产或者使用的,责令停止生产或者使用,限期验收防洪工程设施,可以处五万元以下的罚款。

第五十九条 违反本法第三十四条规定,因城市建设擅自填堵原有河道沟叉、贮水湖塘洼淀和废除原有防洪围堤的,城市人民政府应当责令停止违法行为,限期恢复原状或者采取其他补救措施。

第六十条 违反本法规定,破坏、侵占、毁损堤防、水闸、护岸、抽水站、排水渠系等防洪工程和水文、通信设施以及防汛备用的器材、物料的,责令停止违法行为,采取补救措施,可以处五万元以下的罚款;造成损坏的,依法承担民事责任;应当给予治安管理处罚的,依照治安管理处罚法的规定处罚;构成犯罪的,依法追究刑事责任。

第六十一条 阻碍、威胁防汛指挥机构、水行政主管部门或者流域管理机构的工作人员依法执行职务,构成犯罪的,依法追究刑事责任;尚不构成犯罪,应当给予治安管理处罚的,依照治安管理处罚法的规定处罚。

第六十二条 截留、挪用防洪、救灾资金和物资,构成犯罪的,依法追究刑事责任;尚不构成犯罪的,给予行政处分。

第六十三条 除本法第五十九条的规定外,本章规定的行政处罚和行政措施,由县级以上人民政府水行政主管部门决定,或者由流域管理机构按照国务院水行政主管部门规定的权限决定。但是,本法第六十条、第六十一条规定的治安管理处罚的决定机关,按照治安管理处罚法的规定执行。

第六十四条 国家工作人员,有下列行为之一,构成犯罪的,依法追究刑事责任;尚不构成犯罪的,给予行政处分:

（一）违反本法第十七条、第十九条、第二十二条第二款、第二十二条第三款、第二十七条或者第三十四条规定，严重影响防洪的；

（二）滥用职权，玩忽职守，徇私舞弊，致使防汛抗洪工作遭受重大损失的；

（三）拒不执行防御洪水方案、防汛抢险指令或者蓄滞洪方案、措施、汛期调度运用计划等防汛调度方案的；

（四）违反本法规定，导致或者加重毗邻地区或者其他单位洪灾损失的。

第八章　附　　则

第六十五条　本法自 1998 年 1 月 1 日起施行。

《中华人民共和国防汛条例》

（1991 年 7 月 2 日中华人民共和国国务院令第 86 号发布 根据2005 年 7 月 15 日《国务院关于修改〈中华人民共和国防汛条例〉的决定》修订）

第一章　总　　则

第一条　为了做好防汛抗洪工作，保障人民生命财产安全和经济建设的顺利进行，根据《中华人民共和国水法》，制定本条例。

第二条　在中华人民共和国境内进行防汛抗洪活动，适用本条例。

第三条　防汛工作实行"安全第一，常备不懈，以防为主，全力抢险"的方针，遵循团结协作和局部利益服从全局利益的原则。

第四条　防汛工作实行各级人民政府行政首长负责制，实行统一指挥，分级分部门负责。各有关部门实行防汛岗位责任制。

第五条　任何单位和个人都有参加防汛抗洪的义务。

中国人民解放军和武装警察部队是防汛抗洪的重要力量。

第二章　防汛组织

第六条　国务院设立国家防汛总指挥部，负责组织领导全国的防汛抗洪工作，其办事机构设在国务院水行政主管部门。

长江和黄河，可以设立由有关省、自治区、直辖市人民政府和该江河的流域管理机构（以下简称流域机构）负责人等组成的防汛指挥机构，负责指挥所辖范围的防汛抗洪工作，其办事机构设在流域机构。长江和黄河的重大防汛抗洪事项须经国家防汛总指挥部批准后执行。

国务院水行政主管部门所属的淮河、海河、珠江、松花江、辽河、太湖等流域机构，设立防汛办事机构，负责协调本流域的防汛日常工作。

第七条 有防汛任务的县级以上地方人民政府设立防汛指挥部,由有关部门、当地驻军、人民武装部负责人组成,由各级人民政府首长担任指挥。各级人民政府防汛指挥部在上级人民政府防汛指挥部和同级人民政府的领导下,执行上级防汛指令,制定各项防汛抗洪措施,统一指挥本地区的防汛抗洪工作。

各级人民政府防汛指挥部办事机构设在同级水行政主管部门;城市市区的防汛指挥部办事机构也可以设在城建主管部门,负责管理所辖范围的防汛日常工作。

第八条 石油、电力、邮电、铁路、公路、航运、工矿以及商业、物资等有防汛任务的部门和单位,汛期应当设立防汛机构,在有管辖权的人民政府防汛指挥部统一领导下,负责做好本行业和本单位的防汛工作。

第九条 河道管理机构、水利水电工程管理单位和江河沿岸在建工程的建设单位,必须加强对所辖水工程设施的管理维护,保证其安全正常运行,组织和参加防汛抗洪工作。

第十条 有防汛任务的地方人民政府应当组织以民兵为骨干的群众性防汛队伍,并责成有关部门将防汛队伍组成人员登记造册,明确各自的任务和责任。

河道管理机构和其他防洪工程管理单位可以结合平时的管理任务,组织本单位的防汛抢险队伍,作为紧急抢险的骨干力量。

第三章　防汛准备

第十一条 有防汛任务的县级以上人民政府,应当根据流域综合规划、防洪工程实际状况和国家规定的防洪标准,制定防御洪水方案(包括对特大洪水的处置措施)。

长江、黄河、淮河、海河的防御洪水方案,由国家防汛总指挥部制定,报国务院批准后施行;跨省、自治区、直辖市的其他江河的防御洪水方案,有关省、自治区、直辖市人民政府制定后,经有管辖权的流域机构审查同意,由省、自治区、直辖市人民政府报国务院或其授权的机构批准后施行。

有防汛抗洪任务的城市人民政府,应当根据流域综合规划和江河的防御洪水方案,制定本城市的防御洪水方案,报上级人民政府或其授权的机构批准后施行。

防御洪水方案经批准后,有关地方人民政府必须执行。

第十二条 有防汛任务的地方,应当根据经批准的防御洪水方案制定洪水调度方案。长江、黄河、淮河、海河(海河流域的永定河、大清河、漳卫南运河和北三河)、松花江、辽河、珠江和太湖流域的洪水调度方案,由有关流域机构会同有关省、自治区、直辖市人民政府制定,报国家防汛总指挥部批准。跨省、自治区、直辖市的其他江河的洪水调度方案,由有关流域机构会同有关省、自治区、直辖市人民政府制定,报流域防汛指挥机构批准;没有设立流域防汛指挥机构的,报国家防汛总指挥部批准。其他江河的洪水调度方案,由有管辖权的水行政主管部门会同有关地方人民政府制定,报有管辖权的防汛指挥机构批准。

洪水调度方案经批准后,有关地方人民政府必须执行。修改洪水调度方案,应当报经原批准机关批准。

第十三条 有防汛抗洪任务的企业应当根据所在流域或者地区经批准的防御洪水方案和洪水调度方案,规定本企业的防汛抗洪措施,在征得其所在地县级人民政府水行政主管部门同意后,由有管辖权的防汛指挥机构监督实施。

　　第十四条　水库、水电站、拦河闸坝等工程的管理部门,应当根据工程规划设计、经批准的防御洪水方案和洪水调度方案以及工程实际状况,在兴利服从防洪,保证安全的前提下,制定汛期调度运用计划,经上级主管部门审查批准后,报有管辖权的人民政府防汛指挥部备案,并接受其监督。

　　经国家防汛总指挥部认定的对防汛抗洪关系重大的水电站,其防洪库容的汛期调度运用计划经上级主管部门审查同意后,须经有管辖权的人民政府防汛指挥部批准。

　　汛期调度运用计划经批准后,由水库、水电站、拦河闸坝等工程的管理部门负责执行。

　　有防凌任务的江河,其上游水库在凌汛期间的下泄水量,必须征得有管辖权的人民政府防汛指挥部的同意,并接受其监督。

　　第十五条　各级防汛指挥部应当在汛前对各类防洪设施组织检查,发现影响防洪安全的问题,责成责任单位在规定的期限内处理,不得贻误防汛抗洪工作。

　　各有关部门和单位按照防汛指挥部的统一部署,对所管辖的防洪工程设施进行汛前检查后,必须将影响防洪安全的问题和处理措施报有管辖权的防汛指挥部和上级主管部门,并按照该防汛指挥部的要求予以处理。

　　第十六条　关于河道清障和对壅水、阻水严重的桥梁、引道、码头和其他跨河工程设施的改建或者拆除,按照《中华人民共和国河道管理条例》的规定执行。

　　第十七条　蓄滞洪区所在地的省级人民政府应当按照国务院的有关规定,组织有关部门和市、县,制定所管辖的蓄滞洪区的安全与建设规划,并予实施。

　　各级地方人民政府必须对所管辖的蓄滞洪区的通信、预报警报、避洪、撤退道路等安全设施,以及紧急撤离和救生的准备工作进行汛前检查,发现影响安全的问题,及时处理。

　　第十八条　山洪、泥石流易发地区,当地有关部门应当指定预防监测员及时监测。雨季到来之前,当地人民政府防汛指挥部应当组织有关单位进行安全检查,对险情征兆明显的地区,应当及时把群众撤离险区。

　　风暴潮易发地区,当地有关部门应当加强对水库、海堤、闸坝、高压电线等设施和房屋的安全检查,发现影响安全的问题,及时处理。

　　第十九条　地区之间在防汛抗洪方面发生的水事纠纷,由发生纠纷地区共同的上一级人民政府或其授权的主管部门处理。

　　前款所指人民政府或者部门在处理防汛抗洪方面的水事纠纷时,有权采取临时紧急处置措施,有关当事各方必须服从并贯彻执行。

　　第二十条　有防汛任务的地方人民政府应当建设和完善江河堤防、水库、蓄滞洪区等防洪设施,以及该地区的防汛通信、预报警报系统。

　　第二十一条　各级防汛指挥部应当储备一定数量的防汛抢险物资,由商业、供销、物资部门代储的,可以支付适当的保管费。受洪水威胁的单位和群众应当储备一定的防汛抢险物料。

　　防汛抢险所需的主要物资,由计划主管部门在年度计划中予以安排。

　　第二十二条　各级人民政府防汛指挥部汛前应当向有关单位和当地驻军介绍防御洪水方案,组织交流防汛抢险经验。有关方面汛期应当及时通报水情。

第四章　防汛与抢险

第二十三条　省级人民政府防汛指挥部,可以根据当地的洪水规律,规定汛期起止日期。当江河、湖泊、水库的水情接近保证水位或者安全流量时,或者防洪工程设施发生重大险情,情况紧急时,县级以上地方人民政府可以宣布进入紧急防汛期,并报告上级人民政府防汛指挥部。

第二十四条　防汛期内,各级防汛指挥部必须有负责人主持工作。有关责任人员必须坚守岗位,及时掌握汛情,并按照防御洪水方案和汛期调度运用计划进行调度。

第二十五条　在汛期,水利、电力、气象、海洋、农林等部门的水文站、雨量站,必须及时准确地向各级防汛指挥部提供实时水文信息;气象部门必须及时向各级防汛指挥部提供有关天气预报和实时气象信息;水文部门必须及时向各级防汛指挥部提供有关水文预报;海洋部门必须及时向沿海地区防汛指挥部提供风暴潮预报。

第二十六条　在汛期,河道、水库、闸坝、水运设施等水工程管理单位及其主管部门在执行汛期调度运用计划时,必须服从有管辖权的人民政府防汛指挥部的统一调度指挥或者监督。

在汛期,以发电为主的水库,其汛限水位以上的防洪库容以及洪水调度运用必须服从有管辖权的人民政府防汛指挥部的统一调度指挥。

第二十七条　在汛期,河道、水库、水电站、闸坝等水工程管理单位必须按照规定对水工程进行巡查,发现险情,必须立即采取抢护措施,并及时向防汛指挥部和上级主管部门报告。其他任何单位和个人发现水工程设施出现险情,应当立即向防汛指挥部和水工程管理单位报告。

第二十八条　在汛期,公路、铁路、航运、民航等部门应当及时运送防汛抢险人员和物资;电力部门应当保证防汛用电。

第二十九条　在汛期,电力调度通信设施必须服从防汛工作需要;邮电部门必须保证汛情和防汛指令的及时、准确传递,电视、广播、公路、铁路、航运、民航、公安、林业、石油等部门应当运用本部门的通信工具优先为防汛抗洪服务。

电视、广播、新闻单位应当根据人民政府防汛指挥部提供的汛情,及时向公众发布防汛信息。

第三十条　在紧急防汛期,地方人民政府防汛指挥部必须由人民政府负责人主持工作,组织动员本地区各有关单位和个人投入抗洪抢险。所有单位和个人必须听从指挥,承担人民政府防汛指挥部分配的抗洪抢险任务。

第三十一条　在紧急防汛期,公安部门应当按照人民政府防汛指挥部的要求,加强治安管理和安全保卫工作。必要时须由有关部门依法实行陆地和水面交通管制。

第三十二条　在紧急防汛期,为了防汛抢险需要,防汛指挥部有权在其管辖范围内,调用物资、设备、交通运输工具和人力,事后应当及时归还或者给予适当补偿。因抢险需要取土占地、砍伐林木、清除阻水障碍物的,任何单位和个人不得阻拦。

前款所指取土占地、砍伐林木的,事后应当依法向有关部门补办手续。

第三十三条　当河道水位或者流量达到规定的分洪、滞洪标准时,有管辖权的人民政府防汛指挥部有权根据经批准的分洪、滞洪方案,采取分洪、滞洪措施。采取上述措施对毗邻地区有危害的,须经有管辖权的上级防汛指挥机构批准,并事先通知有关地区。

在非常情况下,为保护国家确定的重点地区和大局安全,必须作出局部牺牲时,在报经有管辖权的上级人民政府防汛指挥部批准后,当地人民政府防汛指挥部可以采取非常紧急措施。

实施上述措施时,任何单位和个人不得阻拦,如遇到阻拦和拖延时,有管辖权的人民政府有权组织强制实施。

第三十四条　当洪水威胁群众安全时,当地人民政府应当及时组织群众撤离至安全地带,并做好生活安排。

第三十五条　按照水的天然流势或者防洪、排涝工程的设计标准,或者经批准的运行方案下泄的洪水,下游地区不得设障阻水或者缩小河道的过水能力;上游地区不得擅自增大下泄流量。

未经有管辖权的人民政府或其授权的部门批准,任何单位和个人不得改变江河河势的自然控制点。

第五章　善后工作

第三十六条　在发生洪水灾害的地区,物资、商业、供销、农业、公路、铁路、航运、民航等部门应当做好抢险救灾物资的供应和运输;民政、卫生、教育等部门应当做好灾区群众的生活供给、医疗防疫、学校复课以及恢复生产等救灾工作;水利、电力、邮电、公路等部门应当做好所管辖的水毁工程的修复工作。

第三十七条　地方各级人民政府防汛指挥部,应当按照国家统计部门批准的洪涝灾害统计报表的要求,核实和统计所管辖范围的洪涝灾情,报上级主管部门和同级统计部门,有关单位和个人不得虚报、瞒报、伪造、篡改。

第三十八条　洪水灾害发生后,各级人民政府防汛指挥部应当积极组织和帮助灾区群众恢复和发展生产。修复水毁工程所需费用,应当优先列入有关主管部门年度建设计划。

第六章　防汛经费

第三十九条　由财政部门安排的防汛经费,按照分级管理的原则,分别列入中央财政和地方财政预算。

在汛期,有防汛任务的地区的单位和个人应当承担一定的防汛抢险的劳务和费用,具体办法由省、自治区、直辖市人民政府制定。

第四十条　防御特大洪水的经费管理,按照有关规定执行。

第四十一条　对蓄滞洪区,逐步推行洪水保险制度,具体办法另行制定。

第七章　奖励与处罚

第四十二条　有下列事迹之一的单位和个人,可以由县级以上人民政府给予表彰或者奖励:

（一）在执行抗洪抢险任务时,组织严密,指挥得当,防守得力,奋力抢险,出色完成任务者;

（二）坚持巡堤查险,遇到险情及时报告,奋力抗洪抢险,成绩显著者;

（三）在危险关头,组织群众保护国家和人民财产,抢救群众有功者;

（四）为防汛调度、抗洪抢险献计献策,效益显著者;

（五）气象、雨情、水情测报和预报准确及时,情报传递迅速,克服困难,抢测洪水,因而减轻重大洪水灾害者;

（六）及时供应防汛物料和工具,爱护防汛器材,节约经费开支,完成防汛抢险任务成绩显著者;

（七）有其他特殊贡献,成绩显著者。

第四十三条 有下列行为之一者,视情节和危害后果,由其所在单位或者上级主管机关给予行政处分;应当给予治安管理处罚的,依照《中华人民共和国治安管理处罚条例》的规定处罚;构成犯罪的,依法追究刑事责任:

（一）拒不执行经批准的防御洪水方案、洪水调度方案,或者拒不执行有管辖权的防汛指挥机构的防汛调度方案或者防汛抢险指令的;

（二）玩忽职守,或者在防汛抢险的紧要关头临阵逃脱的;

（三）非法扒口决堤或者开闸的;

（四）挪用、盗窃、贪污防汛或者救灾的钱款或者物资的;

（五）阻碍防汛指挥机构工作人员依法执行职务的;

（六）盗窃、毁损或者破坏堤防、护岸、闸坝等水工程建筑物和防汛工程设施以及水文监测、测量设施、气象测报设施、河岸地质监测设施、通信照明设施的;

（七）其他危害防汛抢险工作的。

第四十四条 违反河道和水库大坝的安全管理,依照《中华人民共和国河道管理条例》和《水库大坝安全管理条例》的有关规定处理。

第四十五条 虚报、瞒报洪涝灾情,或者伪造、篡改洪涝灾害统计资料的,依照《中华人民共和国统计法》及其实施细则的有关规定处理。

第四十六条 当事人对行政处罚不服的,可以在接到处罚通知之日起十五日内,向作出处罚决定机关的上一级机关申请复议;对复议决定不服的,可以在接到复议决定之日起十五日内,向人民法院起诉。当事人也可以在接到处罚通知之日起十五日内,直接向人民法院起诉。

当事人逾期不申请复议或者不向人民法院起诉,又不履行处罚决定的,由作出处罚决定的机关申请人民法院强制执行;在汛期,也可以由作出处罚决定的机关强制执行;对治安管理处罚不服的,依照《中华人民共和国治安管理处罚条例》的规定办理。

当事人在申请复议或者诉讼期间,不停止行政处罚决定的执行。

第八章 附 则

第四十七条 省、自治区、直辖市人民政府,可以根据本条例的规定,结合本地区的实际情况,制定实施细则。

第四十八条　本条例由国务院水行政主管部门负责解释。

第四十九条　本条例自发布之日起施行。

《水库大坝安全管理条例》

(1991 年 3 月 22 日中华人民共和国国务院令第 78 号发布自发布之日起施行,根据 2011 年 1 月 8 日《国务院关于废止和修改部分行政法规的决定》修订)

第一章　总　则

第一条　为加强水库大坝安全管理,保障人民生命财产和社会主义建设的安全,根据《中华人民共和国水法》,制定本条例。

第二条　本条例适用于中华人民共和国境内坝高十五米以上或者库容一百万立方米以上的水库大坝(以下简称大坝)。大坝包括永久性挡水建筑物以及与其配合运用的泄洪、输水和过船建筑物等。

坝高十五米以下、十米以上或者库容一百万立方米以下、十万立方米以上,对重要城镇、交通干线、重要军事设施、工矿区安全有潜在危险的大坝,其安全管理参照本条例执行。

第三条　国务院水行政主管部门会同国务院有关主管部门对全国的大坝安全实施监督。县级以上地方人民政府水行政主管部门会同有关主管部门对本行政区域内的大坝安全实施监督。

各级水利、能源、建设、交通、农业等有关部门,是其所管辖的大坝的主管部门。

第四条　各级人民政府及其大坝主管部门对其所管辖的大坝的安全实行行政领导负责制。

第五条　大坝的建设和管理应当贯彻安全第一的方针。

第六条　任何单位和个人都有保护大坝安全的义务。

第二章　大坝建设

第七条　兴建大坝必须符合由国务院水行政主管部门会同有关大坝主管部门制定的大坝安全技术标准。

第八条　兴建大坝必须进行工程设计。大坝的工程设计必须由具有相应资格证书的单位承担。

大坝的工程设计应当包括工程观测、通信、动力、照明、交通、消防等管理设施的设计。

第九条　大坝施工必须由具有相应资格证书的单位承担。大坝施工单位必须按照施工承包合同规定的设计文件、图纸要求和有关技术标准进行施工。

建设单位和设计单位应当派驻代表,对施工质量进行监督检查。质量不符合设计要求的,必须返工或者采取补救措施。

第十条 兴建大坝时,建设单位应当按照批准的设计,提请县级以上人民政府依照国家规定划定管理和保护范围,树立标志。

已建大坝尚未划定管理和保护范围的,大坝主管部门应当根据安全管理的需要,提请县级以上人民政府划定。

第十一条 大坝开工后,大坝主管部门应当组建大坝管理单位,由其按照工程基本建设验收规程参与质量检查以及大坝分部、分项验收和蓄水验收工作。

大坝竣工后,建设单位应当申请大坝主管部门组织验收。

第三章　大坝管理

第十二条 大坝及其设施受国家保护,任何单位和个人不得侵占、毁坏。大坝管理单位应当加强大坝的安全保卫工作。

第十三条 禁止在大坝管理和保护范围内进行爆破、打井、采石、采矿、挖沙、取土、修坟等危害大坝安全的活动。

第十四条 非大坝管理人员不得操作大坝的泄洪闸门、输水闸门以及其他设施,大坝管理人员操作时应当遵守有关的规章制度。禁止任何单位和个人干扰大坝的正常管理工作。

第十五条 禁止在大坝的集水区域内乱伐林木、陡坡开荒等导致水库淤积的活动。禁止在库区内围垦和进行采石、取土等危及山体的活动。

第十六条 大坝坝顶确需兼作公路的,须经科学论证和大坝主管部门批准,并采取相应的安全维护措施。

第十七条 禁止在坝体修建码头、渠道、堆放杂物、晾晒粮草。在大坝管理和保护范围内修建码头、鱼塘的,须经大坝主管部门批准,并与坝脚和泄水、输水建筑物保持一定距离,不得影响大坝安全、工程管理和抢险工作。

第十八条 大坝主管部门应当配备具有相应业务水平的大坝安全管理人员。

大坝管理单位应当建立、健全安全管理规章制度。

第十九条 大坝管理单位必须按照有关技术标准,对大坝进行安全监测和检查;对监测资料应当及时整理分析,随时掌握大坝运行状况。发现异常现象和不安全因素时,大坝管理单位应当立即报告大坝主管部门,及时采取措施。

第二十条 大坝管理单位必须做好大坝的养护修理工作,保证大坝和闸门启闭设备完好。

第二十一条 大坝的运行,必须在保证安全的前提下,发挥综合效益。大坝管理单位应当根据批准的计划和大坝主管部门的指令进行水库的调度运用。

在汛期,综合利用的水库,其调度运用必须服从防汛指挥机构的统一指挥;以发电为主的水库,其汛限水位以上的防洪库容及其洪水调度运用,必须服从防汛指挥机构的统一指挥。

任何单位和个人不得非法干预水库的调度运用。

第二十二条 大坝主管部门应当建立大坝定期安全检查、鉴定制度。

汛前、汛后,以及暴风、暴雨、特大洪水或者强烈地震发生后,大坝主管部门应当组织对其所管辖的大坝的安全进行检查。

第二十三条　大坝主管部门对其所管辖的大坝应当按期注册登记,建立技术档案。大坝注册登记办法由国务院水行政主管部门会同有关主管部门制定。

第二十四条　大坝管理单位和有关部门应当做好防汛抢险物料的准备和气象水情预报,并保证水情传递、报警以及大坝管理单位与大坝主管部门、上级防汛指挥机构之间联系通畅。

第二十五条　大坝出现险情征兆时,大坝管理单位应当立即报告大坝主管部门和上级防汛指挥机构,并采取抢救措施;有垮坝危险时,应当采取一切措施向预计的垮坝淹没地区发出警报,做好转移工作。

第四章　险坝处理

第二十六条　对尚未达到设计洪水标准、抗震设防标准或者有严重质量缺陷的险坝,大坝主管部门应当组织有关单位进行分类,采取除险加固等措施,或者废弃重建。

在险坝加固前,大坝管理单位应当制定保坝应急措施;经论证必须改变原设计运行方式的,应当报请大坝主管部门审批。

第二十七条　大坝主管部门应当对其所管辖的需要加固的险坝制订加固计划,限期消除危险;有关人民政府应当优先安排所需资金和物料。

险坝加固必须由具有相应设计资格证书的单位作出加固设计,经审批后组织实施。险坝加固竣工后,由大坝主管部门组织验收。

第二十八条　大坝主管部门应当组织有关单位,对险坝可能出现的垮坝方式、淹没范围作出预估,并制订应急方案,报防汛指挥机构批准。

第五章　罚　则

第二十九条　违反本条例规定,有下列行为之一的,由大坝主管部门责令其停止违法行为,赔偿损失,采取补救措施,可以并处罚款;应当给予治安管理处罚的,由公安机关依照《中华人民共和国治安管理处罚条例》的规定处罚;构成犯罪的,依法追究刑事责任:

(一)毁坏大坝或者其观测、通信、动力、照明、交通、消防等管理设施的;

(二)在大坝管理和保护范围内进行爆破、打井、采石、采矿、取土、挖沙、修坟等危害大坝安全活动的;

(三)擅自操作大坝的泄洪闸门、输水闸门以及其他设施,破坏大坝正常运行的;

(四)在库区内围垦的;

(五)在坝体修建码头、渠道或者堆放杂物、晾晒粮草的;

(六)擅自在大坝管理和保护范围内修建码头、鱼塘的。

第三十条　盗窃或者抢夺大坝工程设施、器材的,依照刑法规定追究刑事责任。

第三十一条　由于勘测设计失误、施工质量低劣、调度运用不当以及滥用职权,玩忽职守,导致大坝事故的,由其所在单位或者上级主管机关对责任人员给予行政处分;构成犯罪的,依法追究刑事责任。

第三十二条　当事人对行政处罚决定不服的,可以在接到处罚通知之日起十五日内,向作出处罚决定机关的上一级机关申请复议;对复议决定不服的,可以在接到复议决定之日起十五日内,向人民法院起诉。当事人也可以在接到处罚通知之日起十五日内,直接向人民法院起诉。当事人逾期不申请复议或者不向人民法院起诉又不履行处罚决定的,由作出处罚决定的机关申请人民法院强制执行。

对治安管理处罚不服的,依照《中华人民共和国治安管理处罚法》的规定办理。

第六章　附　　则

第三十三条　国务院有关部门和各省、自治区、直辖市人民政府可以根据本条例制定实施细则。

第三十四条　本条例自发布之日起施行。

河南省实施《中华人民共和国防洪法》办法

(河南省第九届人民代表大会常务委员会第十七次会议于2000年7月29日审议通过,自2000年8月10日起施行)

第一章　总　　则

第一条　为了防治洪水,防御、减轻洪涝灾害,维护人民的生命和财产安全,根据《中华人民共和国防洪法》(以下简称《防洪法》)和有关法律、法规,结合我省实际,制定本办法。

第二条　在本省行政区域内从事防洪及与防洪有关的活动,必须遵守本办法。

第三条　各级人民政府应当加强对防洪工作的统一领导,组织有关部门、单位,动员社会力量,依靠科技进步,加强防洪工程设施建设和管理,并做好防汛和洪涝灾害后的恢复与救济工作。

第四条　县级以上人民政府水行政主管部门在本级人民政府的领导下,负责本行政区域内防洪的组织、协调、监督、指导等日常工作。

县级以上人民政府其他有关部门在本级人民政府的领导下,按照各自的职责,负责有关的防洪工作。省水行政主管部门设立的流域管理机构和省辖市水行政主管部门在本行政区域内重要河道上设立的管理机构,在所管辖的范围内行使水行政主管部门委托的防洪协调和监督管理职责。

县级以上黄河河务部门在本级人民政府的领导下,负责其管辖范围内防洪协调和监督管理工作。

第五条　任何单位和个人都有保护防洪工程设施和依法参加防汛抗洪的义务。对在抗洪抢险、防洪工程设施建设和管理以及水文、气象、信息服务等方面做出显著成绩的单位和个人,由县级以上人民政府给予表彰和奖励。

第二章 防洪规划

第六条 黄河防洪规划的编制,按照《防洪法》第十条第一款规定执行。

本省行政区域内的淮河、洪汝河、沙颍河、卫河(含共产主义渠)、唐河、白河、伊洛河、涡河、惠济河(以下简称主要河道)及其他跨省辖市的河道、河段的防洪规划,除按照国家规定由国务院或国务院水行政主管部门批准外,由省水行政主管部门或其委托的流域管理机构依据流域、区域综合规划,会同有关省辖市人民政府编制,报省人民政府批准。

其他河道、河段的防洪规划,按照河道管理权限分别由省辖市、县(市、区)水行政主管部门会同有关部门编制,报本级人民政府批准,并报上一级人民政府水行政主管部门备案。

城市防洪规划(含治涝),由城市人民政府组织水行政主管部门、建设、规划行政主管部门和其他有关部门,依据流域防洪规划和上一级人民政府区域防洪规划编制,并按照国务院和省人民政府规定的审批程序批准后纳入城市总体规划。

第七条 全省治涝规划由省水行政主管部门制定。易涝地区的人民政府应当根据全省治涝规划制定本行政区域的治涝规划。

第八条 防洪规划确定的河道整治计划用地和规划建设的堤防用地范围内的土地,以及防洪规划确定的扩大或开辟的人工排洪道用地范围内的土地依法划定为规划保留区,并由县级以上人民政府予以公告。

规划保留区范围内的土地涉及其他项目用地的,有关土地行政主管部门和水行政主管部门核定时,应当征求有关部门的意见。

依法划定的规划保留区内不得新建、改建、扩建与防洪工程无关的工矿工程设施;在特殊情况下,国家工矿建设项目确需占用规划保留区内土地的,在建设项目报批前,必须征求有关水行政主管部门的意见。

第九条 在河道和水库管理范围内修建防洪工程和其他水工程、水电站等,应当符合防洪规划要求,并经有关水行政主管部门签署规划同意书后,方能按照基本建设程序报批。

规划同意书的内容和要求由省水行政主管部门按照国家规定制定。

第三章 治理与防护

第十条 本省行政区域内国家确定的重要河道、河段的规划治导线,按照《防洪法》第十九条规定执行;省确定的主要河道、跨省辖市河道及大型水库下游河道的规划治导线,由省水行政主管部门拟定,报省人民政府批准。其他河道的规划治导线,按照河道管理权限分别由省辖市、县(市、区)水行政主管部门拟定,报本级人民政府批准,并报上一级水行政主管部门备案。

第十一条 河道管理实行按水系统一管理和分级管理相结合原则,加强防护,确保畅通。

河道、水库的管理范围,由县级以上人民政府按照国家和本省有关规定划定。河道、水库管理范围内的土地,属国家所有的,由河道、水库管理单位依法管理使用。

第十二条　县级以上水行政主管部门应当根据防洪规划,兼顾上下游、左右岸的关系,制定河道整治、涝区治理和病险水库除险加固的年度计划,报本级人民政府批准后组织实施。涉及不同行政区域之间利益的,报共同的上一级人民政府批准后实施。对严重影响防洪排涝的河段及工程,应当制定应急措施,优先安排资金进行整治。

根据防洪规划进行河道治理新增的可利用土地,属国家所有,应当优先用于防洪工程设施的建设。

第十三条　在河道、水库管理范围内,水域、土地和岸线的利用,应当符合行洪、输水的要求。

第十四条　在河道、水库管理范围内采砂,应当报有管辖权的水行政主管部门批准,并按照批准的范围、作业方式等要求开采。个人少量自用采砂,免办审批手续,但应在指定地点进行。

县级以上水行政主管部门根据河势稳定和防洪安全的要求,规定禁止采砂区,报本级人民政府批准后,予以公布。

第十五条　为维护河道、水库防洪效能,禁止进行下列活动:

(一)在河道管理范围内建设妨碍行洪的建筑物、构筑物;

(二)在堤防、护堤地和水库工程设施保护范围内,进行爆破、打井、采石、取土、挖筑坑塘等危害工程安全的活动;

(三)在行洪河道内种植高秆作物和林木;

(四)占用水库库容;

(五)在河道、水库倾倒垃圾、渣土等固体废弃物;

(六)在水库工程管理范围内,擅自修建建筑物、构筑物;

(七)其他危害防洪工程安全的活动。

第十六条　建设跨河、穿河、穿堤、临河的桥梁、码头、道路、渡口、管道、缆线、取水、排水等工程设施,以及行洪通道内影响行洪的工程设施,其工程建设方案必须按照河道管理权限报送有关水行政主管部门审查同意。

前款所列建设项目需要占用河道管理范围内土地、跨越河道或者穿越河床的,应当经有关水行政主管部门对工程设施的位置和界限审查批准,方可依法办理开工手续;安排施工时,应严格依照水行政主管部门批准的位置和界限进行。

因施工造成河道淤积或者对河道堤防等水利工程设施造成损害的,由建设单位或施工单位承担清淤和赔偿责任;跨汛期施工的建设项目,应制定安全度汛措施,并事先报有关水行政主管部门审查同意。

第四章　防洪区和防洪工程设施的管理

第十七条　防洪区是指洪水泛滥可能淹及的地区,分为洪泛区、蓄滞洪区和防洪保护区。

洪泛区、蓄滞洪区和防洪保护区的范围,在防洪规划或者防御洪水方案中划定,并报请省人民政府按规定的权限批准后予以公告。

第十八条　省人民政府应当组织有关地区和部门,按照防洪规划的要求,制定洪泛区、蓄滞洪区安全建设计划,并采取必要的安全保护措施。

因蓄滞洪区而直接受益的地区和单位,应当对蓄滞洪区承担国家规定的补偿、救助义务。

省人民政府应当建立蓄滞洪区补偿、扶持专项资金。

洪泛区、蓄滞洪区安全建设管理办法及对蓄滞洪区、分洪区的补偿和扶持、救助办法由省人民政府制定。

第十九条　在洪泛区、蓄滞洪区内应严格控制非防洪工程设施的建设,必须建设的,在建设项目可行性报告按照国家规定的基本建设程序报请批准时,应当附具省辖市以上水行政主管部门审查批准的洪水影响评价报告。编制洪水影响评价报告的具体办法由省水行政主管部门制定。

第二十条　防洪工程设施建设应当严格按照有关法律、法规和技术标准进行设计、施工、监理和验收,确保工程质量。

对经依法批准建设的国家、省重点防洪工程,在施工中与群众发生纠纷的,由当地县级人民政府负责做好协调工作,维护好防洪工程建设的正常秩序。

第二十一条　大中城市,重要的铁路、公路干线,航空港,大型骨干企业等,应当列为防洪重点,确保安全。

受洪水威胁的城市、经济开发区、工矿区和国家重要的农业生产基地等,应当重点保护,建设必要的防洪工程设施。

城市人民政府应当加强对城区排水管网、泵站等工程设施的建设和管理。城市建设不得擅自填堵原有河道沟汊、贮水湖塘洼淀和废除原有防洪围堤;确需填堵或废除的,应当经水行政主管部门审查同意,并报所在市人民政府批准。

第二十二条　各级人民政府应当组织有关部门加强对水库大坝的定期检查和监督管理。对未达到设计洪水标准、抗震设防要求或者有严重缺陷的险坝,大坝主管部门应当组织有关单位采取除险加固措施,限期消除危险或者重建,所需资金由有关人民政府优先安排。对可能出现垮坝的水库,应当事先制定应急抢险和居民临时撤离方案。

各级人民政府和有关主管部门应当加强对尾矿坝、储灰坝(池)的监督管理,采取措施,避免因洪水导致垮坝。

第五章　防汛抗洪

第二十三条　防汛抗洪工作实行各级人民政府行政首长负责制,统一指挥、分级分部门负责。

第二十四条　县级以上人民政府应当设立由有关部门、当地驻军、人民武装部负责人等组成的防汛指挥机构,在上级防汛指挥机构和本级人民政府领导下,指挥本地区的防汛抗洪工作。其办事机构设在同级水行政主管部门或黄河河务部门,具体负责防汛指挥机构的日常工作。

第二十五条　县级以上人民政府应当根据流域综合规划、防洪工程实际情况和国家规定的防洪标准,制定防御洪水方案。其批准权限按下列规定执行:

（一）黄河河南段、沁河的防御洪水实施方案,由黄河河务部门根据黄河防御洪水方案拟定,报省人民政府批准;

（二）省确定的主要河道的防御洪水方案,由省防汛指挥机构组织拟定,报省人民政府批准;

（三）其他河道的防御洪水方案,按照河道管理权限,分别由省辖市、县（市、区）防汛指挥机构拟定,报本级人民政府批准,并报上一级人民政府备案;

（四）郑州、开封、洛阳、安阳、新乡、漯河、周口、信阳、南阳等城市防御洪水方案,由城市人民政府拟定,报省人民政府批准;其他城市的防御洪水方案,由所在地的市防汛指挥机构拟定,报本级人民政府批准,并报上一级人民政府备案。

第二十六条 大型水库及重点中型水库的汛期调度运用计划,由省防汛指挥机构组织拟定,报省人民政府批准。鲇鱼山、宿鸭湖、陆浑等水库的汛期调度运用计划,由省人民政府会同国家有关流域管理机构批准;三门峡、小浪底、故县等水库的汛期调度运用计划和调度运用,按国家规定执行。

其他水库的汛期调度运用计划,按照水库分级管理权限,分别由省辖市、县（市、区）防汛指挥机构拟定,报本级人民政府批准。

黄河蓄滞洪区的调度运用计划,按国家规定执行。其他蓄滞洪区的调度运用计划,由省防汛指挥机构组织拟定,报省人民政府批准。

第二十七条 全省5月15日至9月30日为汛期。特殊情况下,省防汛指挥机构根据当时汛情,可以宣布提前或延长汛期时间。当河道水情接近保证水位或者保证流量,水库水位接近设计洪水位,或者防洪工程发现重大险情时,有关县级以上防汛指挥机构可以宣布进入紧急防汛期,并报告上一级防汛指挥机构。黄河的汛期起止时间及防汛抢险等按照有关规定执行。

第二十八条 对河道、水库管理范围内阻碍行洪的障碍物,按照谁设障、谁清障的原则,由防汛指挥机构责令限期清除;逾期不清除的,由防汛指挥机构组织强行清除,所需费用由设障者承担。在紧急防汛期,省防汛指挥机构根据授权对壅水、阻水严重的桥梁、浮桥、引道、码头和其他工程设施作出紧急处置。

第二十九条 在汛期,水库、闸坝、蓄滞洪区和其他水工程设施的运用,必须服从有关防汛指挥机构的调度指挥和监督。水库的调度权限按下列规定执行:

（一）鲇鱼山、宿鸭湖、陆浑等水库的调度运用由省防汛指挥机构会同国家有关流域管理机构负责;

（二）其他大型水库及重点中型水库的调度运用由省防汛指挥机构负责;

（三）其他中型水库及重点小型水库的调度运用由省辖市防汛指挥机构负责;

（四）其他小型水库的调度运用,由县（市、区）防汛指挥机构负责。

黄河蓄滞洪区调度运用,按照国家规定执行。其他蓄滞洪区的调度运用,由省防汛指挥机构负责。

第三十条 有防汛任务的水利工程的使用权采取承包、租赁、拍卖、股份制或者股份合作制等方式经营的,经营者应当保证工程的安全运行和防汛、供水、排水等原设计的基本功能,服从水行政主管部门的监督管理和防汛调度。

　　第三十一条　县级以上人民政府应当制定防汛抢险物资储备管理办法。防汛抢险物资实行分级负担、分级储备、分级使用、统筹调度的原则。有防汛任务的乡(镇)和企业、事业单位应当储备必要的防汛物资。

　　第三十二条　在紧急防汛期,防汛指挥机构根据防汛抗洪的需要,有权在其管辖范围内调用物资、设备、交通运输工具和人力,决定采取取土占地、砍伐林木、清除阻水障碍和其他必要的紧急措施;必要时,公安、交通等有关部门按照防汛指挥机构的决定,依法实施陆地和水面交通管制。

　　依照前款规定调用的物资、设备、交通运输工具等,在汛期结束后应当及时归还,造成损坏或者无法归还的,按照国务院有关规定给予适当补偿或者作其他处理。取土占地、砍伐林木的,在汛期结束后依法向有关部门补办手续;有关地方人民政府对取土后的土地组织复垦,对砍伐的林木组织补种。

　　第三十三条　河道水位或者流量达到国家或省规定的分洪标准,启用蓄滞洪区或分洪区前,对需要转移和安置的群众,由有关的县级人民政府做好避洪、转移安置工作。依法启用蓄滞洪区或分洪区时,任何单位和个人不得阻拦、拖延;遇到阻拦、拖延时,由有关县级以上人民政府强制实施。

　　第三十四条　发生洪涝灾害后,有关人民政府应当组织有关部门和单位做好生产救灾工作以及水毁工程设施修复工作。水毁防洪工程设施的修复应当优先列入有关部门的年度建设计划。

第六章　保障措施

　　第三十五条　各级人民政府应当采取措施,提高防洪资金投入的总体水平,优先保证防洪工程建设及维护管理资金的需要。

　　第三十六条　河道治理和防洪工程设施的规划、建设和维护所需资金,按照事权和财权相统一的原则,分级负责。除中央财政投入外,省财政预算中安排的资金,主要用于补助省确定的主要河道、蓄滞洪区、大中型水库和跨省、省辖市防洪、排涝等重点工程的规划、建设及主要河道、大型水库的工程维护费用。省辖市、县(市、区)财政应当承担本行政区域内防洪工程设施的规划、建设和维护所需投资。城市防洪工程设施的建设和维护所需投资,由城市人民政府承担。

　　第三十七条　县级以上人民政府应当按照防汛任务情况,在财政预算中列入正常防汛经费和防御特大洪水经费,并根据国民经济的发展逐步增加。

　　第三十八条　水利建设基金必须按规定用于防洪工程和水利工程的维护和建设。根据国家有关规定,在防洪保护区范围内征收河道工程修建维护管理费的具体办法,由省人民政府制定。

第七章　法律责任

　　第三十九条　违反本办法的行为,《防洪法》和有关法律、法规有处罚规定的,按《防洪法》和有关法律、法规的规定执行。

　　第四十条　未经批准或者不按批准的范围、作业方式等要求在河道、水库管理范围内采砂的,按照《河南省〈水法〉实施办法》的有关规定予以处罚。个人少量自用采砂,未在指定地点进行的,处二百元以下罚款。

第四十一条　占用水库库容,在堤防、护堤地挖筑坑塘的,责令停止违法行为,排除阻碍或者采取其他补救措施,根据情节轻重,处一万元以下的罚款。

第四十二条　违反本办法第十六条第三款规定,建设单位不承担清淤责任的,责令限期清除,逾期不清除的,由水行政主管部门组织清除,费用由建设单位承担,处以三万元以下罚款。

第四十三条　违反本办法第二十条规定,防洪工程设施的工程质量不符合要求的,除承担民事责任外,对项目法人的法定代表人及有关责任人员给予行政处分;构成犯罪的,依法追究刑事责任。由于设计、施工、监理单位造成工程质量不符合要求的,还应当依法追究设计、施工、监理单位法定代表人及有关责任人员的责任。

第四十四条　违反本办法第三十条规定的经营者,在防汛期间拒不服从水行政主管部门的监督管理和防汛调度的,责令限期改正,处一千元以上五千元以下的罚款;造成严重后果,构成犯罪的,依法追究刑事责任。

第四十五条　本办法规定的行政处罚,由县级以上人民政府水行政主管部门决定,或者由有关流域管理机构按照规定的权限决定。

第四十六条　防汛指挥机构、水行政主管部门及其他有关部门的国家工作人员有下列行为之一,构不成犯罪的,给予行政处分;构成犯罪的,依法追究刑事责任:

(一)不执行防洪规划的;

(二)贪污、截留、挤占、挪用防汛资金和物资的;

(三)违法批准建设影响防洪的建筑物的;

(四)不执行防汛抢险指令的;

(五)玩忽职守,徇私舞弊,致使防汛工作遭受重大损失的。

第八章　附　则

第四十七条　本办法自2000年8月10日起施行。

附　录

附表 1　白龟山水库防办各组岗位责任制

组织名称	参加单位及人员	职责
抢险技术	总工	负责防汛抢险技术方案制订
防汛办公室	防办正副主任	负责防汛抢险措施落实;负责防汛办公室日常工作
综合组	行办室(秘书股) 技术管理科(水情股)	负责上下联系、防汛情况的收集及文书处理 负责雨情、水情收集,及时进行洪水预报和调度
通信组	技术管理科(通信站)	负责有线、无线通信,及时传递汛情
政工组	党办 、人事 纪检 、工会	负责防汛工作的宣传教育,收集模范先进事迹,组织劳动纪律检查
水政保卫组	水政队派出所	负责防汛的治安工作,严厉打击破坏水利工程设施及其他影响防汛的违法行为
物资组	财务科	负责防汛物资的储备、保管、调运和供应
后勤组	行办室	负责防汛队伍的后勤保障和车辆、电力、生活供应
工程组	水库管理处	负责水库工程的检查,提出突发险情的抢护方案,对会商后的方案组织实施
新华区联络组	总工 水库管理处	负责新华区防汛责任段的防汛及抢险技术工作
叶县联络组	灌溉处	负责叶县防汛责任段的防汛及抢险技术工作
湛河区联络组	水库管理处	负责湛河区防汛责任段的防汛及抢险技术工作
新城区联络组	工程管理科	负责新城区防汛责任段的防汛及抢险技术工作
卫东区联络组	水政支队 水库管理处	负责卫东区防汛责任段的防汛及抢险技术工作
高新区联络组	灌溉处	负责高新区防汛责任段的防汛及抢险技术工作
中平能化集团部队联络组	工程管理科	负责肖营村西附近漫溢堵复任务
鲁山联络组	抢险队	搞好防汛车船的维护,负责水库工程突发险情的抢护和鲁山县防汛责任段的防汛及抢险技术工作

附表 2　白龟山水库溃坝淹没区调查表

县(市)名	乡(镇)名	村庄（个）	人口（人）	面积（km²）	耕地面积（亩）	桥梁（座）	厂矿（座）	房屋（间）
鲁山县	滚子营乡	12	19 200		28 300	5		4 530
	张官营乡	21	25 346		29 343	159	22	
叶县	城关乡	29	45 074		45 445	4	8	4 400
	龚店乡	29	53 688		54 708	1	15	50 000
	邓李乡	32	42 497		59 025		5	42 200
	昆阳镇	7	16 000		2 981	3	54	17 000
	任店镇	15	26 800		32 278	3	24	26 500
	水寨乡	32	33 689		46 954	9	2	27 371
	洪庄杨乡	24	33 490		37 040	9	2	26 150
	廉村镇	29	29 000		46 200	48	5	20 300
	遵化店镇	24	26 259		30 482	3	25	35 000
	县直机关		18 877				34	
平顶山市	新华区	4	9 577		1 726	47	131	7 000
	湛河区曹镇乡	30	48 458		38 320	201	115	
	新华区东高皇乡	18	23 361		15 558	19	41	26 470
	湛河区焦店镇	5	12 295		7 802	9	10	6 195
	湛河区北渡镇	25	43 175		29 877	199	77	39 100
	卫东区	1	3 000		120			4 000
襄城县	山头店乡	15	53 671		47 878	417	40	81 021
	湛北乡	8	7 191		9 868	150	7	13 650
	丁营乡	27	43 022		44 399	31	28	51 587
	麦岭镇	33	32 964		48 702	215	7	28 532
	姜庄乡	37	40 252		68 608	230	5	60 999
舞阳县	章化乡	43	33 810		40 833	10	10	61 249
	侯集乡	98	27 983		40 248	31	26	27 788
	北舞渡镇	20	26 451		38 678	646	12	33 649
	孟寨镇	58	38 822		59 336	365	34	42 722
	马村乡	35	29 000		50 144	470	15	43 500
	太尉镇	37	27 000		40 000	50	20	50 000
	姜店乡	19	20 439		33 320	300	3	28 439
	莲花镇	61	44 365		65 000	100	10	45 576
郾城区	裴城镇	34	43 550		78 220	120	8	34 800
	新店镇	49	42 040		63 240	210	5	33 630
	龙城镇	88	52 050		64 670	180	4	41 600
合计	34	999	1 072 396		1 299 303	4 244	804	1 014 958

附表3　白龟山水库淹没情况及群众转移地点

县(市)名	乡(镇)名	村庄(个)	人口(人)	耕地面积(亩)	桥梁(座)	厂矿(座)	房屋(间)	淹没水位(m)	转移地点	转移地点高程(m)
鲁山县	滚子营乡	12	19 200	28 300	5		4 530	98.65	东岗埠	115.0
	张官营乡	21	25 346	29 343	159	22		93.45	土岭	113.0
叶县	城关乡	29	45 074	45 445	4	8	4 400	79.82	小郭庄	91.0
	龚店乡	29	53 688	54 708	1	15	50 000	77.84	罗庄	84.0
	邓李乡	32	42 497	59 025		5	42 200	74.28	刘建庄	79.0
	昆阳镇	7	16 000	2 981	3	54	17 000	79.82	小郭庄	91.0
	任店乡	15	26 800	32 278	3	24	26 500	85.91	魏庄	98.0
	水寨乡	32	33 689	46 954	9	2	27 371	74.28	梅庄	75.0
	洪庄杨乡	24	33 490	37 040	9	2	26 150	74.28	河北高	76.6
	廉村镇	29	29 000	46 200	48	5	20 300	75.89	齐庄	80.0
	遵化店镇	24	26 259	30 482	3	25	35 000	77.84	焦赞寨	352.0
	县直机关		18 877			34		79.82	小郭庄	91.0
平顶山市区	新华区湛河南	3	4 988	1 026	30	41	4 000	83.78	北渡山	135.6
	新华区湛河南	1	4 589	700	17	90	3 000	83.78	平顶山	427.0
	湛河区曹镇乡	30	48 458	38 320	201	115		93.45	水厂山	149.7
	湛河区东高皇乡	18	23 361	15 558	19	41	26 470	79.82	刘沟	200.0
	湛河区焦店镇	5	12 295	7 802	9	10	6 195	93.45	716仓库	130.0
	湛河区北渡镇	25	43 175	29 877	199	77	39 100	85.91	北渡山	135.6
	卫东区	1	3 000	120			4 000	83.78	平顶山	427.0
襄城县	山头店乡	15	53 671	47 878	417	40	81 021	74.28	上黄	180.0
	湛北乡	8	7 191	9 868	150	7	13 650	77.84	焦赞寨	352.0
	丁营乡	27	43 022	44 399	31	28	51 587	70.62	横梁渡	75.0
	麦岭镇	33	32 964	48 702	215	7	28 532	68.17	沟刘	75.0
	姜庄乡	37	40 252	68 608	230	5	60 999	66.22	沟刘	75.0
舞阳县	章化乡	43	33 810	40 833	10	10	61 249	68.17	下浬河店	75.0
	侯集乡	98	27 983	40 248	31	26	27 788	66.22	吴公渠	67.0
	北舞渡镇	20	26 451	38 678	646	12	33 649	66.22	下浬河店	75.0
	孟寨镇	58	38 822	59 336	365	34	42 722	70.62	下浬河店	75.0
	马村乡	35	29 000	50 144	470	15	43 500	68.17	湾王	70.0
	太尉镇	37	27 000	40 000	50	20	50 000	64.66	大郭	65.0
	姜店乡	19	20 439	33 320	300	3	28 439	68.17	姜店	70.0
	莲花镇	61	44 365	65 000	100	10	45 576	60.39	何庄	60.0
郾城区	裴城镇	34	43 550	78 220	120	8	34 800	61.59	大郭	65.0
	新店镇	49	42 040	63 240	210	5	33 630	60.39	靳庄	60.0
	龙城镇	88	52 050	64 670	180	4	41 600	60.19	靳庄	60.0
合计		34	999	1 072 396	1 299 303	4 244	804	1 014 958		

注:莲花镇、新店镇、龙城镇、裴城镇转移地为淹没区以外。

附表4　产流调试结果

序号	年份	开始日期（月-日）	结束日期（月-日）	降雨量（mm）	蒸发量（mm）	预报净雨量（mm）	实际净雨量（mm）	绝对误差（mm）	相对误差
1	1967	07-09	07-12	173.54	8.15	103.45	92.50	10.95	0.12
2	1968	09-17	09-18	141.82	3.20	76.74	74.90	1.84	0.02
3	1969	09-20	09-26	158.72	19.10	53.66	51.00	2.66	0.05
4	1970	07-24	07-25	62.99	1.67	13.59	14.60	-1.01	-0.07
5	1970	07-28	07-29	49.60	3.36	15.80	17.70	-1.90	-0.11
6	1971	06-24	06-25	94.06	4.92	31.72	33.20	-1.48	-0.04
7	1971	06-28	06-29	178.67	1.57	136.93	145.80	-8.87	-0.06
8	1971	07-20	07-23	66.03	4.34	15.66	22.90	-7.24	-0.32
9	1973	07-05	07-06	107.72	3.79	57.02	54.90	2.12	0.04
10	1974	06-01	06-02	128.21	1.53	83.66	71.30	12.35	0.17
11	1975	07-25	07-25	66.29	2.84	12.57	14.80	-2.23	-0.15
12	1975	08-04	08-09	331.78	15.04	249.21	255.50	-6.29	-0.02
13	1976	07-17	07-20	120.44	9.31	52.99	53.00	-0.01	0
14	1977	06-24	06-25	64.50	3.22	10.93	13.00	-2.07	-0.16
15	1977	07-07	07-07	46.49	2.27	9.26	11.11	-1.85	-0.17
16	1977	07-16	07-17	67.29	4.53	25.10	26.40	-1.30	-0.05
17	1977	07-25	07-25	48.95	2.49	18.86	18.20	0.66	0.04
18	1978	07-01	07-04	115.47	6.35	41.29	32.80	8.49	0.26
19	1979	07-11	07-11	91.12	1.40	38.82	38.30	0.52	0.01
20	1979	07-14	07-15	68.19	1.92	38.89	42.50	-3.61	-0.08
21	1980	06-15	06-16	84.97	3.45	24.16	25.50	-1.34	-0.05
22	1981	07-13	07-15	83.08	4.86	21.81	21.80	0.01	0
23	1982	07-27	08-04	232.0	15.45	143.95	129.00	14.95	0.12
24	1982	08-11	08-14	30.01	8.97	82.56	98.00	-15.44	-0.16
25	1983	08-09	08-12	73.98	7.15	86.73	93.60	-6.87	-0.07
26	1983	09-06	09-09	133.11	5.02	49.63	53.60	-3.97	-0.07
27	1984	07-23	07-26	93.62	5.72	37.04	37.10	-0.06	0
28	1986	06-26	06-26	60.57	1.47	12.00	35.30	-23.30	-0.66
29	1986	08-14	08-14	71.25	1.50	17.31	19.30	-1.99	-0.10
30	1987	09-28	09-29	91.65	2.69	24.45	24.50	-0.05	0
31	1988	08-09	08-15	172.09	11.59	81.37	73.40	7.97	0.11
32	1989	07-10	07-10	40.10	2.92	9.91	11.00	-1.09	-0.10
33	1990	07-20	07-20	90.70	3.01	36.75	24.10	12.65	0.52
34	1990	07-26	07-26	47.80	0.81	26.71	25.91	0.80	0.03
35	1990	08-14	08-15	98.90	4.55	51.49	50.75	0.74	0.01
36	1991	07-16	07-16	143.60	1.59	71.92	86.00	-14.08	-0.16

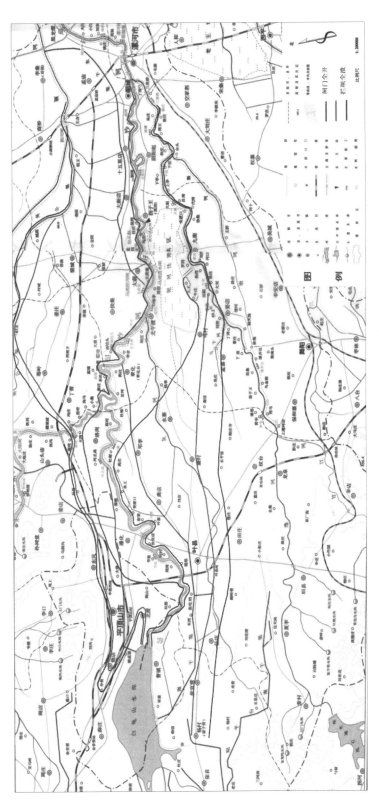

附图 1　白龟山水库洪水风险示意图

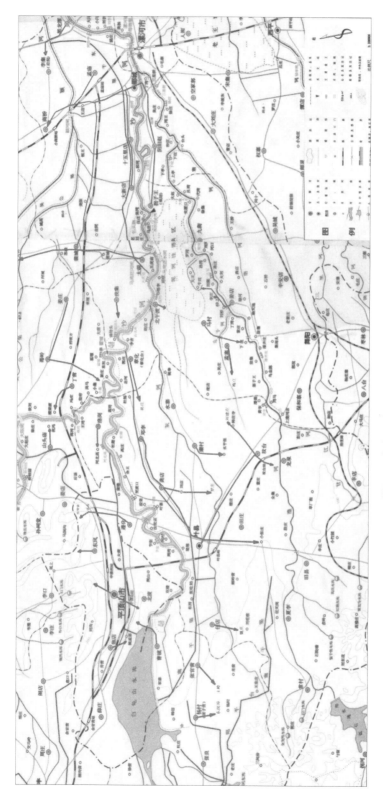

附图 2　白龟山水库灾区群众转移路线

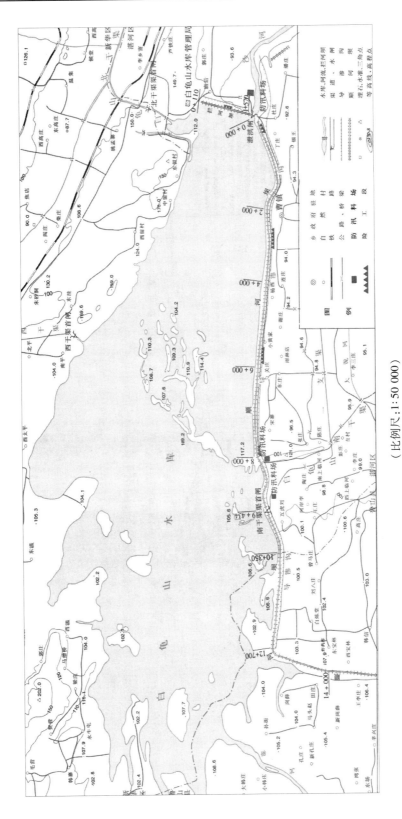

（比例尺:1∶50 000）

附图 3　白龟山水库防汛抢险布置图

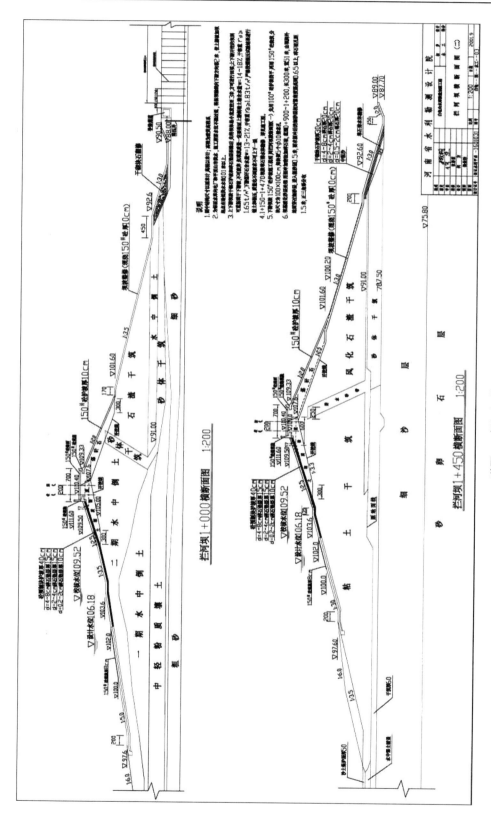

附图 4 拦河坝横剖面图

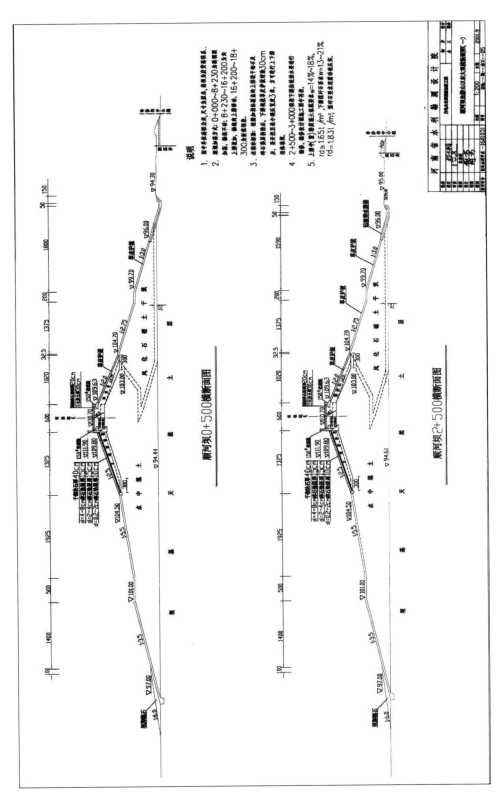

附图 5　顺河坝横剖面图

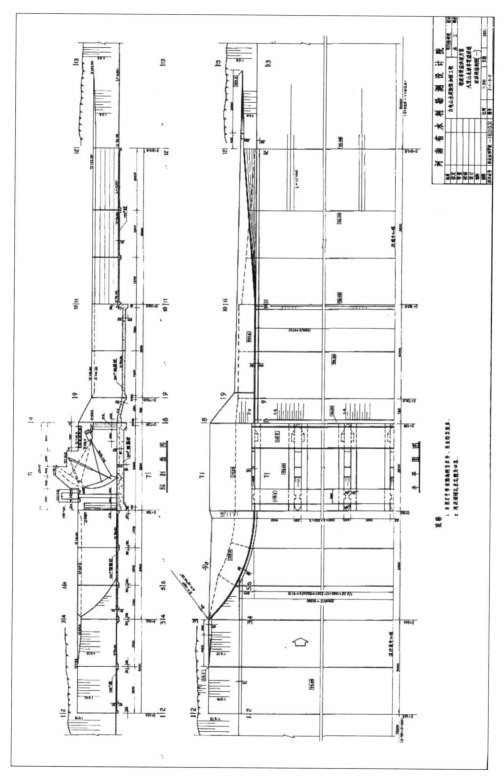

附图 6　泄洪闸横剖面图

参 考 文 献

［1］河南省水利勘测设计院.沙河白龟山水库除险加固工程初步设计报告(修订本)［R］.郑州:河南省水利勘测设计院,1998.

［2］白龟山水库工程管理手册编制领导小组.白龟山水库工程管理手册［Z］.河南,实用管理手册,2002.

［3］白龟山水库管理局.白龟山水库志［Z］.河南,实用管理手册,2002.

［4］河南省水利厅水旱灾害专著编辑委员会.河南水旱灾害［M］.郑州:黄河水利出版社,1999.

［5］河南省水利勘测设计院.平顶山姚电公司 2×600 MW 扩建工程水资源论证报告［R］.郑州:河南省水利勘测设计院,2004

［6］国家防汛抗旱总指挥部办公室.防汛抗旱行政首长培训教材［M］.北京:中国水利水电出版社,2006.

［7］水利部水文局. SL 330—2005 水情信息编码标准［S］. 北京:中国水利水电出版社,2005.